高等学校电子信息类专业系列教材

# 软件无线电原理

向新 著

西安电子科技大学出版社

## 内 容 简 介

本书从实际应用的角度出发，系统地介绍了软件无线电技术的定义、特点以及软件无线电所涉及的各个重要方面，内容涵盖软件无线电基本概念、硬件结构、软件架构、接收机、发射机、软件无线电天线、认知无线电等。

本书可作为高等院校通信、电子类专业本科生的教材或研究生的教辅书籍，也适合软件无线电相关专业的从业人员阅读。

**图书在版编目(CIP)数据**

软件无线电原理/向新著. —西安：西安电子科技大学出版社，2020.5(2023.7 重印)
ISBN 978-7-5606-5387-7

Ⅰ. ① 软…　Ⅱ. ① 向…　Ⅲ. ① 软件无线电—研究　Ⅳ. ① TN92

中国版本图书馆 CIP 数据核字(2019)第 137153 号

责任编辑　宁晓蓉　刘玉芳
出版发行　西安电子科技大学出版社(西安市太白南路 2 号)
电　　话　(029)88202421　88201467　　邮　　编　710071
网　　址　www.xduph.com　　电子邮箱　xdupfxb001@163.com
经　　销　新华书店
印刷单位　陕西天意印务有限责任公司
版　　次　2020 年 5 月第 1 版　2023 年 7 月第 2 次印刷
开　　本　787 毫米×1092 毫米　1/16　印　张　20
字　　数　487 千字
印　　数　3001～4000 册
定　　价　46.00 元
ISBN 978-7-5606-5387-7/TN
**XDUP 5689001-2**

# 前　　言

当前人类社会已经进化到高度信息化阶段，基于电子信号的通信尤其是无线电子信号的通信已经成为社会生活以及军事活动等的一部分，种类繁多、功能各异的通信系统是我们面对的常态。从20世纪90年代开始，基于新的需求，软件无线电在数字无线电技术的基础上发展起来，并逐步得到广泛应用。如今，“软件无线电”已经不是一个新鲜的词汇了，即便是不够了解电子通信专业的人也有所耳闻。虽然真正的软件无线电系统还是很少，但毫无疑问，无线系统特别是无线通信系统由于软件无线电技术的应用而正在发生巨大的变化，无线电设备设计、制造、部署、使用等诸多方面都将迎来根本性的变革，电子信息等相关专业从业人员的知识结构和能力需求也随之改变。

鉴于这些趋势，笔者在多年教学经验的基础上编写了此书，希望能够让读者轻松地了解什么是软件无线电，为什么会有软件无线电，软件无线电的特点是什么。本书从内容的逻辑关系和深度上来看，都是比较适合初学者学习的。

要说明的是，本书学习的重点不是数字信号处理或通信原理，而是学习一种新的无线体系结构。本书以实际无线系统的需求为主线，对软件无线电的含义和所涉及的各方面技术进行综合介绍和讲解。主要内容包括软件无线电的定义、特点、历史、软硬件结构、收发机技术、采样技术、天线技术以及未来发展等，对于软件工程方面的基础知识也有涉及。

为了能够快速地理解“软件无线电”的概念，笔者认为有一个说法非常贴切，即软件无线电是“通信世界的个人计算机”，或者说软件无线电就是一个拥有射频前端的计算机，这样一个单一通用的无线终端就可以实现多种无线终端才能完成的功能。

由于篇幅和编写目的所限，本书内容突出实用性，注重明晰概念，并适当探究理论。凡需要深入理解的地方，还请读者参阅书后列出的相关文献。

本书共0章，各章节内容简介如下.

第1章 软件无线电综述。本章介绍了软件无线电的定义、历史发展和关键技术等。

第2章 软件无线电硬件结构。本章介绍了软件无线电通用硬件平台的构建技术、基本结构和各自特点。对软件无线电所倚仗的硬件核心即数字信号处理硬件GPP、DSP和FPGA芯片的各自特点进行了说明和对比。

第3章 软件无线电的软件架构及SCA。本章介绍了软件无线电系统中软件系统的构成、基本特点和面向对象的编程方式以及软件通信结构，重点介绍了软件通信结构(SCA)。

第4章 信号的表示。本章介绍了信号的数学表示方法，尤其是信号的复信号表示及解析表达，对于理解无线系统的构成以及信号处理的方法有重要作用。

第5章 采样与量化。采样技术建立了实际模拟信号与数字信号之间的联系，采样技术的选择也决定着软件无线电系统的组成和实现的理想程度。本章对软件无线电中所涉及的采样技术进行了较为充分的论述和对比，几乎包括除了非均匀采样以外的所有采样概念：低通采样、带通采样、上采样、下采样、子采样、过采样、欠采样、正交采样等。

第 6 章 调制及发射机。本章对发射机的调制原理进行了详细说明，并对上变频方式及发射机的结构进行了介绍，包括外差式、零中频式、低中频式以及信道化发射机，还介绍了射频线性化等方面的知识。

第 7 章 解调及接收机。本章对接收机的解调原理进行了详细说明，并对下变频及接收机结构进行了介绍，其中包括外差式、零中频式、低中频式、宽中频式以及信道化接收机，并对各结构中所面临的技术问题进行了说明。

第 8 章 软件无线电天线。软件无线电天线是软件无线电实现所必需的射频技术。本章介绍了软件无线电天线的种类和具体实现方式，重点对基于信号处理的可重配置天线阵列进行了说明。

第 9 章 认知无线电。本章介绍了软件无线电的高级形式——认知无线电的概念以及技术特点，并介绍了世界上第一个基于认知无线电技术的 IEEE 802.22 无线区域网(WRAN)。

学习本书前假定读者具备一定的通信原理、信号处理、计算机等方面的基础知识。本书适合软件无线电相关专业的从业人员阅读，也可作为高等院校通信、电子类本科生教材或研究生的参考书籍。

在本书出版之际，感谢西安电子科技大学出版社云立实老师，正是他坚持不懈地询问本书的写作情况，才使我没有放松自己；感谢刘玉芳、宁晓蓉编辑，她们是本书的审阅者，也是最为认真的读者，帮助我发现了不少错误；感谢我的学生王瑞、梁源、张婧怡、尹立言、王鹏等进行的仿真和校对工作；感谢我的弟弟王谦设计的封面；本书英语书名出自我女儿向姝谕手笔。感谢各位家人和朋友的支持。

由于笔者水平有限，不当之处在所难免，敬请读者指正，在此先行致谢，联系邮箱：xiangxin2002@sina.com。本书的写作参阅了数百篇国内外相关图书以及期刊，未能一一列出，在此特向有关作者和出版社表示由衷的歉意。

编　者<br>2019 年 10 月

# 目　　录

# 第 1 章　软件无线电综述

## 1.1　无线系统概述

无线系统是采用电磁波实现某类信息传输的系统，最为常见的无线系统是通信系统。所谓通信是将信息由一地传向另外一地的过程，以目前较为常见的无线网络摄像机为例，其无线通信示意图如图 1.1－1 所示。

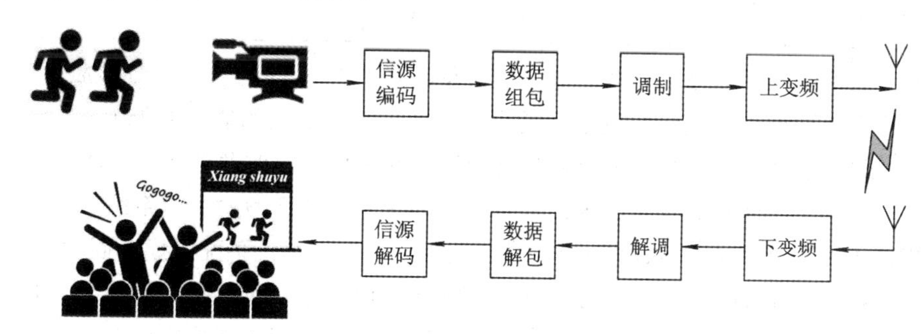


图 1.1－1　无线通信示意图

在发射端，摄像机获取图像数据，并完成了某种形式的数据压缩(如 JPEG 格式)，该图像数据将分为若干个数据包，并在数据包的形成过程中增加一些功能比特以实现同步、数据确认、多址等功能，随后数据包数据通过数字调制(如 PSK 等)形成中频信号，并进行上变频及功率放大后通过天线发射出去。

在接收端，射频信号首先经过能量检测以判断当前是否存在有用信号，当信号出现时，则接收机将信号下变频并解调为基带的数据包，在这个过程中接收机通过附加在数据包上的功能比特来辅助完成同步等相关工作，恢复所有数据包后，按照数据包的构成规则重组整个图像数据，并送至相应系统进行显示。

很显然，要想完成通信，需要将原始信息变换为数据，为了使数据可靠，还需要对数据进行编码，并按一定的格式进行编排，而后为了适应信道进行相应的调制并传输出去，接收端则完成相反的过程。这些过程都是按照一定的规范来完成的，即通信协议。通信网络就是由一组通信系统或设备以及相关的通信协议构成的。为了描述通信协议，通常采用 OSI 七层结构，如表 1.1－1 所示。

**表 1.1－1　OSI 七层结构**

| 序号 | 名称 | 数据类型 | 功　　能 |
|---|---|---|---|
| 7 | 应用层 | 数据 | 负责与终端用户交互，提供通信服务 |
| 6 | 表示层 | 数据 | 负责服务或消息与数据的相互转换，定义了应用数据的格式，包括符号编码、数据压缩、保密编译码等，保证不同的系统设备之间无歧义地表达信息 |

**续表**

| 序号 | 名称 | 数据类型 | 功　能 |
|---|---|---|---|
| 5 | 会话层 | 数据 | 负责启动、管理、结束一个会话，会话是指两个节点之间一来一往的连续的信息交换过程 |
| 4 | 传输层 | 数据段 | 负责数据包在两点之间可靠地传输，包括错误检测及纠正、流控制、消息分段、消息重组等 |
| 3 | 网络层 | 数据包 | 负责处理有地址的数据，构成路由，确保消息到达正确的地址 |
| 2 | 数据链路层 | 比特/帧 | 协调接入公共资源的传输媒质，进行差错控制及同步等，确保收发及完整接收正确的组。数据链路层可以分为两个子层，即媒介接入控制层(Media Access Control，MAC)和逻辑链路控制层(Logical Link Control，LLC) |
| 1 | 物理层 | 比特 | 此层为通信系统的硬件层，负责数据的电子信号传输，通过载波调制在传输媒质上发射和接收比特流 |

可见，通信是一个复杂的过程，不同的通信系统使用不同的协议，即形成了不同的通信系统，因而需要面对的通信系统越来越多。日常生活中常见的通信系统有2G/3G/4G移动通信、WiFi、蓝牙等；军事应用中有各类专用的超短波、短波通信系统，数据链系统等；另外，其他的一些无线类系统，如雷达等，一般可视为特殊类型的通信系统。

我们能否想象有一种无线技术，这种技术能够将一台无线设备配置成不同功能的无线终端，使其可用于任何通信系统中，该终端可以是蜂窝网的手机，可以是军用电台，可以是卫星接收机，也可以是简单的收音机，甚至是车库大门的遥控器。对于通信用户而言，可以用一台无线设备适应多种通信需要，这种技术就是软件无线电技术，其前景是非常诱人的。从这一设想可以联想到个人计算机(PC)，PC可以完成很多完全不同的工作，如观看视频、听音乐、编辑文档、打游戏等。软件无线电就是无线或通信世界中的个人计算机，如图1.1-2所示。

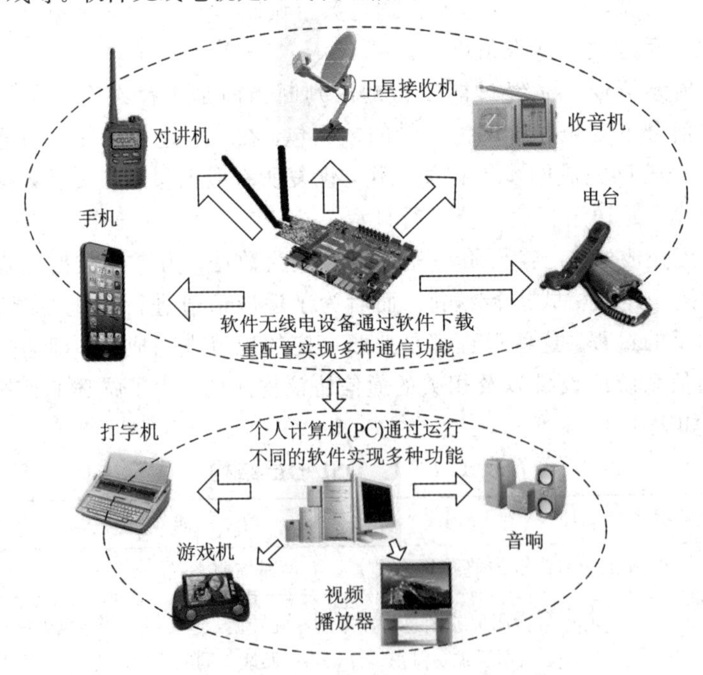


图1.1-2　软件无线电技术设想：通信世界的个人计算机

## 1.2 软件无线电的定义和特点

1992年5月，美国的Joseph Mitola Ⅲ首次明确提出了“软件无线电”的概念，为了更好地理解这个概念，这里给出两种软件无线电的定义。

Joseph Mitola Ⅲ对软件无线电的定义：

软件无线电是多频带无线电，它具有宽带的天线、射频转换、模数/数模变换，能够支持多个空中接口和协议，在理想状态下，所有方面(包括物理空中接口)都可以通过软件定义。

软件无线电论坛对软件无线电的定义：

软件无线电是一种新型的无线体系结构，它通过硬件和软件的结合使无线网络和用户终端具有可重配置能力。软件无线电提供了一种建立多模式、多频段、多功能无线设备的有效而且相当经济的解决方案，可以通过软件升级实现功能提升。它可以使整个系统(包括用户终端和网络)采用动态的软件编程对设备特性进行重配置，换句话说，相同的硬件可以通过软件定义来完成不同的功能。

软件无线电是“软件”和“无线电”的组合词。

“无线电”英语为radio，是指通过空间的电磁能量的辐射(或称为无线传输)实现信息传递的技术，其最大的用途是携带信息实现一定距离的传输，因此也常指能够在两地之间通过电磁辐射交换信息的任何装置。若不考虑天线的差别，将覆盖“有线”和“无线”两种不同的情况，实际上，在英语中“radio”和无线电的准确表达“wireless”还是有差别的。

“软件”也是一个极其常用的词汇，它的原始定义是控制计算机系统的一系列命令。可以认为，所谓的软件无线电系统就是专用于通信的计算机系统，在这里，软件就是用于控制无线系统工作的一系列命令。

软件无线电具有以下特点：

(1) 可多频段/多模式/多功能(M3：Multiband，Multimode，Multirole)工作。

多频段是指软件无线电可以工作在很宽的频带范围内；多模式是指软件无线电能够使用多种类型的空中接口，其调制方式、编码、帧结构、压缩算法、协议等都可以选择；多功能是指相同的无线电设备可以用于不同的应用中。

另外，强调多频段/多模式/多功能同时通信的能力，例如能够同时在两个或两个以上频段收发信号。

(2) 具有可重配置、可重编程能力。

可重配置是指系统的操作软件(包括程序、参数以及处理环境的软件方面)或硬件(处理环境的硬件方面)的改变。软件无线电采用多个软件模块在相同的系统中实现不同的标准，只需要选择不同的模块运行就可实现系统的动态配置，所需要的软件模块可以通过空中或人工下载获得并升级。需要注意的是，软件无线电注重低层，尤其是物理层部分的可重配置能力。

软件无线电中涉及一个重要的概念，称为“波形(waveform)”。所谓“波形”，传统上是指在一个物理媒质中运动“波”随时间或距离等变化的形状，或其抽象表达。在软件无线电中，波形是指用于信息传输全过程的变换的集合(原始信息通过编码、调制、解调、译码等全过程所涉及的所有变换)。波形在这里可以等同为通信协议。例如，对于 3G 技术而言，WCDMA 以及 CDMA2000 是重要的实现技术，它们就可以看作是 3G 的波形。图 1.2-1 所示为波形的概念示意图。

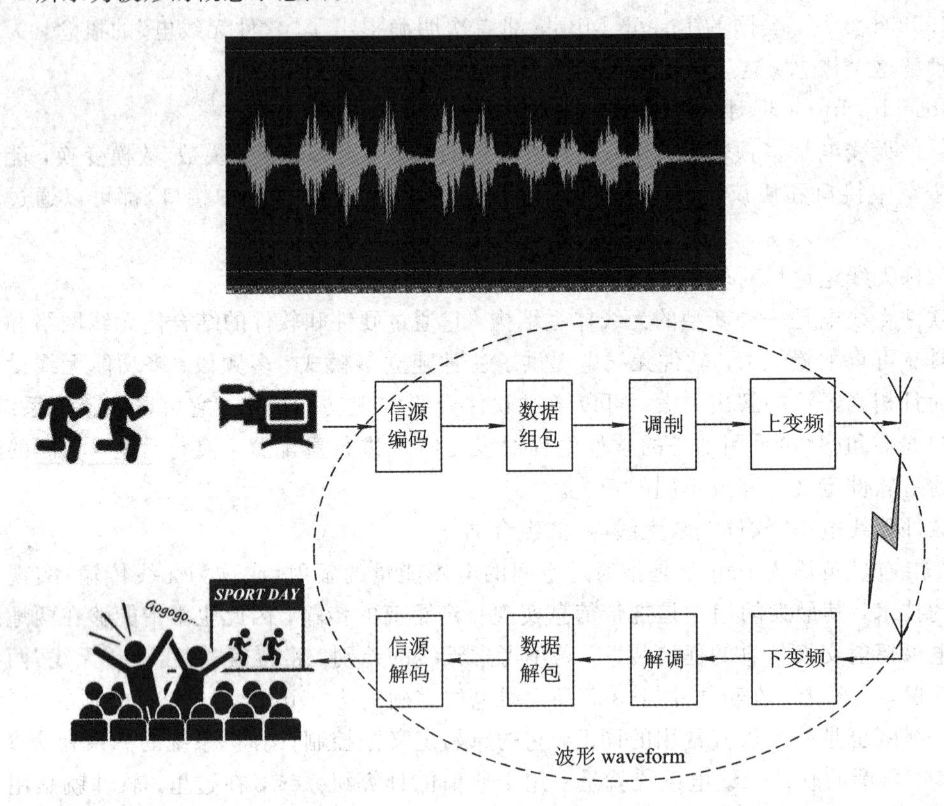


图 1.2-1　波形(waveform)的概念示意图

一个常规的无线电系统主要用于处理某个特定的波形，而一个软件无线电系统的主要特征是能够支持不同的波形。

## 1.3　软件无线电概念演进

自从无线电设备进入实用以来，已经衍生出许许多多不同的种类。对于大部分无线电设备而言，其设备功能由硬件决定，很少或没有软件参与，因此在功能上是固定的。传统的无线设备通常采用较为相似的结构，比如常见的“超外差式收发机结构”，这一设计始于 1930 年，现在大部分无线接收系统中都采用此种结构，如广播、电视、无线电电台等。图 1.3-1 展示了一种双中频的超外差式收发机结构。

其工作过程是：在接收时，从天线接收到的射频信号经过滤波放大，与第一本振信号相乘完成一混频，下变为一中频；一中频信号与第二本振信号相乘完成二混频，通过滤波得到基带信号；基带信号通过解调从而产生模拟的接收信号。在发射时，其工作过程基本相反，这里不多作说明。

这种收发机最早采用完全的模拟信号处理技术，系统的功能完全由各种特定功能的固

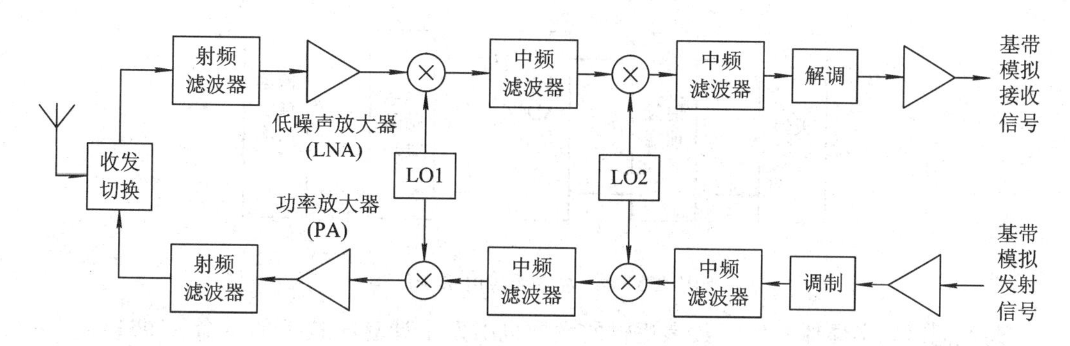


图 1.3-1　双中频的超外差式收发机结构

定电路模块组合而成，称为“模拟无线电”。这些功能模块包括滤波器、放大器、调制/解调器等，其功能不可能发生任何变化，这类基于硬件实现无线功能的系统也称为“硬件无线电”。模拟无线电系统结构如图 1.3-2 所示。

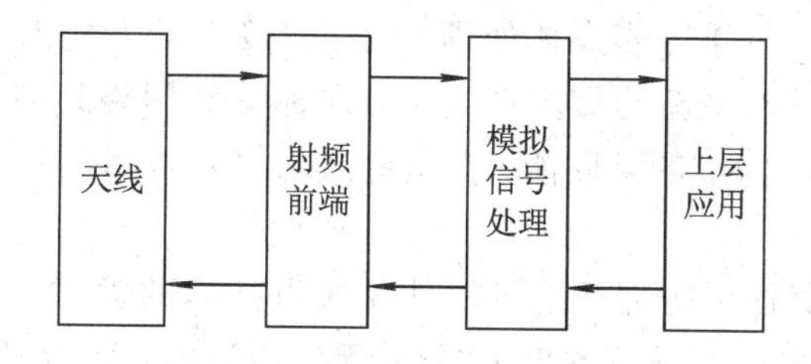


图 1.3-2　模拟无线电系统结构

早期实现模拟信号处理的元器件是电子管，1948 年，Shockley 发明了晶体管，到 20 世纪 50 年代和 60 年代，通信技术开始从完全的模拟电路向晶体管和数字混合电路转变。20 世纪 60 年代，集成电路开始出现，并进一步出现了大规模集成电路，如图 1.3-3 所示。

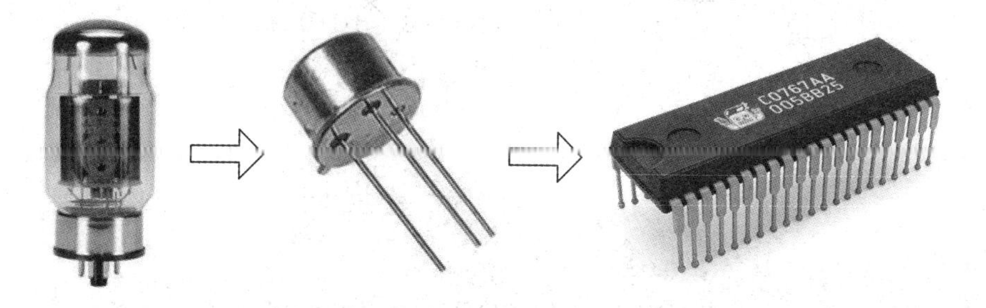

图 1.3-3　电子管、晶体管、集成电路

20 世纪 60 年代晚期和 70 年代，军用通信已经能够采用数字技术，并且可以使用非常复杂的通信手段，例如扩频。1970 年，美国国防部实验室首次构建了“数字接收机(Digital Receiver)”，形成了“数字无线电”。“数字无线电”即通过数字信号处理手段完成无线信号发射和接收处理的无线系统，它通过 ADC 和 DAC 实现模拟信号与数字信号之间的转换，如图 1.3-4 所示。

需要注意的是，数字无线电的处理也经常通过编程等方式实现，但其软件部分一般针对特定的硬件平台，不能灵活地重新配置，可重编程的范围也不大，所实现的功能限于一定的领域。因此模拟无线电和数字无线电都属于硬件无线电，仅仅是信号处理的方式不同。

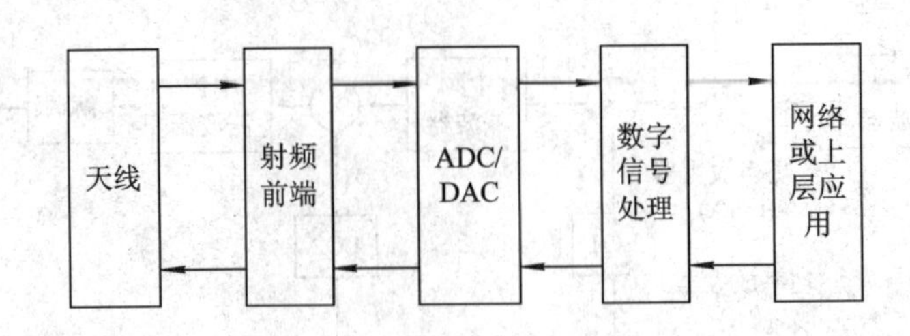


图 1.3-4 数字无线电系统结构

与此同时，半导体技术和数字逻辑的发展也引发了计算机技术的革命。1964 年，历经 5 年的研制，IBM 推出了第一款数据处理计算机 IBM/360 系列。大约在同一时间，更为科学的计算机 CDC6600 出现了。超大规模集成电路的应用引发了小型机的革命，HP、DEC 等公司均推出了物美价廉的小型机。后来，微处理器的实用化促进了微型计算机的发展，最终进入了现在的个人计算机的时代。

在数字信号处理器、ADC、多媒体处理、网络、接口等方面出现了巨大技术进步的同时，对于通信系统而言，有些新的需求产生了，即标准和网络趋向统一、具备可重配置能力、具备任何时间/地点/标准的互联能力，这些需求以及技术的进步奠定了软件无线电技术发展的基础。

20 世纪 70 年代，美国国防部开始了软件无线电技术的尝试。他们着眼于系统的可重配置能力，在数字无线电的基础上推出了“软件无线电”的概念，如图 1.3-5 所示。

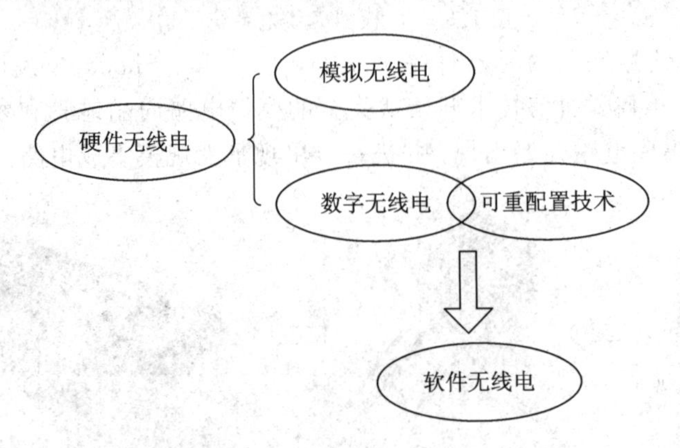


图 1.3-5 几个“无线电”概念之间的关系

在软件无线电中，系统功能的实现以软件为中心，并且要求软件与硬件相互分离，这是软件无线电与数字无线电不同的地方，即凸显软件的独立地位。

需要注意的是，从定义上讲，软件无线电的定义中并没有强调应该采用的信号处理方式，也就是说如果具备重构能力，采用模拟信号处理方式也是可以的。目前软件和数字化总是相互结合的，因此软件无线电是在数字无线电的基础上发展的。

图 1.3-6 为软件无线电系统抽象结构图，从图中可见软件无线电就是在数字无线电基础上发展而来的，其重要的不同在于存在一个用于系统管理及控制的部分，这个部分的存在使系统的底层硬件与所使用的软件相隔离，使整个系统具备可重配置的强大能力。

实现软件无线电的核心思想是采用开放的、标准化的通用硬件平台构造无线电系统，使宽带 ADC/DAC 尽可能地靠近天线，用软件实现尽可能多的无线电功能，并且能够通过软件实现功能的设定和升级，使通信系统具有多频带、多模式通信能力。理想的软件无线电系统结构如图 1.3－7 所示，此系统中射频前端是不存在的，天线信号直接与转换器相连。

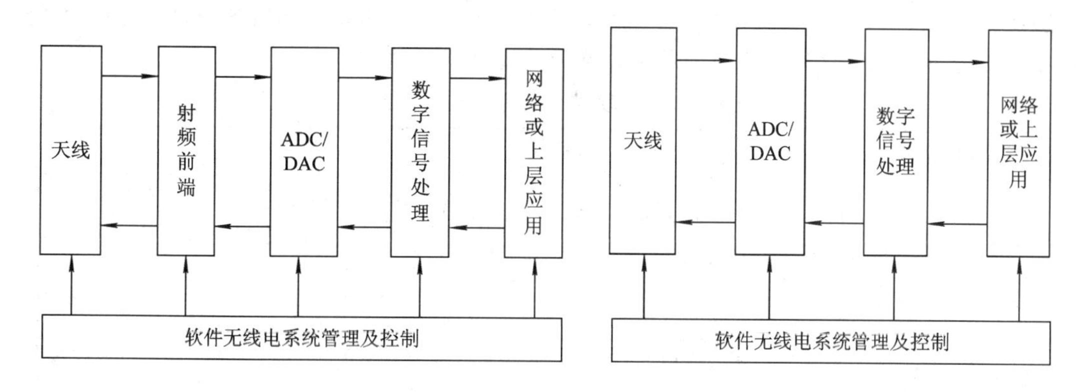


图 1.3－6　软件无线电系统抽象结构　　　图 1.3－7　理想软件无线电系统结构

从单个系统功能来看，并不能展现软件无线电的优势，但是在面对系统快速升级应用或多频段/多模式/多功能的应用时，基于硬件的无线电由于功能基于硬件或者是基于紧密依赖硬件的软件，要么难以适应，要么使用代价很高，而软件无线电采用与硬件无关的软件实施信号处理，无线通信设备可以利用非常有效的软件方式进行升级或实现多频段/多模式/多功能的应用，因此软件无线电技术提供了极大的灵活性，如图 1.3－8 所示。

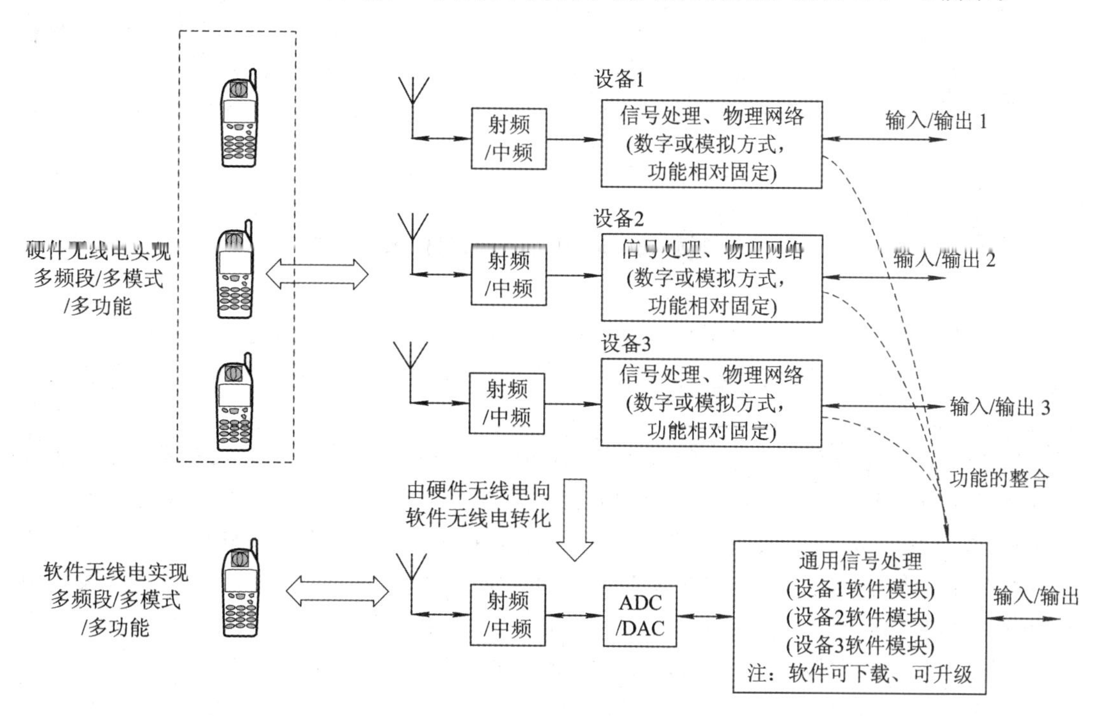


图 1.3－8　软件无线电的优势

显然，软件在无线系统中的作用是十分明显的。软件的作用可以分为两个部分，一是专注于信号处理，涉及常规的无线信号的处理算法等；二是数据处理，涉及较高层次的数据组织应用、系统以及网络管理等；三是对无线环境的感知和智能决策。对于最后这个方面，不仅是目前常规无线系统不具备的功能，完成了对操作者已定程度的替代，还有了性能的极大提升，拓展了前所未有的系统使用方式。根据软件的应用情况，软件无线电的发展层次如表 1.3－1 所示。其中，由于无线环境智能感知技术应用的重要性大为提高，因此具备此类能力的软件无线电系统有了新的名称，即认知无线电。

**表 1.3－1　软件无线电的发展层次**

| 软件无线电层次 | 软件功能 | 特点 |
| --- | --- | --- |
| 硬件无线电 | 以专用方式完成无线信号处理，参与一定的系统控制 | 系统不能做任何修改，系统操作由开关、拨号盘和按钮来完成；<br>软件较少或没有，与硬件紧耦合 |
| 软件控制无线电 | 完成无线信号处理，并具备对系统的操作控制能力 | 系统能够实现软件控制，并有一定的参量调整能力，但对网络、频带以及调制方式这样的特征参量不具备适应能力；<br>软件较多，与硬件紧耦合 |
| 软件无线电 | 全面完成无线信号处理、数据处理以及系统网络的控制 | 系统对端机、网络具有较为全面的适应能力，所有特征参量均可以调整，但受到射频前端频带的限制；<br>软件大量使用，与硬件独立；<br>初步具备对无线环境的适应能力 |
| 理想软件无线电 | 全面完成无线信号处理、数据处理以及端机、网络的控制，具备智能 | 系统对端机、网络具有全面的适应能力，没有频带的限制；<br>软件大量使用，与硬件独立；<br>具备对无线环境的适应能力 |

## 1.4　软件无线电的诞生历史

软件无线电技术最早是由军事通信技术发展而来。虽然软件无线电概念的明确提出是在 20 世纪 90 年代，但是其概念最早起源于 20 世纪 70 年代末美军对 VHF 频段多模式无线电系统的开发。

军事应用具有高度机动性的特点，使得采用无线链路进行通信的需求非常强烈。但是军用通信系统的种类很多，而且使用和开发是自治的，这些系统之间大多数没有互操作(互操作是指两个或多个系统或组件之间交换信息并使用已经交换的信息)能力。这样，它们无法满足在整个战场环境下实现无缝通信的要求。另外，军警机构、公共机构以及紧急服务组织也迫切需要通信具有互操作能力，同时还需要有反应迅速、灵活、可移动、生存能力强、成本可负担等特点。通用化和标准化是支持以上特点的核心机制，即

- 各系统之间互相兼容。
- 可以被不需要特殊训练的操作者使用，简单地说，会操作一种系统就会操作其他系统。

• 备件可互换。

另外，通信系统从研制到装备时间较长，而通信技术在此期间会获得不小的发展，这将导致最终使用的技术可能会落后。而如果进行升级，由于大量的通信系统是基于硬件的，不重新进行硬件设计就难以实现，因而成本是高昂的。

在这些迫切需求的引领下，随着计算机、数字信号处理、ADC、多媒体处理、网络、接口等方面技术的进步，在20世纪70年代，美国国防部开始了软件无线电技术的研究。

### 1.4.1　早期的软件控制无线电

1970年，美国国防部首先提出了"数字接收机(Digital Receiver)"的概念，并建立了基于软件的基带分析工具Midas，其操作是通过软件定义的。

1973年，美国空军罗姆航空开发中心(RADC)将ASR-33电传打字机、通用NOVA 1200微计算机、HP 3570A分析仪和HP 3330B频率合成设备集成在一起，开发了一种可编程(采用Fortran语言)计算机控制的VLF电子智能接收机，这个接收机终端采用HP接口总线(HPIB)实现各部分互连，如图1.4-1所示。

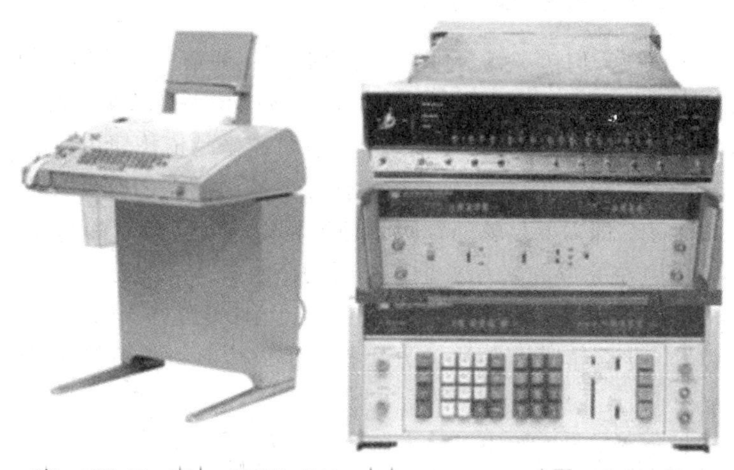

(左—ASR-33；右上—NOVA 1200；右中—HP 3570A；右下—HP 3330B)

图1.4-1　早期VLF电子智能接收机

同时，该中心还开发了VLF接收天线阵列以及自适应天线接收系统(ADARS)，如图1.4-2所示，在这种系统中，将A/D转换直接应用于天线，省略了大部分模拟电路。

20世纪80年代，罗姆航空开发中心致力于提高战术无线系统的抗干扰能力，为了评估各种技术的效能，中心开发了一种抗干扰通信模拟器(JARECO)。该模拟器能够让操作者定义不同的波形并下载到模拟器的终端，可以提供半双工数字语音通话。该模拟器能够模拟的对抗技术有：连续可变斜率增量调制(CVSD、LPC10)、分集合并、前向纠错、跳频、跳时、跳码、窄带干扰抵消以及不同调制形式，如FSK、MSK等。其主控制终端为IBM-PC/AT286，用于建立、存储、下载(通过IEEE-488总线)配置参数到战术通信终端单元(TCTU)，模拟所需要的波形和对抗技术。战术通信终端是可编程的，采用了四种处理单元：控制处理器、数据处理器、同步处理器、脉冲处理器。第一种采用Motorola 68020，后三种采用TMS320C25，这样使得计算负载均匀分配。软件是模块化的，具有通用结构，

(a) 信号处理单元

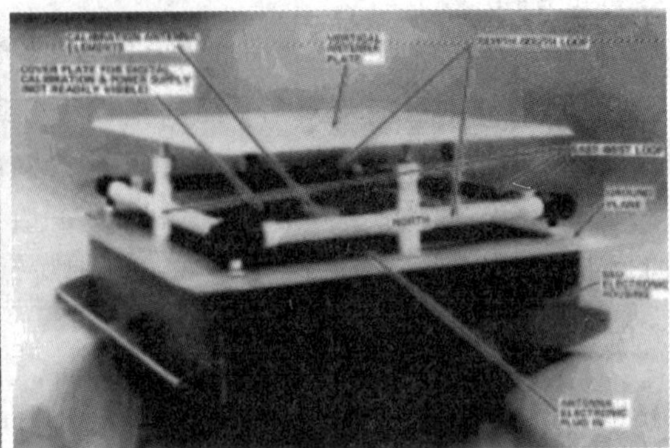

(b) 射频部分

图 1.4-2 早期的 VLF 自适应天线接收系统(ADARS)

采用 C 语言和汇编语言编程。

### 1.4.2 第一个可编程的无线电系统 ICNIA

早期的技术尝试使人们初步感受到了计算机技术在通信中应用的潜力。随后，空军这个特殊的兵种对于无线设备的特殊需求使可编程无线电技术得以实用化。

在现代战场中，由于电磁环境日益复杂，飞行员越来越依赖使用性能良好的无线系统完成通信、导航、识别任务。任务复杂性的增加需要越来越多的电子设备的支持，这样对飞机的要求也增加了，即需要足够的空间、能源等资源来支持新的功能。然而大部分应用目的不同的电子系统完成的基本功能是相同的，比如一般都有上/下变频、调制/解调等功能。基于电子设备的这个特点，20 世纪 70 年代，美国空军(以及海军)开始改进其电子设备以解决空间约束问题，解决的方法就是集成功能到通用可编程模块来支持不同的业务。

1978 年，美国空军航电实验室启动了通信、导航、识别综合航电(ICNIA)计划来进行这个新的技术概念的研究。从基础研究和探索发展起步，开发多功能多频段机载无线系统(MFBARS)。1986 年，该计划在先进战术飞机(ATF)特别工程办公室的管理下，最终成功研制出 F-22 猛禽战斗机，如图 1.4-3 所示。

图 1.4-3 美国 F-22 猛禽战斗机

ICNIA整个系统可以分为接收和发射两条路径，通过数据路径、控制和扩频总线相连，一个160 Mb/s的内部数据总线在不同的模块中传输数据。其基本接收结构由天线接口单元、射频开关矩阵、多个多频段接收机、预处理器和一个VHSIC信号处理器、通信保密(COMSEC)接口、VHSIC信号处理器组成。发射路径开始于数据处理器并且通过COMSEC接口和VHSIC信号处理器进入多个多功能模块，进入多模式激励器，最后进入射频矩阵和天线接口单元。ICNIA具有多种军用通信导航识别功能(包括JTIDS、Link4、Link11、PLRS、Have Quick、GPS、SINCGARS、UHF-SATCOM、TACAN、FLTSAT、IFF、VOR/ILS导航系统、MLS着陆系统、ACMI、TACS、GPS等)以及非常典型的通信功能，例如单边带HF、VHF、UHF、AM、FM等，波形数目达22种。

ICNIA计划获得的先进开发模型(ADM)如图1.4-4所示。

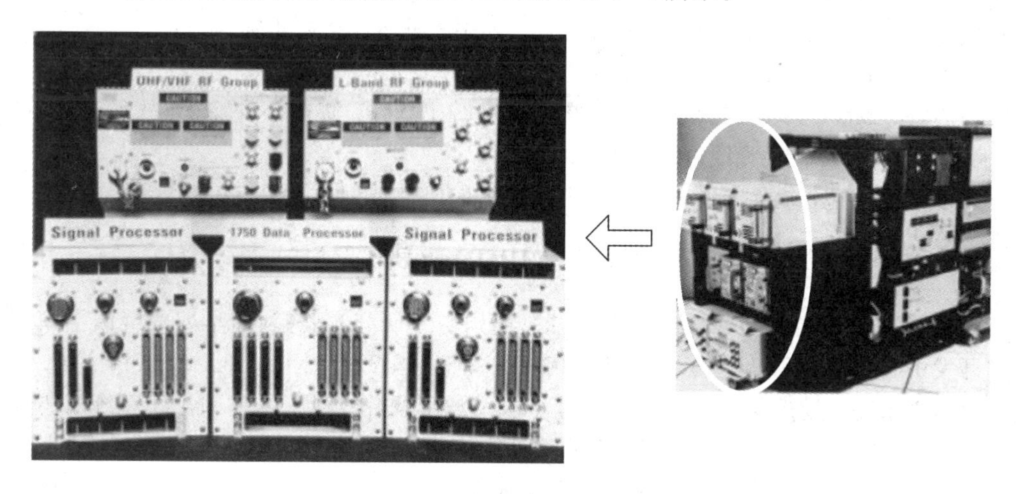


图1.4-4　第一个可编程的无线电系统ICNIA

ADM的射频部分覆盖2～1600 MHz，可分为HF、VHF、UHF、L波段，具有117dB的动态范围，装入6个现场可更换单元(LRU)中，每个单元包含几个可更换模块(LRM)。

- 射频组包含9种共26个可更换模块。
- 接收机设计为三次变频超外差式接收机，噪声系数为3.5 dB。
- 发射机组由分离的多模式载波产生器和功率放大器构成。
- 预处理器可更换单元中包含8种共40个可更换模块(LRM)，两个VHSIC信号控制处理器可更换单元中包含4种共10个可更换模块，VHSIC处理器的处理能力不低于50MOPS。
- 数据处理器LRU中包含5种共20个LRM，数据处理器采用第一代VHSIC结构，处理能力为2.8 MIPS。
- ICNIA ADM总共有96个模块。

1987年，ICNIA开始进行主板演示。1990年9月，ADM交付美军进行测试，计划在1992年结束。ICNIA成为第一个可编程无线电，是第一个采用基于DSP的可编程调制解调控制的、具有综合能力的机载电子系统，其技术构成了未来先进战术战斗机的通信、导航、识别(CNI)系统以及SPEAKeasy系统的基础。

### 1.4.3　软件无线电概念的出现

1984 年，美国 E-System 公司(现已经并入 Raytheon 公司)首先提出“软件无线电”这个词，但其含义不是完整的通信系统。E-System 的软件无线电仅指一种数字基带接收机，该接收机具有多个接入共享存储器的阵列处理器，具备可编程的干扰抑制及宽带信号解调能力。

1991 年，E-System 的 Joseph Mitola Ⅲ在其负责的 GSM 基站项目中，再次使用了“软件无线电”一词，这一次他拟实现的是一种完全基于软件的收发机。该系统的构建理念被美国空军采纳，并在某型战术终端的研制中得到应用，该战术终端采用 TMS320C30 处理器和 Harris 数字接收机技术，项目并不很成功，但这一理念被美国空军视为无线领域重要的发展方向。在美国空军的允许下，Joseph Mitola Ⅲ于 1992 年在 IEEE Aerospace and Electronic Systems Magazine 上发表了“Software Radio: Survey, Critical Evaluation and Future Directions”一文，对其设计的系统架构进行了描述，提出了完整的“软件无线电”概念，因此也被称为“软件无线电之父”。

需要强调的是，软件无线电的工程实践在其他研究计划中也早已开展起来。

### 1.4.4　抗干扰可编程信号处理器(TAJPSP)计划

1989 年，在建立 ICNIA 技术的基础上，美国空军研究实验室(即早期的美国空军罗姆航空开发中心(RADC))启动了战术抗干扰可编程信号处理器计划，即 TAJPSP 计划。该计划的开发需求是：处理器应该能够同时进行多个波形操作；系统结构和操作系统对于同时操作是最优的；采用模块结构实现功能；尽可能使用 Ada 语言；确保未来的可扩展性。

美国陆军和海军对此表现出了浓厚的兴趣并通过联合指挥实验室(JDL)加入。该计划的研究范围随后进行了扩展，包括开发 Ad Hoc(即无需事先准备的)、多频段的射频前端，以使 TAJPSP 可以被测试。这样，TAJPSP 开发了一种多频段多模式无线电(MBMMR)系统。该计划执行后不久就发现原有的 ICNIA 处理器结构存在拥塞，系统结构需要增加保密功能等问题，因此计划在实施方案上有所变化，而且，美国国防部部长办公室下的平衡技术计划(BTI)办公室(旨在推动先进技术在最为迫切需要的领域的应用，该办公室后来关闭，其职责转入美国国防部高级研究计划署(DARPA))对此也非常感兴趣并提供了资助，因此形成了一个新的三军联合计划，即 SPEAKeasy 计划。

### 1.4.5　SPEAKeasy 计划

SPEAKeasy 计划起始于 1991 年，其军事需求是改进 C4(命令、控制、通信、计算机)系统的实现方法，采用单一平台支持三军联合通信业务，如图 1.4-5 所示。SPEAKeasy 计划是一个多阶段的三军联合开发计划，目的是证明波形可编程的多频带多模式无线电(MBMMR)的概念。具体来讲，第一是开发一种模块化的、可重编程的、具有开放结构的调制解调器，并进行演示；第二是开发通用软件结构，易于波形的使用和新波形的开发。

SPEAKeasy 的思想是采用通用可编程模块实现多波形能力，模块和软件可以配置于很多平台上作为三军通用的多频段多模式无线电系统，可以完成 15 种现有电台的功能，有助于减少后勤压力。表 1.4-1 列出了这 15 种电台的型号。

图1.4-5 SPEAKeasy计划的构想

**表1.4-1 SPEAKeasy与既有通信设备波形兼容一览表**

| 频 段 | 电 台 型 号 |
| --- | --- |
| HF | 1. HF MODEM(MIL－STD－188－110A)<br>2. PACER BOUNCE<br>3. HF ALE (MIL－STD－118－141A)<br>4. STAJ (MIL－STD－188－148A) |
| VHF | 5. SINCGARS<br>6. MSRT<br>7. FUGER－A/VHF<br>8. PR4G |
| UHF | 9. HAVE QUICK I<br>10. HAVE QUICK II<br>11. HAVE QUICK IIA<br>12. SATURN |
| L | 13. JTIDS |
| C | 14. TRC－170 |
| X | 15. TSC－94A |

SPEAKeasy 模块采用固定的、已定义的开放结构接口，允许随技术进步而升级，比如增加波形等。SPEAKeasy 继承了 ICNIA 技术，而且采用了更可接受的保密结构和改进型 DSP——TMS320C40。

SPEAKeasy 的 MBMMR 频带范围为 2 MHz～2 GHz，其信号处理能力是 1 BOPS（16 bit 整数）或 200 MIPS（32 bit 浮点数），重量、体积较小，适合战术应用，最多可以 4 通道同时收发。由于数字处理部分承担了越来越多的任务，在很宽范围上采用软件定义，且运行在通用硬件平台上，因此比传统技术更具有优势，系统的灵活性获得了极大的提高。这种技术允许在不改变电路的情况下提高系统性能或进行升级，可以采用适应特殊应用的软件来满足某些个体的特殊需要，这就像在个人计算机市场，可以把 SPEAKeasy 看作是用于语音和数据通信的具有天线的超级笔记本电脑。

**1. SPEAKeasy-I**

SPEAKeasy 计划分为多个阶段。第一阶段称为 SPEAKeasy-I，是概念探索阶段，时间从 1992 年到 1995 年。SPEAKeasy-I 阶段的主要目标是：

（1）无线电功能和波形函数尽可能以编程实现，以获得最大限度的灵活性，并加强无线系统的可编程性。

（2）将功能进行分解，将大部分功能分配给数字信号处理器来完成，而这些处理器可以为不同的波形或功能共享，以减少硬件并降低成本。

（3）不能在数字信号处理器中完成的功能，设计为一组可编程模块并扩展为硬件子系统。

（4）遵从国家安全局的指导，围绕信息保密开发系统结构，系统将数据分为红色（非保密）和黑色（保密）数据。

（5）采用一个通用目的处理器来操作菜单驱动 SPEAKeasy 先进开发模型的人机界面。

（6）将原来采用通用信号处理器的功能移植到 TMS320C40 上。

（7）开发先进的数据处理模块、可编程信息保密模块、射频模块。

（8）开发符合国家安全局要求的过渡非可编程子模块，以允许近期互操作能力测试和演示。

为此，这个阶段开发了实验室原型 SPEAKeasy-I ADM，这不是一个完整的通信系统，也没有实现小型化等意图，其主要目的是验证相关关键技术，包括：快速傅氏变换（FFT）技术；高采样率、高动态范围的 ADC 技术；四 DSP 模块（四个 TMS320C40）；宽瞬时带宽的射频上/下变频技术；基于 40 MHz 精简指令集计算机（RISC）的可编程信息安全（INFOSEC）模块结构。

SPEAKeasy-I ADM 包括一个用于控制的 VME 总线、独特的高速环形数据总线和灵活的可编程硬件模块，某些模块包含高速微处理器。这些模块通过总线互联来完成即时的数据交换并实施控制。SPEAKeasy 采用 6U/12U VME 总线底板。VME 总线用于完成模块之间控制数据的发送，以及 ADM 子系统的配置，并下载针对特定波形的 FPGA 脚本程序到基带信号处理子系统。用户接口包括 Sun SPARC 工作站，用于下载脚本文件到终端控制器。SPEAKeasy-Ⅰ阶段开发框图如图 1.4－6 所示。

Sun SPARC 工作站作为智能系统控制器（ISC），其软件负责人机接口的操作、系统配置控制、性能监测、BIT 功能；通过 RS-232 接口，Sun SPARC 工作站与 XDS－150 笔记本

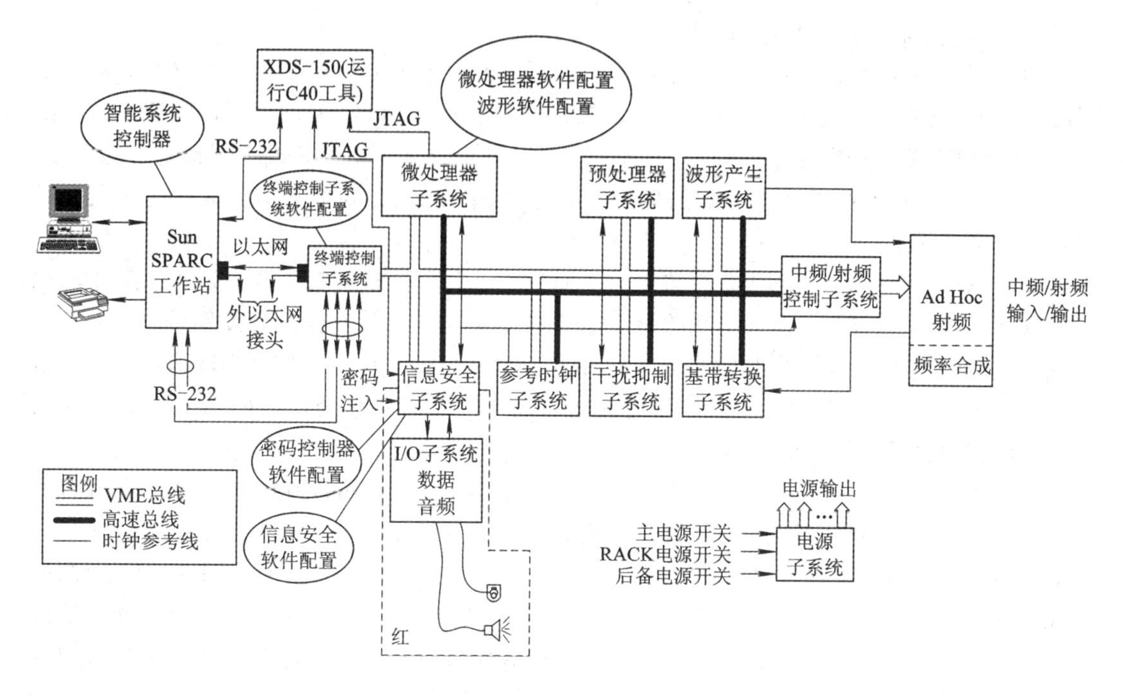


图 1.4-6 SPEAKeasy-Ⅰ阶段先进开发模型框图

电脑相连，该笔记本电脑采用JTAG接口运行TMS320C40工具；工作站也使用RS-232接口在终端控制系统(TCS)上运行诊断程序。

终端控制子系统主要通过以太网和工作站与人机接口联系。终端控制子系统监测并控制其他ADM子系统。终端控制子系统作为VME总线的主机，用来配置所有其他子系统，并在总线上运行机内检测(BIT)。

微处理器子系统包含4个TMS320C40，实现信号和数据处理功能，包括调制、解调、窄带波形的同步和控制、宽带波形的后相关处理等。

信息安全(INFOSEC)子系统是可编程的，包括通信安全(COMSEC)、传输安全(TRANSEC)和密钥管理功能。信息安全单独设计和测试，没有集成进ADM中。通信安全指对消息数据加密。传输安全指对发射信号进一步调制，如跳频、扩频。每一种无线电系统都有自己独特的信息安全特性，因此SPEAKeasy采用可编程信息安全处理器、保密精简指令集CYPRIS处理器，使用软件来实现加密算法。密钥管理也是采用软件进行开发的，分为黑(保密)、红(非保密)以及空中密码更新注入模式。SPEAKeasy-Ⅰ的信息安全子系统可以实现5种信息安全模块的功能。

I/O子系统将信息安全子系统与外部的模拟和数字I/O端口互联。这些端口包括手持模拟话音输入、扬声器、与外部数字设备连接的数据端口等。

参考时钟子系统采用直接数字合成器提供可编程系统时钟，用于ADM各子系统的同步过程。该子系统的信号通过模块中的独立线进行传输(采用VME总线中用户可分配的管脚)。

预处理器子系统用于满足宽带波形捕获的特殊需要。该子系统从基带转换子系统或干扰抑制子系统中接收宽带数字化采样信息，完成抽头延迟线解调。在SPEAKeasy-Ⅰ中，预处理器子系统和干扰抑制子系统未完成，未使用宽带波形。

干扰抑制子系统完成同相、正交频率域变换，将处理后的结果送入预处理器子系统。

干扰抑制子系统将进行窄带干扰抑制。

波形产生子系统、基带转换子系统、中频/射频控制子系统采用 FPGA 阵列，通过下载的 UNIX 脚本文件几乎可以获得所有的波形。由于采用 FPGA 阵列，因此需要非常大的 12U 的 VME 板。波形产生子系统完成调制功能。基带转换子系统完成中频到基带的下变。中频/射频控制子系统提供 ADM 总线系统和模拟射频之间必要的接口，所有这些完全可编程、可重配置。

SPEAKeasy-I ADM 设计总线结构为 4 通道，但实际最多安装了两个通道。高速总线设计计划用于宽带波形，而且 1 期的设计重点在于实现联合战术信息分发系统(JTIDS)的宽带波形和稳健 LPD/I 波形的传送，但由于 ICNIA 的代码不易将 JTIDS 功能移植给 SPEAKeasy，而且开发和实现宽带预处理器的成本很高，因此，SPEAKeasy-I ADM 并没有进行宽带通信演示。

Ad Hoc 射频是模拟子系统，用于完成上/下变频，使系统可以在实验室条件下或有限制的无线环境下进行实际测试，特别是与现有设备的互操作测试，频率范围覆盖军用 HF、VHF、UHF 频段。研究表明不可能采用单一通道覆盖 2 MHz～2 GHz 频率范围，因此射频部分采用三个频段：2～30 MHz、30～400 MHz、400 MHz～2 GHz，但只有中间频段进行了演示。采用 Ad Hoc 射频仅是一种简单的射频实现方式，目的是为了能够满足短期内演示的需求。

SPEAKeasy-I ADM 如图 1.4-7 所示，它装在 70 英寸×30 英寸×30 英寸的设备架上，总重量为 250 磅，设备电源为 220 V 交流电，电流小于 15 A。

图 1.4-7　SPEAKeasy-I 先进开发模型(ADM)

1994 年 8 月进行的 SPEAKeasy 概念级演示，证实了 SPEAKeasy 具有下列能力：

(1) 与原有 SINCGARS 和 Have Quick I/II(两者都工作在各自频段上和跳频模式)、HF ALE、HF MODEM(仅发射)系统进行互操作。

(2) 具有同时与多个系统通信的能力，具体演示了两种通信情况：一种设定两个信道分别与 SINCGARS 系统和 Have Quick 系统同时通信；另一种设定两个信道与 Have

Quick 系统同时通信。

(3) 可作为无人值守网关，桥接两个工作在不同协议上的远程终端。在这次演示中，语音信号进行 CVSD 编码，通过 SINCGARS 系统在 VHF 频段发出，SPEAKeasy 系统在 VHF 频段接收 SINCGARS 信号，解调出来后转换为模拟语音信号，采用 AM 调制在 UHF 频段上并发给 Have Quick 系统，如图 1.4-8 所示。

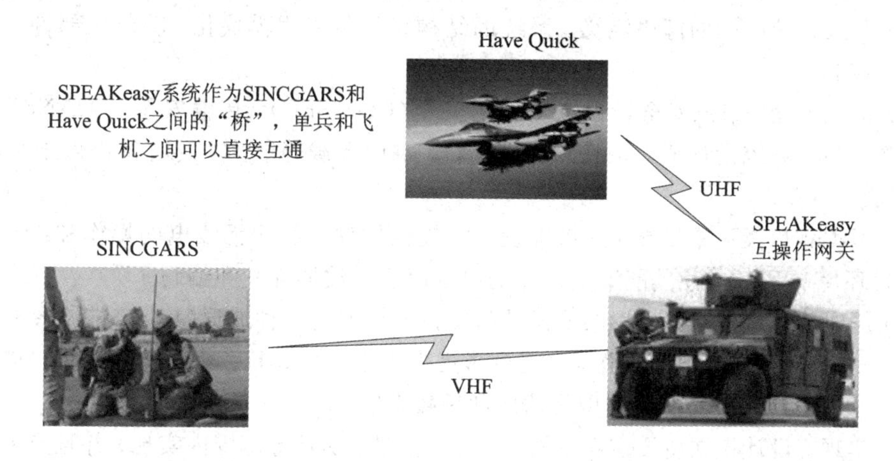


图 1.4-8　"桥"功能演示

(4) 可以通过编程迅速产生一个新的波形，编码并通过下载方式进行应用。演示设置了一个改进的 SINCGARS 波形，突发 100 ms，速率 1600 b/s，调制了频率为 1 kHz 的音频信号，将这个新波形通过编程下载并通过 SPEAKeasy ADM 发射出去，用 SINCGARS 系统接收，可以听到周期性的"哔"声。

(5) 在自动链路建立(ALE)时采用语音来改善人机界面，语音采用标准语音文件格式(.wav)存储，语音文件可以提供一个语音告警给 SPEAKeasy 操作者来改变状态。

1995 年 9 月，SPEAKeasy 计划被选中参加"1995 联合武士互通性演示(JWID-95)"，为期三个星期，其目标是检验 SPEAKeasy 系统和尽可能多的现有无线设备进行互操作的能力。在演示准备期间，SPEAKeasy ADM 做了进一步改进：增加了信号检测指示；为了在发射模式下自动设置，新增加了特殊的控制逻辑；增加了会议模式，使操作者可监测或参与桥接通信；另外，SPEAKeasy 人机界面中增加了一个特殊的桥接菜单，简化了 ADM 的操作。

演示采用标准 HF、VHF、UHF 天线(小型鞭状天线，覆盖频段 90～200 MHz)进行发射和接收。

参与互操作演示的系统是 Have Quick(跳频)系统、SINCGARS 系统、标准民用无线电系统、交通管制系统(仅接收)。在桥接演示中，将交通管制语音信号桥接到 SINCGARS 系统上；在标准跳频(SINCGARS)和民用无线电之间进行桥接；在标准 Have Quick 和 SINCGARS 跳频无线电之间进行桥接。SPEAKeasy 的演示重点在于可编程无线电能力。

演示非常成功，预设的基本目标都已达到，但由于一些限制，1 期的设备没有足够的能力来演示宽带波形，调制解调软件、用户接口、波形开发环境并未达到易于使用的目标。

**2. SPEAKeasy-Ⅱ**

1994 年 8 月进行的概念演示的成功导致 SPEAKeasy 计划 2 期，称为 SPEAKeasy-Ⅱ，计划至1999年。在这个阶段，目标是在1期的基础上开发能够实际应用的原型样机，它具有完全射频能力，能够通过空中接口发射、接收信号。第2期计划以第1期设计为基础，但并不是简单地复制。在2期中相应增加一些新的设计原则，比如尽量使用商用产品、应用非专利总线、应用开放结构、包含信息保密功能、增加宽带数据波形等。

1）SPEAKeasy-Ⅱ的选择因素

(1) 开放系统结构的模块定义。系统的结构设计将采用模块化、功能化部件，以及非专利商用接口。

(2) 信息安全。信息安全设计遵从通信安全(COMSEC)、传输安全(TRANSEC)、密钥管理等原则。系统设计考虑加密、密钥更新、空中下载等能力，同时将提供未来功能增加的潜力。

(3) 可编程以及可重置能力。系统设计将提供软件可编程无线电的操作和维护，完善波形开发环境(WDE)，使其能够支持2期以及以后的波形开发和编码。

(4) 同时操作和互联网络。系统设计将支持所需要的4种波形(4个窄带波形或2个宽带波形+2个窄带波形)同时工作，并充分考虑电磁干扰(EMI)、电磁兼容(EMC)以及共站问题的解决。设计将支持所需的网络功能和桥接功能。

(5) 实现。设计将在所设定的形式、大小、重量、功耗等范围内实现，并且充分考虑可用于其他方面，另外也需要功能演示以及将技术扩展到其他计划中。

(6) 管理。由于计划的完成单位很多，因此需要良好的组织和结构，通过相应机制对研制过程出现的问题予以确定和解决，以保证时间进度和成本控制。

1995年，SPEAKeasy-Ⅱ启动，SPEAKeasy概念得到了进一步完善。2期的建议书指出：SPEAKeasy概念的中心是明确定义接口标准，允许互操作功能，系统结构是开放的，着眼于无线功能模块化(不是依赖波形)，具有通用模块库。美国政府希望采用SPEAKeasy结构可以满足大部分市场的需要，可以应用于尽可能多的平台(飞行器、船舶、车辆、人员)，具有多种规格(SEM-E、VME、1553B等)。

当然在具体设计时，也未强调采用单一设计满足所有可能的平台和规格。因此，在2期中定义了尽可能多的具体化结构用于军事和民用领域，以获得足够的性能并保证合理的成本。

SPEAKeasy-Ⅱ设计了模块化、开放的系统结构，形成了一种“无线世界的个人计算机”，通过模块中软件和硬件的最优分配完成功能。模块独立工作，即插即用，具有灵活性、普遍性、成本有效性，成为一个通用的信息传输系统。2期的设计重点在于采用商用模块和商用标准，它能实现不同形式的I/O、互联网络、可重编程保密服务、可编程宽带调制解调器等功能。

SPEAKeasy-Ⅱ的多频段、多模式通信终端能够覆盖2 MHz～2 GHz，数据速率为75 b/s～10 Mb/s，包括22种可编程波形，有4个可同时工作、可编程的信道，具有GPS和蜂窝功能，而且以上性能还可以扩展，功率为2 W。

2）SPEAKeasy-Ⅱ的技术特点

(1) 模块化开放结构。SPEAKeasy-Ⅱ追求模块化开放系统结构，着眼于功能模块化(而不是波形或信道)，不需要昂贵系统的替换或重新设计，仅通过模块的改进和替换就可实现技术的更替。模块可以是硬件也可以是软件，它们能够完成一组功能。模块化开放结构的特点是模块功能标准化(与波形或数据包类型无关)和开放的接口(通过适配器与系统总线结构互联)。总之可以采用与总线无关的方式实现一个具体系统，如图1.4-9所示。

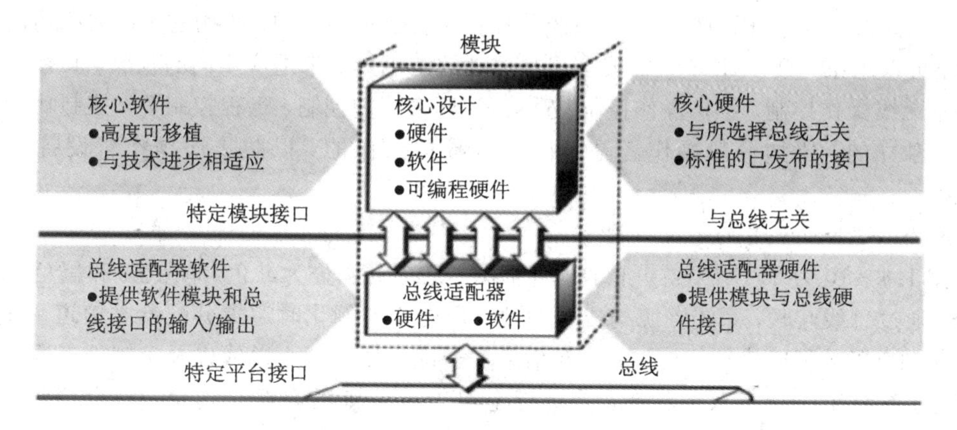


图1.4-9　SPEAKeasy-Ⅱ的模块化开放结构

SPEAKeasy-Ⅱ系统由多种模块构成，包括射频前端模块、调制解调器模块、信息安全模块、互配模块、人机接口/控制模块。

SPEAKeasy-Ⅱ引入了虚拟无线电信道的概念，即系统资源没有构成一个固定的通道(采用特定的模块和顺序建立的从基带输入/输出到射频的语音和数据信道)。SPEAKeasy模块构成了一个资源池(即模块的集合)，按照实例要求分配信道，该信道在使用期间存在并可按照操作者意志改变。当系统启动重新配置时，可以为不同的资源配置不同的信道。

(2) 信息安全。信息安全是SPEAKeasy的关键因素。信息安全模块强制整个系统的数据和控制信息区分为红色(非保密)、黑色(保密)。SPEAKeasy需要管理和控制密钥和算法，提供存储、修补、密钥更新等功能。

(3) 可重编程。1995年，很多无线电系统已经可以通过计算机或微处理器控制和操作，但是它们没有可重编程能力，即不能通过软件下载接受新的软件或增加新的功能，特别是不能通过空中下载到野外终端。在大部分无线电系统中，改变频率分配、改变跳频集、修改射频参数(信道带宽、滤波器需求)、增加干扰抑制能力等将意味着耗时长和成本高的重新设计。SPEAKeasy适应以上所有类型变化，并且完成这些功能仅需要通过直接连接或空中下载方式获得新的改进的代码，而硬件不改变或很少改变。

(4) 同时性和互配性。互配(interworking)是指在不同网络或系统中的实体之间支持通信交互作用的手段。SPEAKeasy-Ⅱ可提供非常多的波形、调制方式、编码方式、信息安全算法等，并支持在不同组合情况下同时在多个信道下操作。SPEAKeasy需要能够互联不同的语音和数据以提供语音桥接和数据网关功能。一旦信道实例化，无需操作者干预就可以无缝实现频率变换、调制改变、代码转换、协议变化等。

(5) 软件设计。SPEAKeasy-Ⅱ的软件结构类似于硬件结构，也应该是开放的。硬件采用VHDL描述，软件代码采用Ada语言和C语言编写。SPEAKeasy-Ⅱ的重点是开发软件功能模块和可重用库。获得一个具有可重编程能力的无线电系统仅是开发完全灵活的可重编程通信系统的一部分工作，另一部分工作是要能够迅速、廉价地改进或建立新的软件并使其易于工作，这需要一个集成的软件支持环境，通过这个集成软件支持环境可以建立、下载新的软件，使野外军事能力得到加强或支持。对比传统的军用通信系统，其时间成本是相当低的。

(6) 人机界面。SPEAKeasy-Ⅱ系统的操作和控制应该简单，因为它可能要模仿所有的波形。可以想象，SPEAKeasy需要多层次控制的人机界面来适应不同的状况。其控制功能有基本无线操作控制、维护操作控制、重编程/网络管理控制、远程控制等。控制功能之间是相互独立的，比如一般操作者是不能进行维护操作的，以防止误操作对设备进行重编程。

3) SPEAKeasy-Ⅱ的系统结构

图1.4-10为SPEAKeasy-Ⅱ的硬件框图。系统资源分为红色(非保密)和黑色(保密)部分，通过总线互联，系统资源构成资源池，当进行实例化时逻辑分配给虚信道，每个虚信道是独立的，可以执行任何波形。在信息安全部分使用两个总线以及密钥处理器和密码处理器。系统工作在半双工状态，若进行全双工通信则需要两个通道：一个接收，一个发射。

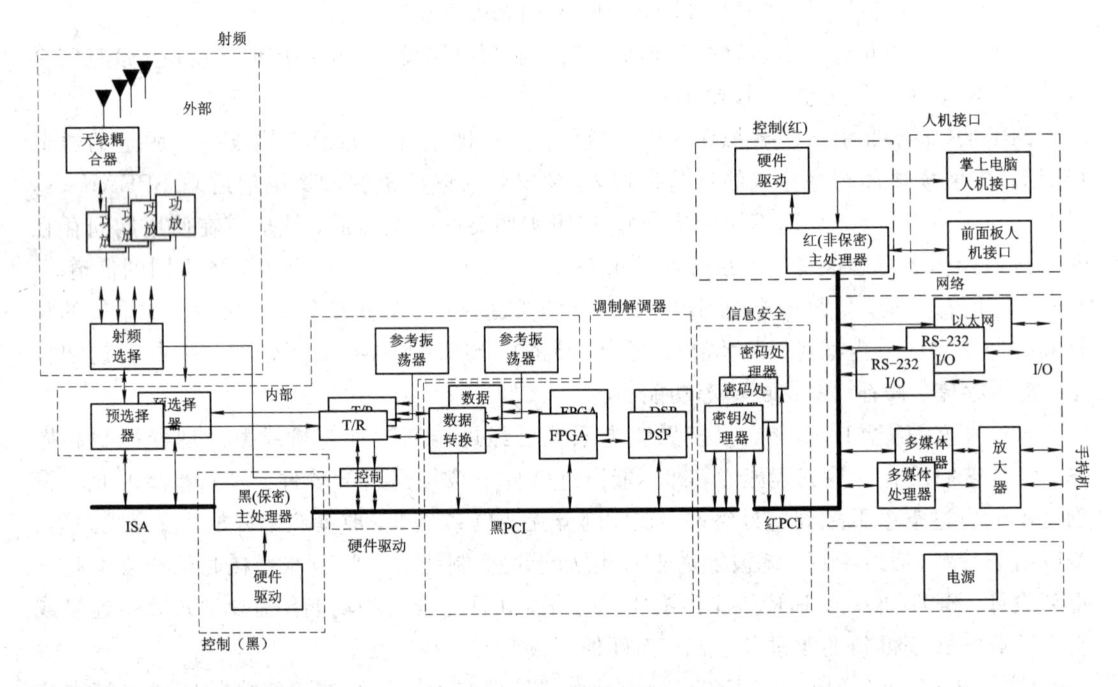


图1.4-10　SPEAKeasy的硬件框图

图1.4-11为SPEAKeasy-Ⅱ系统各子系统构成和功能分配情况。各子系统具体功能为：

(1) 射频子系统。射频子系统发射/接收射频信号，发射时将模拟调制解调器信号转换为可传输的射频信号，接收时过程相反。射频子系统功能包括上变频、下变频、滤波、放大、前置放大、分集合并、收—发转换、共站干扰抵消、天线耦合、多路耦合器和天线。射频子系统可以同时发射/接收多路信号，频率范围覆盖2 MHz～2 GHz。该系统包括天线、耦合器、共站滤波器、功率放大器、收—发转换系统、收/发模块、半双工控制等，可以在毫秒级内完成收—发转换。

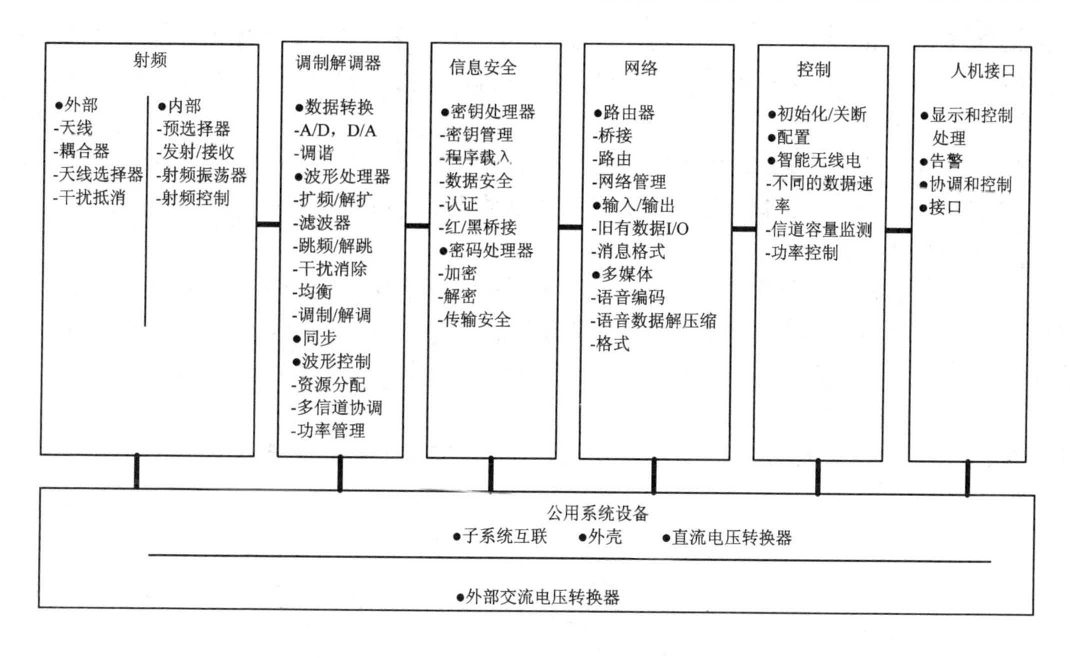


图1.4-11　SPEAKeasy-Ⅱ系统结构和功能分配

(2) 调制解调器子系统。调制解调器子系统实现数字信号和模拟信号之间的转换，对波形进行调制解调。该子系统可以同时发送/接收多路信号，在接收模式下，接收模拟信号并输出解调后数字信息；在发射模式下，输入数字信息并调制，随后转换为模拟信号，激励放大器到特定的功率水平。调制解调器中的跳频软件根据保存在信息安全子系统的跳频集产生频率变化。该子系统包括A/D、D/A、调制、解调、前向纠错、干扰抑制、载波跟踪、比特交织、数据组帧等功能。调制解调器的资源可以分配给任意一个信道，简单、低速率的波形比复杂、高速率的波形要求低得多。改变参数或重新分配信道不需要中断已建立信道的工作。

每个信道有一个数据转换模块，还包括蜂窝电话、GPS接收机模块。

(3) 信息安全子系统。信息安全子系统保证密码安全和传输安全。它包括一个或多个密码处理器模块对基带数据加密并传送安全比特流，信息安全子系统也管理密钥来支持这些功能。通信安全和传输安全服务可以使系统与原有系统互联并提供相同的安全水平。

(4) 网络子系统。网络子系统可以路由IP包、接入I/O口、采用多媒体处理器(MMP)处理信道化语音，这些处理器可以在不同射频模式之间桥接语音信号。子系统同时支持多个独立的半双工无线语音或数据信道，也支持多个有线语音和数据电路。另外，可通过IP任意互联数据信道。路由器负责在合适的链路中路由数据包。该子系统还提供了桥接、网关、数据包业务。

该子系统包括多媒体处理器、内部路由器、一系列输入/输出模块和网路协议。

(5) 控制子系统。控制子系统产生指令来初始化、操作、关闭系统。初始化包括无线电、路由器、输入/输出的配置、波形和算法的下载、机内检测(BIT)和诊断。该子系统管理网络、子系统配置、文件以及其他子系统的数据库。它从用户界面接收指令。该子系统还提供波形软件、保密密钥、日志等数据的长期存储。其功能包括信道和波形管理、默认系统配置控制、用户认证、控制级别、智能无线电、互配等。其中，智能无线电采用软件提高性能，实现可变的数据速率、信道监测、功率控制等功能。执行关闭功能，系统将释放资源并准备再次激活。

(6) 人机接口子系统。人机接口子系统提供了系统级的用户接口，一个嵌入式的掌上电脑提供了基本的用户接口用于本地操作，操作系统为 Windows 95。人机接口包括通信端口对数据电路进行远程控制。

(7) 公用系统设备子系统。公用系统设备子系统用于安装整个系统并连接子系统，提供电源、热量控制、环境保护等功能。外壳用于保证系统的物理安全、电磁干扰的屏蔽、将系统与外部环境(温度、震动等)隔绝，保证商用设备可以在野外工作。

4) SPEAKeasy-Ⅱ 软件结构

图 1.4-12 为 SPEAKeasy-Ⅱ 软件结构，包括主要模块和数据流。

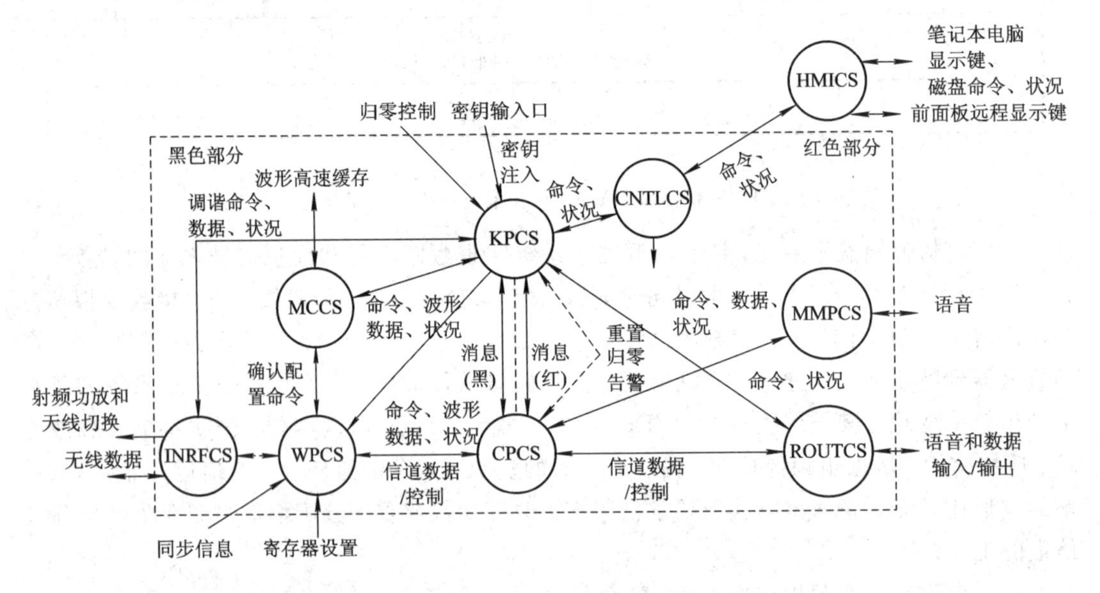


图 1.4-12 SPEAKeasy-Ⅱ 控制软件(CS)和数据流

(1) 内部射频控制软件(INRFCS)。由于射频段信号是模拟的，因此其功能受限。其功能包括天线、功率放大器、预选择器、干扰抵消器等硬件的互联。该模块传递命令到这些硬件可编程的部分，对发射/接收进行重配置，比如设置功放水平、上/下变频的本地振荡器频率等。

(2) 调制解调器控制计算机软件(MCCS)。在初始化阶段，按照所需要信道的波形，MCCS 分配调制解调器资源给逻辑信道，在工作期间，其状态机控制分配给特定信道的资源函数。

(3) 波形处理计算机软件(WPCS)。该软件在数字信号处理器(DSP)上运行，其功能由特定波形和通信应用任务模块确定，包括扩频、解扩、调制、解调、同步、交织、解交织、均衡、组帧、解帧等。

(4) 密钥处理计算机软件(KPCS)。该部分保障保密密钥控制，分别在红色和黑色区域工作。这也是系统控制模块和其他模块之间的消息进入系统的唯一入口。

(5) 保密处理计算机软件(CPCS)。通过 KPCS，CPCS 被分配给特定的信道，提供红色总线和黑色总线之间的虚拟连接，在明文模式下提供简单的总线到总线的操作，提供实时的数据流保密和解密。

(6) 多媒体处理计算机软件(MMPCS)。MMPCS 类似声码器，实现模拟话音和数据接口，并且可以作为话音信道的桥接。

(7) 控制计算机软件(CNTLCS)。该部分用于启动、关断系统，可以在操作者、软件、远程控制下对应用实例化以及信道设置等进行控制。该部分是系统数据管理者并用来维持系统状态，也是系统和用户接口软件之间信息的管道。

(8) 路由计算机软件(ROUTCS)。该软件将业务和互联协议路由到互联的电缆端口，实现 SPEAKeasy 的网际连接功能，它在合适的链路之间路由数据包，在通信子网中确定可用的路径。其提供的业务是：输入/输出数据桥接、网关、数据报路由等，也响应外部路由请求。作为本地通信控制器，支持 RS-232、以太网、FDDI、光纤分布数据接口(FDDI)、MIL - STD - 1553，也发送 IP 包和终止 IP 协议栈。

(9) 人机接口计算机软件(HMICS)。采用显示器、键盘、其他输入输出设备用于本地或远程系统控制。其控制面板上复制有已有波形的操作，可以同时多个信道工作。人机接口允许操作者在控制显示中进行切换。

当计划进行 15 个月后，即 1997 年 3 月，SPEAKeasy - Ⅱ Model 1(即第 1 年原型，原先还是实验室原型)已经可用于野外演示，如图 1.4 - 13 所示。

图 1.4 - 13　SPEAKeasy-Ⅱ Model 1

该设备参加了在加利福尼亚进行的 21 世纪先遣部队高级作战试验(Task Force XXI AWE)。在试验中，美国空军战术航空控制小组(TACP)采用 Model 1 终端实现了空军 Have Quick UHF 电台和陆军 SINCGARS VHF 电台的桥接；同时，也实现了空军 Have Quick 电台与单兵使用的陆上移动无线电(LMR)系统的互联，其中 LMR 波形的开发是在两个星期内完成的，并通过电话从实验室下载到试验场中的 SPEAKeasy 系统中。另外，在实验过程中还采用了廉价的商用计算机部件对系统的一个单元进行了修理，这充分表明了基于商用产品的系统的有效性。

虽然由于时间所限，Model 1 没有完全实现预定指标，但已经向世人展示了开放的、模块化的、基于商用产品的、具有可重编程系统结构的优势。由于这次 TF XXI AWE 试验非常成功，因此美军决定直接进行产品开发而不是继续进一步的研究，SPEAKeasy 就此停止。

### 1.4.6　JTRS 计划

由于 SPEAKeasy 项目的成功，美军启动了可编程模块化通信系统(PMCS)项目。1997 年 7 月 31 日，美国国防部在 SPEAKeasy 的基础上正式发布了 PMCS 的指导文件，为面向 21 世纪的军用无线通信装备提出了一种新的构想，其核心思想是将软件无线电与模块化相结合，制订军用无线通信系统的开放式的体系结构。1998 年，PMCS 项目办公室成立，研制具备 SPEAKeasy 演示功能的实际通信装备。美国国防部明确提出：今后在其所有部门采用 PMCS 体制的通信装备，为从单兵到舰载的各种环境下的军事行动提供通信保障。后来，美国国防部将 PMCS 改称为联合战术无线系统（Joint Tactical Radio System，JTRS)，开发制订了软件通信结构(SCA)，并成为软件无线电的国际标准，同时要求所有 1999 年 10 月以后开发的系统与 JTRS 兼容。SPEAKeasy 计划所产生的硬件和软件文件都被 JTRS 联合计划办公室接收并用于软件无线电论坛的发展。JTRS 系列电台以通用、开放的硬件结构为平台，通过不同的软件配置可以在所有环境领域（如机载、地面、移动、固定站、海上、个人通信等）中使用。JTRS 的工作频段也为 2 MHz～2 GHz，且结构也与 MBMMR 电台完全类似。JTRS 电台与常规电台的最大不同点是具有很强的网络功能和信息安全处理能力。JTRS 电台与 MBMMR 电台相比所需支持的信号波形更多、更广泛，还能适应技术发展进行快捷高效的波形升级。这些特点都充分显示了 JTRS 电台是基于软件无线电设计思想的。

JTRS 旨在为海、陆、空各种环境下的指战员提供横向和纵向跨频段的网络连接，它是数字化战场环境中作战人员通信联络的主要手段，支持美军未来的“2010 联合构想”。美国国防部拟用 JTRS 取代美军现用的 25～30 个系列共 75 万部电台，提供了系统互操作能力，增加了系统灵活性，而且降低了系统获得和使用成本。JTRS 计划还推出了后来作为国际软件无线电商用标准的软件通信结构(SCA)。该计划要求从 2003 年开始，完成符合软件通信结构(SCA)且满足美国国防部各用户要求的系统和波形软件，为这些系统和软件的采购和集成提供服务。同时将继续根据作战人员新的或变化的要求，改进系统结构，嵌入最新技术。美各军种的大量战术通信计划被 JTRS 所代替，这样，大量军用无线电研究活动将合并成单一计划。

图 1.4－14 为美军 JTRS 的使用简图。

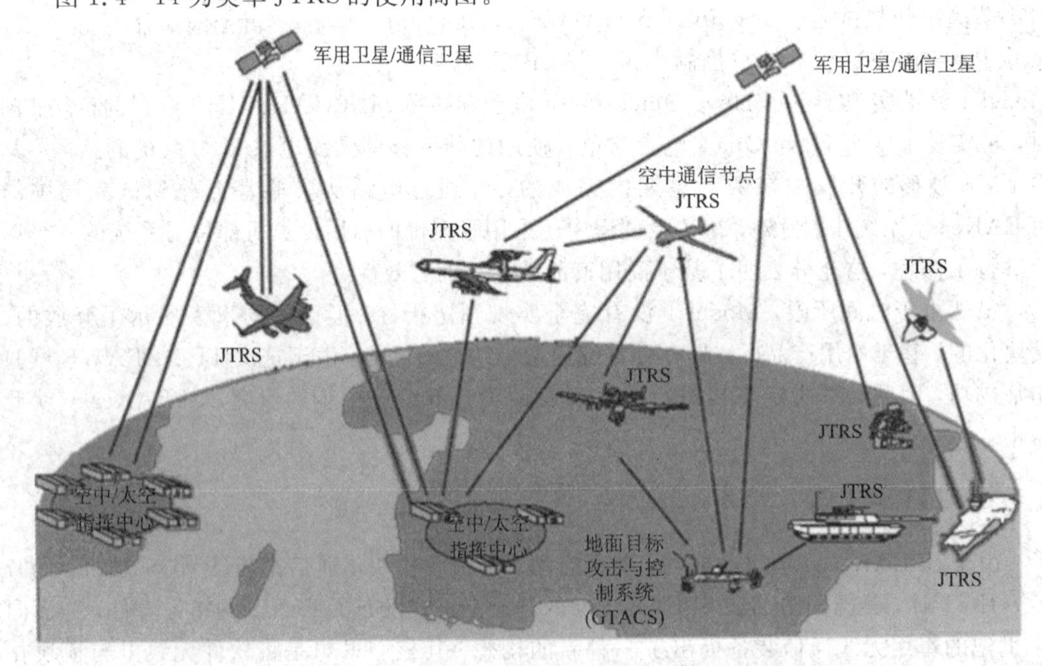


图 1.4－14　美军 JTRS 使用简图（在三军所有环境领域内使用 JTRS）

现在JTRS已经开发出5种电台终端，可分别应用于不同的场合，见表1.4-2。JTRS端机实物图如图1.4-15所示。

**表1.4-2　5种JTRS通信电台终端**

| JTRS类型 | 应用场合 |
|---|---|
| JTRS Cluster 1 | 陆军旋翼飞机、战术航空控制小组(TACP)、美国海军陆战队以及陆军地面车辆 |
| JTRS Cluster 2 | (特种作战部队)手持式单兵设备<br>(JTRS Cluster 5是手持设备的最终解决方案) |
| JTRS Cluster 3* | (海军)海上、固定站点 |
| JTRS Cluster 4* | (空军)机载 |
| JTRS Cluster 5(JTRS HMS) | 手持式单兵设备，小封装适于嵌入平台 |

*：JTRS Cluster 3和JTRS Cluster 4后来进行了合并。

图1.4-15　JTRS端机(左为Cluster 1；右为Cluster 5)

另外，除了SPEAKeasy及其后续计划外，还有一些其他的软件无线电计划或工程在SPEAKeasy成果的基础上得到开展。表1.4-3列出了美欧一些软件无线电计划或工程的名称以及开发单位。

**表1.4-3　其他部分早期软件无线电计划/工程**

| 计划/工程名称 | 开发单位 |
|---|---|
| JCIT(联合作战信息终端) | 美国海军研究实验室(NRL) |
| DMR(数字模块化无线电) | 美国海军 |
| WITS(无线信息传输系统) | 美国General Dynamics公司 |
| SDR-3000 | 美国Spectrum Signal Processing公司 |
| SpectrumWare | DARPA、美国麻省理工学院 |
| CHARIOT(可调整先进无线电互操作通信) | DARPA、美国弗吉尼亚理工大学 |
| ACTS(先进通信技术和服务) | 欧洲 |
| IST(信息社会技术) | 欧洲 |

这些研究工作对软件无线电的发展均起到了极大的推动作用。1996年，模块化多功能信息传输系统(MMITS)论坛成立，这是一个国际性的非营利组织，包括研究机构、军队、设备提供商、无线业务提供商等。该论坛的成员遍及美国、欧洲和亚洲，其主要目的是以

工业竞争方式促进软件无线电相关标准的建立，并促使工业界接受这些标准，以促进软件无线电产业的发展，使其具有类似个人计算机产业的特性。另外论坛也对软件无线电相关技术进行研究，比如软件下载、硬件和软件模块接口以及协议等。1998 年，MMITS 论坛更名为软件无线电(SDR)论坛。

### 1.4.7　在民用领域的拓展

20 世纪 90 年代初，随着 SPEAKeasy 计划对公众的公开，软件无线电技术的民用领域应用开始展开，并在现代移动通信系统中得到应用。从 20 世纪 80 年代到 21 世纪 20 年代，移动通信标准历经 5 代，简称为 1G、2G、3G、4G 和 5G，如图 1.4-16 所示。

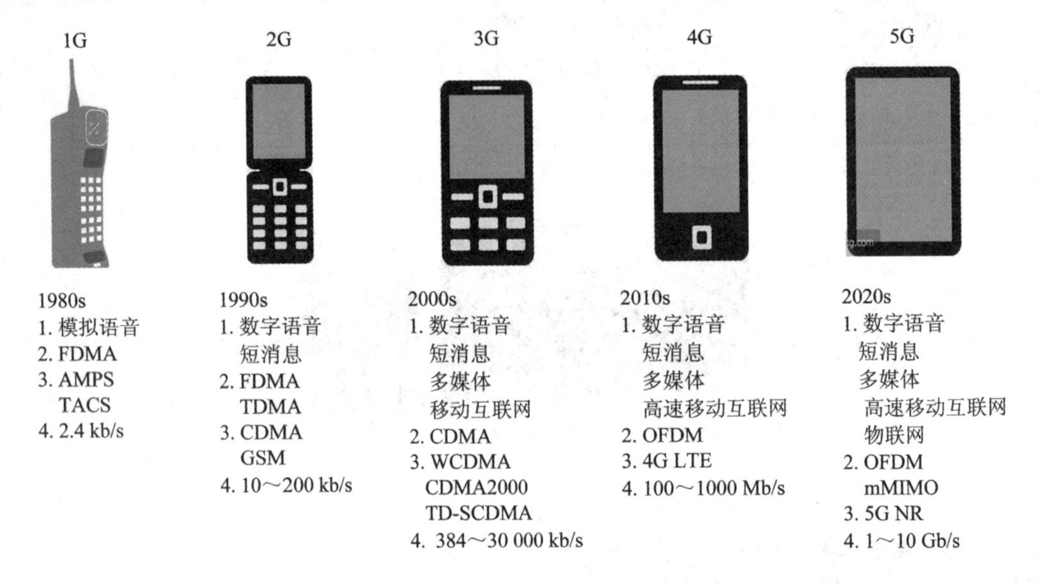


图 1.4-16　民用移动通信的发展

1G：基于模拟通信技术，多址接入方式为 FDMA，仅支持语音通信，数据率为 2.4 kb/s，典型系统为 AMPS 和 TACS。

2G：开始采用数字通信技术，多址接入方式为 TDMA、CDMA，在支持语音业务的基础上，增加了对短消息业务的支持，在后期采用 GPRS、EDGE，具备初步的互联网接入能力，支持数据率为 10～200 kb/s，典型系统为 GSM、CDMA。

3G：采用 CDMA 技术，能够较好地支持移动互联网业务，数据率为 384 kb/s～30 Mb/s，典型系统为 WCDMA、CDMA2000、TD-SCDMA。

4G：采用 MIMO、OFDM 等技术，能够提供类似 3G 的移动互联业务，同时支持游戏服务、高清移动电视、电视会议等高数据率业务，数据率为 100 Mb/s～1 Gb/s，典型系统为 LTE。

5G：采用大规模 MIMO 技术，支持物联网应用，传输速率为 1～10 Gb/s，甚至更高。

从目前情况看，2G、3G 和 4G 蜂窝移动通信技术已经得到广泛的部署和应用，同时，个人域内的网络系统在实际生活中的应用也越来越广泛，诸如 WiFi、Bluetooth、ZigBee 等。在目前，全世界范围内，由于不同国家的经济以及技术发展水平的不同，多个无线通信标准是并存的，这些不同标准的应用构建了现代无比快捷的通信联系，但同时对用户端设备和基础网络设施的构建均产生了不利的影响。对于用户而言，希望使用可以工作在不同通信标准下的“多标准终端”，对于基础设施如基站，也同样希望满足多标准的要求，同时具备较好的升级能力，这样软件无线电技术就成为目前民用移动通信领域的核心基础技术。

## 1.5　软件无线电的研究热点和难点

目前软件无线电研究的主要热点和难点涉及通信系统的各个方面，主要包括：

(1) 软件无线电标准化。软件无线电技术以软件为应用的核心，这样必将使得波形软件在硬件之外独立发展，类似于手机 APP 应用独立于手机的硬件一样。这样将使软件的发展趋于标准化，如本书后面提到的 SCA 等。这对软件无线电所使用的软件系统架构、开发模式、软件下载以及软件可重配置技术等都提出了很高的要求，也是软件无线电不同于数字无线电的重要差别所在。

(2) 宽带/多频段天线、智能天线。软件无线电系统要求能够在相当宽的频段(从短波到微波)内工作，因此要求天线必须覆盖多个频段，并且满足多信道不同方式同时通信的要求。射频频率和传播条件的不同使各频段对天线的要求存在巨大的差异。由于全频段宽带天线并不现实，因此，目前的可行性方案是采取组合式多频段天线。另外，自适应天线阵以及可配置天线的研究和发展为实现软件无线电的宽带天线提供了可行的途径，可以根据实际需要用软件智能地构造其工作频段和辐射特性。

(3) 灵活的射频前端设计。射频部分包括预放大和功率输出两部分。通常的要求是工作频带足够宽，采用数字频率合成技术设置，能够适应多载波工作。由于软件无线电的射频带宽较宽，而且会处于多载波工作状态，混合信号中信号的包络幅度相差很大，所以对放大器的非线性特别敏感，需要解决互调分量的抑制问题，特别是在发射机的功率输出部分尤其需要注意。

(4) 高速 ADC、DAC。软件无线电体系结构的基本特征之一，是将 A/D 和 D/A 变换尽可能地靠近射频天线，理想的软件无线电台是直接在射频进行 A/D 和 D/A 变换，以便获得对通信电台设计的最大限度的可编程性，要求必须具有足够的采样速率，同时要保持一定的采样精度。但目前受 ADC/DAC 性能指标的约束，还难以真正做到这一点，这限制了所能处理的已调信号频率。另外，在应用 ADC/DAC 时，还必须考虑几个重要的因素，包括采样方法的选择、抗混叠滤波器、量化噪声和接收机噪声及失真的影响等。选用合适的 ADC/DAC 是实现整个软件无线电系统优良性能的关键因素之一。

(5) 高速信号处理器。如果软件无线电在中频进行采样，则用宽带 ADC 将整个频段数字化，然后用软件完成中频处理。中频处理对速度的要求在 500～10 000 MIPS/MFLOPS 数量级；基带处理要求大约在 10～100 MIPS/MFLOPS 数量级，另外还要加上实现比特流、管理和控制部分的要求。要处理经 A/D 变换后输出的中频高速数字信号，数字信号处理芯片必须通过软件程序完成中频数字变频、滤波、二次抽样、基带处理、信道调制、无线资源管理等过程，这就要求数字信号处理芯片的处理速度至少要在 1000 MIPS/MFLOPS 以上，实际需求远远超过这个数字。因此，具有强大处理能力的数字信号处理器才能满足软件无线电系统的需求。在目前的软件无线电实现方案中，数字信号处理和数字控制的解决方案主要基于GPP、DSP、FPGA处理器，其性能高低决定了软件无线电系统的理想程度。

(6) 软件无线电的算法。软件无线电算法的构造过程是：首先对设备各种功能进行物理描述并建立数学模型，再用计算机语言描述算法，最后转换成用计算机语言编制的程序。虽然大致上与一般数字信号处理算法一样，但是软件无线电的算法对信号的实时处理要求很高，而且应该具有高度的自由化(便于升级)和开放性(模块化、标准化)。

(7) 自适应管控及信号处理技术。为了更好地提供应用以及针对信道的适应性，软件无线电系统具有认知能力并据此产生环境适应能力就是必要的。软件无线电系统需要应用较高性能的算法完成对无线环境的感知及评价能力，并可自适应甚至以一定的智能完成传输参数的调整，软件无线电的智能化将能够动态适应传输系统任一环节的变化，如调制、编码、信道协议以及带宽等，进行实时变化，最大限度地利用有效频谱。在新型人工智能技术的助力下，无线系统将具备很强的机器学习能力，将使无线系统具备新的功能。

## 1.6 小　结

无线应用种类的多样性和发展的速度之快是信息化社会的一个特征，软件无线电为多样化的无线应用提供了非常好的解决方案，现在已经出现了软件定义雷达、软件定义网络等新概念。无线电技术与软件定义概念的结合是技术和功能需求发展的必然，软件定义技术为无线系统提供了软、硬件之间解耦的能力，使软件部分脱离硬件部分存在，与硬件部分形成了独立发展的两个部分，极大地促进了技术以及产业的发展，这是软件无线电的核心需求所在，需要读者仔细把握。

## 练习与思考一

1. 什么是无线系统？请举例。
2. 请说明OSI七层模型，对每层完成的功能进行描述。
3. 什么是软件？请举例。
4. 什么是波形？请举例。
5. 什么是软件无线电？软件无线电的特点是什么？
6. 简述软件无线电系统的基本结构。
7. 请比较硬件无线电、数字无线电、软件无线电三者的异同点。
8. 请比较软件定义无线电和理想软件无线电之间的差异。
9. 软件无线电的核心思想是什么？
10. 软件无线电的发展层次有哪些？各有什么特征？
11. 通过查阅文献，给出两种软件无线电系统，并简述其特点。
12. 查阅文献，简述近年来软件无线电发展的情况。

# 第 2 章　软件无线电硬件结构

软件无线电的特点就是结构开放，这样在硬件不变的情况下，通过改变软件即可方便地改变设备的性能和功能，从而保持最先进的技术。处理模块(无论是硬件模块还是软件模块)可以更换和增减数量，在投入不大的情况下，设备能够不断得到升级。

虽然在软件无线电中，软件的作用居于核心地位，但是任何软件的运行都是基于硬件的，尤其是高性能的软件必然依赖于高性能的硬件。因此，软件无线电的硬件部分是实现软件无线电的基础，硬件性能决定了可实现功能的上界。

软件无线电系统的功能是完成无线信号的处理。本章以信号处理为主线，以满足无线应用需求为目的，详细描述软件无线电的硬件需求以及组成的各种类型，让读者建立起对软件无线电的感性认识。

## 2.1　信号处理需求

### 2.1.1　信号处理定义

在通信系统、信号处理、电子工程领域，信号是指一个函数，用来携带关于某些现象行为或特性的信息。在物理世界中，任何随时间或空间变化的量都可以认为是信号，因为它可以提供关于某个物理系统状态的信息，或是携带在多个观察者之间传输的消息。通常这个量是某个电参量，如电压、电流、相位、频率等。

信号处理是对各种类型的电信号，按照各种预期的目的及要求进行加工过程的统称，用于提升信号传输可靠性、存储效率或主观感受，提取信号中感兴趣的成分。信号处理根据处理的信号类型分为模拟信号处理和数字信号处理。模拟方式是指采用一组连续取值来表示信号；而数字方式是指采用一组离散的量来表示信号。模拟信号处理是指采用模拟的方式对连续模拟信号进行处理的过程；数字信号处理是指采用计算机或特定的数字信号处理器完成信号处理的操作，所处理的信号是数字序列，用来表示在特定域(时间、空间、频率等)中连续变量的采样，如图 2.1－1 所示。

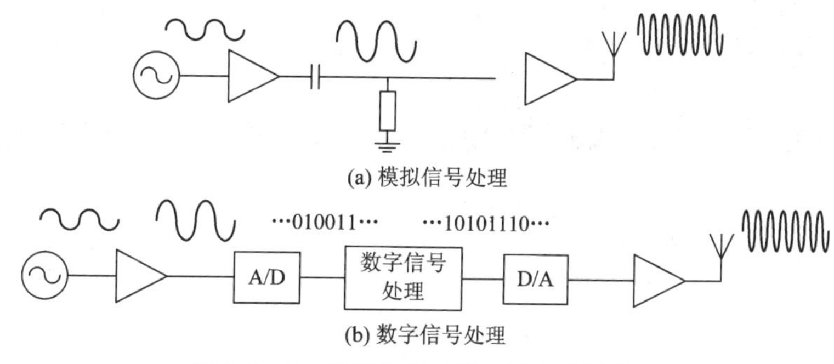


图 2.1－1　模拟信号处理与数字信号处理

在软件无线电中，硬件部分需要支持完成信号处理过程。下面简单比较两种不同的信号处理过程。

### 2.1.2　信号处理方式的比较

模拟信号处理和数字信号处理均有其自身特点，下面从不同角度比较二者的异同。

(1) 处理手段：模拟信号处理采用模拟电路元件，如电阻、电容、电感、三极管、二极管、运算放大器等；数字信号处理采用计算机或微处理器等，在软件无线电中，使用的处理器通常为 GPP、DSP 和 FPGA 等，还需要 ADC、DAC，如图 2.1-2 所示。

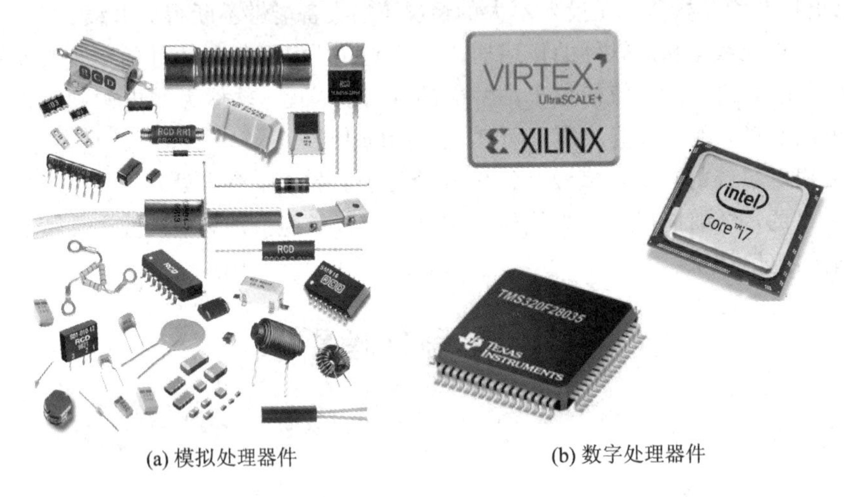


(a) 模拟处理器件　　(b) 数字处理器件

图 2.1-2　模拟信号处理与数字信号处理的手段差别

(2) 运算实现：模拟信号处理基于模拟系统的自然能力来求解描述系统的微分方程；数字信号处理依靠数学计算。比如信号相乘或放大，采用数字信号处理就是纯粹的乘法，可以获得满意的效果；而模拟信号处理由于存在器件的非线性，将产生大量谐波分量，其结果比较如图 2.1-3 所示。另外，cos、atan、sqrt、log 运算等数字信号处理方式非常方便。

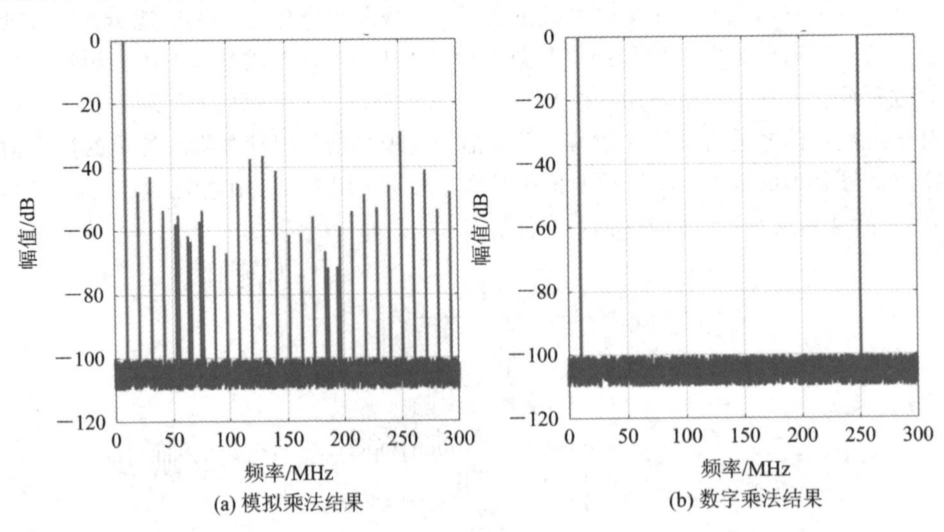


(a) 模拟乘法结果　　(b) 数字乘法结果

图 2.1-3　模拟乘法与数字乘法

（3）实时性：模拟信号处理的结果通常是实时给出的，处理速度快。数字信号处理通过高速信号处理也可获得强实时性，另外，其结果也可以不实时给出，较为灵活。

（4）信号强度适应性：模拟信号处理可以对很弱的信号进行处理；数字信号处理受制于采样灵敏度，但信号的动态范围可以很大，例如，如果采用 32bit 浮点数，则其信号范围为 $2^{-31} \sim 2^{31}$。

（5）信号频率适应性：模拟信号处理的适应频率很广，且较适合高频应用；数字信号处理的信号频率上限受制于 A/D、D/A 转换，在高频应用时，信号转换及计算受时间约束较大。

（6）处理信噪比限制：数字信号处理信噪比受限于采样精度和速度；模拟信号处理信噪比受限于电源与背景噪声。

（7）灵活性：模拟信号处理需要特定的硬件完成，能够通过元器件切换实现功能的变换，但灵活度低；数字信号处理无需定制硬件，如果系统具有标准的 I/O 端口，运行定制的软件即可，也可以使用相同的硬件完成不同的处理工作，无需改变硬件参数。

（8）可重复能力：由于环境温度变化或者两个相同硬件平台之间元器件存在偏差，采用模拟信号处理的结果将存在偏差，可重复能力较差，系统调试工作量大；而数字信号处理对元器件偏差不敏感，能够完全重复处理结果，甚至在不同的硬件平台上也是如此，可以实现很好的状态和版本控制。

（9）对抗噪声：模拟信号处理噪声会有累加。数字信号处理可以通过信号再生消除噪声，这虽然会引入量化噪声，但是增加采样率及量化精度后，噪声即可下降到可以接受的程度。

（10）滤波器实现：数字滤波器可以构建任何响应，仅仅受限于复杂度，性能非常可靠且可以预期；而模拟滤波器需要通过高精度的元器件来实现，如果要达到较好的过渡带特性，则系统较为庞杂，元器件数目庞大，插入损耗必然增大，阻带衰减也会有限。对于特殊的滤波器，如要求极窄的过渡带或是线性相位，则模拟滤波器不易实现。模拟滤波器与数字滤波器的比较如图 2.1-4 所示。

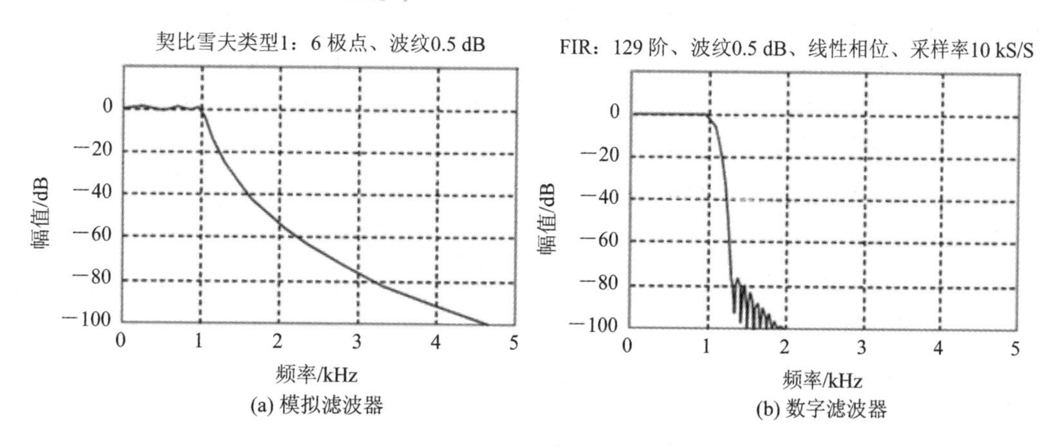


图 2.1-4　模拟滤波器与数字滤波器的比较

（11）特殊功能实现：对于纠错编码、加密、自适应滤波、数据压缩、频谱扩展等特殊功能，采用模拟信号处理方式很难甚至不可能实现，而采用数字信号处理方式则很容易实现。

(12) 调制方式：数字类调制方式较为丰富，性能较佳；模拟类调制方式单一，性能欠佳。

(13) 设计仿真手段：模拟信号处理较难仿真验证；数字信号处理容易实现仿真验证。

(14) 性能提高方式：模拟系统性能的提升需要增加元器件的数量及精度；数字系统增加了计算能力及存储量，如在现有基础上容易实现高阶滤波器，用模拟系统实现则较为困难。

(15) 参数程控改变：模拟信号处理相对困难，如可以通过编程接入不同参数的方式改变滤波器特性，但改变有限；数字信号处理则非常简单。

(16) 工程实现：模拟电路受到物理规律的限制，因此性能提高有限；数字电路仅仅受限于系统的复杂度，只要有更高的计算能力、更宽的数据带宽、更大的存储容量，就可以获得更好的性能。随着半导体技术的发展，数字系统更容易获得极高的性能和更小的尺寸。

显然，数字信号处理具有很大的优势，尤其在软件无线电中。数字信号处理具有天然的可编程的特性，自然成为信号处理方式的首选。但是，由于实际中传输的信号通常是模拟的，而且信息的产生和接收大多也是模拟的，因此模拟信号处理必不可少。根据前面的描述，可以看到在频率较高、信号电平较低的情况下，适合采用模拟信号处理，因此，天线、射频前端等的信号处理均采用模拟信号处理方式，另外，有些信源或信宿需要采用模拟的展现方式，也需要采用模拟信号处理，除此以外均可以采用数字信号处理。

需要强调的是，软件无线电是以数字信号处理为核心的。软件无线电不是特指数字信号处理，但不是数字信号处理一定不是软件无线电。软件无线电平台是由模拟信号处理和数字信号处理组合而成的混合信号处理平台。本书对模拟信号处理的相关内容仅概略提到，重点讲述数字信号处理。

### 2.1.3 模拟信号处理能力度量

模拟信号处理在软件无线电中主要限于射频前端，根据理想软件无线电的要求，ADC、DAC要尽可能接近天线端，尽可能使用数字信号处理方法。这样，模拟信号处理虽然不可避免，但是完成的工作通常仅限于放大和变频。接收时放大的目的是为了提升信号强度，更好地适应A/D变换的要求；发射时放大的目的是为了满足发射功率的要求；变频的目的是为了实现在较低的频段进行A/D、D/A转换，降低A/D、D/A转换的实现难度，同时在较低的频段放大更易于实现。

模拟前端的主要指标如下所述。

**1. 工作频带**

工作频带是指软件无线电系统工作的整个频率范围，这个范围通常与具体应用相关。标准的频带规范如下：

HF：3～30 MHz；

VHF：30～300 MHz

UHF：300 MHz～3 GHz；

SHF：3～30 GHz；

EHF：30～300 GHz。

在微波范围内还有更详细的划分：

L：1～2 GHz

S：2～4 GHz

C：4～8 GHz

X：8～12 GHz

Ku：12～18 GHz

K：18～27 GHz

Ka：27～40 GHz

还有一些特殊的频带名称，如 ISM 频带，常见的 WiFi 使用频带为 2.4 GHz(ISM：2400～2483.5 MHz)和 5 GHz(ISM：5725～5875 MHz)。

由于要求多频带多模式工作，软件无线电系统的工作频带要求能够远远超过常规通信端机。如在商用软件无线电终端中，要覆盖蜂窝电话、WiFi、GPS 收发能力，其频带覆盖 700 MHz～6 GHz；在军用机载软件无线电系统中，其频带覆盖 2 MHz～2 GHz。

**2. 波长**

波长是与工作频带紧密相关的概念，即单位周期时间内电波传输的距离，记为 λ。

$$\lambda = \frac{C}{f} \tag{2.1-1}$$

其中，$C$ 为光速，$f$ 为工作频率。

**3. 带宽**

带宽是指电信号占用给定传输介质的频率范围，以 Hz 为单位，另外还有一个概念，是指单位时间内传输信息的数量，以 b/s 为单位。

通常软件无线电要求的带宽很宽，如在商用软件无线电终端中带宽范围为 200 kHz～20 MHz。

**4. 热噪声**

无线系统是否能正常工作，除了取决于信号的大小，还与受到的内部噪声、外部噪声及干扰的大小有关，其中内部噪声为热噪声。热噪声公式为

$$\begin{cases} N_0 = KTB \\ N_0(\text{dBW}) = K(\text{dB}) + T(\text{dB}) + B(\text{dB}) \end{cases} \tag{2.1-2}$$

其中：$N_0$ 单位为 W(瓦)；$K$ 为玻尔兹曼常数，即 $1.38\times10^{-23}$ J/K，单位为焦耳/绝对温度，或瓦/(秒·绝对温度)；$T$ 为绝对温度，即 273℃；$B$ 为系统带宽，单位为 Hz。例如，当温度为 17℃(绝对温度为 290 K)时，带宽为 1 MHz 的接收机内部热噪声为

$$\begin{aligned} N_0(\text{dBW}) &= K(\text{dB}) + T(\text{dB}) + B(\text{dB}) \\ &= 10\lg 1.38\times10^{-23} + 10\lg 290 + 10\lg 10^6 \\ &= -229 + 25 + 60 = -144\ \text{dBW} \end{aligned} \tag{2.1-3}$$

**5. 信噪比**

信噪比是指系统中信号与噪声的比例，以功率比或电压比进行计算，通常以 dB 为单位，即

$$\text{SNR} = 10\ \lg\frac{P_S}{P_N} = 20\ \lg\frac{U_S}{U_N} \tag{2.1-4}$$

其中：$P_S$ 为信号功率；$P_N$ 为噪声功率；$U_S$ 为信号电压，$U_N$ 为噪声电压。

还有一种常见的度量方法，是信号比特能量与噪声功率谱密度之比，通常以 dB 为单位，即

$$\text{SNR} = 10\ \lg \frac{E_b}{n_0} \tag{2.1-5}$$

两者之间的联系为

$$\frac{E_b}{n_0} = \frac{P_S \cdot T_b}{P_N/B} = \frac{P_S}{P_N} \cdot T_b B \tag{2.1-6}$$

其中：$T_b$ 为比特传输时间；$B$ 为信号带宽。

**6. 接收灵敏度**

接收灵敏度是接收机所能接收最小信号的强度，通常用最小接收信号的功率 $S_{R\_min}$（单位为 dBm）或最小接收信号的电压 $U_{R\_min}$（有效值）（单位为 μV）描述，在 50 Ω 系统中它们之间的关系为

$$\begin{aligned} S_{R\_min}(\text{dBm}) &= 10\ \lg \frac{S_{R\_min}(\text{mW})}{1\ \text{mW}} \\ &= 10\ \lg \frac{[U_{R\_min}(\mu\text{V}) \times 10^{-6}]^2 \times 1000/50}{1\ \text{mW}} \end{aligned} \tag{2.1-7}$$

如接收灵敏度为－100 dBm，也可描述为 2.24 μV（负载 50 Ω）。

**7. 增益**

增益是指信号的放大倍数，分为电压增益和功率增益，通常以 dB 为单位。

电压增益为

$$\text{电压增益(dB)} = 10\ \lg \frac{U_o}{U_i} \tag{2.1-8}$$

功率增益为

$$\text{功率增益(dB)} = 10\ \lg \frac{S_o}{S_i} = 20\ \lg \frac{U_o}{U_i} \tag{2.1-9}$$

模拟信号处理增益的要求是在接收端需要使满足灵敏度要求的信号放大至可以满足 ADC 采样的信噪比要求；在发射端，能够满足发射的要求。

**8. 噪声系数**

噪声系数是指输入信噪比与输出信噪比的差，用来衡量模拟系统对信号质量的恶化程度，以 dB 为单位，即

$$\begin{aligned} N_F(\text{dB}) &= 10\ \lg \frac{S_i/N_i}{S_o/N_o} = 10\ \lg \frac{\text{SNR}_{in}}{\text{SNR}_{out}} \\ &= \text{SNR}_{in}(\text{dB}) - \text{SNR}_{out}(\text{dB}) \end{aligned} \tag{2.1-10}$$

噪声系数示意图如图 2.1-5 所示。

$S_i$ / $N_i$ → 模拟信号处理 → $S_o$ / $N_o$

图 2.1-5 噪声系数示意图

**9. 发射功率**

发射功率是指最后输出信号的功率，以 dBm 或 dBW 为单位，即

$$P_{\text{out}}(\text{dBm}) = 10\ \lg \frac{P_{\text{out}}(\text{mW})}{1\ \text{mW}} \tag{2.1-11}$$

$$P_{\text{out}}(\text{dBW}) = 10\ \lg \frac{P_{\text{out}}(\text{W})}{1\ \text{W}} \tag{2.1-12}$$

**10. 接收动态范围**

接收动态范围是指接收机能够对接收信号进行检测，同时又使接收机信号不失真的输入信号的范围。接收动态范围通常以 dB 为单位，是系统可处理信号最大功率与可处理信号最小功率的比值，即

$$\text{DR}(\text{dB}) = 10\ \lg \frac{S_{\text{R\_max}}}{S_{\text{R\_min}}} \tag{2.1-13}$$

### 2.1.4 数字信号处理能力度量

信号处理器的运算速度可以用以下几种性能指标来描述。

**1. 时钟速率**

时钟速率是指处理器中时钟的基础频率，也称主频，度量单位采用 Hz。

时钟速率越快，运算速度就越快，但通常没有定量的关系。比如，DSP 的输入时钟可能与其指令执行速度一样，也可能是指令执行速度的两倍到四倍，不同的处理器可能不一样。而且，许多 DSP 具有时钟倍频器或锁相环，可以使用外部低频时钟产生片上所需的高频时钟信号。

**2. 指令执行速度**

指令执行速度以一条指令所需的执行时间或每秒钟执行的指令数目度量，两者互为倒数，单位分别为 ns(纳秒)和 MIPS(百万条指令每秒)。

不同的处理器在单条指令中完成的任务量不一样，单纯地比较指令执行时间并不能公正地区别性能的差异。某些 DSP 采用超长指令字(VLIW)架构，在这种架构中，单个周期时间内可以实现多条指令，而每条指令所实现的任务比传统 DSP 少，因此相对 VLIW 和通用 DSP 器件而言，比较 MIPS 的大小时会产生误导。即使在传统 DSP 之间比较 MIPS 的大小也具有一定的片面性。例如，某些处理器允许在单条指令中同时对几位数据位进行移位，而有些 DSP 的一条指令只能对单个数据位移位；有些 DSP 可以进行与正在执行的 ALU 指令无关的数据的并行处理(在执行指令的同时加载操作数)，而另外有些 DSP 只能支持与正在执行的 ALU 指令有关的数据的并行处理；有些新的 DSP 允许在单条指令内定义两个 MAC。因此，仅仅进行 MIPS 比较并不能准确得出处理器的性能。

**3. 操作执行速度**

操作执行速度以每秒钟进行的操作数目度量。操作可以分为定点和浮点，单位有 MOPS(百万次操作每秒)、MFLOPS(百万次浮点操作每秒)和 BOPS(十亿次操作每秒)。

该指标与MIPS有一定的联系，例如，某些处理器能同时进行浮点乘法操作和浮点加法操作，因而其产品标称的MFLOPS为MIPS的两倍。

**4. 乘加运算(MAC)执行速度**

乘加运算执行速度以完成一次MAC的时间或每秒钟执行的乘加运算数目度量，两者互为倒数，单位分别为ns和MMACS(百万次乘加每秒)。在绝大多数DSP中，MAC操作仅在单个指令周期内实现，但某些DSP在单个MAC周期内会处理其他任务，而且该指标也不能反映诸如循环操作等的性能，而这种操作在所有的应用中都会用到。

**5. FFT(快速傅里叶变换)运算执行速度**

FFT运算执行速度即运行一个$N$点FFT程序所需的时间或每秒钟执行的$N$点FFT运算的数量。由于FFT涉及的运算在数字信号处理中很有代表性，因此用FFT运算时间作为衡量运算能力的指标更为科学。

### 2.1.5 无线信号数字信号处理需求及特点

在软件无线电的通用硬件平台中，选用处理器件的重要指标是信号处理能力。现代软件无线电系统的性能要求越来越高，对器件的要求也越来越高。例如，为了较好地进行滤波等处理，需要每采样点100次操作，若系统带宽为10 MHz，采样频率选择25 MHz，则需要2500MIPS的运算能力，这种需求的增加速度是十分惊人的。再比如，从1G到3G，实际处理能力的需求是每4年提高一个数量级，这超过了摩尔定理的速度，即集成电路的集成度每隔18个月要翻一番，也就是说每6～7年提高一个数量级。

为了对软件无线电系统的信号处理能力需求有个感性的认识，下面以3G移动通信标准之一的UMTS/WCDMA为例进行说明。

在3G网络中，普遍采用CDMA技术，UMTS/WCDMA是其中一个重要的标准，它采用了两种复杂的技术用于提高移动通信系统的性能。

一是在网络层面采用软切换(即先接入新的基站，再切断原基站；硬切换就是先切断原基站，再接入新的基站)，使用户在切换过程中总保持与两个或两个以上基站的联系，大大降低了掉话率。

另一个是在空中接口层面采用Rake接收机。这种接收机有多个相关支路，每个相关支路对应一条可分离的接收信号的多径分量进行接收，多个接收值再进行加权取和。Rake接收机实质上就是同时存在着多个接收机，大大提高了多径环境下接收机的性能。一般基站采用的支路数为4条，手机所采用的支路数为3条。

显然，UMTS/WCDMA系统的系统复杂度大大提高了，对信号处理能力的要求也就提高了。另外，UMTS基站是非同步的，在路径搜索和切换过程中将需要更多的操作，因此，UMTS接收机需要更强的信号处理能力。若设计一个具有多个空中接口(如UMTS、CDMA2000、GSM、TDMA)的软件无线电系统，显然应该把实现UMTS收发机作为最高目标，在此情况下软件无线电平台所需要的处理能力如表2.1-1所示。

**表 2.1-1　UMTS/WCDMA 处理能力需求**

| 功　能 | 区　域 | 发射/接收 | 处理能力/MMACS |
|---|---|---|---|
| 下变频 | 中频 | 接收 | 3000 |
| 路径搜索 | 码片 | 接收 | 1500 |
| 接入检测 | 码片 | 接收 | 650 |
| Rake 接收 | 码片 | 接收 | 650 |
| 最大比合并 | 码片 | 接收 | 24 |
| 信道估计 | 码元 | 接收 | 12 |
| AGC、AFC | 码元 | 接收 | 10 |
| 分选和速率匹配 | 码元 | 接收 | 12 |
| Turbo 译码 | 码元 | 接收 | 52 |
| 上变频 | 中频 | 发射 | 3000 |
| 调制 | 码片 | 发射 | 900 |
| 交织 | 码片 | 发射 | 12 |
| Turbo 编码 | 码片 | 发射 | 15 |
| 合　计 | | | 9837 |

从表 2.1-1 中可以看到：

(1) 系统所要求的总的处理能力是很高的，可达 10 000 MMACS。

(2) 发射机所需要的处理能力是接收机的 1/3 左右，这个结论对于大部分通信系统都是适用的。

(3) 按数据处理要求的速率不同，可以将处理的区域按样点的来源类型分为中频区、码片区和码元区。在中频区主要完成上、下变频，处理能力要求最高；在码片处理区主要完成以码片(一个码片中包含多个中频样点)为单位的数据处理任务，处理能力要求次之；在码元处理区主要完成以码元(一个码元中包含多个码片)为单位的数据处理任务，处理能力要求最小。

表 2.1-1 只是处理能力需求的一个例子，但已经说明在软件无线电中信号处理算法的运算量是很大的，且算法的实现都必须实时。

另外，考虑信号处理就是利用某个系统的响应，常见的运算是卷积，即

$$y(n)=x(n)*h(n)=\sum_{m=-\infty}^{\infty}x(m)h(n-m) \tag{2.1-14}$$

其卷积过程示意图如图 2.1-6 所示。其中，每一个点卷积需要进行多次乘加运算，每计算一个点需要进行移位，每个点卷积的运算方式完全相同。

软件无线电的信号处理算法具有如下特点：

- 信号处理算法通常需要执行大量的乘累加运算。例如在卷积、数字滤波、FFT、相关、矩阵运算等算法中，都有大量类似于 $\sum A(k)B(n-k)$ 的运算。
- 信号处理算法常具有某些特定模式。比较典型的如数字滤波器中的连续推移位。

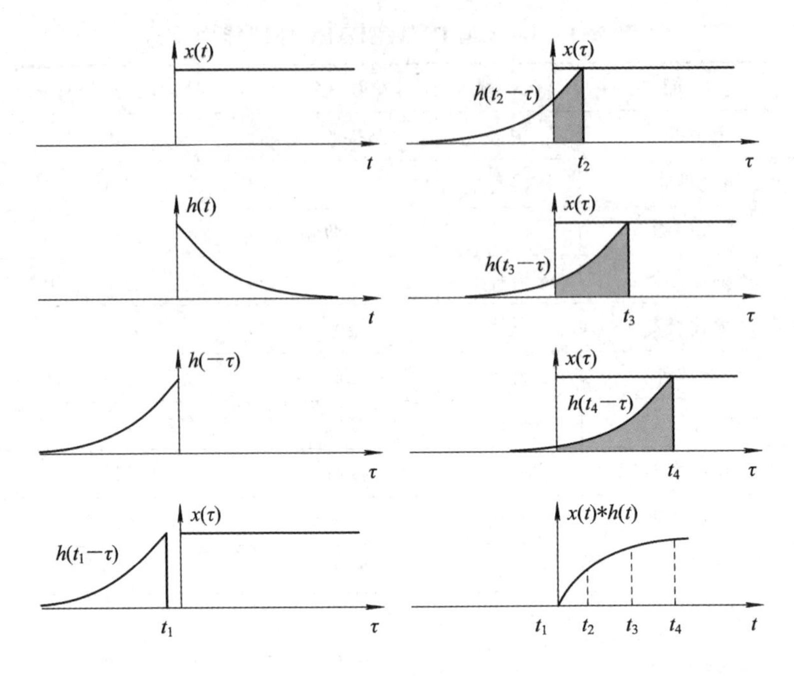


图 2.1-6 卷积过程示意图

- 信号处理算法大部分时间用于执行相对小循环的操作。
- 信号处理要求专门的接口，同时大量的数据交换需要有高速的数据吞吐能力，如一个非常重要的接口就是与 ADC/DAC 的接口。
- 软件无线电中信号处理数值范围较宽，采用的数据格式以浮点形式为佳。信号处理的定点格式是将数字表示为－1.0～＋1.0 之间的小数形式，浮点格式是将数字表示为尾数加指数的形式，即尾数乘以 2 的指数次方。定点格式需要考虑溢出问题，而浮点格式则没有这个缺点。

这些特点决定了软件无线电中信号处理器必须具备如下功能：大运算量的实时运算必须具有多个可并行执行的功能单元，并对常用的数字信号处理操作提供直接的硬件加速支持；强实时性决定了数字信号处理器不能有太多的动态特征，因此对高速缓存(Cache)机制、分支预测机制和终端响应机制的选择或采用具有一定的限制。在运算上，数字信号处理算法包含大量简单运算和短小循环，数据运算高度重复，处理器应该设置片内存储器、单周期 MAC 功能单元和硬件“零开销循环(Zero Overhead Loop)”控制机制，以便对算法需求提供必要的支持。在算法处理过程中，需要进行频繁的数据访问，以满足实时、快速的运算要求，数据地址的计算会随访问的频繁度而线性增长，这样，对数据地址的计算速度和数据访问速度的要求较高，处理器应该有高的存储器带宽、专门的地址计算单元和专用的寻址模式，用于对高效的数据访问提供必要的支持。

## 2.2 常用数字信号处理器

常用的数字信号处理器有 GPP、DSP、FPGA 等，另外，在某些场合为了降低对数字信号处理器的要求，很多系统采用了特定处理功能的 ASIC(Application Specific

Intergrated Circuits)器件，如数字上变频器(DUC)、数字下变频器(DDC)、直接数字频率合成器(DDS)、专用滤波器等。ASIC 即专用集成电路，是指应特定用户要求和特定电子系统的需要而设计、制造的集成电路。ASIC 的特点是高性能、低功耗、低成本，缺点是开发成本高、可编程性差。

## 2.2.1 GPP

### 1. GPP 芯片简介

GPP(General Purpose Processor，通用处理器)一般是指服务器和桌面计算用的 CPU 芯片。它具有很高的性能并有操作系统支持，适合完成宽范围的处理工作，且与任何一种编程语言都无关，应用极为灵活。

由于 GPP 是为通用计算机的广泛应用而设计的，其运行的程序对运算量和实时性的需求并不十分严格，它追求各种应用程序执行性能的平衡，以达到总体性能的提升。因此，对于能够提高总体性能的各种技术或者机制，GPP 都会在考虑高性能、低价格、低功耗的前提下有选择地采纳，而不会受到应用程序的限制，所以 GPP 对于控制密集型应用可以提供高效的支持。

GPP 的生产厂商主要有美国的 Intel 和 AMD 公司，比如 Intel 的 Core 系列和 AMD 的 Phenom 系列，实物图如图 2.2－1 所示。IBM、HP(COMPAQ)、SGI、SUN 等公司都生产各具特色的服务器用高性能通用微处理器，这些微处理器都采用 RISC 指令系统，通过超标量、乱序执行、动态分支预测、推测执行等机制提高指令级的并行性，以改善性能。这类芯片广泛用于各种工作站、服务器和高性能计算机中。

图 2.2－1　GPP 芯片实物图

### 2. GPP 芯片的性能特点

(1) GPP 的结构。GPP 芯片采用冯·诺依曼结构，如图 2.2－2 所示。在这种结构中，只有一条存储器空间通过一组总线(一条地址总线和一个数据总线)连接到处理器内核。通常，做一次乘法会发生 4 次存储器访问，用掉至少 4 个指令周期。在高速运算时，往往在传输通道上出现瓶颈效应。

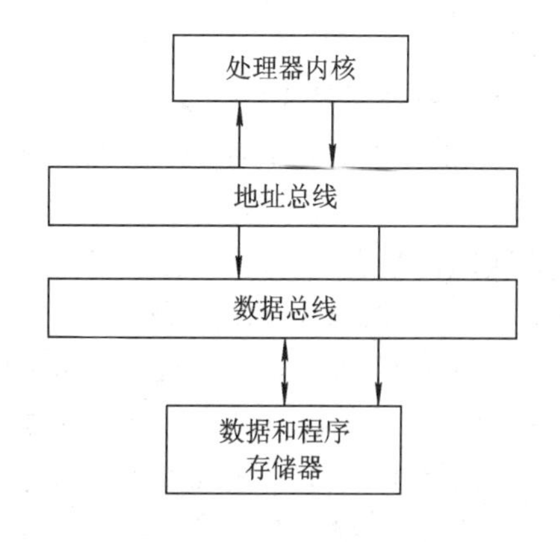


图 2.2－2　冯·诺依曼结构

需要注意的是，现在典型的高性能 GPP 实际上已包含两个片内高速缓存，一个存储数据，一个存储指令，它们直接连接到处理器内核，以加快运行时的访问速度。从物理上说，这种片内双存储器和总线的结构几乎与哈佛结构一样，然而从逻辑上说，两者还有重要的区别。GPP 使用控制逻辑来决定哪些数据和指令字存储在片内的高速缓存里，程序员并不加以指定(也可能根本不知道)。

(2) MAC运算的实现。GPP不是设计来做密集乘法任务的，即使是一些现代的GPP，也要求用多个指令周期来完成一次乘法。

(3) 零开销循环。GPP没有零开销循环机制，其循环是通过使用软件来实现的。但是某些高性能的GPP使用转移预报硬件，几乎能达到与硬件支持的零开销循环同样的效果。

(4) 数据格式。GPP通常采用浮点数据格式。

(5) 数据宽度。GPP的数据宽度一般较长，精度较好，可达64位。

(6) 寻址方式。GPP仅具有常用寻址模式，数字信号处理所需要的特殊寻址模式在GPP中不常使用，只能用软件来实现。

(7) 指令集。GPP的指令集具有简洁的结构和通用性，对编译技术可以提供很好的支持，但程序所占用空间较大。早期的GPP通常采用CISC指令集结构，后期广泛采用RISC指令集结构，这种指令集结构简洁规整，单条指令通常在单个周期内完成单个操作，降低了结构的复杂性，但是没有专为数字信号处理设置的特殊指令。

(8) 执行时间的可预测性 。在软件无线电中，数字信号处理应用大多具有硬性实时要求，在每种情况下所有处理工作都必须在指定时间内完成。这种实时限制要求程序设计者确定每个样本究竟需要多少时间，或者在最坏情况下至少需用多少时间。GPP有操作系统支持，其缺点是确定代码执行时间非常困难，这是因为大量超高速数据和程序缓存使用动态分配程序，在不同的线程下，操作系统内核使用的CPU时间不同，操作系统不能保证软件无线电系统所需要的执行时间，对于高性能GPP来说，执行时间的预测变得复杂和困难。

如果打算用低成本的GPP去完成实时信号处理任务，执行时间的预测不会成为问题，因为低成本GPP具有相对直接的结构，比较容易预测执行时间。然而，大多数实时信号处理应用所要求的处理能力是低成本GPP所不能提供的。

(9) 芯片资源。由于GPP的通用性，片上资源直接针对信号处理的并不多，主要针对片内存储器的设置，这样可以提高数据访问的性能，但通常GPP运行的程序都很大，不太容易设置片内存储器。GPP减小处理器速度和存储器访问速度之间差距的典型方法是在GPP内部设置高速缓存(Cache)，但是现在为了信号处理应用，有些GPP也设置了大的片内存储器。

(10) 操作系统支持。计算机操作系统支持从文字界面向图形界面、从单任务向多任务发展，其具体业务从简单的文字处理到MP3/Flash播放、音/视频编解码、3D游戏等。通信、网络功能需要支持不同层次的协议，多个业务还可能同时进行，同时也不断地对实时、高保真、高分辨率、低延迟提出了质量要求，而这些需求似乎没有止境。对于GPP而言，具有操作系统支持是非常有利的因素。

(11) 功耗、成本。GPP的功耗和成本较高，且不利于集成。

(12) 处理能力。GPP处理能力较强，时钟速率高，现在高性能的Pentium 4处理器时钟频率已达3.2 GHz。除此以外，为了提高处理指令执行的并行性，GPP采用了单指令多数据(SIMD)体制、超长指令字(VLIW)结构和超标量体系结构。其中，SIMD处理器把输入的长数据分解为多个较短的数据，然后由单指令并行地操作，从而提高处理海量、可分解数据的能力。该技术能大幅提高在多媒体和信号处理中大量使用的一些矢量操作的计算速度，如坐标变换和旋转。通用处理器 SIMD 增强的两个例子是 Pentium 的 MMX 扩展和 PowerPC 族的 AltiVec 扩展，而 VLIW 结构和超标量结构都可以使 GPP 在单个时钟周期内执行多条指令。现在 GPP 的处理速度可达 10 000 MIPS 以上。

从上述介绍中可以看到，虽然 GPP 不是针对信号处理而设计的，但是它的通用性非常好。一个 GPP 平台和操作系统联合后可以完成所有的处理任务，实现完全的控制，无线接口非常灵活，新的无线标准可以在 GPP 上运行不同的软件，非常符合“通信世界中的个人计算机”这一概念。在操作系统的支持下可以为软件无线电系统的开发提供很多便利条件，比如虚拟存储器、多线程等。开发环境很容易使用，GPP 系统可以采用常用的语言如 C/C++进行编程，而且不需要对系统进行详细的了解。另外，厂商现在也根据信号处理的需求对 GPP 进行了一些改进。

虽然如此，采用 GPP 实现软件无线电的限制因素也较为明显，最大的问题是确定代码的执行时间非常困难。为此，通常采用实时操作系统来解决，但这需要特殊的编程工具和知识，这与采用标准的编程工具和跨平台代码是矛盾的。另一个限制因素是处理能力，虽然处理器速度可达到 3 GHz，但系统总线速度和存储器是受限的。

## 2.2.2 DSP

### 1. DSP 芯片简介

DSP 是一种专门用来实现信号处理算法的微处理器芯片，可以认为是 GPP 的特例。根据使用方法的不同，DSP 可以分为专用 DSP 和通用 DSP。专用 DSP 只能用来实现某种特定的数字信号处理功能，更适合特殊的运算，如数字滤波、卷积和 FFT。Motorola 公司的 DSP56200、Zoran 公司的 ZR34881、Inmos 公司的 IMSA100 等就属于专用 DSP 芯片。通用 DSP 芯片适合普通的 DSP 应用，与 GPP 一样有完整的指令系统，通过软件实现各种功能。TI 公司的一系列 DSP 芯片属于通用 DSP 芯片。这里提到的 DSP 指通用 DSP。

从 1978 年第一片 DSP 芯片发布至今，DSP 一直处于高速发展之中，其性价比越来越高，应用领域越来越广。DSP 和通用处理器有很大的区别，这些区别缘于 DSP 的结构和指令是专门针对信号处理而设计和开发的。

现在开发 DSP 芯片的公司很多，主要有 TI、ADI、Motorola 等，最知名的产品是美国 TI 公司的 TMS320 系列，如图 2.2-3 所示，其中包括主要面向低功耗、手持设备、无线终端应用的 TMS320C5000 系列和面向高性能、多功能、复杂应用领域的 TMS320C6000 系列。美国 ADI 公司在 DSP 芯片市场上也占有一定的份额，相继推出了一系列具有自己特点的 DSP 芯片，其定点 DSP 芯片有 ADSP2101/2103/2105、ADSP2111/2115、ADSP2126/2162/2164、ADSP2127/2181、ADSP-BF532 以及 Blackfin 系列，浮点 DSP 芯片有 ADSP21000/21020、ADSP21060/21062 以及 Tigersharc TS101、TS201S。Motorola 公司的 DSP 芯片推出比较晚。1986 年该公司推出了定点 DSP 处理器 MC56001；1990 年，又推出了与 IEEE 浮点格式兼容的浮点 DSP 芯片 MC96002；

图 2.2-3　DSP 芯片实物图

此外还有 DSP53611、16 位 DSP56800、24 位 DSP563XX 和 MSC8101 等产品。下面从多个方面讨论 DSP 的性能特点，以方便实际工作的选用。

**2. DSP 芯片的性能特点**

(1) DSP 的结构。传统的 GPP 使用冯·诺依曼存储结构，DSP 一般使用哈佛结构，如图2.2-4 所示。在哈佛结构中有两个存储空间：程序存储空间和数据存储空间，还存在两条分离的总线。处理器内核通过两套总线与这些存储空间相连，允许同时对两个存储空间进行访问，这种安排使得处理器的带宽加倍，适合高速运算。

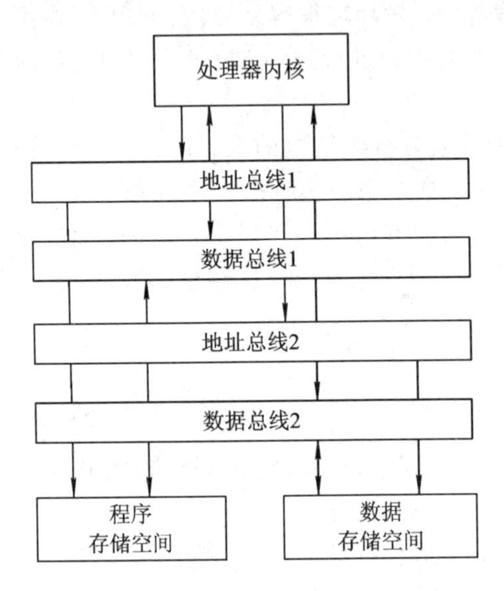


图 2.2-4 哈佛结构

(2) 使用灵活性。DSP 在使用上与普通单片机应用系统十分相似，只要将调好的机器码放在程序 ROM 中，就能使系统正常工作。DSP 处理器的灵活性主要体现在软件更改容易，以及对各种算法处理和复杂算法的实现上，而对硬件本身的更改则没有任何灵活性可言，简单地讲各管脚的定义是固定的。

(3) 使用场合。DSP 适用于状态复杂的操作，擅长数字信号处理。

(4) MAC 运算的实现。DSP 具有专用的硬件乘法器，其功能是在单周期内完成一次乘法运算。DSP 内还增加了累加器寄存器来处理多个乘积的和，而且该寄存器通常比其他寄存器宽，这样可保证乘累加运算结果不至于发生溢出。这些操作都可以在一个机器周期内完成。在数字信号处理运算中乘累加运算量是很大的，因此硬件乘法器是 DSP 实现快速运算的重要保障。

(5) 零开销循环。GPP 每执行一次循环都要用软件判断循环结束条件是否满足，从而更新循环计数器，还要进行条件转移。这些例行操作要消耗几个周期的时间，这种消耗对于短循环是相当可观的。与 GPP 不同，DSP 可以用硬件实现更新计数器等例行操作，不用额外消耗任何时间，所以是一种零开销循环。由于数字信号处理程序 90%的执行时间是在循环中度过的，所以零开销循环对于提高程序效率非常重要。

(6) 数据格式。DSP 可以分为定点 DSP 芯片和浮点 DSP 芯片。

大多数 DSP 以定点格式进行工作，称为定点 DSP 芯片，如 TI 公司的 TMS320C1X/

C2X、TMS320C2XX/C5X、TMS320C54X/C62XX 系列，AD 公司的 ADSP21XX 系列，AT&T 公司的 DSP16/16A，Motolora 公司的 MC56000 等。一般批量产品选用定点 DSP。编程和算法设计人员通过分析或仿真来确定所需要的动态范围和精度。

以浮点格式工作的 DSP 称为浮点 DSP 芯片，如 TI 公司的 TMS320C3X/C4X/C8X 系列、AD 公司的 ADSP21XXX 系列、AT&T 公司的 DSP32/32C、Motolora 公司的 MC96002 等。不同浮点 DSP 芯片所采用的浮点格式不完全一样，有的 DSP 芯片采用自定义的浮点格式，如 TMS320C3X，而有的 DSP 芯片则采用 IEEE 的标准浮点格式，如 Motorola 公司的 MC96002、FUJITSU 公司的 MB86232 和 Zoran 公司的 ZR35325 等。浮点算法是一种较复杂的常规算法，利用浮点数据可以实现大的数据动态范围(这个动态范围可以用最大数和最小数的比值来表示)。设计工程师在应用浮点 DSP 时不用关心动态范围和精度一类的问题。浮点 DSP 比定点 DSP 更容易编程，但是成本和功耗高。

(7) 数据宽度。数据宽度或字长表示 DSP 芯片的运算精度，一般定点 DSP 芯片的字长为 16 位，如 TMS320 系列。但有的公司的定点 DSP 芯片的字长为 24 位，如 Motorola 公司的 MC56001 等。浮点芯片的字长一般为 32 位，累加器为 40 位。通常精度越高，则尺寸越大，管脚越多，存储器要求也越大，成本相应地增大。在满足设计要求的条件下，要尽量选用小字长的 DSP 以降低成本。

注意，绝大多数 DSP 器件的指令字和数据字的宽度一样，也有一些不一样，如 ADI 公司的 ADSP－21XX 系列的数据字为 16 位，而指令字为 24 位。

(8) 寻址模式。DSP 具有特殊的寻址模式。DSP 一般包含有专门的地址产生器，它能产生信号处理算法所需要的特殊寻址，如循环寻址和位翻转寻址。循环寻址对应于流水 FIR 滤波算法；位翻转寻址对应于 FFT 算法。

(9) 指令集。DSP 具有特殊设计的指令。在 DSP 的指令系统中，有许多指令是多功能指令，即一条指令可以完成几种不同的操作，或者说一条指令具有几条指令的功能。如 TMS320C2000 中的 MACD 指令，它在一个指令周期内可以完成乘法、累加和数据移动三项功能，这种特殊的指令无疑能大大提高程序运行效率。

(10) 执行时间的可预测性。由于 DSP 执行程序的进程对程序员来说是透明的，因此很容易预测每项工作的执行时间。这时，DSP 相对高性能 GPP 的优势在于，即便是使用了高速缓存的 DSP，哪些指令会放进去也是由程序员(而不是处理器)来决定的，因此很容易判断指令是从高速缓存还是从存储器中读取。DSP 一般不使用动态特性，如转移预测和推理执行等，因此，由一段给定的代码来预测所要求的执行时间是完全直截了当的，从而使程序员得以确定芯片的性能限制。

(11) 芯片的硬件资源。不同的 DSP 芯片所提供的硬件资源是不同的，如片内 RAM 及 ROM 的数量、外部可扩展的程序和数据空间、总线接口、I/O 接口等。即使是同一系列的 DSP 芯片(如 TI 的 TMS320C54X 系列)，系列中不同的 DSP 芯片也具有不同的内部硬件资源，可以适应不同的需要。

(12) 操作系统。DSP 有实时操作系统的支持。目前，DSP 实时操作系统的种类较多，据统计，仅用于信息电器的 DSP 操作系统就有 10 种左右，其中较为流行的主要有 CY-DRTOS、VxWorks、pSOS。与通用操作系统相比，实时操作系统在系统实时高效性、硬件的相关依赖性、软件固态化以及应用的专用性等方面具有较为突出的特点。

(13) 功耗和成本。在某些DSP应用场合，功耗也是一个需要特别注意的问题，如便携式的DSP设备、手持设备、野外应用的DSP设备等都对功耗有特殊的要求。电源电压过去常采用5 V，目前，3.3 V供电的低功耗高速DSP芯片已大量使用。DSP的成本较低。

(14) DSP芯片的处理能力。这里主要涉及一个问题，就是软件无线电系统的需求。通过前面我们已经了解到3G网络有大量的信号处理算法，远远超过第2代移动通信，所需处理能力达10 000 MMACS。以TMS320C6000系列高端DSP处理器为例，C6000系列DSP的定点运算速度可以达到1200～8000 MIPS，浮点运算速度可以达到600～1800 MFLOPS。其代表是定点系列的TMS320C64X和浮点系列的TMS320C67X，其中TMS320C64X时钟速度达到1 GHz，单片处理能力可达到8000 MIPS，但是这些DSP的处理能力要满足软件无线电的需求还有些勉强。

为了提高DSP的处理能力，需要采取其他补充措施，例如：

• 广泛采用流水线。

与哈佛总线结构相关，DSP广泛采用流水线以减少指令执行时间，从而增强了处理器的处理能力。执行一条DSP指令，需要经过取指、译码、取操作数、执行等几个阶段，DSP的流水线结构是指它的这几个阶段在程序执行过程中是重叠进行的，如图2.2-5所示，即在对本条指令取指的同时，前面的三条指令已依次完成译码、取操作数、执行的操作。这种流水线机制保证了DSP的乘法、加法以及乘累加可以在单周期内完成，对于提高DSP的运算速度具有重要意义，特别是当设计的算法需要连续的乘累加运算时。通过多级流水线结构，DSP可以获得仅仅受乘法器的速度限制的MAC速度。

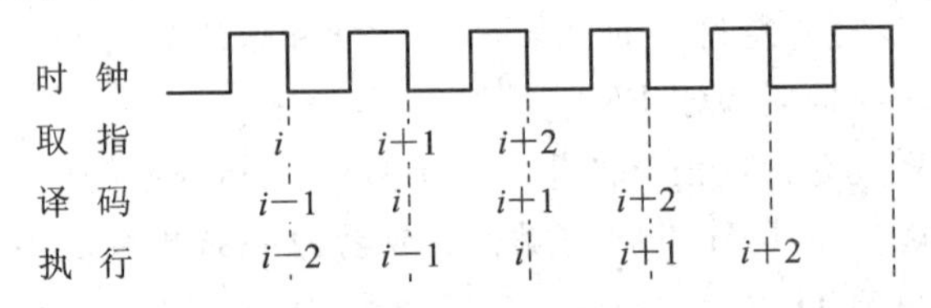


图2.2-5　流水线示意图

流水线的级数等于最后总的加速比，当然并不是说流水线级数分得越多，处理器的性能就越好。流水线处理器性能提高的关键在于每个时钟周期处理器都应当能启动一条指令的执行。

• 采用多处理单元结构。

DSP内部一般都包括多个处理单元，如ALU、乘法器、辅助算术单元等。它们都可在一个单独的指令周期内执行完计算和操作任务，而且往往同时完成。这种结构特别适合于滤波器的设计，如FIR和IIR。这种多处理单元结构还表现为将一些特殊的算法做成硬件，如典型的FFT的位翻转寻址和流水FIR滤波算法的循环寻址等。大部分DSP具有零开销循环控制的专门硬件，这使得处理器不用花时间测试循环计数器的值就能执行一组指令的循环，由硬件完成循环跳转和循环计数器的衰减。

• 采用各种并行处理机制。

由于基于传统结构无法进一步提升DSP处理器的性能，因此提出了各种提高性能的策略。其中提高时钟频率似乎是有限的，最好的方法是提高并行性。提高操作并行性可以由两个途径实现：提高每条指令执行的操作的数量，或者提高每个指令周期中执行的指令的数量。这两种并行要求产生了多种 DSP 新结构。

当前高性能 DSP 结构的主要特点就是采用了各种并行处理技术，GPP 中所采用的 SIMD、VLIW 和超标量技术在 DSP 中都有采用。另外，采用多个 DSP 并行处理也是较好的方式。

图 2.2－6 给出了采用总线共享方式实现多 DSP 并行处理的组成框图。总线共享使多个 DSP 共同使用一套总线，存储器的地址在各 DSP 内部所占用的地段是相同的，当多个 DSP 申请总线使用权时，总线仲裁电路将根据分时享用或优先等级原则把总线的使用权交给其中的某个 DSP，并把此 DSP 作为此时的主处理器，而其他的 DSP 则必须处于等待状态，直到交出总线使用权。

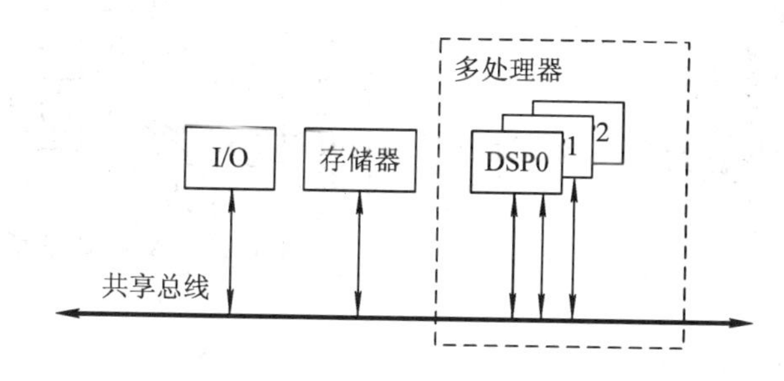


图 2.2－6　总线共享方式实现多 DSP 并行处理的组成框图

当然还有一些其他的解决方式，某些 DSP 专门提供了特殊用途的硬件来解决各个处理器的内部连接，比如 Analog Devices 公司的 ADSP－2106x 提供有双向地址总线和数据总线，与六条双向总线相配合，很容易把多达六个处理器通过共同的外部总线连接成一个系统。

总之，DSP 在信号处理方面独具优势，其成本较低，功耗较低，开发也非常方便，在现阶段，与 GPP 相比，DSP 的综合性能较强，因此使用范围较广，是软件无线电系统的主流选择之一。

### 2.2.3　FPGA

#### 1. FPGA 芯片简介

FPGA 是具有可编程互联门的阵列，其逻辑功能可以进行重定义。FPGA 起初是作为专用集成电路(ASIC)领域中的一种半定制电路而出现的，它既克服了定制电路的不足，又解决了原有可编程器件门电路有限的问题。可以毫不夸张地讲，FPGA 能完成任何数字器件的功能，上至高性能 CPU，下至简单的组合电路，都可以用 FPGA 来实现。FPGA 如同一张白纸或是一堆积木，工程师可以通过传统的原理图输入法或是硬件描述语言，自由地设计一个数字系统。通过软件仿真，可以事先验证设计的正确性。在 PCB 完成以后，还可以利用 FPGA 的在线修改能力随时修改设计，而不必改动硬件电路。

FPGA 芯片实物图如图 2.2－7 所示。

FPGA 一般采用 SRAM 工艺，也有一些专用器件采用 Flash 工艺或反熔丝工艺等，其集成度很高，器件密度从数万门到数千万门不等。FPGA 通常包含三类可编程资源：可编程逻辑功能块、可编程 I/O 块和可编程布线资源，如图 2.2－8 所示。可编程逻辑功能块是实现用户功能的基本单元，它们通常排列成一个阵列，散布于整个芯片。可编程 I/O 块完成芯片上逻辑与外部封装脚的接口，常围绕着阵列排列于芯片四周。可编程布线资源包括各种长度的连线线段和一些可编程连接开关，它们将各个可编程逻辑功能块或I/O块连接起来，构成特定功能的电路。布线资源通常分为两类：时钟布线资源和信号布线资源。时钟布线资源用于馈入高速时钟信号，信号布线资源用于连接逻辑功能块的输入/输出信号。这些布线资源具有一定的层次结构，短线用于连接相邻的逻辑功能块，中等长线用于连接间隔较远的逻辑功能块，长线用于在整个芯片上发送数据。

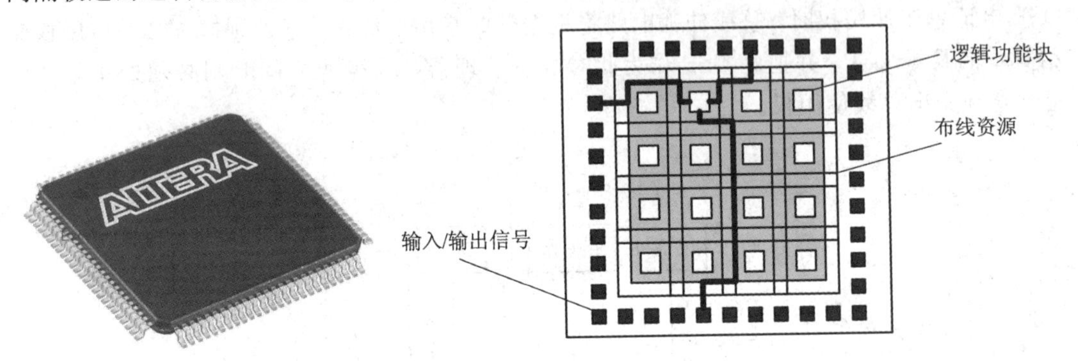


图 2.2-7　FPGA 芯片实物图

图 2.2-8　FPGA 的结构

不同厂家生产的FPGA在可编程逻辑功能块的规模、内部互连线的结构和采用的可编程元件上存在较大的差异，但其基本结构都是基于查找表(LUT)加寄存器结构的，这也是FPGA有别于其他类型可编程器件的标志。

PLD(可编程逻辑器件)和FPGA(现场可编程门阵列)的差别在于，FPGA的逻辑块通常远远小于PLD，这样FPGA就具有较好的资源利用率。FPGA逻辑功能块中通常包含 $n$ 输入的查找表(LUT)以及用于存储数据的触发器。输入逻辑功能块的数据送入LUT或触发器的输入口，LUT的输出与逻辑功能块的输出口或触发器的输入口连接，采用多路开关(MUX)选择不同的输入组合。

LUT通常用静态RAM实现，其地址线接输入信号，数据由数据输出线输出。这样，依靠正确设置存储的内容，LUT就可以实现 $n$ 输入的布尔代数，如图 2.2-9 所示。每个逻辑功能块中的触发器用于存储数据。LUT和触发器依靠可编程布线资源进行互联可以实现任意组合函数，也可以实现任意时序函数。

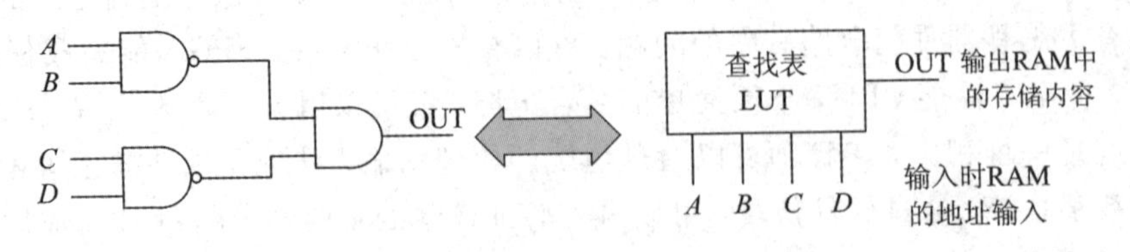


图 2.2-9　FPGA 中查找表的功能示意图

采用SRAM工艺的FPGA芯片在掉电后信息就会丢失，一定需要外加专用配置芯片，在上电的时候，由这个配置芯片将数据加载到FPGA中，然后FPGA就可以正常工作了，由于配置时间很短，因此不会影响系统的正常工作。也有少数FPGA采用反熔丝或Flash工艺，对于这种FPGA，不需要外加专用配置芯片。

FPGA 的可重配置能力很强，其配置一般在系统上电时完成。在工作期间，FPGA 的配置是不发生变化的，即在系统断电之前，FPGA 的工作状态是不变的。这是因为 FPGA 由存放在片内 RAM 中的程序来设置其工作状态，工作时需要对片内的 RAM 进行编程，加电时，FPGA 芯片将 EPROM 中的数据读入片内编程 RAM 中，配置完成后，FPGA 进入工作状态，掉电后 FPGA 恢复成白片，内部逻辑关系消失。FPGA 的编程无需专用的 FPGA 编程器，只需用通用的 EPROM、PROM 编程器即可。当需要修改 FPGA 功能时，只需换一片 EPROM 即可。同一片 FPGA，不同的编程数据，可以产生不同的电路功能。现在某些 FPGA(如 Xilinx XC6200、Atmel AT40K)已经允许动态地重配，即可以在工作状态下重新配置芯片功能。

在软件无线电的应用中，FPGA 的主要优势在于可以实现并行运算。比如在实现乘加运算(MAC)时，FPGA 可以采用流水线阵列乘法或分布式算法实现并行 MAC 运算，效率很高，这在很多信号处理算法如滤波器的实现上是很有利的。

目前 FPGA 的主要生产厂商是 Altera、Xilinx，生产的品种也很多。

Altera 的主要产品有 MAX3000/7000、FLEX10K、APEX20K、ACEX1K、Stratix、Cyclone 等。

Xilinx 是 FPGA 的发明者，产品种类有 XC9500、Coolrunner、Spartan、Virtex 等。

**2. FPGA 芯片的性能特点**

(1) 硬件结构和性能发展。FPGA 器件是由大量的逻辑宏单元组成的，通过配置，可以使这些逻辑宏单元形成不同的硬件结构，从而构成不同的电子系统，完成不同的功能。由 FPGA 构成的电路可以以并行或顺序方式工作。

随着数百万门高密度 FPGA 的出现，FPGA 在原有的高密度逻辑宏单元基础上，嵌入了许多面向 DSP 的专用硬核模块，结合大量可配置于 FPGA 硬件结构中的参数化的 DSP IP 核，DSP 开发者能十分容易地在一片 FPGA 中实现整个系统，即所谓的可编程片上系统(PSoC)。

(2) 处理能力。FPGA 的处理速度很快，例如，Altera 的 FPGA 中有大量的专用乘法器、加/减法器、累加器，足以支持高速运算。FPGA 可以工作于顺序方式或并行方式，在并行工作方式下，其性能远优于 DSP，DSP 需要大量运算指令完成的工作，FPGA 仅需要一个指令周期就能够完成。随着微电子技术的发展，FPGA 的集成度越来越高，性能越来越好，片上资源也越来越丰富，特别是有大量的乘法器，使得处理速度非常快。以 Xilinx 的 XC2V8000 芯片为例，其上有 168 个乘法器，在时钟速率为 250 MHz 时，如果使用全部乘法器，其运算速度可以达到 42 000 MMACS，比 DSP 快得多；如果时钟速率仅为最大速率的一半，且假定资源的利用也仅有一半，则整个运算速度下降到 10 500 MMACS，与 DSP 相比仍具有一定的优势。在顺序执行方面，FPGA 也比 DSP 快，因为 FPGA 中可以使用嵌入式微处理器来完成工作，并且每一顺序工作的时钟周期中能同时并行完成许多执行，而 DSP 处理器却不能。

需要注意的是，FPGA 并不适合复杂的算法，它主要针对复杂性不高的计算密集型算法。

(3) 灵活性。FPGA 在各种应用场合具有硬件用户可定制性和可重配置性，表现出了极大的灵活性，可根据需要通过改变 FPGA 中构成 DSP 系统的硬件结构来改变硬件的功能、技术指标、通信方式、硬件加密算法和编/解码方式等。

(4) 适用场合。FPGA 适于简单重复的操作和需要并行处理的操作。

(5) 硬件可重构性。FPGA 具有很强的硬件可重构性，这是 GPP、DSP 所没有的功能。通过下载不同的配置文件，能获得不同的硬件结构和硬件功能，因此基于 FPGA 的系统具有良好的系统结构可重配置特性。配置文件的加载有多种方式：

• 将多个文件预先存储在系统的 ROM 中，系统根据实际需要自动选择下载配置文件，缺点是配置文件数目有限。

• 将配置文件全部预存在大的存储器中，由外围系统选择下载配置。

• 通过远程下载，如无线或互联网络。

(6) 开发流程。在 FPGA 开发流程中有多个层次的仿真测试和硬件调试环节，如基于 MATLAB/Simulink 模型的系统级仿真，包括对数字信号和模拟信号的仿真测试；利用 HDL 仿真器 ModelSim 进行 RTL 级功能仿真和模拟信号仿真；利用 ModelSim 对系统进行实时时序仿真；利用 Quartus Ⅱ 中的门级仿真器进行时序仿真；利用嵌入式逻辑分析仪 SignalTapⅡ对 DSP 硬件系统进行测试。以上 5 个测试环节中任何一处发现问题，都可以随时修正和排除。

DSP 必须有合适可用的硬件平台才能调试系统，而 FPGA 则不需要。

(7) 开发技术标准化、规范化和技术兼容性。开发技术标准化和规范化是基于 FPGA 的 DSP 技术的优势之一。自顶向下的设计流程为 FPGA 开发技术的标准化奠定了基础；标准化的硬件描述语言和大量支持这一语言的综合器和仿真器构成了这一技术的核心；功能强大、适用面广的 FPGA 开发集成环境将多种开发目标兼收并蓄；大规模的可重配置 FPGA 及相关的软硬 IP 核确保了系统的高效率和高质量。

(8) 系统的集成度、功耗和可靠性等。基于 FPGA 的 DSP 系统的优势主要源于可以形成单片系统。目前拥有大规模逻辑资源的 FPGA 完全能容纳本来由多片 DSP 处理器构成的系统，从而使单片 DSP 系统在多项指标大幅度提高的前提下，成本和功耗大幅度下降，集成度和可靠性大幅度提高。

(9) 成本。FPGA 成本较高。

### 2.2.4 处理器性能比较

GPP、DSP 和 FPGA 在一些大的方面的对比如图 2.2-10 所示，详细对比如表 2.2-1 所示。

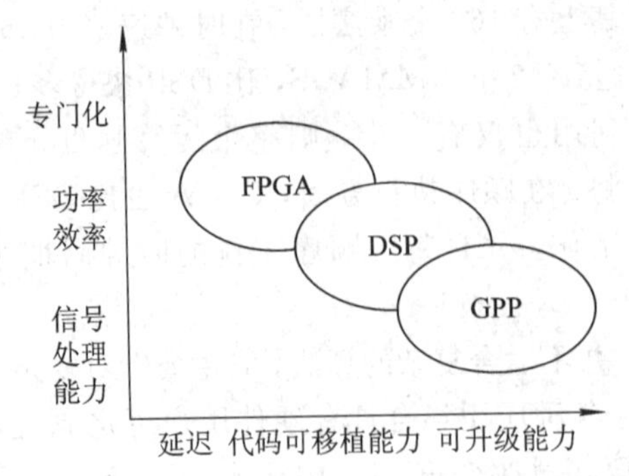


图 2.2-10　FPGA、DSP、GPP 能力比较示意图

**表 2.2-1 GPP、DSP、FPGA 的对比**

| 类别<br>性能 | GPP | DSP | FPGA |
|---|---|---|---|
| 编程语言 | 各种软件语言 | C、C++、汇编语言 | VHDL、Verilog |
| I/O | 固定专用 I/O 接口，包括配备有串口、USB、以太网口等 | 固定专用 I/O 接口，包括配备有串口、USB、以太网口等 | 用户自行配置 I/O 接口 |
| 编程能力 | 程序执行 | 程序执行 | 存储器定义模式及定义操作参数 |
| 编程难易程度 | 有操作系统支持，编程容易，不需要了解硬件状况 | 采用高级语言简单，采用汇编语言则较复杂，需对硬件有所了解 | 需对硬件结构有所了解 |
| 开发难度 | 难度较低，易于构建原型系统 | 难度中等 | 难度较大 |
| 数字带宽/精度 | 受限于处理器的总线宽度 | 受限于处理器的总线宽度 | 采用并行处理架构，适合于高精度、高带宽 |
| 性能 | 速度受限，实时性不理想 | 速度受限于时钟速率，运行速度快于 GPP | 如果采用合适的结构，速度非常快 |
| 可重配置能力 | 通过运行不同的软件可重配置无限次 | 通过改变软件内容可重配置无限次 | 基于 SRAM 的 FPGA 可以重配置无限次 |
| 重配置方式 | 下载运行不同的软件 | 通过读不同的存储器地址实现 | 依靠数据线下载到芯片实现 |
| MAC 实现方式 | 重复进行 MAC | 重复进行 MAC，有专门的乘法器 | 并行乘法器/加法器或采用分布式算法 |
| MAC 速度 | 受限于 MAC 操作的速度 | 受限于 MAC 操作的速度，实现滤波器功能时，增加滤波器抽头数会使速度变慢 | 如果采用并行算法，速度可以非常快。如果采用分布式算法实现滤波器，则速度与滤波器抽头数无关 |
| 并行性 | 编程顺序进行，无法并行化 | DSP 芯片的编程是顺序进行的，无法并行化，除非采用多芯片组合 | 可以并行实现高性能 |
| 场合 | 适用于任何场合 | 适用于具有顺序特性的信号处理以及需要进行状态复杂运算的场合 | 适用于控制或简单重复操作和并行处理较多的场合，如 FIR 滤波器、IIR 滤波器、相关器、FFT 等 |

续表

| 性能 \ 类别 | GPP | DSP | FPGA |
| --- | --- | --- | --- |
| 适合任务 | 可适用任何任务，尤其适合判决、复杂分析、低数据率计算、数据块操作任务 | 适合判决、复杂分析、低数据率计算、数据块操作任务 | 适合大计算量算法、大的并行操作、高数据率计算、数据流操作任务 |
| 功耗 | 功耗高，不适合便携应用 | 功耗低，不需要冷却装置或较大电池 | 当电路按省电方式设计时，功耗可以降到最低，或者功率为动态控制 |

## 2.3 软件无线电硬件结构

在构成软件无线电系统时，其硬件结构基础是基于GPP、DSP和FPGA这些数字信号处理器的，这些处理器的选用要根据实际情况遵从以下原则。

(1) 所需要的可编程能力或可重配置能力：即对于所有的目标空中接口标准，器件能重新配置以执行所期望功能的能力。

(2) 集成度：在单个器件上集成多项功能，由此减小数字无线子系统的规格，并降低硬件复杂度的能力。

(3) 开发周期：开发、实现及测试指定器件的数字无线功能的时间。

(4) 处理能力：器件在要求的时间内完成指定功能的能力。

(5) 功率：器件完成指定功能的功率大小以及利用率。

(6) 对器件的熟悉程度。

(7) 效费比。

软件无线电的硬件结构种类比较多，本书按照使用信号处理器的侧重分为典型结构、基于GDP的结构、基于DSP的结构和基于FPGA的结构。

### 2.3.1 典型的软件无线电硬件结构

软件无线电系统以数字信号处理为主要的信号处理手段，这样数字信号处理器的使用就决定了软件无线电系统的结构。由于GPP、DSP和FPGA各有其适用范围，因此大部分软件无线电系统采用GPP+DSP+FPGA的结构，以整合三种器件的特点。

下面给出信号处理器件适用范围的定性说明。

GPP适用于：低速数据包处理、复杂的MAC协议、网络层协议、波形管理、发送数据包构建、接收数据包解包、波形上载、波形运行控制。

DSP适用于：中速同步、低速信号滤波、采样速率抽取及内插、低速调制解调、低速AGC、中速FEC、中速数据包处理、简单MAC协议。

FPGA适用于：调制解调器外接口、下变频到基带、上变频到中频、信号滤波、采样速率内插及抽取、高速调制解调、高速AGC、高速FEC、高速数据包处理。

另外，由于上、下变频处理通常要求高速率，但灵活性不强，因此在很多场合，上、下变频采用专用ASIC芯片构成的数字上变频器(DUC)和数字下变频器等。

典型的软件无线电系统示意图如图 2.3-1 所示。

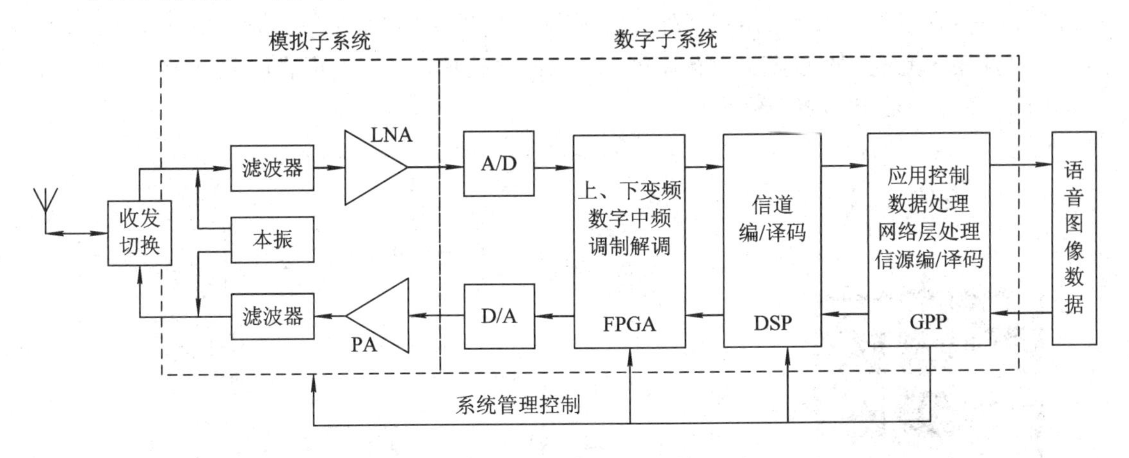


图 2.3-1　GPP+DSP+FPGA 混合结构软件无线电系统示意图

图 2.3-2 给出了 MILSATCOM 端机结构示意图，它是非常典型的包含多类处理器的结构。

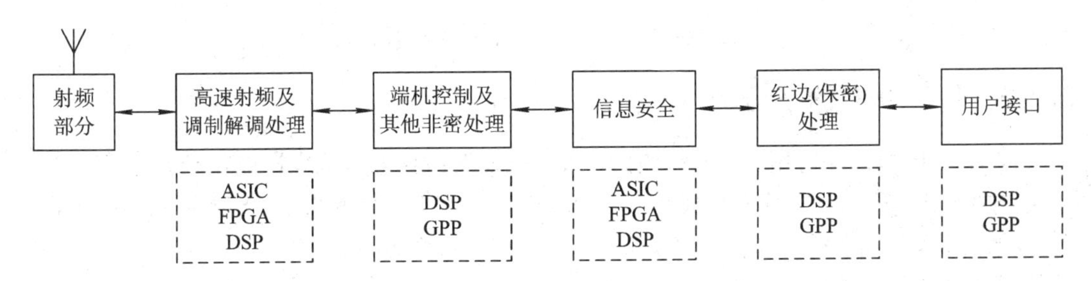


图 2.3-2　MILSATCOM 端机结构示意图

## 2.3.2　基于 GPP 的结构

基于 GPP 的软件无线电平台最接近"通信世界的计算机"的概念。采用 GPP 作为系统的计算部件，为软件无线电平台提供了最大的灵活性。尤为重要的是，在早期开发阶段能够大大便利开发者意图的实现，因为在这个阶段，尺寸和功耗不是主要的矛盾，而快速实现算法和波形才是主要的。这种设计完全采用 PC 和工作站完成所有的信号处理工作，这样的软件无线电系统也称为虚拟无线电(Virtual Radio)，它完全从软件的角度解决无线通信问题。

通用处理器(GPP)与其他类型系统的最大区别是，它不是一个实时的同步系统，不能像 DSP 那样适合于严格定时采样信号的实时处理，只能通过中断来保持一定的同步。操作系统也将引入反应时间和时间抖动，这个抖动可能超过 10 ms。另外，波形的处理数据率较低，约 1 Mb/s。然而计算机体系结构的开放性、灵活性、可编程性和人机界面等方面的能力却非常强，开发调试非常容易，最接近理想的软件无线电，是未来的研究方向，具有深远意义。但是，由于通用处理器的技术水平还达不到理想的处理能力，因此目前其性能较差，成本较高。为了提高该类型结构的性能，在基于 GPP 结构的基础上增加了协处理器，协处理器通常采用 GNU。

USRP(Universal Software Radio Peripheral)是基于 GPP 的软件无线电系统的代表，如图 2.3-3 所示。USRP 采用一个外接的前端处理设备，包含射频前端、中频的 ADC 和 DAC 以及用于完成信号前期处理的 FPGA，该前端处理设备通过网线或 USB 连接 PC，大部分处理工作通过 PC 的 GPP 完成。

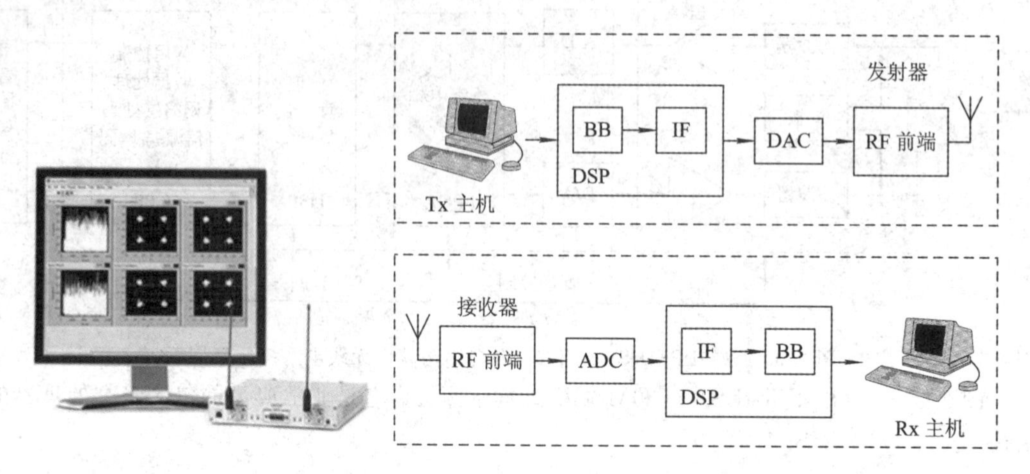


图 2.3-3　基于 GPP 的 USRP 软件无线电平台示意图

### 2.3.3　基于 DSP 的结构

基于 DSP 的设计通用性、灵活性比较好，开发调试比较容易，性能比较好。主要代表是美国的 SPEAKeasy 多频段多模式电台 AN/PRC-117F，如图 2.3-4 所示。该电台采用 TI 公司的 TMS320C40 多芯片组 Quad-C40 MCM，能够提供 200 MFLOPS 和 1100 MIPS 的处理能力以及每秒 300 MB 的 I/O 吞吐量。

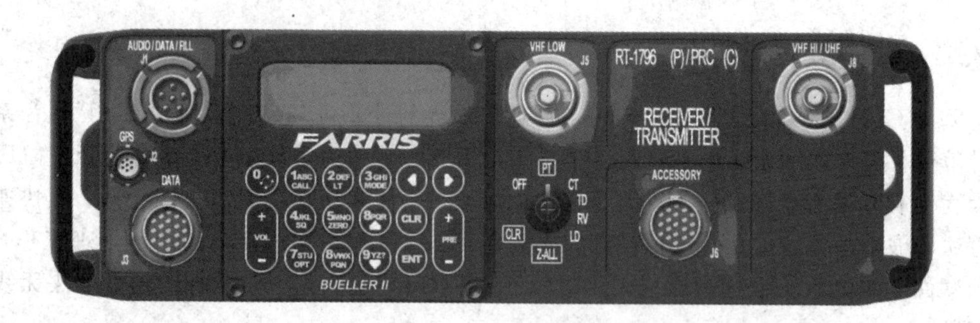


图 2.3-4　AN/PRC-117F 电台

### 2.3.4　基于 FPGA 的结构

FPGA 非常适用于范围广泛的大计算量的任务，最新一代的 FPGA 在性能和容量上都有了显著的提高，使它的应用范围扩大到数字滤波器等复杂的运算。随着电子设计自动化的发展，可编程器件可以在线编程，动态改变器件的逻辑功能。这样，可以实现物理器件的时分复用，甚至自适应的硬件系统也可以实时地按要求实现软件无线电结构的大部分模块。

Rice 大学的 WARP(Wireless open Access Research Platform)是一款开放软件无线电平台，其采用了 Xilinx Virtex FPGA，如图 2.3-5 所示。

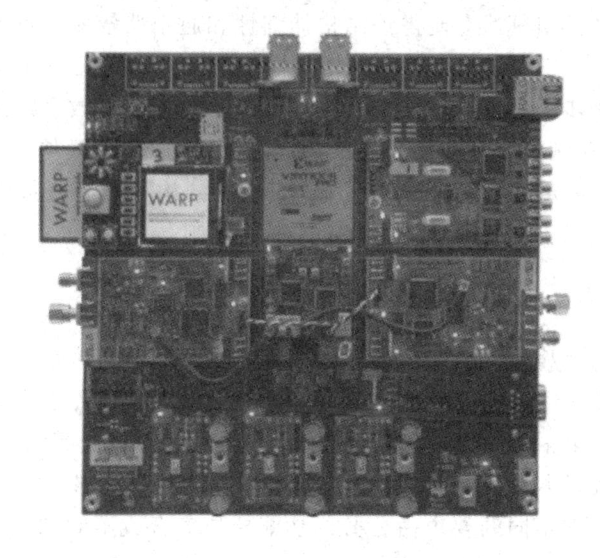


图 2.3-5　软件无线电平台 WARP

# 2.4　软件无线电功能模块连接方式

一个软件无线电系统中存在多个功能模块，通常包括宽带天线、宽带射频前端、ADC/DAC、数字信号处理单元、数据处理单元、用户接口等。各功能模块通过一定的连接方式互连而组成了软件无线电系统的硬件平台。按照系统中各功能模块的连接方式，软件无线电硬件体系可以分为流水式结构、总线式结构、交换式结构、计算机网络式结构。

## 2.4.1　流水式结构

流水式结构如图 2.4-1 所示，包括宽带多频段天线、多频段射频(RF)转换、ADC/DAC、DDC/DUC、数字信号处理器等。理想软件无线电要求将 ADC/DAC 尽量向 RF 靠拢，同时用高速数字信号处理器进行 A/D 转换后的一系列处理，从而建立一个相对通用的硬件平台，通过软件实现不同的通信功能。

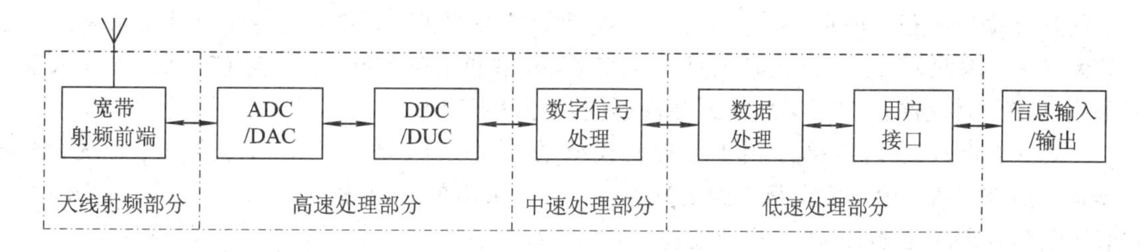


图 2.4-1　流水式结构示意图

流水式结构以流水线形式进行互连，与无线通信的信号流方向是一致的，因此具有很高的效率。其优点是时延短、硬件简单、实时性好、处理速率高。缺点是：虽然各个功能模块是相互独立的，但是流水式结构的各模块之间直接互连，使得各个模块之间的耦合相当紧密，独立程度不高，而且通常各模块之间的接口都是针对特定要求设计的，各模块之间不存在统一和开放的接口标准，使得该结构伸缩性和通用性较差。如果系统功能改变需要增加、去除或修改某一模块，难免会牵涉相应模块的变动，甚至是总体结构的改变，这不利于技术的协同与进步。例如，若增加中频(IF)带宽或者信道数，那么现有的 DDC(数字下变频)模块可能无法满足要求而需要更换功能更强大的 DUC 模块。此时，由于各模块的紧密耦合，因此可能需要重新设计整个系统。流水式结构不具有开放性，不能满足复杂的软件无线电系统的要求，仅适用于某些特定的通信体制。

## 2.4.2　总线式结构

流水式结构中各个模块的直接耦合过于紧密，缺乏统一的接口标准，存在着牵一发而动全局的问题，总线式结构则很好地解决了这个问题。总线式结构的软件无线电系统中，各功能单元通过统一接口标准的总线连接起来，并通过总线交换数据及控制命令，如图 2.4-2 所示。这种结构模块化程度高，系统灵活，有很好的开放性、通用性和伸缩性，而且容易实现，可以根据不同的要求由公共的功能模块集合成不同的系统，功能扩展和系统升级较为方便。

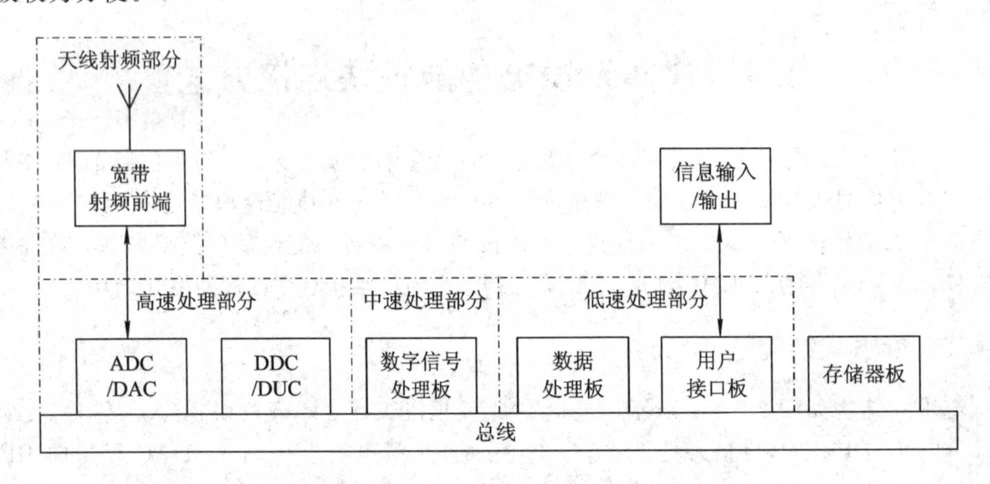


图 2.4-2　总线式结构示意图

但是，多个功能模块以时分复用的方式通过公共系统总线完成信号传输，这对系统总线的性能提出了很大的挑战，总线成为系统功能扩展的瓶颈，特别是在实时性要求高的通信系统中。因此，总线式结构必须具有高速率，能提供复杂控制，便于功能扩展(集成未来更高性能的处理器)。另外，总线式结构还应具有以下特点：

(1) 支持多处理器系统。由于软件无线电系统是在高、中频上对信号进行采样的，数据运算量非常大，因此要求很高的处理速度，如果采用单片 DSP 则难以胜任。因此软件无线电总线应能保证多 DSP 的并行处理，共享系统资源。

(2) 具有宽带高速的特性。为保证大量数据的传输，总线式结构具有极高的数据传输和 I/O 吞吐能力，总线传输速率超过 50 Mb/s，支持 32～64 位的数据和地址总线。

(3) 具有良好的机械和电磁特性。总线能够在恶劣的通信环境中正常工作，保证一定的通信性能。

(4) 需采用较复杂的控制机制，如采用分级总线方式或多总线等。

软件无线电要求通信系统具有较高的实时处理能力，只有采用先进的标准化总线式结构，才能发挥其适应性广、升级换代简便的特点。总线式结构是实现软件无线电的一种折中方案，鉴于目前实现起来较为容易，因此也是当前实现软件无线电的首选方案，常用来开发原型样机。目前，已形成工业标准的系统总线包括 ISA、EISA、VESA、PCI、STD、VME、PC/104、CompactPCI 和 SmallPCI 等。在软件无线电中，PCI 和 VME 是较为常见的总线，美国在软件无线电研究的一期项目 SPEAKeasy（易话通）中选择的就是 VME 总线。

### 2.4.3　交换式结构

交换式结构是总线式结构的扩展，如图 2.4－3 所示。该平台采用适配器和交换网络为各功能模块提供统一的数据通信服务，交换网络可以是星形的，也可以是环形的。各个功能模块之间通过数据包交换来传送数据，即功能模块通过适配器来进行拆包和打包(类似于 ATM 信元)，并通过交换网络来交换数据。这种体系遵循相同的通信接口和协议，它们之间的耦合很弱。在实现某种具体的通信系统时，要考虑如何配置各个功能板的功能(可重构性)，功能板之间可以通过建立一个虚电路来进行通信。

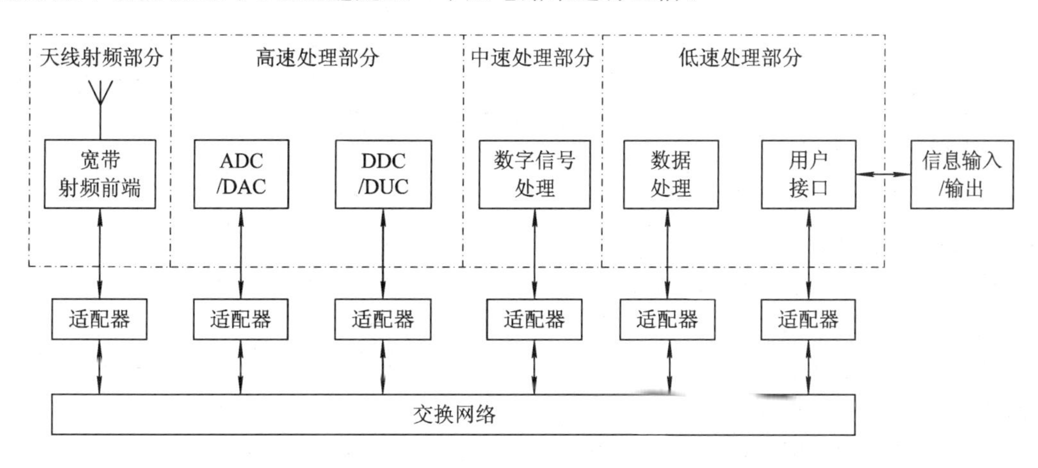


图 2.4－3　基于交换网络的软件无线电结构

利用交换式结构，系统开始具有一定的分布工作的形态，可以方便地实现数据的广播(Broadcast) 和多播(Multicast)，大大拓展了硬件平台的处理能力，极大地提高了平台的灵活性和可扩展性，具有效率高、带宽宽以及通用性好的特点，具有较好的吞吐量和实时性能，适用于多种无线通信系统。该结构的缺点是时延长、硬件复杂，不太容易实现而且成本高。

### 2.4.4　计算机网络式结构

随着网络技术的发展，传统基于单机或者有限分布的软件无线电系统的形态有了新的变化。基于网络结构的软件无线电系统由多台通过网络连接的计算机终端构成，分别构成软件无线电用户终端、管理终端以及节点，其中节点连接有射频前端设备，如图 2.4－4 所示，当用户需要发送数据时，由用户终端通过网络将数据发往节点计算机，节点计算机通过软件无线电射频前端设备将信息发送出去；在接收端，另一台连接有软件无线电射频前端设备的节点计算机接收信息后，通过网络传往目标用户，完成整个信息的发送和接收。甚至，节点接收到的数据可以通过网络由多台计算机共同完成处理后再送达用户，如果依赖的网络是互联网，可以称为“软件无线电云”(SDR Cloud)。

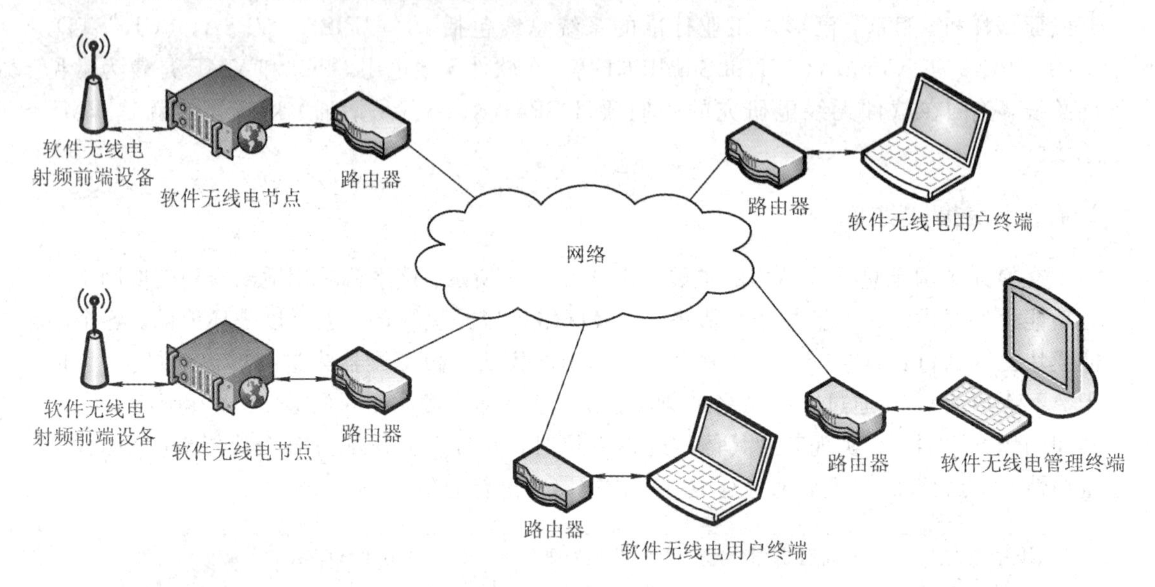


图 2.4-4　基于网络的软件无线电结构

这种结构的优点是：

(1) 计算机网络很普遍，可以方便地提供接入平台。只需要安装适配器和相关软件即可在现存的计算机群上实现该结构。计算机技术与网络技术的成熟性和通用性，使得采用这一技术成为十分经济的选择。通俗地说，一个没有无线端机的用户也可以实现所需的无线通信。

(2) 该系统是基于网络的，可以为互联网络与移动通信结合的趋势提供强有力的支持，使无线网络可以很容易地与计算机网络融合。

(3) 这种结构效率高，可扩展性和通用性很好，而且系统没有稳定的形态，其稳健性、抗毁性强。

## 2.5　小　　结

硬件部分是软件无线电的基础，是软件实现系统功能的第一步。本章从采用的信号处理手段出发，分析比较数字信号处理和模拟信号处理的优缺点，确定两者的适用范围，并分析确定无线信号处理所需要的信号处理能力；再以数字信号处理为重点，分析比较GPP、DSP和FPGA的性能特点，确定适用范围；最后以所使用的核心处理器种类以及功能模块的连接方式，给出软件无线电的硬件结构。

通过本章的学习，读者既能了解软件无线电系统的硬件构成形态，又能初步了解软件无线电系统的硬件需求。

# 练习与思考二

1. 简述数字信号处理和模拟信号处理各自的特点。

2. 计算当温度为 17℃(绝对温度为 290 K)时，带宽为 22 MHz 的 WiFi 接收机的内部热噪声。

3. 某接收机灵敏度为－110 dBm，其最小输入的信号幅度和功率分别是多少?

4. 简述软件无线电常用的数字信号处理器及其主要技术特点。

5. 软件无线电的典型的硬件结构是怎样的? 其各部分如何选用信号处理器?

6. 软件无线电系统常见的功能连接方式有哪些? 特点如何?

7. 请描述冯·诺依曼结构和哈佛结构，并说明其特点。

8. 请比较 DFT 和 FFT 运算量的差异，理解 FFT 在运算量上产生优势的原因。

9. 某 CPU 具有 600 MHz 主频，表示执行某个程序的指令所需的平均时钟周期数(CPI)为 3，求该 CPU 的 MIPS。

10. 下表给出了执行某个程序典型的指令类型和出现的频次，若该 CPU 频率始终为 600 MHz，求该 CPU 的 MIPS。

| 指令类型 | 频　次 | 周期数 |
| --- | --- | --- |
| ALU 指令 | 50% | 4 |
| 取指令 | 30% | 5 |
| 存储指令 | 5% | 4 |
| 分支指令 | 15% | 2 |

# 第3章 软件无线电的软件架构及SCA

软件可定义的特性包括射频频带、空中接口波形及其他相关功能。涉及软件无线电的软件是较为复杂的，且其规模在迅速增长。因此，如果仅仅了解如何针对无线信号处理的某些特定功能编制程序或研究算法显然是不够的，那样只会导致硬件特定的数字无线电。因此，依靠数字或软件方式进行信号处理并不是软件无线电的特征。

学习软件无线电的人可能会问：软件无线电和一般的采用数字信号处理方式的无线系统到底有什么差别？虽然，软件无线电的定义有很多，但其本质是一个无线系统，其输出信号由软件定义。从这个观点来看，即指在硬件能力的限制范围内，输出是可重配置的，仅仅受限于上载的软件。这些软件定义了系统的输出信号，被称为“波形软件”或简称为“波形”。通过重配置以及重部署软件可使无线系统在单一的硬件配置条件下具有多模式的工作能力(包括可变的信号格式、数据速率以及带宽等)，另外，如果可以配置多个信道，则可同时实现多频带。这样软件处于核心位置，且硬件并不与软件紧密结合。

软件无线电的软件设计包括软件的功能、软/硬件之间的相互关系和软件架构。软件架构位于中心位置，在确定软件架构的基础上，可以进一步通过编程实现通信功能和相应的协议。

软件架构是指软件系统的结构，它由一些规则、建议、习惯组成，从构件的角度定义了系统的结构，说明了构成系统的各个构件之间是如何通信和实现互操作的。简单地说，软件架构就是对系统软件的总体描述，是一个系统的图，其描述的对象是构成系统的构件，这些构件是抽象的，只有在具体实现阶段，这些抽象的构件才会细化为实际的组件。软件架构用于指导大型软件系统各个方面的设计。

现有的软件架构很多，但是对于软件无线电而言，重点在于开发开放的软件架构及其接口，这项工作的目标是鼓励软件可重用、可移植以及保障不同通信设备以及协议之间的互操作性。

## 3.1 软件无线电的软件架构

### 3.1.1 常规数字无线电的软件架构

常规的数字无线电通常采用的是硬件特定的系统架构，如图3.1-1所示，由数字子系统和模拟子系统构成。模拟子系统用于完成不能通过数字方式完成的功能，如天线收发、射频滤波、射频合并、接收机前置放大、发射机功率放大、参考频率产生等。其模数转换阶段尽可能靠近天线，为此，在接收机中模数转换位于前置低噪声放大器之后，在发射机中数模转换位于功率放大器之前。信道分离、上下变频、信道编码和调制功能在基带通过数字信号处理实现。这些实际上是满足软件无线电要求的，但是，本系统的软件采用处理器自身的语言开发，软件可以直接调用硬件资源，例如直接操作寄存器和 I/O。软件的具体功能实现直接与相应硬件相联系，比如系统采用 DSP 实现一个调制器，则调制器算法就通过 DSP 的软件实现，两者是紧密联系的。这种架构较为简单直观，容易实现，与结构化的软件设计方法相联系，但是这种方法是非面向对象的，因此不可移植。

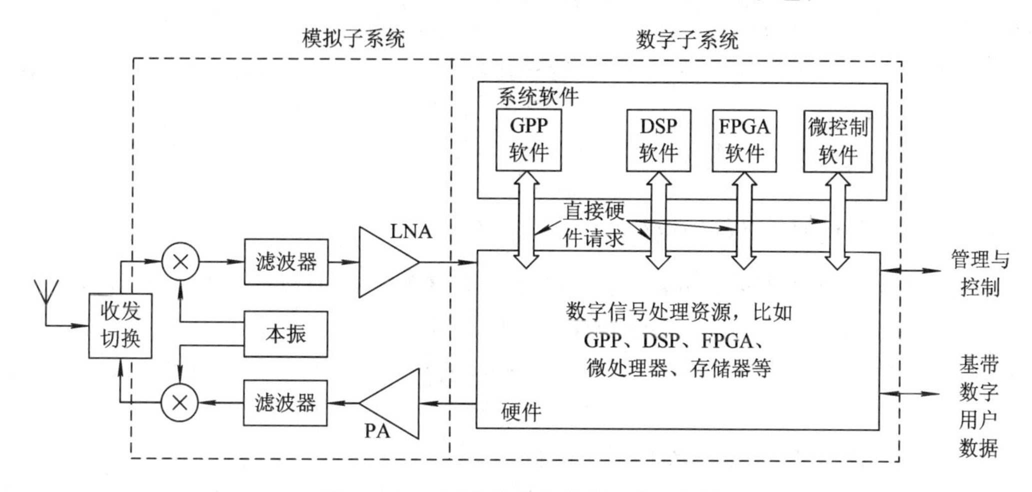


图 3.1-1　硬件特定的软件无线电架构

显然，硬件特定的系统架构与软件无线电系统软件要求差别很大，它只是涉及具体无线功能，而且是针对具体平台。

### 3.1.2　软件无线电对软件架构的需求

软件无线电的主要目标是：实现跨多个不同无线平台的波形应用的可移植能力；硬件平台能够接受多个波形应用的可重配置能力。软件无线电的主要目标如图 3.1-2 所示。

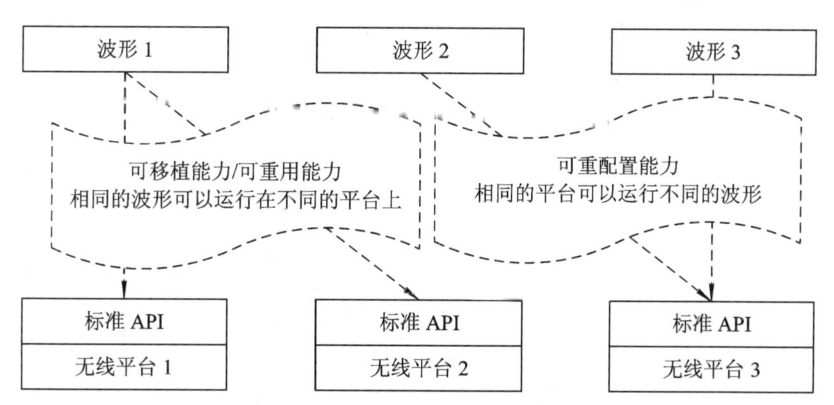


图 3.1-2　软件无线电的主要目标

软件无线电对软件的本质要求是：

(1) 无线功能通过软件实现，即软件应用提供了波形产生、保密、信号处理以及其他主要的通信功能。

(2) 系统具有可编程能力并适应不同的物理层形式及协议。

(3) 在相同的软件无线电系统中，多个软件模块可实现不同的标准，不同类型或者分布于不同位置的软件模块可以协调工作、互操作(系统具有的与其他系统协同工作或使用其他系统设备或部件的能力，或系统之间具有的交换或使用信息的能力，要求系统具有完全公开的接口)。

(4) 在不需要升级或更换硬件的条件下可以实现新的功能。

(5) 支持空中传输(over the air)功能，即支持通过电子通信信道实现信息系统功能代码的传输，实现功能的改变。

(6) 单一系统可以实现多种服务，能够生成既有的任何波形，也能够使用标准的 API 实现升级或重编程。

(7) 支持软件或代码的高度复用。

### 3.1.3 模块化开放的软件架构

软件无线电系统需要采用分层结构，可以类比 OSI 模型的分层结构。软件无线电的波形应用是一种分层的软件应用，可实现波形逻辑组件(处理已经接收的数据从天线到信宿或者从信源到天线)。一个无线平台是软件和硬件的集合，它可以提供各种波形应用所需要的服务。

实现软件无线电技术要求软件具有相对于硬件平台的独立性，同时软件本身具有良好的模块化结构，这样模块化开放式架构(MOSA)就成为软件无线电的选择。所谓开放的架构是指其规范是公开的，包括政府批准的标准，以及被设计者公开的个人设计的架构。与其对立的是封闭架构。开放架构最大的优点是任何人都可以为其设计扩展产品。

图 3.1-3 给出了模块化开放的软件架构的软件无线电示意图。从图中可以看到，开放的软件架构是分层的，硬件完全可以与应用软件剥离。为了实现这种剥离，采用中间件将硬件单元封装到对象中，并且允许对象通过标准接口互相通信；另外下层为操作系统、硬件驱动、资源管理以及其他非应用特定的软件。硬件、中间件以及下层的这些软件通常合称为框架。操作环境完成硬件资源的管理(比如分配硬件资源给不同的应用)、存储器管理、中断服务，并提供统一接口给硬件模块。

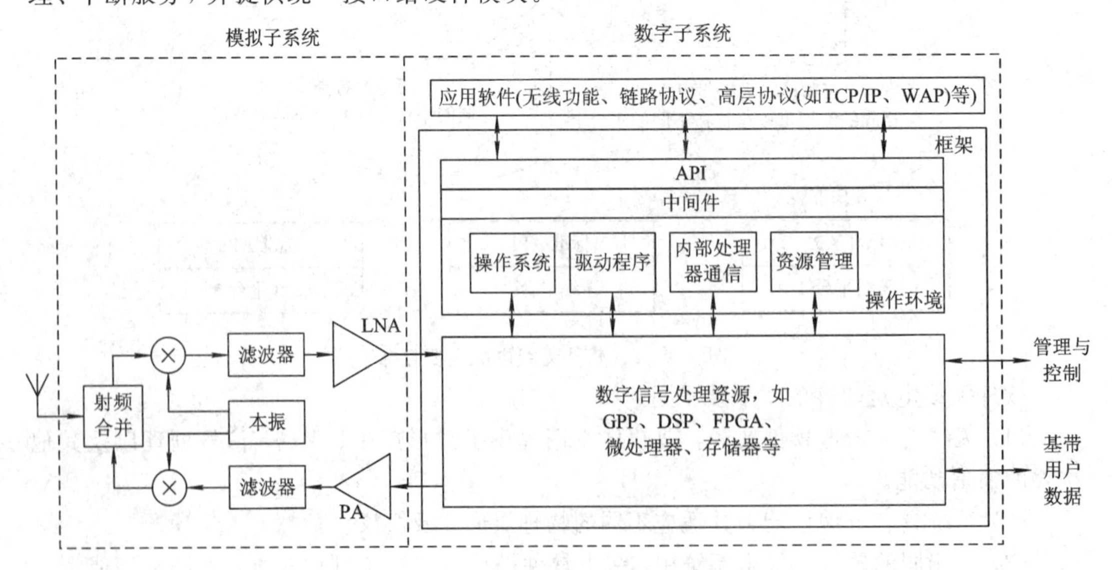


图 3.1-3 模块化开放的软件架构

软件无线电的设计以及采用开放 API 中间件的框架，将使应用软件的开发更易于移植，更为快捷，成本更低。应用软件的开发者将从对底层硬件的编程中解放出来，可将精力集中在更为复杂和强有力的应用设计中。

## 3.2　面向过程和面向对象的软件设计方法

前面提到了硬件特定的软件架构和模块化开放的软件架构，其软件设计思想分别是面向过程(或结构化的)和面向对象的。这里仅作简单介绍，详细内容可查阅相关资料。

### 3.2.1　面向过程的软件设计方法

面向过程(或结构化)的设计是从系统的功能入手，按照工程标准和严格规范将系统分解为若干功能模块，通过函数实现其功能。结构化方法首先关心的是功能，强调以模块(即过程)为中心，采用“模块化、自顶向下、逐步求精”的设计方法，系统是实现模块功能的函数和过程的集合，结构清晰，可读性好。结构化的设计着重于“如何做”。

然而，用户的需求和软、硬件技术的不断发展变化，使得作为系统基本成分的功能模块很容易受到影响，局部修改甚至会引起系统的根本性变化。开发过程前期入手快而后期频繁改动的现象比较常见。在面向过程的思想中，一个程序一般都是由一个个函数组成的，这些函数之间相互调用，就形成了一个完整的程序，解决了一个问题。它的基本结构是：

```
函数 1()
{
……；}
函数 2()
{
……；}

……
主函数()
{
……；}
```

下面以一个通信系统为例。PSK 通信系统的工作流程如图 3.2-1 所示。程序中有一个主程序，每个模块都用函数实现，通过主程序调用函数实现整个系统的功能。

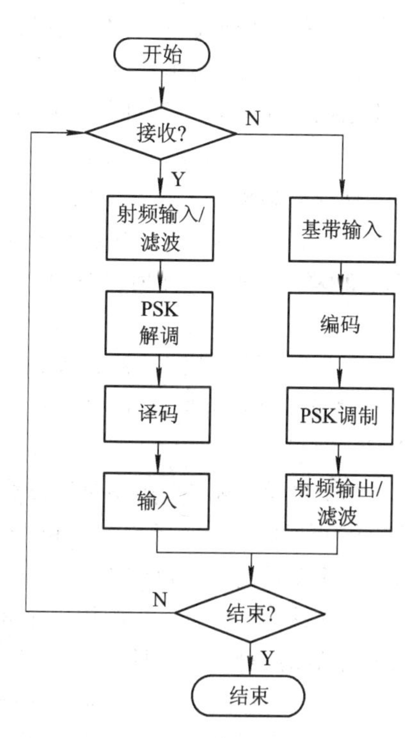


图 3.2-1　PSK 通信系统的工作流程

这样的设计方法较为直观，但是从可重用的角度来看，对结构化的方法所强调的功能一般要求有严格定义的边界，其功能调用模型时是不便于重用的。例如，如果需要改变系统的调制方式为 FSK 调制，那么原来程序中“PSK 调制”和“PSK 解调”功能不可再用。

另外，如果初始设计的调制功能仅限于“PSK 调制”，那么，如果后来需要对调制功能进行扩充，则增加“FSK 调制”；如果不是预先有所考虑的话，直接由“PSK 调制”进行扩充也是较为麻烦的。

### 3.2.2　面向对象的软件设计方法

**1. 对象和类**

所谓对象，就是用来描述具有属性和行为的事物。对象其实非常简单，因为在这个世界中，我们总是被“对象”所环绕，例如人、动物、植物、建筑物等。可以认为对象就是一个真实的实体，又可称作实例，它具有以下性质：

(1) 具有一系列属性，比如对于球，有尺寸、形状、颜色、重量等属性；

(2) 具有一系列行为，比如对于球，它能够滚、弹跳、膨胀、缩小等。

对于一组具有相同特性的对象，可以把它们抽象为“类”，类是对某一类事物的描述，是抽象的、概念上的定义。一个类可以看作对象的“蓝图”，对象是类的一个实际例子(实例化的结果)。例如，我们可以把有轮子的能够加速、刹车、转向的对象集合抽象为一个类：车，而小轿车就是“车”类的一个实例，是它的一个对象。

**2. 面向对象的设计**

在面向对象的设计方法中，编程的基本单元是类(面向过程编程的基本单元是函数)，而类是由数据(用来描述属性)和函数(用来描述行为)封装起来得到的。面向对象的程序设计方法一般是先设计一个类，然后由这个类产生一个对象，之后对这个对象进行相关操作。要说明一点，操作是对对象进行的，没有对象就无所谓操作。对象和对象之间会有一些相互的关系，有一些对象是独立操作的(比如照相机)，有一些对象是彼此相互作用的(比如电话和电话应答机之间)。对象之间的通信通过定义接口来实现。

这样的编程方法有如下优点：

(1) 信息隐藏。这意味着对象的具体实现细节是隐藏的，比如内部组织是什么，使用了什么函数，数据是如何组织的，等等。例如，一个汽车包括发动机、传动机构、排气机构等，我们驾驶汽车时可以使用每一个子系统而不需要知道它们内部如何工作。

(2) 程序可重用。一组经过良好设计的类可以使程序具有良好的可重用性，我们在需要的时候只要建立类的对象，就能实现类所封装的功能。这样可以提高编程的速度和质量。

(3) 继承。从一个类中可以派生出其子类，子类可以继承父类的特性和行为。比如，父类“车”可以派生出子类“汽车”和“火车”，它们都继承了“车”的基本特性，但又分别有其特性。一个新的“类”可以继承一个或多个类的特性，并增加其他特性。

(4) 多态。多态是指利用一个相同的名字定义不同的函数，这些函数执行的过程不同，但有相似的操作，即用同样的接口访问不同的函数。例如，在遥控器上按下 Play 键时，DVD 可能在电视上播出一部电影；但是如果播放机中放的是 CD，那么它将通过音箱播放出音乐。虽然按钮相同，操作相同，但是结果不同。

综上所述，面向对象的软件设计方法可以简单总结如下：

• 面向对象的编程是对真实世界的建模，即对事物的属性和行为进行建模。

- 面向对象的编程数据和函数进行了封装。
- 对象具有信息隐藏的特性。
- 对象之间通信是通过消息传递完成的(通过接口)。
- 对象允许继承和多态。

对于上面 PSK 调制的例子，我们首先对类进行设计，设计信源/信宿、调制解调器、编/译码器、滤波器几个类，每个类分别有其属性和行为，在确定类的基础上形成对象，如图 3.2-2 所示。这里采用了统一建模语言(Unified Modeling Language，UML)的类图表示。类的 UML 表示是一个长方形，垂直地分为三个区，顶部区域显示类的名字，中间的区域列出类的属性，底部的区域列出类的操作。

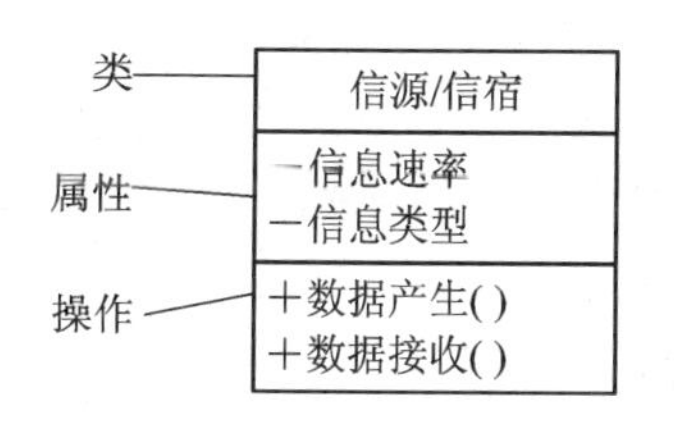

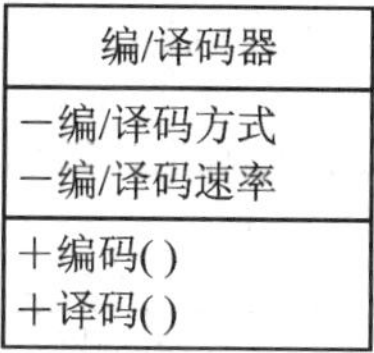

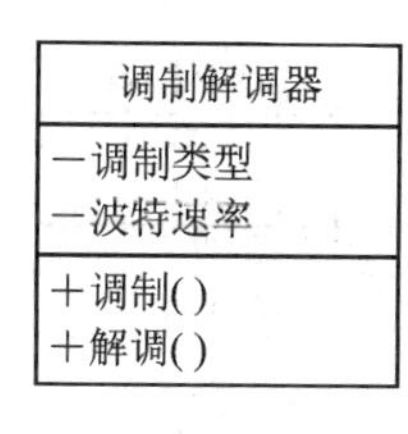

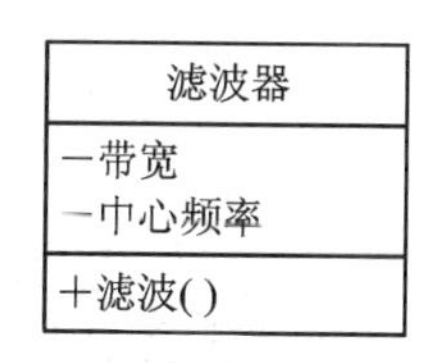


图 3.2-2　类举例

如果初始设计的调制功能仅限于 PSK 调制，而我们需要改变或增加系统的调制方式为 FSK 调制，那么仅需要增加或改变调制解调器对象的属性和行为就可以了，其他对象是不变的。在本书中，以“*()”表示函数描述行为。

**3. 设计实例**

下面具体给出一个调制解调器的例子来说明针对软件无线电的面向对象的程序设计。

根据前面的说明，无论建模、仿真或是软件开发，面向对象软件开发过程的第一步都是确定对象的类。为了定义无线电系统在受到外部激励时的行为，可以把整个无线电系统定义为一个对象，它封装了整个系统。随后定义构成系统下层的对象，这些低层的对象提供了我们所熟知的无线电功能，比如滤波、调制、解调、同步、控制等。这些软件对象封装了一组函数，可以实现重用和技术插入。下面具体说明面向对象的特点。

1) 封装

首先把整个调制解调器建模为一个调制解调器类，其属性为调制类型、波特率等，其行为是“调制()”和“解调()”；随后，将调制解调器类按照功能分为调制器类、解调器类和时间标准类。这样，调制解调器与调制器、时间标准、解调器之间构成聚合关系，调制解调器为整体，其他为部分。

调制器类的属性为输入比特流、输出信号，其行为是“调制()”；调制器按功能分为差分编码器类、同步产生类和符号生成器类。调制器类与差分编码器类、同步产生类、符号生成器类之间构成聚合关系，调制器类为整体，其他为部分。

解调器类的属性为输入信号、输出比特流，其行为是“解调()”，解调器类按功能分为同步恢复类、FSK 解调器类和载波跟踪器类。解调器类与同步恢复类、FSK 解调器类、载波跟踪器类之间构成聚合关系，解调器类为整体，其他为部分。

FSK 解调器类按功能分为比特判决类、传号滤波器类、空号滤波器类。FSK 解调器类与比特判决类、传号滤波器类、空号滤波器类之间构成聚合关系，FSK 解调器为整体，其他为部分。

时间标准类的属性是时钟速率。时间标准类与同步产生、同步恢复之间构成依赖关系，表明时间标准将应用同步产生和同步恢复的功能。

符号生成器类与同步产生、差分编码器之间构成依赖关系，表明同步产生、差分编码器将应用符号生成器的功能。

同步恢复与比特判决之间构成依赖关系，表明同步恢复将应用比特判决的功能。

载波跟踪器与传号滤波器、空号滤波器之间构成依赖关系，表明载波跟踪器将应用传号滤波器、空号滤波器的功能。

最终得到图 3.2－3 所示的调制解调器的模型图。

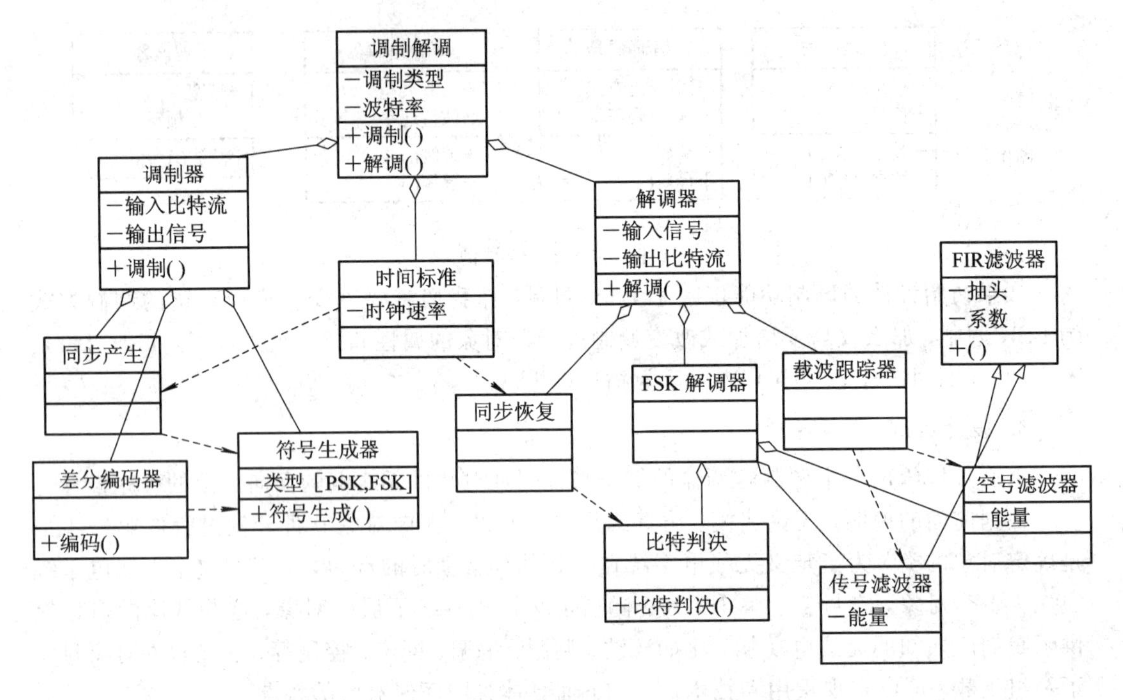


图 3.2－3　一个简单调制解调器的部分对象模型

2）消息传递

为了完成任务，对象之间需要发生联系，这依靠消息的传递来实现。具体来讲，当一个无线应用发送一个消息到调制器对象去调制一个基带比特流时，将执行一个调用调制解调器对象的“调制()”，即调用对象执行“调制解调器.调制()”，向调制解调器对象发送一个请求要求调制数据比特。消息的传递使各软件单元可以概念化地综合在一起，以完成特定的任务，这实际也是各处理器之间的互联。为了理解消息在软件、硬件层面的传递，需要清楚分层的概念，类似于 OSI 七层模型。另外，软件和硬件实体之间通路的建立是通过管道化来实现的。驱动程序将硬件封装起来，形成对于其他对象可用的公开方法或函数。

3）继承

当一个新的类从已存在的类中合成产生时，新的类继承了属性和行为。比如可以在顶层建立一个调制解调器类，其子类为 FSK 调制解调器和 PSK 调制解调器。另外，还可以定义调制解调器由调制器和解调器构成，通过状态来确定对象工作在 PSK 或 FSK 模式下。子类的波特速率属性是从父类中继承的，不再重新定义。

特性继承允许人们定义通用的可重用的类，比如FIR滤波器、时钟恢复等，从这些类中，我们可以合成一个完成特定任务的对象。

图3.3-3的调制解调器模型用来恢复载波，提取位同步，估计信号参数，实现位判决，可分别采用传号和空号滤波器解调FSK信号。位判决对象在判决时间内比较传号滤波器和空号滤波器的能量，根据最大的滤波器输出决定输出传号还是空号。传号滤波器和空号滤波器继承了FIR滤波器类的特性。

对象模型表明调制解调器的成员单元，即调制解调器可以由多个软件单元构成，它可以将行为“调制()”和“解调()”分别分派给调制器对象和解调器对象，本质上是将所有的行为都分派给成员对象，这些对象继承了调制形式和波特率等特性。

4）多态性和重载

所谓多态是指软件对象完成不同操作的能力，典型的例子就是相同的操作符“＋”针对不同的数据类型具有不同的操作行为。传统上“＋”是两个标量相加，当两个元素为矢量时，可以进行重载满足矢量相加。这样“＋”动态检查数据类型来调用不同的方法。重载允许给定算法在不同的数据结构上操作。

调制器对象可以重载“调制()”，当输入比特流具有数据包结构时，通常数据包中包含一个帧头，里边有控制信息，帧体内包含信号，“调制()”可以检查帧头获得信号的定义类型并具体完成操作；类似地，“解调()”函数可以被重载，这样无论采用什么样的信号都可以应用合适的算法解调，在这种情况下，需要一个调制类型识别算法来判定需要应用的调制类型。在传统的无线电结构中，调制的形式是被严格定义的，然而，现在很多无线系统的调制形式是可以在很大范围内变化的，如目前移动通信系统中调制形式可以根据QoS和SNR的实际情况进行相应的调整，在低信噪比的情况下采用BPSK调制，在高信噪比的条件下采用16QAM调制。与此相适应，“解调()”函数是重载的。

从以上描述可知，封装、消息传递、属性继承、多态在软件无线电设计中是非常有用的。

面向对象的编程语言在20世纪60年代出现，即Simula语言。到20世纪80年代早期出现了Smalltalk和Flavors语言，常见的面向对象的语言有C＋＋、Python、Ruby、Java等。

# 3.3　基于组件开发的软件无线电

## 3.3.1　组件的概念

软件无线电可以认为是软件工程在无线领域的一个实践。从软件工程的角度来看，软件无线电的软件是用于构成一定功能的应用(Application)以解决无线域(Domain)范围内存在的问题。

在这里，应用和前面提到的波形是一个概念，即指一组变换，用于将信息发送至空中接口，且将从空中接口接收到的信号恢复为信息。所谓域，是指知识、影响或者活动所涉及的范围，在软件工程中用户应用程序所能够控制的范围就是软件的域，也可称为应用域。在域中针对某个软件需要解决的问题空间或问题范围定义了一组通用的需求、术语、功能，可以把软件无线电系统整体称为域(Domain)。

根据前文的表述，软件无线电系统应该采用模块化开放体系架构。模块化开放体系架构是基于高内聚、低耦合、高低模块化的思想，通过软硬件解耦将系统分解为一系列标准化的软硬件模块，模块的交互采用公开标准的接口，而隐藏其具体的内部实现。系统功能的实现通过模块互操作完成，通过对软硬件模块不断地升级和重组，逐步提升整个系统的性能。在这里，互操作(interoperability)是指系统具有的与其他系统协同工作或使用其他系统设备或部件的能力，或系统之间具有的交换或使用信息的能力，要求系统具有完全公开的接口。

那么这样的模块是什么？从前面的叙述可以看到，类就是一种模块的划分方式。但是通常类是由相同语言实现继承、重载以及多态，为了更好地适应我们的需求，引入“组件(component)”的概念。

所谓组件，是系统中独立的、可替换的模块。其特点是：

(1) 是小的、可重用的二进制代码模块，能够完成定义明确的功能。

(2) 组件是更高级别的类，是经过包装处理的、具有跨语言能力的、与操作系统无相关的一组类，可以在不同的语言中实现继承、重载以及多态，在具体实现时是若干对象的组合；组件不像类拥有操作和属性，仅拥有可以通过接口访问的操作。

(3) 组件遵从并实现一组接口以供使用者接入。接口是描述组件行为的一组操作，也是一个组件提供给另一个组件的一组操作，例如，键盘是计算机的接口，它上面定义了几十种击键的操作。组件之间仅通过接口联系，同时接口的使用要求组件无论采用何种语言开发，均可以激发或调用操作。

(4) 组件隐藏其内部实现。

(5) 在最终应用之前，组件是软件设计、实现以及测试的基本单位。

(6) 组件可预测(具有确定的输入输出关系)、可重用、可替换、可升级、可扩展。

(7) 组件不强调采用统一的语言构建，甚至不考虑在同一个系统平台下运行，相同组件可以有多种实现，如可以有在 DSP 及在 GPP 上的两种实现。

组件用 UML 图基本可以表示为一个带有两个小矩形的矩形，或者含有该标志矩形，还可以提供关于接口的说明。组件的基本表示如图 3.3－1 所示。

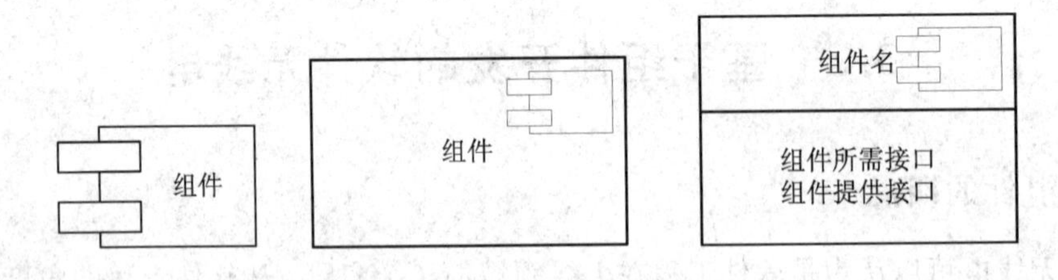


图 3.3－1　组件图示

若组件对外提供服务，则组件有供接口，表示为“棒棒糖”图形；若组件需要向其他组件请求服务，则组件有需接口，表示为“插座”图形。组件上存在端口 Port，用组件边框上的小矩形表示，端口与一个或多个接口相连，表示组件通过端口对外提供服务或者获得服务，端口的类型由其连接接口定义为用户端口或提供者端口。在有些场合，实心小矩形表示提供者端口；空心小矩形表示用户端口，如图 3.3－2 所示。

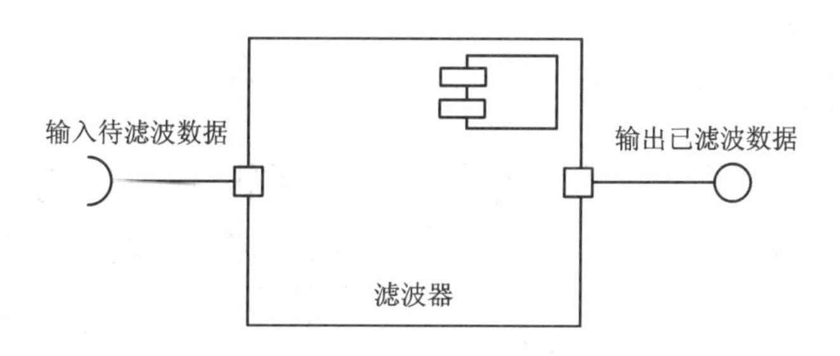


图 3.3-2　组件及接口

组件通过相互连接构成系统，当然也可以装配成一个大的组件。这样软件无线电系统可以是一个分布式的处理系统，需要良好的通信机制实现组件间的连接。

为了便于理解，可以类比硬件系统，如图 3.3-3 所示。系统由多个硬件组件构成，每个组件提供端口和相应的功能(接口)，对这些组件进行装配即构成系统。

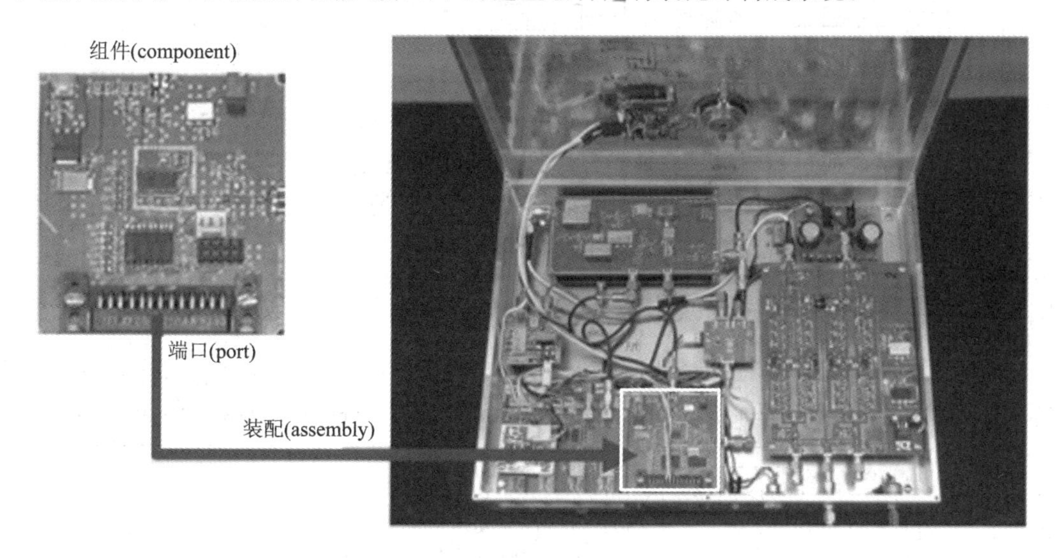


图 3.3-3　组件图示

由于组件并不强调在统一的平台下，因此只要保证组件间良好的通信连接，软件无线电系统可以是一个分布式的处理系统。基于组件构成软件无线电系统的示意图如图 3.3-4 所示，波形或者无线应用是通过组件及其之间的通信构成的，这些组件是用于完成某个特定波形所需要的信号处理或控制功能的一个实体。

波形是由一系列具体功能实现的，这些功能具体由组件承担，常见的包括：

- 信源编译码：完成语音、图像、数据等信息的采集、编码、译码以及恢复输出。
- 服务及网络支持：多路复用。
- 信息安全：传输加密、鉴别。
- 调制解调器：基带调制解调、同步恢复、均衡。
- 中频处理：包括滤波、中频频率变换、空时分集处理、波束成形以及其他相关功能。
- 射频信道接入：包括宽带天线、多阵元天线，提供覆盖多个频带的多条射频信号路径和射频转换。
- 信道集合：信道支持并行操作、多频带传输。

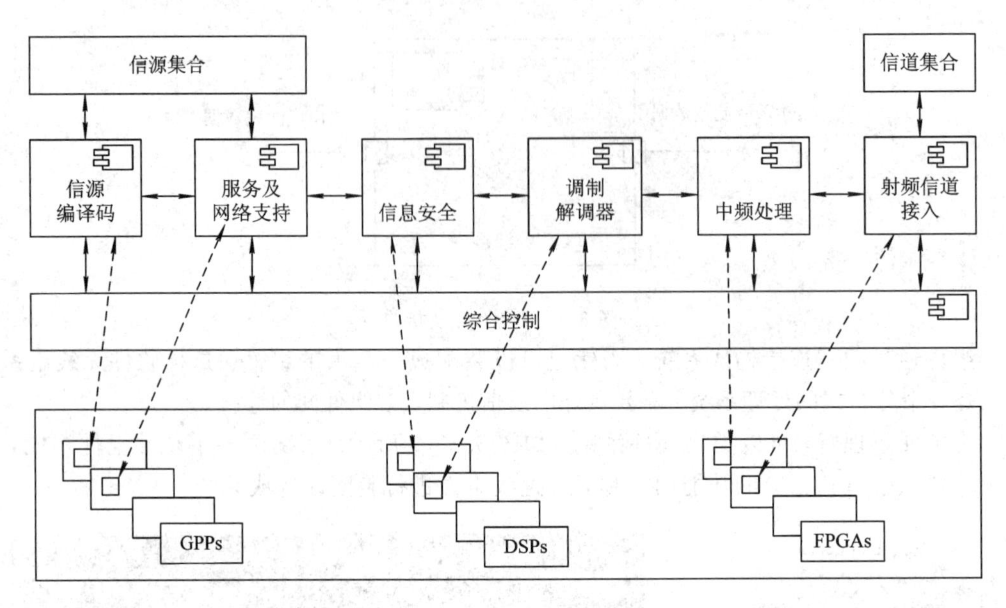


图 3.3-4　基于组件构成软件无线电系统的示意图

以上功能组件通过控制组件完成控制，另外通过升级支持完成波形的改变。这些软件组件需要驻留在合适的硬件平台中，完成信号处理的计算部件是核心，即 GPP、DSP 和 FPGA，需要将具体的功能软件组件映射到计算部件中。

## 3.3.2　基于组件的软件无线电需求

如图 3.3-5 所示，考虑两个波形 $W_1$ 和 $W_2$，这两个波形可以在单个节点平台 $P_1$ 或多个节点平台 $P_2$ 上运行，每个波形由一组组件 $C_{i,j}$ 来完成。组件有多种实现形式，每种实现

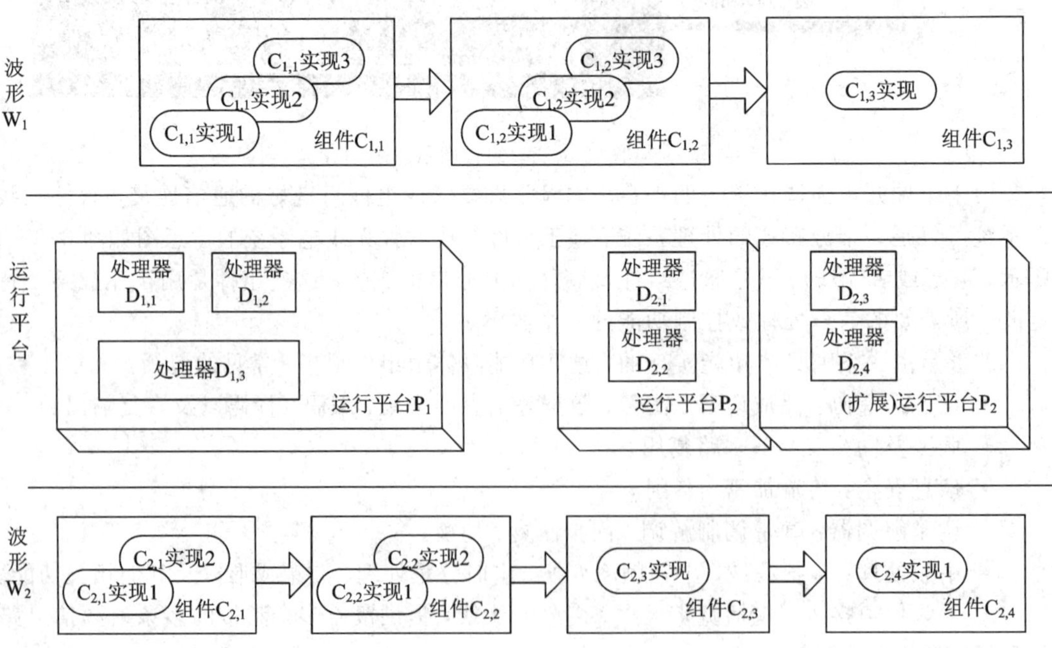


图 3.3-5　波形与组件、实现以及平台关系示意图

可以对应特定平台上特定的处理器设备 D，但是其接口和功能保持不变。组件最终部署在平台上并运行实现波形。

在这里，平台是指完成软件无线电功能的整个系统，通常包括多种处理器的组合。平台可以由多个节点构成，节点由多个设备构成，通常可以把具有完整独立运行以及跨平台通信能力、相对独立的硬件设备当作节点。例如，CPCI 背板上的 PowerPC 板可被认为是一个节点。

整个系统除了包括软件组件和硬件组件以外，还涉及组件的管理、控制、连接、通信等方面的事物，是非常复杂的。考虑到软件无线电系统应用具有相似性，构建一个通用规范标准和基于组件的软件框架/架构用来管理系统中的软件和硬件部分是非常重要的，通过这个架构建立一个标准的、与波形无关的的宿主环境或操作环境，实现不同组件之间的通信协作，可以达到在不同的无线系统中更好地实现波形应用重用的目标。目前基于组件开发的架构是最为常见的软件编程范式，例如，Microsoft 采用.net 框架。通常这样的软件框架是核心软件部分，因此，构建的软件无线电软件框架可以称为“软件无线电操作系统”。这个框架应该有以下需求：

(1) 需要开发与最终部署独立的波形，要求平台的独立性。换句话说，要求一个通用的操作环境。

(2) 假定平台是异构的，要使不同的硬件组件之间协调工作，则需要能够配置它们，且交换数据和控制信息，需要有物理设备的代理，实现对底层硬件的抽象。

(3) 在波形具体实现时，需要能够完成在存储器中寻找波形的组件，对这些组件进行上载，在平台相应的设备中对组件进行实例化，最后连接组件并进行初始化以保证波形正确运行等工作，即具有将组件装配为波形或应用的机制，可以称为应用工厂。

(4) 波形和组件初始会驻留在存储器中，因此需要完成对存储的组织和管理，即需要文件系统。

(5) 波形 $W_1$ 可以在不改变内部组件逻辑和粒度的情况下部署在 $P_1$ 或 $P_2$ 两个平台上，组件之间需要通信机制来超越不同的底层环境、跨越不同的节点交换信息和数据。这种功能由一个软件层提供，称为中间件。

(6) 需要管理器控制并跟踪所有的可用硬件和软件资源，并且可实现与用户的交互界面，该功能由管理器完成。

(7) 不同的平台具有不同的物理能力，该能力可以进行重配置，同时在开发时可能并不知道，例如 $P_2$ 平台可以改变其处理能力和存储量，不同的波形也有不同的资源需求，必须确认工作平台具有足够的能力来承载波形，需要容量模型来描述可用资源和需求。

(8) 需要其他通用的服务机制，如日志服务。

以上这些需求就是要求软件无线电架构完成的。需要注意的是，在实现时各需求参与的程度是由应用决定的。例如，应用工厂的功能可以由软件模块完成也可以由人工来完成，有些需求并不必要，如通知存储机制和日志服务，

从上面的情况可以看出，引入了复杂机制后的软件无线电框架与无线信号处理完全没有直接关系。但是再次强调，采用这些复杂机制是为波形建立一个标准的宿主环境，分隔了波形和无线操作环境，实现波形可移植。在此基础上可以进行组件开发，而组件开发及

接口与具体开发语言无关。

在构建软件无线电框架的努力中，由美国JTRS计划衍生出来的软件通信架构(Software Communications Architecture，SCA)是最为引人注目的。

### 3.3.3 软件通信架构(SCA)的引入

所谓软件通信架构(SCA)，就是保障软件组件之间通信的架构，是软件无线电的一个通用规范标准和基于组件的软件框架/架构，实现组件可移植、可交换、互操作、软件重用及架构的可扩展性，为软件无线电软件组件提供部署、管理、相互连接、相互通信的方法技术，实现波形应用软件跨无线平台的移植，增强重用性。

换句话说，SCA定义了一个用于管理、控制和配置软件无线电系统的体系架构，主要目的是定义操作环境(Operational Environment，OE)，是一组用来实现软件无线电的规则、方法和设计标准，它规范系统设计以帮助达到设计目标，用于实现波形应用与硬件平台之间的相互独立，并实现软件和硬件组件的协调工作。

SCA的基本特征是波形和无线电的操作环境相隔离，波形的可移植能力是通过建立标准的波形驻留环境完成的，并不考虑其他的无线特征。基于SCA的无线系统示意图如图3.3-6所示，一个SCA软件无线电系统包括操作环境和波形，波形软件与特定的硬件实现通过标准化的API实现了相互分隔。

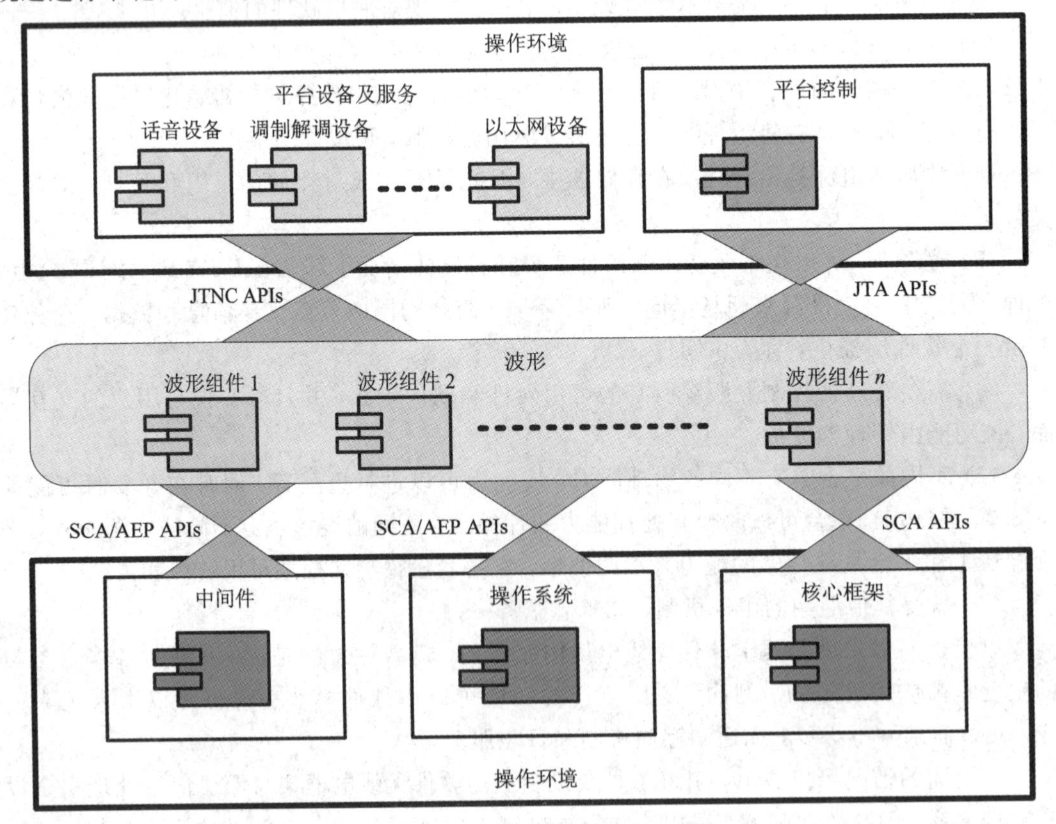


图3.3-6　基于SCA的软件无线电系统波形和无线操作环境分隔示意图

美国军队最早开始了构建软件无线电系统架构的尝试。早期的基于软件的无线电 SPEAKeasy 系统的成功已经表明了采用软件架构的优势，继而大量无线设备开始采用软件来实现核心信号处理，例如开发于 20 世纪 90 年代的 JCIT(联合作战信息终端)、数字模块无线电(DMR)等都提供了无线资源管理软件基础结构。随着重配置需求的增长，为了使系统能够支持多任务，同时降低长期工作和维持的成本，美军建立了联合战术无线系统(JTRS)联合工程办公室(JPO)，这个国防工程的目标是建立未来的通信系统，其特性是增强了灵活性、互操作性，易于升级，降低了采购、使用、维护的费用。为了达到系统设计目标，一个重要的步骤就是规范软件无线电通用软件架构。这个努力开始于 20 世纪 90 年代中期，并进一步演进为现在所说的软件通信架构(SCA)，并由美国联合战术无线系统(JTRS)联合工程办公室发布，虽然此前各个厂商早已有各自的架构和体系，但 SCA 是第一个软件无线电规范。在这个规范中，美国政府的几个主要的无线产品提供商均做出了相应的贡献，具体开发由模块化软件可编程联盟完成，这个联盟由 Raytheon、BAE Systems、Rockwell Collins、ITT 等公司构成，在具体实现中一些国际专业组织也进行了参与，包括无线创新联盟(Wireless Innovation Forum)。美军也将此应用于新的无线系统的开发。

JTRS JPO 构建 SCA 的目标总结如下：

- 在遵循 SCA 规范的条件下，不同的无线设备之间实现应用软件的可移植性；
- 使软件无线电系统开发基于开放的商业标准；
- 支持无线系统的互操作能力、可编程能力、可裁减能力，而且系统成本可负担；
- 最大可能地将软件和硬件相独立，要求应用以及设备可移植和可重用，具备快速引入新技术的能力；
- 通过可重用设计模块降低新波形的开发时间；
- 可扩展新的波形和硬件组件；
- 可与嵌入式可编程的 INFOSEC 相结合；
- 支持 JTRS ORD 的要求，即要求操作者可重配置，能够支持多种现有的和新的波形，可以同时多信道操作(大于 10 个)。

### 3.3.4　SCA 的发展情况

SCA 首先由 JTRS JPO 发布，后来被软件无线电论坛(SDR Forum)作为 SDR 的标准，其对软件模块之间的应用程序接口(API)进行标准化，并推荐 VxWorks 为操作系统。美国政府希望 SCA 通过对象管理组织(OMG)而成为商用标准，并且已经设计使用商业需求的规范。2001 年 9 月，美国联邦通信委员会(FCC)接受了软件无线电论坛的报告，其内容要点是：

- 允许设备制造商和运营商在设备部署到位后进行重配置；
- 第三方可以在原硬件制造商确认的情况下制造和销售终端软件；
- 软件无线电对无所不在的无线通信世界是绝对必要的；
- 需要多频段和多模式能力；
- 可实现较高的频带利用率；
- 多个软件模块进行协作可以实现认知无线电；
- 对操作系统和软件 API 进行标准化，使得在各软件模块之间进行通信成为可能。

SCA规范包含三个方面内容：SCA基本规范；应用程序接口(API)补充规范；安全补充规范。其中，SCA基本规范可进一步分为软件操作环境、核心框架和硬件类；应用程序接口补充规范为建立模块化可移植应用单元提供了需求和指导方针；安全补充规范定义了安全需求以及与设计构建安全无线系统相关的API。

SCA自诞生到现在已经发展了多个版本，图3.3-7中给出了SCA发展进程中的几个重要的里程碑。至今SCA的发展和演进仍然在继续。

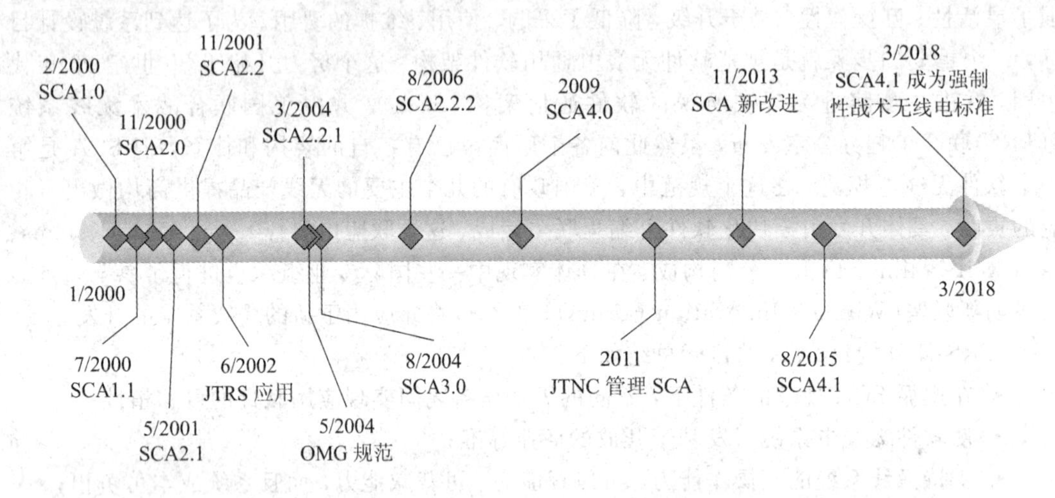


图3.3-7　SCA的版本演化

2000年2月，SCA第一个正式版本SCA 1.0出现。

2000年7月，经过补充后形成SCA 1.1。

2000年12月，经过较大变动后形成SCA 2.0。

2001年5月，SCA 2.0增补版本SCA 2.1发布。

2001年11月，SCA 2.0增补版本SCA 2.2发布，通常认为此为完备的版本，足以应用于战场无线电系统。

2002年6月，波音公司首次在地面移动无线电(GMR)计划中应用SCA 2.2，这是JTRS第一类终端(Cluster1)。

2004年4月，SCA2.2.1发布，该版本对SCA2.2进行了修正和补充。

2004年5月，OMG发布了软件无线电规范，这个规范是由一些SCA的开发商发起的，目的是将SCA发展为商用标准，而不仅仅是军用标准。同时，2004年初，在JTRS各类无线电终端的开发上提出了波形可移植的要求，因为在GPP上开发的代码在平台间移植较为容易，但是在DSP或FPGA上开发的代码通常只能用于特定的处理器和无线电结构。为此，JPO提出要解决DSP和FPGA代码的移植问题，几个专业工作组解决了这个问题，2004年8月，SCA3.0发布。

2006年8月，SCA2.2.2发布，此为SCA2.2.1的增补版本。SCA2.2.2获得巨大成功后，大量基于此的软件无线电系统得到开发并进入实用，从而证明了SCA规范的优势：降低成本，减少开发时间，提升互操作能力，简化了新型通信技术在现有系统中的插入，降低开发风险。

2009年，JPEO JTRS启动SCA NEXT计划，构成SCA4.0，提升了可扩展性，为在资源受限处理器(DSP、FPGA)上开发提供了轻量或超轻量环境。

2012 年，SCA 的管理由 JTNC 负责。

2013 年 11 月，SCA 启动新的改进，包括更好地与 SCA2.2.2 兼容，升级 AEP 和 IDL 描述文件。

2015 年 8 月，SCA4.1 发布，该版本提升了网络安全性\可移植性等，并兼容 SCA2.2.2。

2018 年 3 月，美国国防部联合企业标准委员会宣布将 SCA4.1 列为美军强制性战术无线电标准。

目前 SCA 是广泛应用的软件无线电规范。应用 SCA 的相关软件无线电系统如表 3.3－1 所示。

**表 3.3－1　应用 SCA 的软件无线电系统**

| 系统名称 | 所属国家 |
| --- | --- |
| JTRS(Joint Tactical Radio System) | 美国 |
| ESSOR(European Secure SOftware defined Radio) | 欧洲(法国、意大利、西班牙、瑞典、芬兰、波兰) |
| GTRS (Gemensamt Taktiskt Radio System) | 瑞典 |
| SVFuA (Streittkräftegemeinsame, Verbundfäehige Funkgerte-Ausstattung) | 德国 |
| Contact (French TACTical Communications program for Land/Air/Navy forces) | 法国 |
| TICN(Tactical Information Communication Network)<br>TMMR(Tactical Multi-band Multi-role Radio) | 韩国 |
| TCS(Tactical Communication Systems) | 印度 |

# 3.4　SCA 概览

## 3.4.1　SCA 总体结构

一个软件无线电系统由多种硬件组合而成。SCA 的作用就是提供一个通用的基础架构来管理系统中使用的软件和硬件组件，确保需求和能力是相称的，所提供的基础架构和相关支持的部件，确保了软件组件部署到硬件中时能够顺利运行，而且能够与其他硬件组件和软件组件之间进行相互通信。

SCA 定义了一个软件无线电系统的操作环境(OE)，也规范了应用需要从操作环境中使用的服务和接口。OE 由核心框架(Core Framework，CF)、CORBA 中间件、基于 POSIX 的操作系统(Operating System，OS)构成，为应用开发者提供了底层软件和硬件的抽象。

SCA 系统结构如图 3.4-1 所示。

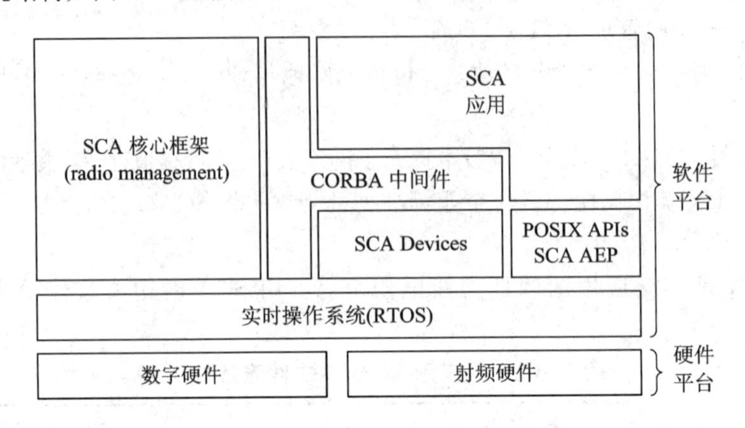


图 3.4-1 SCA 结构

整个 SCA 系统由硬件平台和软件平台构成，即域(Domain)；其中硬件平台由射频硬件和数字硬件构成，其中数字硬件是具有数字信号处理能力的设备，如 GPP、DSP 和 FPGA，而射频硬件认为是具有射频处理能力的设备。

软件平台由操作环境和应用构成；从软件的观点看，应用是能够完成软件无线电系统信号及数据处理的软件；操作环境(OE)是为驻留的波形提供接入系统资源能力的软件，提供了管理和运行 SCA 组件的能力。波形应用在 OE 上运行，OE 保证了波形应用的管理，并且为波形应用提供平台服务。利用通用操作环境来抽象应用和平台，OE 可在不同硬件组件、设备驱动、传输机制上部署波形应用，OE 也定义了接口来管理和控制应用以及它们的组件，使其与实际实现无关。

进一步，操作环境(OE)由操作系统(OS)、中间件、核心框架(CF)构成。其中操作系统实现了对处理器的管理，并提供最底层的软硬件抽象；中间件是在应用层和网络层之间的软件层，可以提供服务并确保分布的应用组件之间的通信；核心框架(CF)是一组用于隔离底层系统硬件和软件的接口，主要用于支持波形应用的上载、部署和运行。

从整体上看，SCA 为波形或者应用提供了统一的运行环境，使波形或者应用无需考虑底层的硬件、操作系统以及软件的开发语言，实现波形应用软件跨无线平台的移植。

SCA 规范采用面向对象的开发方式，并基于 CORBA 和 POSIX 标准构建，采用统一建模语言(UML)图示化表示接口、组件、操作场景、用例以及时序图，采用接口定义语言(Interface Definition Language，IDL)提供接口的文本表示；采用可扩展标记语言(eXtensible Markup Language，XML)建立 SCA 域描述文件，这些文件确定了构成 SCA 兼容系统的硬件设备和软件组件的能力、特性、相互依赖关系以及所在位置等。

SCA 也规范了一些服务(Service)，如日志、事件、命名服务等。所谓服务，是指由系统提供的可被应用使用的软件程序。

### 3.4.2 操作系统

操作系统是计算机系统中的一个系统软件，它是一些程序模块的集合。这些程序模块用于管理和控制计算机系统中的硬件及软件资源，合理地组织计算机工作流程，以便有效地利用这些资源为用户提供一个功能强大、使用方便的工作环境，从而在计算机和用户之间起到接口的作用。软件无线电中采用的操作系统为实时操作系统(Real Time Operating System，RTOS)。实时操作系统是用于强实时应用的操作系统，该操作系统能够对输入进行即时的响应，同时，在一个特定的时延范围内即可完成处理任务。

另外，操作系统会为应用提供服务，这些服务是通过应用程序接口(API)实现的。所谓API是一些预先定义的函数，目的是提供应用程序与开发人员基于某软件或硬件访问一组例程或调用功能服务的能力，而无需访问源码或理解内部工作机制的细节。我们在生活中经常会遇见这样的情形，即需要依赖别人完成某个行为，比如在医院药房取药，是把药方给司药，他会完成取药的工作，而不需要我们自己进入药房选取药品。那么对于某个软件，也需要其他软件的帮助来完成某项工作。为了完成这一工作任务，请求方程序会使用一组标准化的请求方法，就称为应用程序接口(API)，它们已经由被调用的程序进行了定义。几乎所有的应用都会依赖于底层操作系统的API来完成基本的功能，比如接入文件系统等。本质上，一个程序的API为开发者或者其他程序从该程序中请求服务提供了正确的路径。

对于软件无线电系统而言，要求应用可以在不同的操作系统上实现。这样就要求所需要的API必须在各种不同的操作系统上实现，但是通常不同的操作系统中相同功能的API是不同的。为了实现上述要求，应用编程接口是基于可移植操作系统接口(Portable Operating System Interface of UNIX，POSIX)标准的。POSIX是IEEE为要在各种UNIX操作系统上运行的软件而定义的一系列API标准的总称，其正式称呼为IEEE 1003，国际标准名称为ISO/IEC 9945。开发POSIX原本是为了提高UNIX环境下应用程序的可移植性。现在，许多其他操作系统如Microsoft Windows NT同样支持POSIX标准。

在SCA中采用了基于POSIX的操作系统以及相应的主板支持包，一个POSIX兼容的操作系统编写的程序，可以在任何其他的POSIX操作系统上编译执行，系统软件具有很好的可移植性。SCA POSIX在应用环境描述文件(Application Environment Profile，AEP)中进行了定义。

目前比较著名的实时操作系统有VxWorks、UNIX、Linux、pSOS、Nucleus、QNX、VRTX、Windows CE、PalmOS、LynxOS等。其中由WRS(Wind River Systems，Inc.)公司开发的VxWorks是一个具有微内核、可裁剪的高性能强实时操作系统，处于领先地位。该操作系统支持广泛的网络通信协议，并能够根据用户的需求进行组合。其开放式的结构和对工业标准的支持使开发者只需做最少的工作即可设计出有效的、适合不同用户要求的系统。该操作系统非常适合软件无线电应用，并得到了软件无线电论坛的推荐。另外，Linux等系统也很适于软件无线电应用。国内一些厂商业也开发了具有自主知识产权的实时操作系统，如天脉、瑞华系统等。

### 3.4.3 中间件

在软件无线电中应用是由多个组件构成的，组件又会部署到不同的计算部件中，如GPP、DSP以及FPGA，这些硬件平台又存在各种不同的系统软件，而且这些硬件平台还可能通过网络连接形成分布式异构环境，这样，组件之间进行通信是一个复杂的问题。

可以想象存在多个用户的网络通信系统的构成，若需实现多个网络用户的交互，构建一个两两互联的全通网络并不是合理的方法，通常可以通过交换机实现网络用户的互通，而对于组件而言，其相互之间进行互操作实现连接是类似的。这种实现组件之间的互连以及互操作的软件称为中间件，中间件是基于分布式处理的软件，最为突出的特点是其网络通信功能。

中间件提供应用程序接口(API)定义了相对稳定的高层应用环境，无论底层计算机硬件和系统软件如何变化，只要保证中间件对外接口定义不变，应用软件则不需要进行修改，同时使不同平台上或者采用不同语言编写的应用能够互操作，构建了灵活的软件总线，使应用与平台相关的部分如 RTOS、传输层相隔离。对于给定的应用，不同的组件可以部署在不同的处理器、板卡、计算机、网络中，但是表现得就像在一起工作一样。

在 SCA 中，用于软件组件之间通信的中间件技术有两种，即公共对象请求代理架构(Common Object Request Broker Architecture，CORBA)和硬件抽象层(Modem Hardware Abstraction Layer，MHAL)。其中，CORBA 主要针对有操作系统支持的 GPP，早期 SCA2.0 版本仅仅规定了针对 GPP 的高层软件架构，对于具有很强实时处理能力的 DSP、FPGA 以及 ASIC 类的计算部件一般不支持。SCA2.2 版本定义了 MHAL API 来支持 GPP 与不支持 CORBA 的设备之间的通信。

如图 3.4-2 所示，组件 A、B 部署在 GPP1 中，组件 C 部署在 GPP2 中，A、B、C 之间的通信均通过 CORBA 实施。另外，这里 GPP 包括支持 CORBA 的 DSP 和 FPGA。通过 CORBA 的使用，不同的软件无线电开发者能够开发兼容的软件和硬件接口，无线系统中的任何组件能够被独立替换升级，同时下载过程对于用户是透明的。

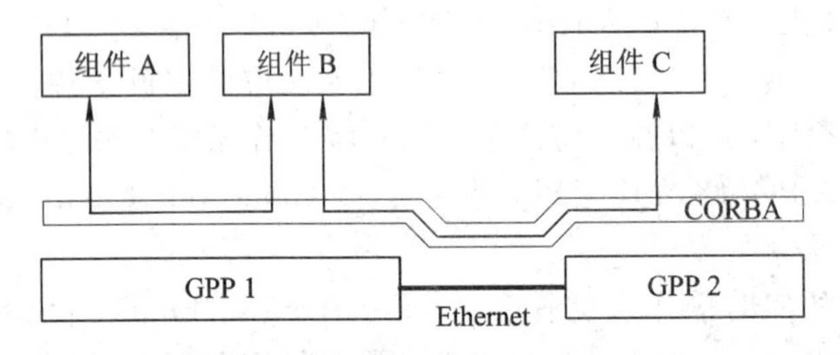


图 3.4-2 用于组件通信的 CORBA

对于不支持 CORBA 处理器中组件之间的通信，则需要采用 MHAL 技术，如图 3.4-3 所示，GPP 组件 A 能够在 GPP 上运行的 MHAL 的帮助下，与 DSP 上的函数进行通信，这样 GPP 和 DSP 上运行的软件就实现了交互。

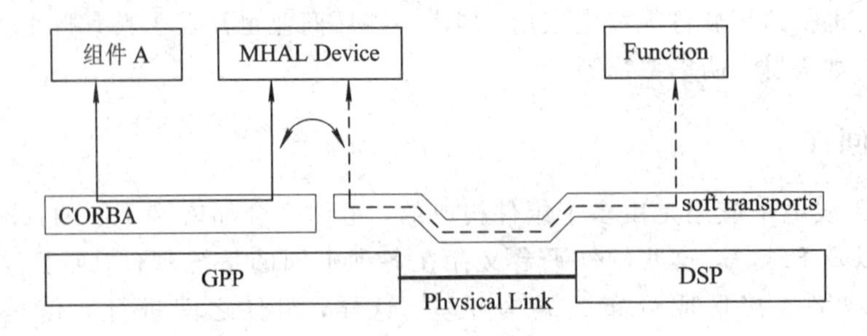


图 3.4-3 用于 DSP 上函数通信的 MHAL

当然，软件无线电是将 CORBA 作为核心的中间件技术，目前已经出现了可以在 FPGA 和 DSP 上使用的 CORBA。下面对 CORBA 进行解释说明。

所谓 CORBA，是由对象管理组织(OMG)制订的一种标准的面向对象应用程序的体系规范，是为解决分布式处理环境(DCE)中，硬件和软件系统的互连而提出的一种解决方案，用来实现分布式软件集成。它基于“软件总线”的思想(软件总线与硬件总线类似，是将应用模块按标准做成插件，插入总线即可实现集成运行，从而支持分布式的计算环境)，目的是建立一个标准、开放、通用的体系结构。符合这个结构的对象可以进行交互，不论它们是用什么样的语言写的，不论它们运行于什么样的机器和操作系统。它可以让分布的应用程序完成通信，无论该应用程序是哪个厂商生产的，只要符合 CORBA 标准就可以相互通信。CORBA 1.1 于 1991 年由 OMG 提出，1994 年 CORBA 2.0 标准真正实现了不同生产厂商间的互操作性。

CORBA 标准包括接口定义语言(Interface Description Language，IDL)、对象请求代理(Object Request Broker，ORB)和 ORB 之间的互操作协议 GIOP/IIOP，其中 ORB 是核心。在具体工作时，CORBA 采用 IDL 定义系统中的接口，IDL 通过编译后会生成针对客户的 Stub 代码，以及针对服务器对象实现的 Skeleton 代码，Stub 和 Skeleton 的作用即是客户和对象之间的代理。当客户请求对一个服务器对象进行操作时，将工作交给对象请求代理(ORB)，由 ORB 决定由哪个对象完成这个请求，激活该服务器对象并将完成请求所需要的参数传送给该对象，构成了以 ORB 为中间件的伪客户/服务器方式。ORB 内部通信采用 GIOP/IIOP 协议，其过程如图 3.4-4 所示。

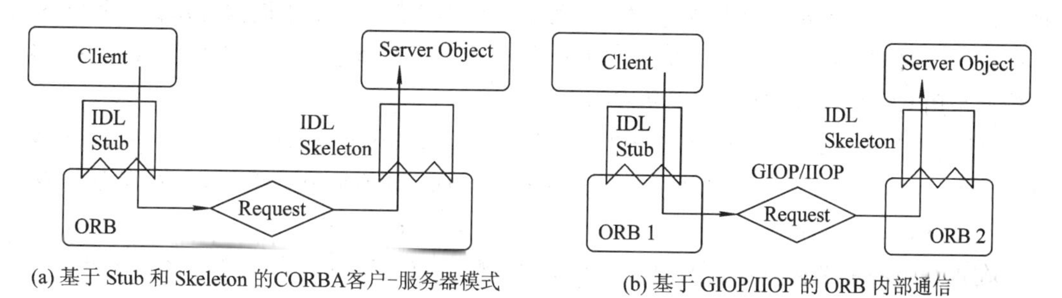


(a) 基于 Stub 和 Skeleton 的CORBA客户-服务器模式　　(b) 基于 GIOP/IIOP 的 ORB 内部通信

图 3.4-4　通过 ORB 实现通信

从以上描述可以看出，CORBA 是一种描述接口的工业标准。当系统向分布式结构和客户一服务器模式演化时，在两个单元之间需要有相应的接口连接，但是对于不同的软件组件，其开发语言不同，接口的编写不同。为了使接口具有通用性，需要让所有的语言采用通用的定义使用接口，这样就引入了一种特殊的语言，称为接口定义语言(IDL)，用该语言定义的接口可以通过软件工具编译为相应语言定义的接口。这样，开发者就从编写低级的过程间通信代码的工作中解放出来，更为重要的是，只要采用相同的 IDL，不同的开发者开发的 CORBA 代码之间可以进行互操作。显然，这对于开发模块化软件是非常重要的。

为了进一步提升，SCA 中 CORBA 还提供了命名服务(Naming Service)和事件服务(Event Service)。其中命名服务使无线系统中的组件能够定位所需要的服务或应用组件，而不需要具体物理地址，并进行连接，如图 3.4-5 所示；另外在标准的 CORBA 通信模式中，Clint 与 Server 之间通信是直接进行的，二者完全耦合在一起，事件服务通过引入事件信道提供了异步机制，解除了 Clint 和 Server 之间的耦合关系。

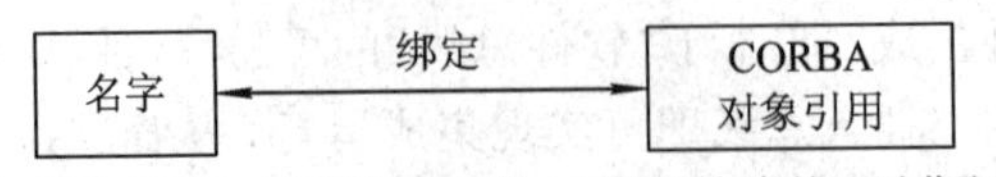


图 3.4-5　命名服务示意图

### 3.4.4　核心框架

框架是一种特殊的软件，可以作为操作系统的一部分，是开放式应用层接口和业务的核心集，它为软件应用的设计者提供了底层的软件和硬件的抽象，为软件开发带来了高度的可重用性，这也是它被称为框架的重要原因。框架就是一组最基本的协同工作的类，可以在此基础上进行扩展，它们为特定类型的软件构筑了一个可重用设计的基础。

SCA 通过定义一组接口及描述文件将底层硬件与系统应用相隔离，这组接口(或接口核心集)称为 SCA 的核心框架(CF)，这组接口为应用开发者提供底层软件和硬件的抽象，为嵌入分布式计算的无线系统中软件应用组件提供了部署、管理、互联和通信的方法。这些接口定义了系统的结构和其他低层次的细节，使开发者可以集中面向应用。每个 SCA 中的组件继承自核心框架的接口，接口由 IDL 描述，然后编译进所选择的编程语言中；消息的传递采用 CORBA，具体实现采用 POSIX。

SCA 的核心框架包括基础应用接口(Base Application Interfaces)、基础设备接口(Base Device Interfaces)、框架控制接口(Framework Control Interfaces)、框架服务接口(Framework Service Interfaces)和域描述文件(Domain Profile)。

在进行核心框架接口描述的时候，涉及的一些接口名称可能会与常见的名词相同，为了避免引起混淆，在此预先进行说明。

(1) 应用(application)：可以指核心框架中的一种接口，也可以指运行在核心框架上的一个具体波形。为了区分，在本书中前者用斜体英文表示，即 *Application* 或 CF:: *Application*，后者直接表示为“应用”。

(2) 端口(port)：可以指核心框架中的一种接口，也可以指组件的端口。为了区分，在本书中前者用斜体英文表示，即 *Port* 或 CF:: *Port*，后者直接表示为“端口”。

(3) 资源(resource)：可以指核心框架中的一种接口，也可以指实现核心框架 *Resource* 接口的软件组件。为了区分，在本书中前者用斜体英文表示，即 *Resource* 或 CF:: *Resource*，后者直接表示为“资源”。

(4) 设备(device)：可以指核心框架中的一种接口，也可以指物理硬件设备。为了区分，在本书中前者用斜体英文表示，即 *Device* 或 CF:: *Device*，后者直接表示为“设备”。

为了不引起翻译歧义，默认核心框架接口均采用斜体英文表示。在一些国外参考书中，也大都遵循此例。

核心框架接口示意图如图 3.4－6 所示。

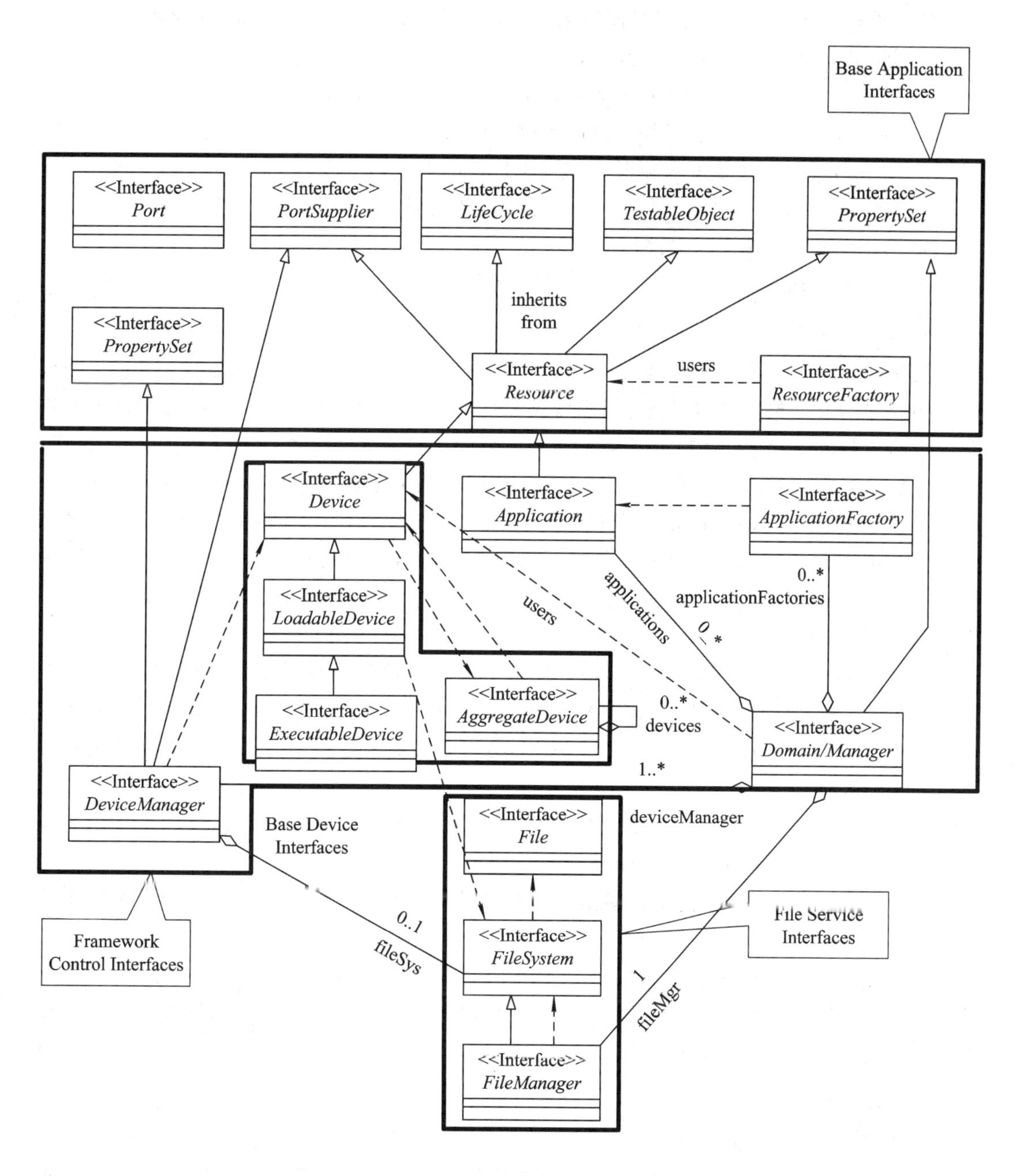


图 3.4－6　SCA CF 接口及其关系图

## 1. 基础应用接口

基础应用接口为开发软件应用组件和在软件应用组件之间交换信息提供了一组公共接口集合。所有软件组件均需要实现基础应用接口，是对软件组件进行配置和控制的通用接口，这些接口能够实现软件组件管理和控制(如启动、停止等)。基础应用接口包括 *Resource*、*Port*、*LifeCycle*、*TestableObject*、*PropertySet*、*PortSupplier*、*ResourceFactory*。

• *Resource*：这是 CF 的基础组件，提供了所有软件组件的公共接口，作为硬件组件 API 的基类，提供了控制和配置组件的操作，另外还提供了组件启动和停止操作。所有可见的应用组件必须实现 Resource 接口。

• *LifeCycle*：用于设置组件初始化或对组件进行删除；

• *TestableObject*：提供了组件的内部测试能力；

• *PropertySet*：提供配置以及查询资源特性的能力；

• *PortSupplier*：提供获得一个端口对象参考的操作；

• *Port*：用于连接资源组件；

• *ResourceFactory*：用于建立或删除资源组件。

**2. 基础设备接口**

实现硬件抽象化是 SCA 用来实现硬件移植的重要的支持技术。通过硬件抽象化，底层实际的硬件系统抽象为逻辑设备，逻辑设备是实际硬件的软件代理，可以把它类比为操作系统中的设备驱动程序，逻辑设备是波形应用组件在实际硬件设备上进行动态加载的执行者，是系统中所有 GPP、DSP 和 FPGA 设备在核心框架上的“驱动”。这些“驱动”在核心框架内被当做设备资源由设备管理器进行管理，通过 CORBA 中间件完成核心框架对逻辑设备功能接口的调用。在核心框架中，基础设备接口通过提供代理的方式实现对物理硬件设备的管理和控制，包括 *Device*、*LoadableDevice*、*ExecutableDevice*、*AggregateDevice* 等。

• *Device*：是 CF 的基础组件，是一种特定的用于提供硬件设备抽象的 *Resource*，提供状态信息(激活、忙、锁定、空闲等)及性能管理(分配、解除分配)；一个自主专用的硬件设备硬件设备可以用此接口表示，比如 ASIC 处理器、专用电路如 GPS 接收机、调制解调器、音频设备等。

• *LoadableDevice*：这类设备是应用软件部署的容器，用于上载/卸载和运行单一应用软件。这类设备是 FPGA 和 DSP 类硬件设备的代理。

• *ExecutableDevice*：这类设备是应用软件部署的容器，可用于同时上载和运行多个应用软件。这类设备是 GPP 类硬件设备的代理。

• *AggregateDevice*：用于表示组合的设备，该类设备由多个 *Device* 构成，但对外展现一个接口，比如一个包含 ADC 和 FPGA 的处理板、可编程的 CDMA/TDMA Modem 就可以认为是 *AggregateDevice*。

**3. 框架控制接口**

框架控制接口提供了对硬件、应用和整个域(无线系统)进行控制和管理的方法，主要用于软件安装、卸载、部署、配置应用，并完成健康监控、查询等，应用层可以通过这些控制接口与 OS 相接触，包括 *DomainManager*、*DeviceManager*、*ApplicationFactory* 和 *Application*，其相互关系如图 3.4-7 所示。

• *Application*：为 CF 的基础组件，继承自 *Resource*；该接口用于实现波形，*Application* 由 *DomainManager* 在 *ApplicationFactory* 中建立，*DomainManager* 通过该接口配置、控制已经实例化的应用。一个 *Application* 控制其组件并且建立与其他应用的连接。

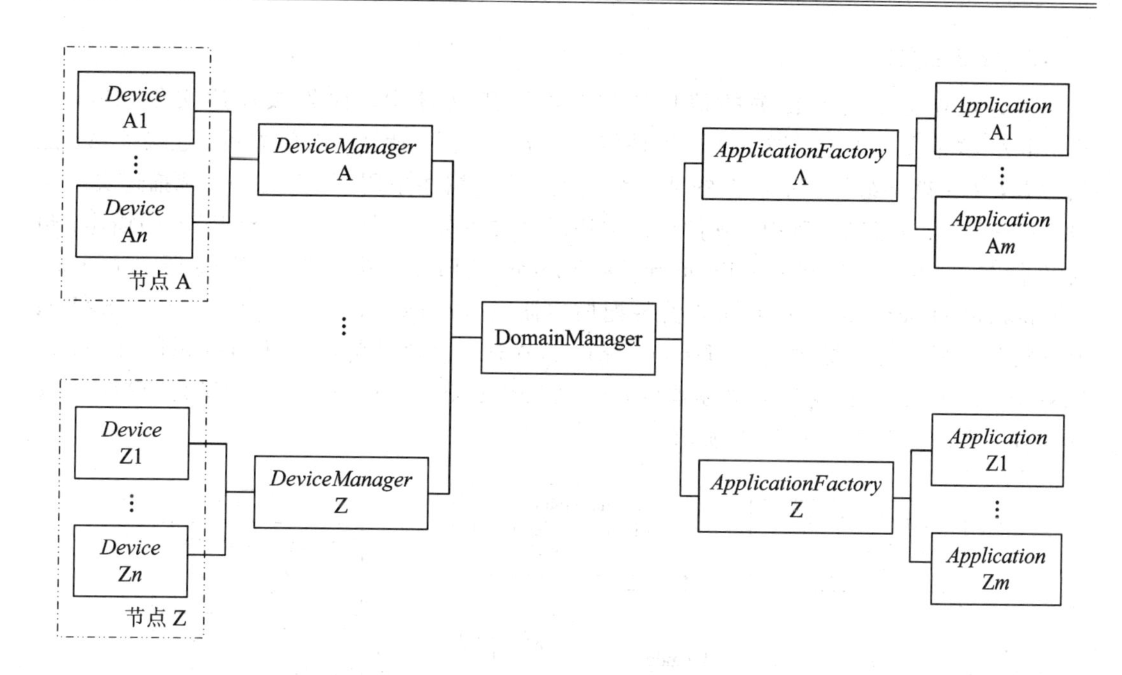


图 3.4-7　框架控制接口控制关系示意图

• *ApplicationFactory*：为 *DomainManager* 提供接口请求构建一个特定的 *Application*，用于为特定波形建立实例。*DomainManager* 为每一个已安装的应用建立一个 *ApplicationFactory*，如 WiFi 或 LINK16 需要各自的 *ApplicationFactory*，对于相同的应用，*ApplicationFactory* 能够建立多种实例。

• *DeviceManager*：用于对一个无线节点(即一组可看成整体的设备)进行控制和管理，负责启动关闭节点组件(设备和服务)，向域管理器注册，使节点组件被无线系统所掌握，可被应用使用；在 SCA 中要求这组逻辑设备(也可以是一个)具有运行 CORBA 的能力。

• *DomainManager*：*DomainManager* 是整个无线系统的控制者；域管理器是无线管理的中心组件，其接受 *DeviceManager*、*Device* 和 *service* 的注册；执行由 *DeviceManager* 制定的节点组件之间的互联；负责 *Application* 的安装(建议应用工厂)；提供内省服务；通过用户界面(UI)控制监视无线系统。

**4. 框架服务接口**

框架服务接口提供了对 SCA 无线组件文件系统共同的抽象，它与实际底层操作系统和文件系统的实现无关，实现了分布式文件接入服务，用于完成所有与文件相关的操作，包括 *File*、*FileSystem*、*FileManager*。

• *File*：为 CF 的基础组件，提供对单个文件的接入并完成基本操作(如：读、写、关闭等)。

• *FileSystem*：允许远程接入物理文件系统，对这些文件进行建立、删除、拷贝等。

• *FileManager*：允许对多个分布的 *FileSystem* 的管理。

**5. 域描述文件**

所有与应用和平台相关的信息均包含在一组文件中，称为域描述文件(Domain Profile)。这组文件描述了域中每个组件接口、能力模型、特性、内部关系、连接关系、逻辑位置，用于软件组件在平台上的部署和配置。这些描述采用 XML 编写。域描述文件由 *DomainManager* 管理。其中，软件组件的特征由软件描述文件(Software Profile)描述，包含软件包描述器(Software Package Descriptor，SPD)、软件组件描述器(Software Component Descriptor，SCD)和软件装配描述器(Software Assembly Descriptor，SAD)；硬件设备特征由设备描述文件(Device Profile)描述，包含设备包描述器(Device Package Descriptor，DPD)、设备配置描述器(Device Configuration Descriptor，DCD)。XML 域描述文件关系示意图如图 3.4-8 所示。

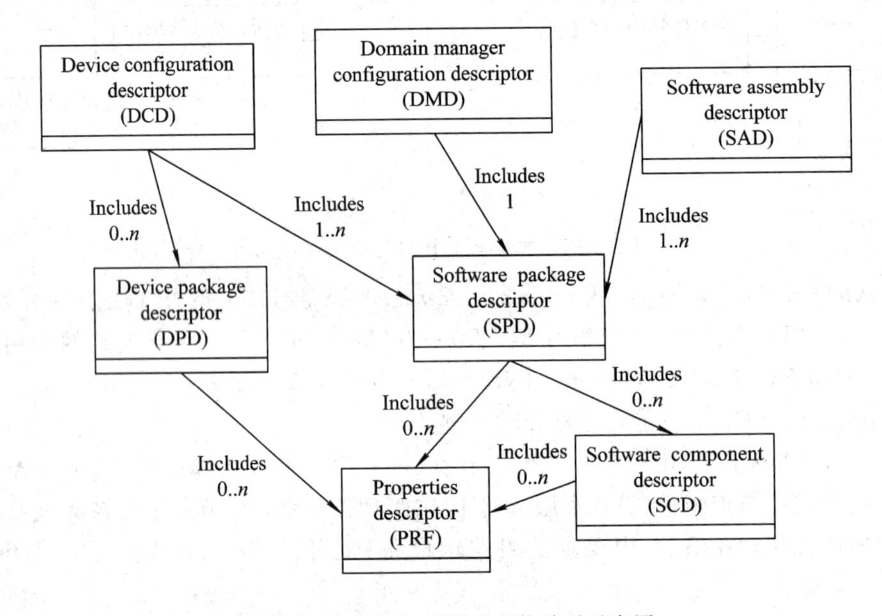


图 3.4-8 XML 域描述文件关系示意图

• 软件包描述器(SPD)：文件描述了软件组件及其实现，包括名字、作者、文件属性、代码实现信息、软硬件依赖关系等。

• 软件组件描述器(SCD)：其中包含了特定 SCA 软件组件(*Resource*、*ResourceFactory*、*Device*)的信息。

• 软件装配描述器(SAD)：其中包含了构成一个应用的组件的信息。

• 属性描述器(PRF)：其中包含了可用于软件包或设备包的信息，包括配置、测试、运行以及分配状况等。

• 设备包描述器(DPD)：其中包含硬件设备信息，包括设备的生产商、型号、序列号以及分配的能力等；

• 设备配置描述器(DCD)：其中包含了实现 *Device* 接口的软件组件信息，包含了上电后由 *DeviceManager* 部署的设备列表，还包含了确定 *DomainManager* 位置的信息。

• 域管理器配置描述器(DMD)：提供特定域管理器(SPD)文件的位置，也指定了被域管理器需要的其他软件组件的连接。

**6. 其他服务**

核心框架提供并规范了日志(Log Service)等其他的服务。

在 SCA 无线系统中，日志服务允许组件建立携带时间戳的行为和状态的纪录，并进行保存以备检索。

### 3.4.5 SCA 应用

通常应用是指一个可执行的软件，它由一个或多个模块构成。在 SCA 中，应用是指一组软件组件或者软件模块的集成，来完成特定波形某些或全部的变换功能，也可称波形应用(Waveform Application)，变换功能包括无线数字信号处理(调制/解调、上/下变频、滤波)、链路级的协议处理、网络级的协议处理、网络互联的路由选择、外部的输入/输出访问、安全性处理和嵌入式应用等。一个应用由一个或多个软件模块构成，这些模块实现了基础应用接口，这些组件在软件装配描述器中可以得到区分识别。

SCA 应用是常规无线系统功能需要的部分，由于涉及具体系统，因此在这里不进行详细说明，另外一定注意与 *Application* 接口予以区分。

### 3.4.6 符合 SCA 的硬件

在 SCA 中，符合 SCA 的硬件以类的方式进行了划分，划分类的重点在于把系统分成不同的物理单元以及把这些单元组成一个功能单元，SCA 的硬件结构如图 3.4－9 所示。在 SCA 中，总的硬件父类是 SCA-Compliant Hardware 类，它定义了可维护性、可用性、物理、环境、设备注册等参数。SCA-Compliant Hardware 有两个子类：Chassis 和 HW Modules。

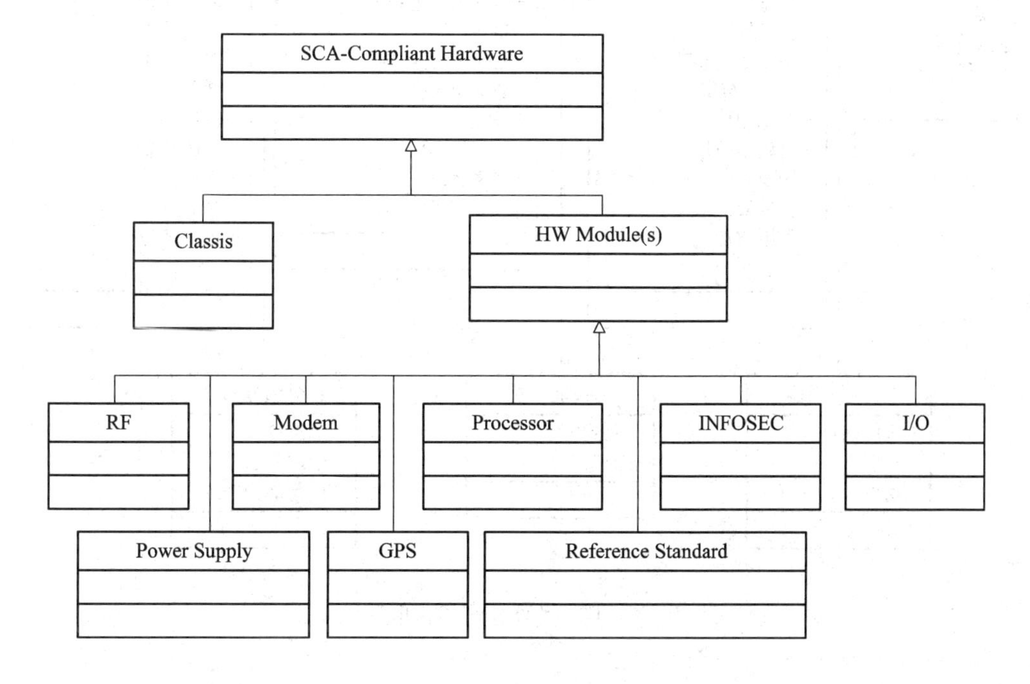


图 3.4－9　SCA 硬件结构

Chassis子类包含模块插槽、构成要素、背板类型、平台环境、功率、冷却需求等。HW Module(s)是所有功能模块子类的父类，这些功能模块有射频、电源、调制解调器、GPS、处理器、参考标准、INFOSEC、I/O等。HW Module(s)s类从SCA-Compliant Hardware类继承系统级的属性，HW Module(s)以下的类从HW Module(s)中继承类属性，不同的属性值满足不同的要求，可以在实现过程中进行选择。

每一个硬件子类可以进一步扩展，比如射频应用类可以扩展为天线类、接收机类、功率放大子类等。每个类都包含相应的属性或参数，如图3.4-10所示。调制解调器类也可以扩展为调制器子类和解调器子类，如图3.4-11所示。

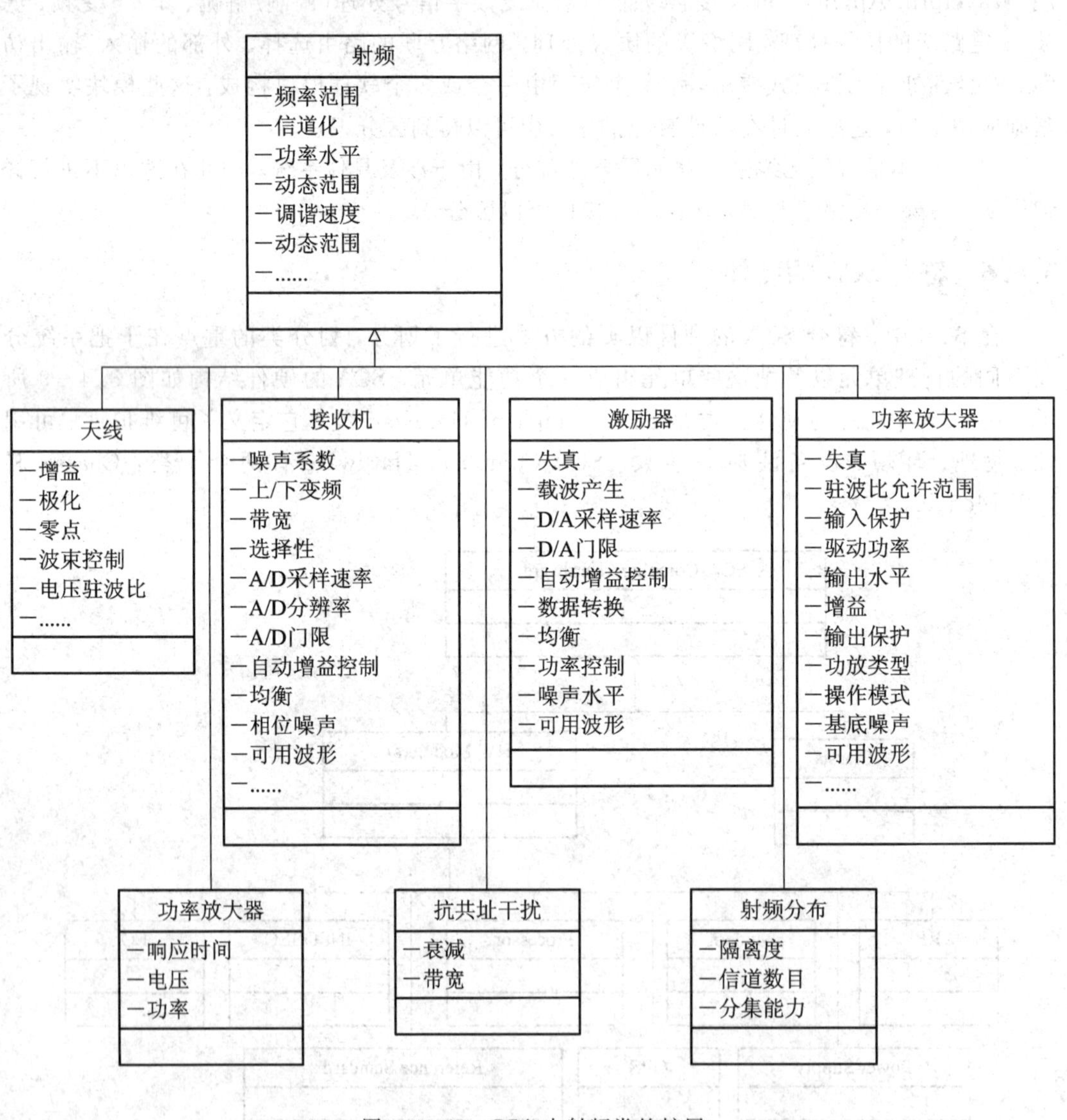


图3.4-10　SCA中射频类的扩展

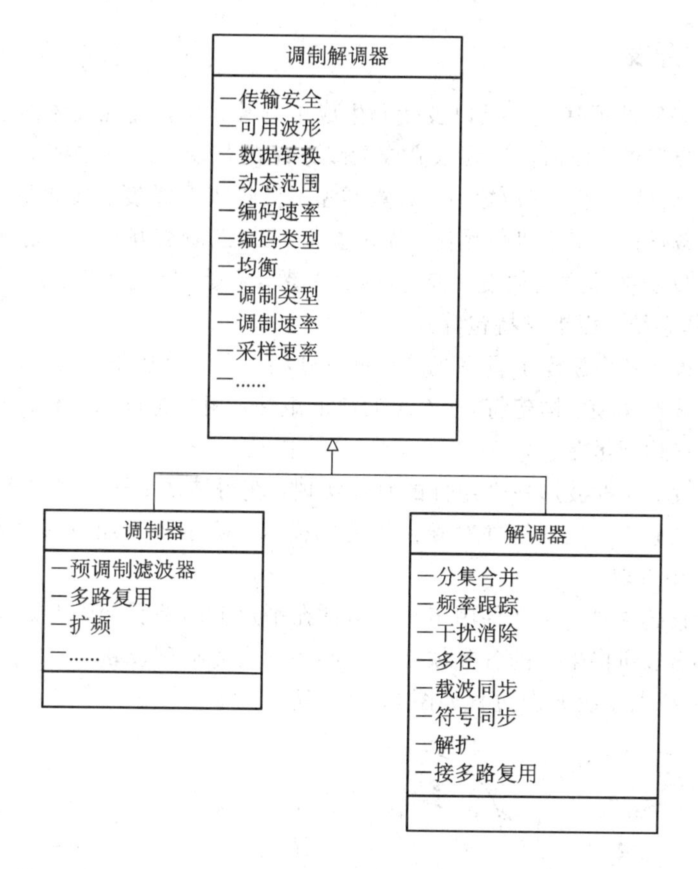


图 3.4－11　SCA 中调制解调器类的扩展

# 3.5　基于 SCA 的波形的开发

采用 SCA 进行软件无线电开发是较为复杂的过程，需要开发者兼具通信以及软件工程方面的知识。实现基于 SCA 的软件无线电系统需要一定的开发环境，一般经历两个环节，首先实现波形的开发，即获得满足应用需求的各类软件组件；其次完成波形的部署，即在具体设备中完成应用的安装配置，完成运行准备。

## 3.5.1　开发环境的构成

符合 SCA 的开发环境需要由以下部分构成：

(1) 仿真建模工具。仿真建模涉及两个层次，一个层次是波形概念算法建模，可以采用 SystemVue、Matlab/Simulink 等工具，还有一个层次是 SCA 组件的建模，将用到 UML 建模工具。

(2) SCA 操作环境，包括核心框架、实时操作系统、中间件等。一些遵循 SCA 规范的开发工具已经提供出来，如 Prismtech 公司的 Spectra Tools，TI 公司的 SDRDP 等。

(3) 硬件平台。硬件平台是软件组件部署的最终目标，一般都是较高性能嵌入式软件无线电平台。该平台需要能支持 SCA。

### 3.5.2 波形的开发

波形的开发采用波形建模工具以及代码生成工具等，开发过程大体如下：

(1) 确定系统需求。根据使用要求完成无线系统的需求定义。这些需求包括射频需求(涉及收发频率、信道带宽、信道数目、分集类型、接收机灵敏度、接收机增益、接收机动态范围、接收机载噪比、接收机信噪比、噪声温度、二/三阶交互调、发射功率、杂散)、中频需求(涉及 A/D 变换速率及精度、带宽等)、基带信号处理需求(涉及运算速率)、通用处理需求(涉及操作系统、板级支持包等)。

(2) 波形建模。采用建模工具完成波形概念建模，完成算法仿真测试。

(3) 组件及波形建模。构建符合 SCA 的波形组件，相关组件从组件库中选取或另行产生；并将组件连接构成波形。

(4) 组件开发。开发波形各个组件的具体实现，获得波形代码，并完成波形仿真测试。

(5) 确定底层硬件。根据组件对硬件性能的需求，确定各个组件具体部署的设备，这些设备从设备库中选取。

(6) 生成域描述文件。该文件用于软件组件在平台上的部署和配置。

(7) 完成部署。即将生成的各类软件产品部署到具体物理设备中。

SCA 软件无线电系统开发过程如图 3.5－1 所示。

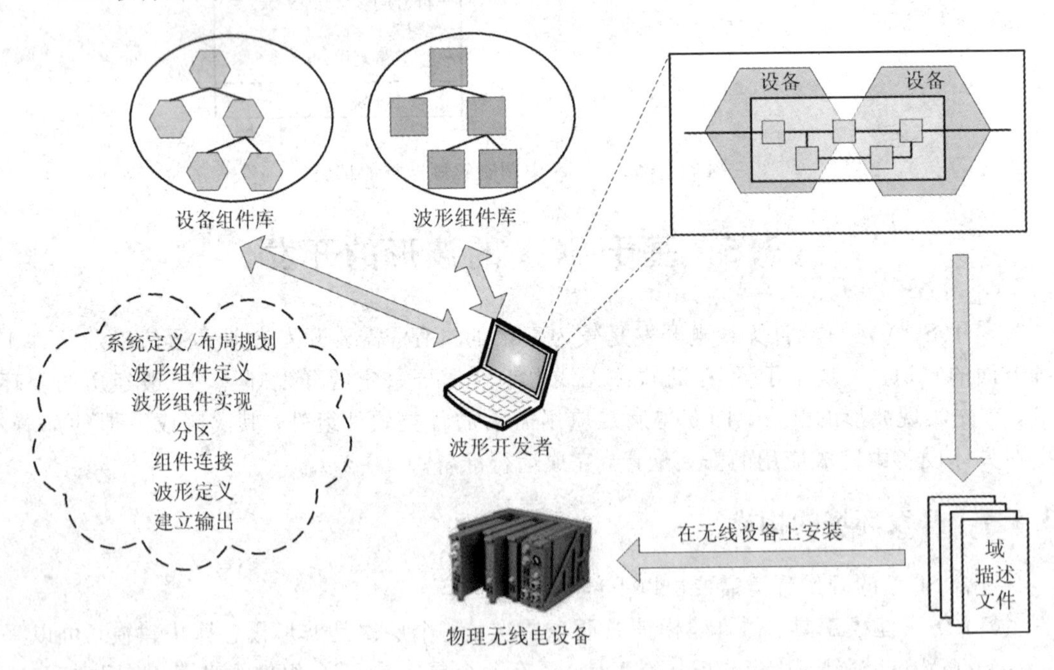


图 3.5－1　SCA 软件无线电系统开发过程

### 3.5.3 波形的部署

波形的部署中 *ApplicationFactory* 居于核心地位，步骤如下：

(1) 当部署安装开始执行后，核心框架的 *ApplicationFactory* 首先根据软件装配描述器(SAD)提供的装配指令寻找组件；SAD 是域描述文件(*Domain Profile*)的一部分，装配指令包括构成波形(或应用)的组件列表、组件所在位置以及各自的连接关系等；*ApplicationFactory* 基于可用的性能来寻找合适的设备。

(2) 传送相关组件到物理设备中，并实例化组件。

(3) *ApplicationFactory* 连接组件的端口，并完成配置和初始化。

波形的部署过程如图 3.5-2 所示。

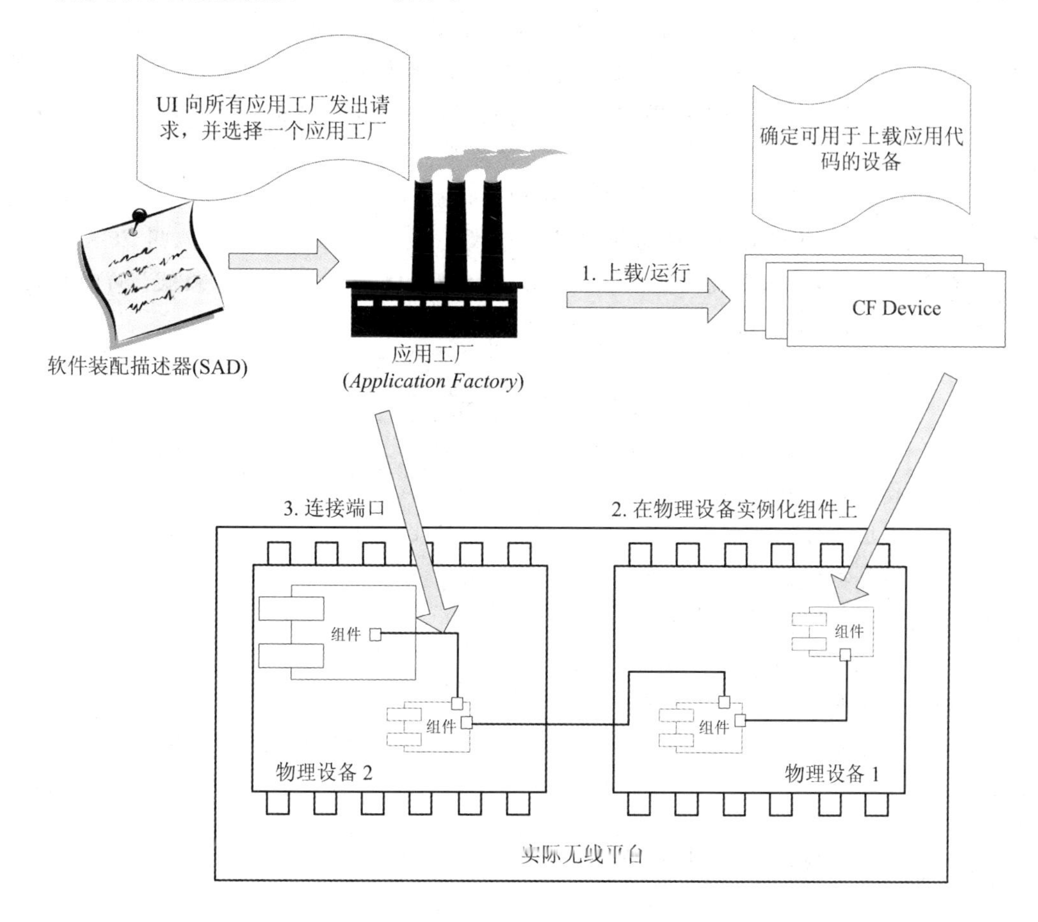


图 3.5-2　波形的部署过程

在建立应用后，*ApplicationFactory* 返回 *Application* 接口一个实例。*Application* 接口为波形中使用的资源提供了一个容器，通过它完成了波形的配置、状态的查询等，这个接口也负责终止应用，释放所有使用的资源，交还驻留设备所分配的能力。

## 3.6 小　　结

软件是软件无线电系统的核心，如何有效地组织软件和硬件部分以达成系统目标是软件无线电系统最为关注的问题。采用基于组件的开发方法是软件无线电多模式、多频段、多功能特性的重要保证，而软件通信架构(SCA)是基于组件开发方法在软件无线电中的成功应用。本章对软件无线电对软件架构的需求进行了较为深入的说明，并介绍了软件通信架构的组成及基本应用情况，以期使读者对 SCA 有初步的认识和理解。

对于 SCA，以下几点需要重点说明：

(1) SCA 不是软件无线电，严格讲也不是软件无线电的标准，SCA 仅是最完善的、开放的、已经开发的软件无线电架构。

(2) SCA 并没有为无线电系统的硬件或波形应用指定任何应用特定的结构、设计或实现。

(3) SCA 是基于组件的开发架构，虽然 SCA 源自军用的软件无线电系统(JTRS)，但它不仅可以应用于软件无线电系统，还可以应用于其他任何嵌入式系统。

(4) 遵循 SCA 并不能一定获得可以移植的代码，还需要遵循正确的软件开发方式和针对应用目标特别设计的波形组件。

(5) SCA 针对为灵活的硬件平台开发可重用的波形，其使用会消耗不少甚至大量的资源，也较为复杂，如果针对特定平台进行软件无线电开发，那么就不一定应用 SCA。

为了进一步深入理解相关知识，建议读者在此基础上阅读相关参考文献，同时补充软件工程方面的基础知识，比如 UML(统一建模语言)等。

# 练习与思考三

1. 什么是对象、类？
2. 类的组成是什么？请尝试给出滤波器的 UML 图。
3. 面向过程程序的特征是什么？
4. 面向对象程序的特征是什么？
5. 什么是组件？与对象及类的差别何在？
6. 构成无线系统的软件体系结构有哪几种？
7. 根据各个功能模块连接方式的不同，软件无线电系统的硬件体系结构可以分成哪几种？每种结构的功能框图是什么样的？
8. 简述基于组件开发的软件无线电的需求。
9. 什么是软件通信架构(SCA)？
10. 简述 SCA 的总体结构。
11. 什么是操作系统？作用是什么？
12. 什么是核心框架？作用是什么？
13. 什么是应用？作用是什么？
14. 简述波形开发的过程。
15. 简述波形部署的过程。

# 第 4 章　信号的表示

所谓信号，是指可以用数学函数表示的可携带信息的某类物理量。通常信号是随时间而变化的，所以最为直观的表示方法是采用时间函数的表示形式，也称为时域表示，如图 4.1-1 所示。另外，一个时域信号可以描述为一组三角函数的加权和，这样由这些三角函数的权值就可以确定一个信号，由于三角函数用频率表示，因此这种描述方法称为频域表示，把这些权值按照对应频率描述出来就构成了频谱图。为了实现时域和频域之间的变换，采用傅立叶变换。

在软件无线电中，信号是通过数字方式进行处理的，其表达方式对系统的构成至关重要。

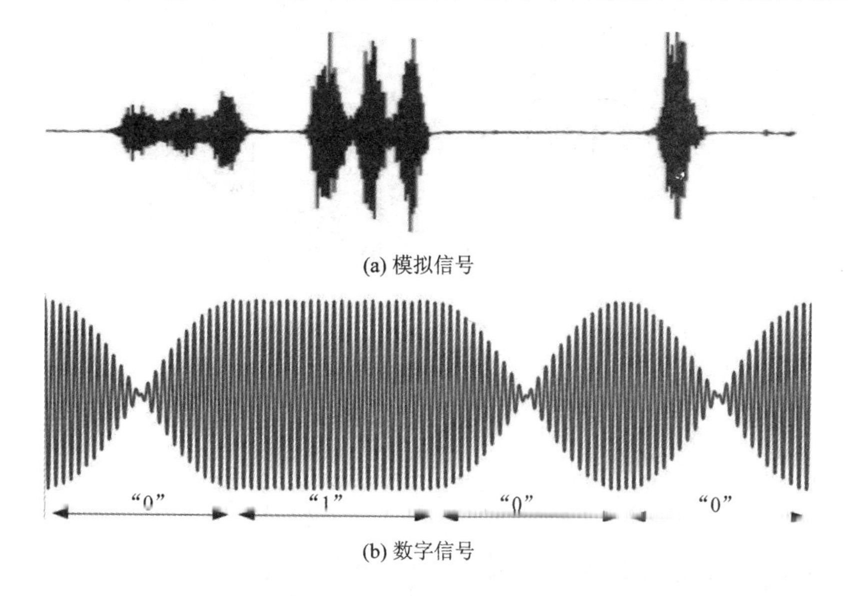


图 4.1-1　信号时域波形图

## 4.1　实信号表示

所有物理信号都是实值的，则采用实的时间函数表示信号就是自然的事，即描述为 $s(t)$。

在无线应用中，由于同频三角函数相加频率不变以及异频三角函数之间不相关，因此常用三角函数 sin、cos 描述信号，则在无线传输中最为常见的信号表达式为

$$s(t) = a(t)\cos(\omega_c t + \varphi) \tag{4.1-1}$$

$$\omega_c = 2\pi f_c \tag{4.1-2}$$

另外，带通信号也可以表示为两个正交载波分量的和，即

$$s(t) = s_I(t)\cos\omega_c t - s_Q(t)\sin\omega_c t \tag{4.1-3}$$

其中，同相载波分量(幅度)表示为

$$s_{\mathrm{I}}(t) = a(t)\cos\varphi \tag{4.1-4}$$

正交载波分量(幅度)可以表示为

$$s_{\mathrm{Q}}(t) = a(t)\sin\varphi \tag{4.1-5}$$

为了观察信号的细节，可将信号分解为一组正交基的和，通过观察各成分以便对信号有深入的了解。通常这组正交基选择三角函数或复指数函数，由于这些函数用频率进行区分，这样把信号分解后，将每个频率成分的幅度和相位表示出来，就构成了信号的频域表示。图 4.1-2 给出了一个波形的频域分解的示意，即信号可以分解为一组正弦函数的和。信号的实际频谱图如图 4.1-3 所示。

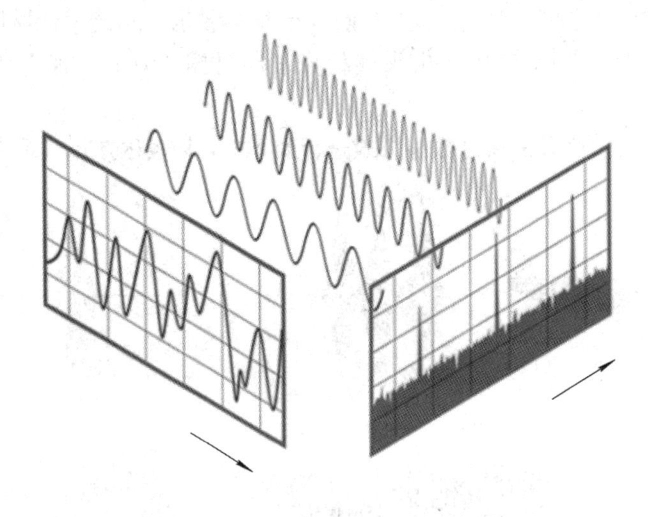

图 4.1-2　波形的频域分解示意图

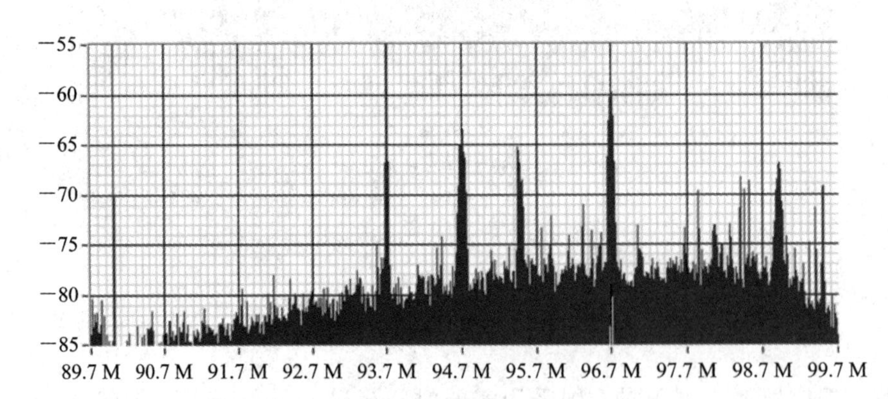


图 4.1-3　信号的实际频谱图

在具体应用时，$s(t)$通过傅立叶变换获得其频域表达式 $S(\omega)$，是将其采用复指数函数进行分解的，表示为

$$S(\omega)\leftrightarrow s(t)\Rightarrow\begin{cases} s(t) = \dfrac{1}{2\pi}\displaystyle\int_{-\infty}^{+\infty} S(\omega)\,\mathrm{e}^{\mathrm{j}\omega t}\,\mathrm{d}\omega \\ S(\omega) = \displaystyle\int_{-\infty}^{+\infty} s(t)\,\mathrm{e}^{-\mathrm{j}\omega t}\,\mathrm{d}t \end{cases} \tag{4.1-6}$$

代入式(4.1-1)，得到频域表达式为

$$S(\omega)\leftrightarrow\pi[\mathrm{e}^{-\mathrm{j}\varphi}A(\omega+\omega_c)+\mathrm{e}^{\mathrm{j}\varphi}A(\omega-\omega_c)] \tag{4.1-7}$$

其中，

$$A(\omega)\leftrightarrow a(t)$$

从式(4.1-7)可知，如果采用复指数函数作为正交基，则信号频谱分为正、负频谱两个部分，每个部分是由基带信号频谱 $A(\omega)$ 移动获得的，如图 4.1-4 所示。

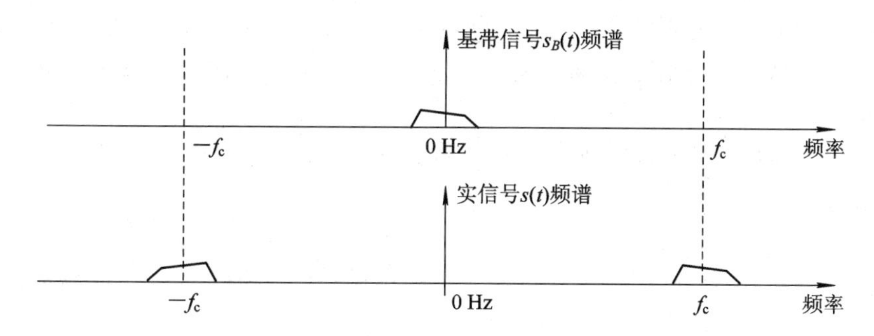


图 4.1-4　实信号频谱示意图

为了能够更深入地理解这个问题，下面讨论一些更一般的结论。为了简化描述，本书中将直接使用一些基本结论而不再加以证明，需要证明请参考信号系统类相关书籍。

根据傅立叶变换的性质，对于 $s(t)$的共轭 $s^*(t)$，求其傅立叶变换，其频谱为

$$\begin{aligned}\int_{-\infty}^{+\infty}s^*(t)\mathrm{e}^{-\mathrm{j}\omega t}\mathrm{d}t&=\left[\int_{-\infty}^{+\infty}s(t)\mathrm{e}^{\mathrm{j}\omega t}\mathrm{d}t\right]^*=\left[\int_{-\infty}^{+\infty}s(t)\mathrm{e}^{\mathrm{j}\omega t}\mathrm{d}t\right]^*\\&=\left[\int_{-\infty}^{+\infty}s(t)\mathrm{e}^{-\mathrm{j}(-\omega)t}\mathrm{d}t\right]^*=S(-\omega)^*\end{aligned}$$

$$S^*(-\omega)\leftrightarrow s^*(t) \tag{4.1-8}$$

若 $s(t)$为实信号，则有

$$s(t)=s^*(t) \tag{4.1-9}$$

则有

$$S(\omega)=S^*(-\omega) \tag{4.1-10}$$

若令

$$\begin{aligned}S(\omega)&=S_r(\omega)+\mathrm{j}S_i(\omega)\\S^*(-\omega)&=S_r(-\omega)-\mathrm{j}S_i(-\omega)\end{aligned} \tag{4.1-11}$$

则有

$$\begin{aligned}S_r(-\omega)&=S_r(\omega)\\S_i(-\omega)&=-S_i(\omega)\end{aligned} \tag{4.1-12}$$

可以进一步得到

$$\begin{aligned}|S(-\omega)|&=\sqrt{S_r^2(-\omega)+S_i^2(-\omega)}=\sqrt{S_r^2(\omega)+S_i^2(\omega)}=|S(\omega)|\\\varphi(-\omega)&=\mathrm{artan}\frac{S_i(-\omega)}{S_r(-\omega)}=\mathrm{artan}\frac{-S_i(\omega)}{S_r(\omega)}=-\mathrm{artan}\frac{S_i(\omega)}{S_r(\omega)}=-\varphi(\omega)\end{aligned} \tag{4.1-13}$$

式(4.1-10)、式(4.1-13)表明实信号频谱具有共轭对称特性，即实信号幅度谱关于零频

率轴偶对称，相位谱关于零频率轴奇对称。这是个非常重要的特性。

实信号的表示深入人心，但是也存在一些问题：

(1) 实信号表示中频率表述不具唯一性，即正、负频率无法区分，即有

$$\begin{cases}\cos[2\pi(-f)t] = \cos[2\pi(f)t] \\ \sin[2\pi(-f)t] = \sin[2\pi(f)t+\pi]\end{cases} \tag{4.1-14}$$

实信号中的频率实际上就是表达圆周周期变化的速率，并没有表达出变化的方向，自然不会存在正、负频率差别的概念，在实际应用中也很少提到负频率，但负频率是可以存在的，类似于在坐标轴上对于速度的描述可以有负值一样，但这并不意味着负速度比静止还慢，是指速度方向的变化。

(2) 实信号乘法运算在频率变换结果上不具唯一性，会同时产生和频与差频分量，即

$$\cos(2\pi f_1 t)\cos(2\pi f_2 t) = \frac{1}{2}[\cos(2\pi(f_1+f_2)t) + \cos(2\pi(f_1-f_2)t)] \tag{4.1-15}$$

(3) 实信号频谱的共轭对称特性会产生不少限制，对称频谱在进行频率变换时会出现混叠现象。

如图 4.1-5 所示，当对图示信号进行下变频操作时，正、负频谱部分均向零频移动而产生混叠，当下变到一定程度时，就会出现混叠现象。

为此，考虑一个非实信号 $u(t)$，拥有单边频谱 $U(\omega)$，已知有

$$U(\omega)\leftrightarrow u(t)$$

$$U^*(-\omega)\leftrightarrow u^*(t)$$

则信号 $u(t)$ 与其共轭 $u^*(t)$ 相加获得一个实信号，其频谱为

$$u(t)+u^*(t) = 2\mathrm{Re}[u(t)]\leftrightarrow U(\omega)+U^*(-\omega) \tag{4.1-16}$$

因为 $U(\omega)$ 和 $U^*(-\omega)$ 没有混叠，则 $\mathrm{Re}[u(t)]$ 和 $u(t)$ 包含的信息是相同的，如图 4.1-6 所示。

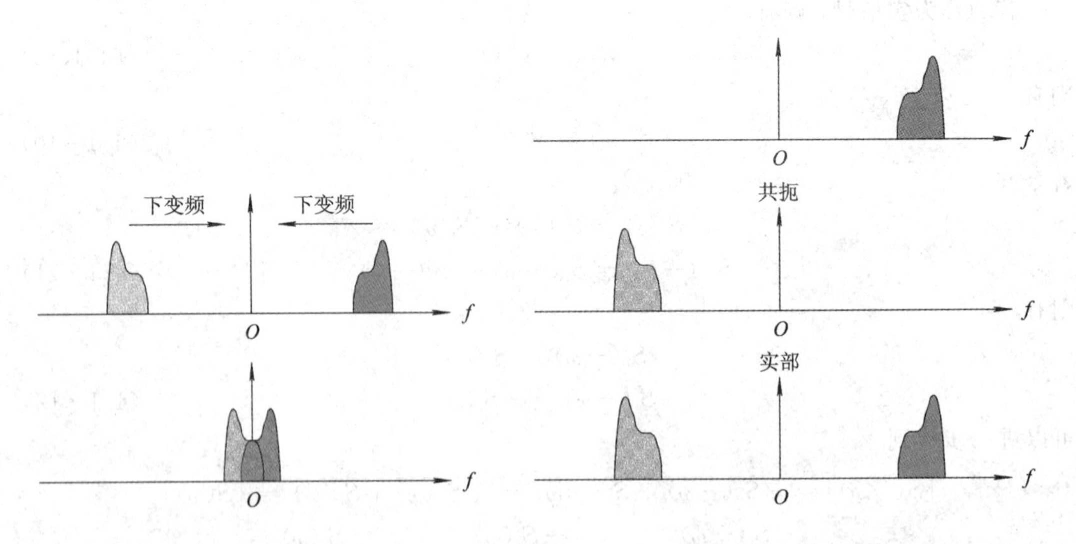


图 4.1-5 实信号下变频混叠示意图　　图 4.1-6 单边谱复信号构成实信号频谱示意图

上述分析表明，采用复函数表示信号能够获得更为简洁的频谱表达，而复信号取其实部就可获得实信号，从而引入复信号表示。

## 4.2 复信号表示

在无线系统中，常见的用于表示信号的函数是复指数函数。根据欧拉公式，有

$$\cos\varphi = \frac{e^{j\varphi}+e^{-j\varphi}}{2},\ \sin\varphi = \frac{e^{j\varphi}-e^{-j\varphi}}{2j} \tag{4.2-1}$$

$$e^{j\varphi} = \cos\varphi + j\ \sin\varphi \tag{4.2-2}$$

由此可以知道，正弦函数可以采用复指数函数表示。

用复函数表示信号的方法有以下两种。

(1) 将带通信号表示为复指数信号的和。

直接引用欧拉公式，有

$$\begin{cases}\cos\omega_c t = \dfrac{e^{j\omega_c t}+e^{-j\omega_c t}}{2} \\ \sin\omega_c t = \dfrac{e^{j\omega_c t}-e^{-j\omega_c t}}{2j}\end{cases} \tag{4.2-3}$$

$$e^{j\omega_c t} = \cos\omega_c t + j\ \sin\omega_c t \tag{4.2-4}$$

则实三角函数信号可以描述为两个复指数函数之和，复指数函数的频率分别为 $+\omega_c$ 和 $-\omega_c$。在这里，一定要注意负频率的含义。$e^{j\omega_c t}$ 表示一个圆周运动的向量，$\omega_c$ 表示单位时间内圆周运动的角速度，而正、负号表示圆周运动的方向，$e^{j\omega_c t}$ 表示随 $t$ 逆时针旋转的向量，$e^{-j\omega_c t}$ 表示随 $t$ 顺时针旋转的向量，如图 4.2-1 所示。这是现代无线技术的基础之一。

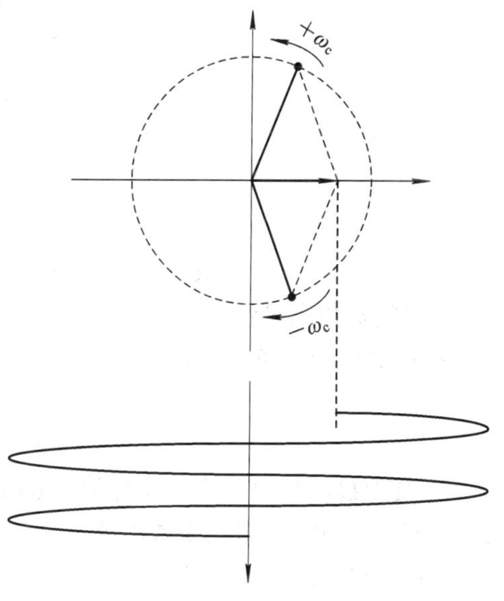

图 4.2-1　复指数函数合成三角函数示意图

将式(4.2-3)代入式(4.1-3)，得到

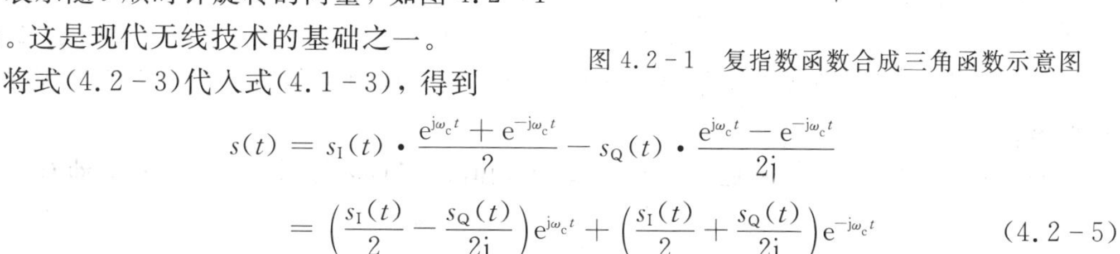

$$s(t) = s_I(t)\cdot\frac{e^{j\omega_c t}+e^{-j\omega_c t}}{2} - s_Q(t)\cdot\frac{e^{j\omega_c t}-e^{-j\omega_c t}}{2j}$$
$$= \left(\frac{s_I(t)}{2}-\frac{s_Q(t)}{2j}\right)e^{j\omega_c t} + \left(\frac{s_I(t)}{2}+\frac{s_Q(t)}{2j}\right)e^{-j\omega_c t} \tag{4.2-5}$$

(2) 将实带通信号表示为复指数信号的实部。

根据欧拉公式，有

$$\cos\omega_c t = \mathrm{Re}\{e^{j\omega_c t}\} = \mathrm{Re}\{\cos\omega_c t + j\ \sin\omega_c t\}$$
$$\sin\omega_c t = -\mathrm{Re}\{je^{j\omega_c t}\} = \mathrm{Re}\{\sin\omega_c t - j\ \cos\omega_c t\} \tag{4.2-6}$$

也可以说三角函数是复指数函数的投影，如图 4.2-2 所示。这样，式(4.1-1)即可以表示为

$$s(t) = a(t)\cos(\omega_c t+\varphi) = \mathrm{Re}\{a(t)e^{j(\omega_c t+\varphi)}\}$$
$$= \mathrm{Re}\{s_A(t)\} = \mathrm{Re}\{s_l(t)e^{j(\omega_c t)}\} \tag{4.2-7}$$

其中

$$s_A(t) = a(t)e^{j(\omega_c t+\varphi)} \tag{4.2-8}$$

$$s_l(t) = a(t)e^{j\varphi} = s_I(t) + js_Q(t) \tag{4.2-9}$$

即信号可以表示为 $s_A(t)$，也称为解析信号(后面将对解析信号进行解释)，其中，$e^{j(\omega_c t)}$ 为复载波，而称 $s_l(t)$ 为信号复包络，有时也称为等效低通信号或基带信号。

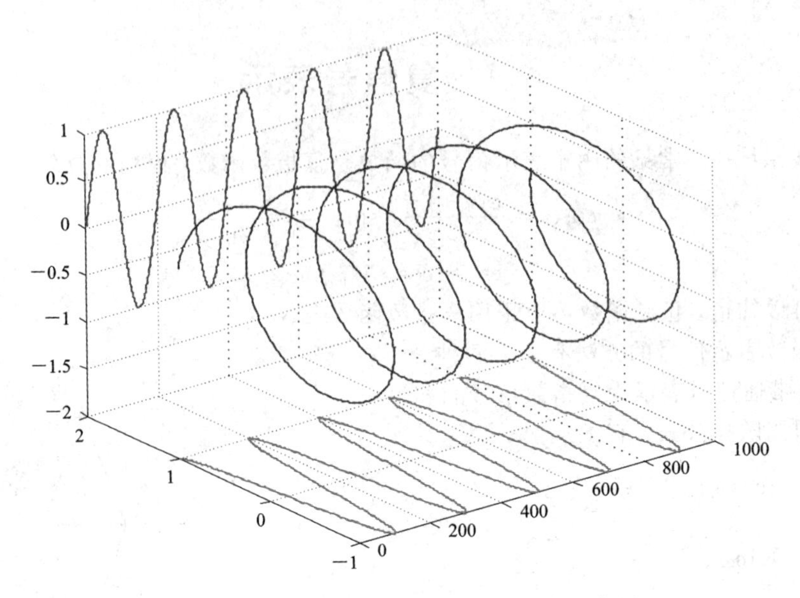


图 4.2-2　三角函数为复指数函数投影示意图

采用复函数表述信号具有三点优势。

• 能够区分正负频率，有

$$\begin{cases} e^{j(-\omega_c)t} = \cos\omega_c t - j\sin\omega_c t \\ e^{j\omega_c t} = \cos\omega_c t + j\sin\omega_c t \end{cases} \tag{4.2-10}$$

• 复指数函数的计算比较简单。比如实现频率加减变化的乘法计算很简单。另外频域变换具有唯一性，采用复指数函数不仅频率加减关系非常明确，而且不会同时出现和频和差频，对比式(4.1-15)，有

$$e^{j\omega_1 t} \cdot e^{\pm j\omega_2 t} = e^{j(\omega_1 \pm \omega_2)t} \tag{4.2-11}$$

• 复指数函数没有类似实信号的对称频谱结构，在频域移动过程中不会出现频谱混叠现象。

如，$S_A(t)$为低通等效复包络信号 $S_l(t)$向频谱正方向移动到 $\omega_c$处得到的，即有

$$S_A(\omega) = S_l(\omega - \omega_c) \tag{4.2-12}$$

如图 4.2-3 所示。

通常可以认为复信号具有任意频谱结构，相比之下，获得的复信号频谱结构要简单得多，当系统中使用多个信号时就可以看出差别，如图 4.2-4 所示。

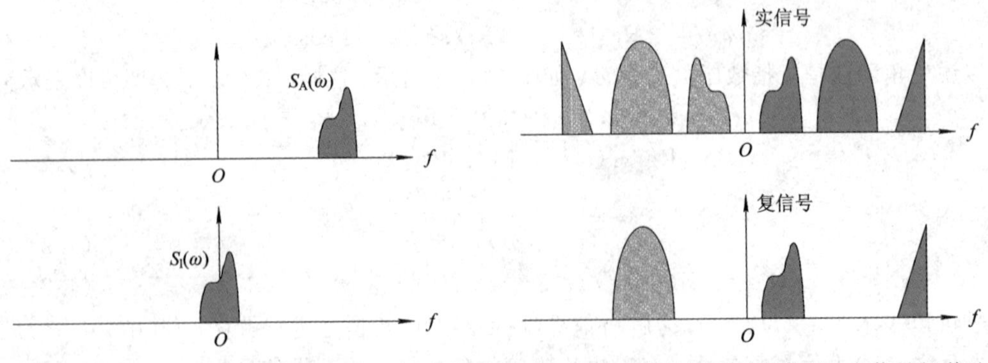


图 4.2-3　复信号频谱示意图　　图 4.2-4　多个信号情况下复信号、实信号频谱示意图

信号频域的移动在本书中涉及混频和采样，在后面的第 5 章中可以看到复采样比实采样受到的约束要小得多。

在具体使用时采用两路实信号表示一路复信号，通常除了前面使用 r、i 表示信号的实部和虚部外，还可以用 I、Q 分别表示复信号的实部和虚部，为了简单起见，本书采用空心框带箭头线表示一路复信号，如图 4.2－5 所示。

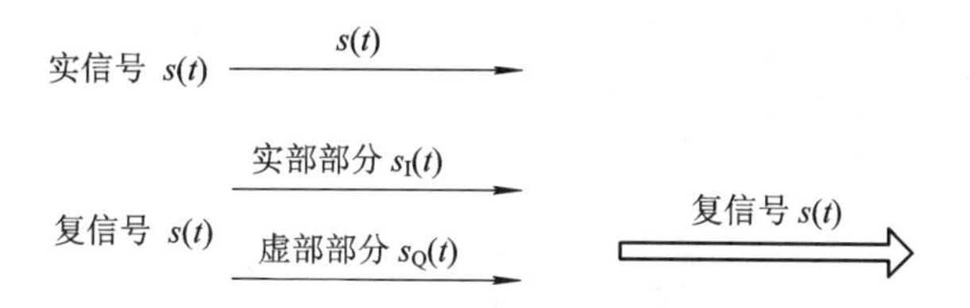


图 4.2－5　具体使用时实信号、复信号示意图

# 4.3　Hilbert 变换及解析信号

## 4.3.1　Hilbert 变换

根据式(4.2－8)，可以由一个复函数来描述一个信号，形成解析信号，原有的实信号是该解析信号的实部。那么，解析信号有什么特点？对于一个给定的实信号，如何构造其所对应的解析信号？

继续观察式(4.2－8)，给定 $s(t)$，保留该信号作为 $s_A(t)$的实部，另外依据 $s(t)$构建一个新的信号 $s'(t)$作为虚部，即

$$s_A(t) = s(t) + js'(t) = s_l(t)e^{j(\omega_c t)} \tag{4.3-1}$$

由于解析信号具有特殊的单边频谱，一般实信号都是双边频谱。因此，增加的虚部部分 $js'(t)$能将负频谱分量抵消，而正频谱部分相同，如图 4.3－1 所示。

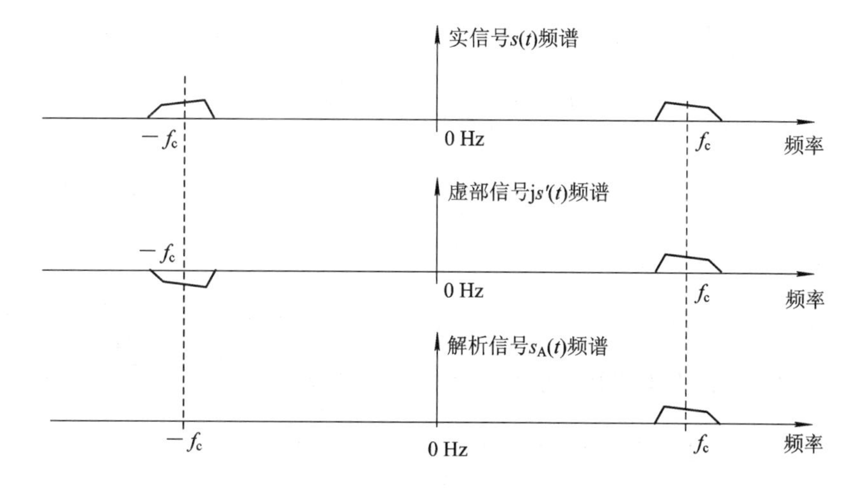


图 4.3－1　实、虚部分频谱相互抵消示意图

为了保证信号能量不变，由式(4.3－1)得解析信号的频谱为

$$S_A(\omega)=S(\omega)+jS'(\omega)=\begin{cases}2S(\omega),\ \omega>0\\S(\omega),\ \omega=0\\0,\ \omega<0\end{cases}=(1+\mathrm{sgn}(\omega))S(\omega)\quad(4.3-2)$$

考虑到符号 j 本身就有引入 $\pi/2$ 相移的作用，则虚部信号频谱为

$$S'(\omega)=\begin{cases}-jS(\omega), & \omega>0\\0, & \omega=0\\jS(\omega), & \omega<0\end{cases}=-j\mathrm{sgn}(\omega)S(\omega)\quad(4.3-3)$$

其中 sgn 为符号函数，有

$$\mathrm{sgn}(\omega)=\begin{cases}1, & \omega>0\\0, & \omega=0\\-1, & \omega<0\end{cases}\quad(4.3-4)$$

式(4.3-3)的虚部信号 $s'(t)$是 $s(t)$经过某种变换得到的，这个变换称为 Hilbert 变换，后面把 $s(t)$的 Hilbert 变换记为

$$\hat{s}(t)=H_I[s(t)]=s(t)*h(t)\quad(4.3-5)$$

其中，该变换的频域响应函数为

$$H(\omega)=-j\mathrm{sgn}(\omega)=e^{-j\frac{\pi}{2}}\mathrm{sgn}(\omega)\quad(4.3-6)$$

式(4.3-6)表明，信号经过 Hilbert 变换后，在频域各频率分量的幅度保持不变，但是相位出现 $\pi/2$ 滞后，即对正频率成分一律引入 $-\pi/2$ 的相移或滞后 $\pi/2$，对负频率成分一律引入 $\pi/2$ 的相移或导前 $\pi/2$(这样，通过 Hilbert 变换构成解析信号的虚部时，由于虚部符号 j 引入 $\pi/2$ 相移，则正频率部分就与原信号相同而增强，负频率部分与原信号反向而抵消)，相应的时域冲激响应为

$$h(t)=\frac{1}{2\pi}\int_{-\infty}^{+\infty}H(\omega)\cdot e^{j\omega t}d\omega=\frac{1}{2\pi}\int_{-\infty}^{+\infty}-j\mathrm{sgn}(\omega)\cdot e^{j\omega t}d\omega\quad(4.3-7)$$

由于 $H(\omega)$在 $\omega=0$ 处有一个幅度的突变，所以

$$\frac{\partial H(\omega)}{\partial\omega}=-2j\delta(\omega)\quad(4.3-8)$$

根据傅立叶反变换的频域微分特性，可以得到 $H(\omega)$微分的反傅立叶变换为

$$-jt\cdot h(t)=-2j\left(\frac{1}{2\pi}\int_{-\infty}^{+\infty}\delta(\omega)e^{j\omega t}d\omega\right)=-\frac{j}{\pi}\quad(4.3-9)$$

则有

$$h(t)=\frac{1}{\pi t}\quad(4.3-10)$$

这样，获得的解析信号表示为

$$s_A(t)=s(t)+j\hat{s}(t)=s(t)+js(t)*h(t)=s(t)+\frac{j}{\pi}\int_{-\infty}^{+\infty}\frac{s(\tau)}{t-\tau}d\tau\quad(4.3-11)$$

另外，若对信号进行两次 Hilbert 变换，其傅立叶变换有

$$\hat{\hat{S}}(\omega)=(-j\mathrm{sgn}(\omega))^2S(\omega)=-\mathrm{sgn}^2(\omega)S(\omega)\quad(4.3-12)$$

即有

$$\begin{aligned}\hat{\hat{s}}(t)&=-s(t)\\H_I(\hat{s}(t))&=-s(t)\end{aligned}\quad(4.3-13)$$

可以得到 Hilbert 反变换为

$$s(t)=H_{\mathrm{I}}^{-1}[\hat{s}(t)]=-H_{\mathrm{I}}[\hat{s}(t)]=-\frac{1}{\pi}\int_{-\infty}^{+\infty}\frac{\hat{s}(\tau)}{t-\tau}\mathrm{d}\tau \tag{4.3-14}$$

Hilbert 变换产生解析信号示意图如图 4.3-2 所示。

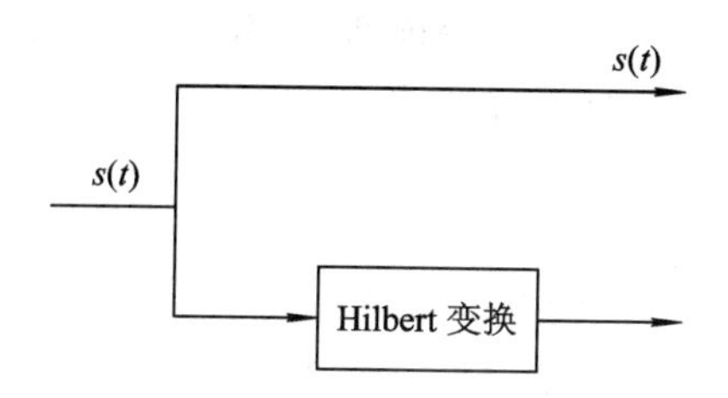


图 4.3-2　Hilbert 变换产生解析信号

**例 4-1**　试求 $s(t)=\cos\omega t$ 以及 $s(t)=\sin\omega t$ 的 Hilbert 变换。

**解**　分别以两个思路进行讨论，根据式(4.3-3)

$$\begin{aligned}\hat{s}(t)&=H_{\mathrm{I}}[\cos\omega t]\\&=H_{\mathrm{I}}\left[\frac{\mathrm{e}^{\mathrm{j}\omega t}+\mathrm{e}^{-\mathrm{j}\omega t}}{2}\right]=H_{\mathrm{I}}\left[\frac{\mathrm{e}^{\mathrm{j}\omega t}}{2}\right]+H_{\mathrm{I}}\left[\frac{\mathrm{e}^{-\mathrm{j}\omega t}}{2}\right]\\&=-\mathrm{j}\frac{\mathrm{e}^{\mathrm{j}\omega t}}{2}+\mathrm{j}\frac{\mathrm{e}^{-\mathrm{j}\omega t}}{2}=\frac{\mathrm{e}^{\mathrm{j}\omega t}-\mathrm{e}^{-\mathrm{j}\omega t}}{2\mathrm{j}}=\sin\omega t\end{aligned}$$

根据式(4.3-6)，引入 $-\pi/2$ 的相移，有

$$\hat{s}(t)=H_{\mathrm{I}}[\sin\omega t]=\sin\left(\omega t-\frac{\pi}{2}\right)=-\cos\omega t$$

常见的 Hilbert 变换对如表 4.3-1 所示。

**表 4.3-1　常见的 Hilbert 变换对**

| $s(t)$ | $\hat{s}(t)$ |
|---|---|
| $\cos\omega t$ | $\sin\omega t$ |
| $\sin\omega t$ | $-\cos\omega t$ |
| $\mathrm{e}^{\mathrm{j}\omega t}$ | $\mathrm{j}\mathrm{e}^{\mathrm{j}\omega t}$ |
| $a(t)\mathrm{e}^{\mathrm{j}\omega t}$ | $\mathrm{j}a(t)\mathrm{e}^{\mathrm{j}\omega t}$ |

## 4.3.2　解析信号

下面延伸谈一下为什么称为解析信号。解析是复变函数中的概念，是指在区域内连续可微的复变函数。这是一维函数连续可导概念的拓展。

已知复变量 $z$，其实部为 $x$，虚部为 $y$，均为实变量，有

$$z=x+\mathrm{j}y \tag{4.3-15}$$

构建以其为自变量的复函数，其实部 $u$、虚部 $v$ 分别为 $x$、$y$ 的函数，有

$$f(z)=u(x,y)+\mathrm{j}v(x,y) \tag{4.3-16}$$

函数的微分特性是一个重要的特性，将其扩展到复函数，对其求导，有

$$f'(z) = \lim_{\Delta z \to 0} \frac{f(z+\Delta z) - f(z)}{\Delta z} \tag{4.3-17}$$

对于某个特定点 $z$，这个微分的计算与怎样接近 $z$ 的路径有关，在平面上有无穷种可能的接近路径(对比实函数微分计算时只是从某点左右接近的方向)，如图 4.3-3 所示，因此难以确定其是否可导。幸运的是，根据柯西-黎曼条件，可以通过其实部和虚部的偏导数，即从两个路径计算来确定其是否可导。

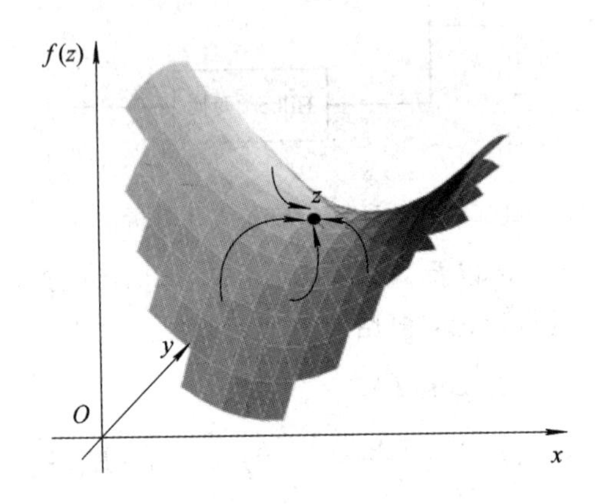


图 4.3-3　复变函数求导示意图

这样，令 $\Delta y=0$，有

$$f'(z) = \lim_{\Delta x \to 0}\left[\frac{u(x+\Delta x,\ y)+\mathrm{j}v(x+\Delta x,\ y)-u(x,\ y)-\mathrm{j}v(x,\ y)}{\Delta x}\right] = \frac{\partial u}{\partial x}+\mathrm{j}\frac{\partial v}{\partial x} \tag{4.3-18}$$

令 $\Delta x=0$，有

$$f'(z) = \lim_{\Delta y \to 0}\left[\frac{u(x,\ y+\Delta y)+\mathrm{j}v(x,\ y+\Delta y)-u(x,\ y)-\mathrm{j}v(x,\ y)}{\mathrm{j}\Delta y}\right] = \frac{\partial v}{\partial y}-\mathrm{j}\frac{\partial u}{\partial y} \tag{4.3-19}$$

若式(4.3-18)与式(4.3-19)相等，称为满足柯西一黎曼条件，有

$$\frac{\partial u}{\partial x} = \frac{\partial v}{\partial y},\ \frac{\partial v}{\partial x} = -\frac{\partial u}{\partial y} \tag{4.3-20}$$

则 $f$ 在 $z$ 处解析，若在一个区域 $D$ 内处处可导，则 $f$ 为解析函数。

对于复指数函数 $\mathrm{e}^{\mathrm{j}z}$，有

$$\mathrm{e}^{\mathrm{j}z} = \mathrm{e}^{x+\mathrm{j}y} = \mathrm{e}^{x}\mathrm{e}^{\mathrm{j}y} = \mathrm{e}^{x}\cos y+\mathrm{j}\mathrm{e}^{x}\sin y \tag{4.3-21}$$

令 $u(x,\ y)=\mathrm{e}^{x}\cos y$，$v(x,\ y)=\mathrm{e}^{x}\sin y$，有

$$\frac{\partial u}{\partial x} = \mathrm{e}^{x}\cos y,\ \frac{\partial v}{\partial y} = \mathrm{e}^{x}\cos y,\ \frac{\partial u}{\partial y} = -\mathrm{e}^{x}\sin y,\ \frac{\partial v}{\partial x} = \mathrm{e}^{x}\sin y \tag{4.3-22}$$

$$\frac{\partial u}{\partial x} = \frac{\partial v}{\partial y},\ \frac{\partial u}{\partial y} = -\frac{\partial v}{\partial x} \tag{4.3-23}$$

满足柯西-黎曼条件，所以复指数函数 $\mathrm{e}^{\mathrm{j}z}$ 为解析函数，当选择一个边界条件 $x=0$ 时，有

$$f(y) = \mathrm{e}^{\mathrm{j}y} = u(0,\ y)+v(0,\ y) = \cos y+\mathrm{j}\ \sin y \tag{4.3-24}$$

这就是欧拉公式，因此就把这种采用复函数方式描述的信号称为解析信号。

### 4.3.3 解析信号的产生

解析信号是通过 Hilbert 变换获得的，但是在实现时可以看到，Hilbert 变换是对所有的频率成分进行了 $\pi/2$ 的移相，如果是个单频信号，这是没有问题的，但是对于具有带宽的信号，这意味着不同的频率成分在系统中的延迟是不同的。

讨论一个实窄带信号 $s(t)$，下面求其 Hilbert 变换，已知

$$\begin{aligned} s(t) &= a(t)\cos(\omega_0 t + \varphi(t)) \\ &= \frac{1}{2}a(t)[\exp(\mathrm{j}\omega_0 t + \mathrm{j}\varphi(t)) + \exp(-\mathrm{j}\omega_0 t - \mathrm{j}\varphi(t))] \end{aligned} \tag{4.3-25}$$

其傅氏变换为

$$S(\omega) = \frac{1}{2}A(\omega - \omega_0)\exp(\mathrm{j}\varphi) + \frac{1}{2}A(\omega + \omega_0)\exp(-\mathrm{j}\varphi) \tag{4.3-26}$$

根据式(4.3-3)，其 Hilbert 变换 $\hat{s}(t)$的傅氏变换为

$$\begin{aligned} \hat{S}(\omega) &= (-\mathrm{j})\frac{1}{2}A(\omega - \omega_0)\exp(\mathrm{j}\varphi) + (\mathrm{j})\frac{1}{2}A(\omega + \omega_0)\exp(-\mathrm{j}\varphi) \\ &= \frac{1}{2\mathrm{j}}A(\omega - \omega_0)\exp(\mathrm{j}\varphi) - \frac{1}{2\mathrm{j}}A(\omega + \omega_0)\exp(-\mathrm{j}\varphi) \end{aligned} \tag{4.3-27}$$

则

$$\hat{s}(t) = a(t)\sin(\omega_0 t + \varphi(t)) \tag{4.3-28}$$

这样，对于一个实窄带信号，其解析信号为

$$s_{\mathrm{A}}(t) = a(t)\cos(\omega_0 t + \varphi(t)) + \mathrm{j}a(t)\sin(\omega_0 t + \varphi(t)) \tag{4.3-29}$$

可以看出，实现一个正交载波就可以获得解析信号，并不需要通过 Hilbert 变换来实现。根据以上结论，可以通过正交变换的方法将一个实信号变换为解析信号，当然频率会发生变化，如图 4.3-4 所示。若信号为基带信号，实现框图如图4.3-4(a)所示；若信号为频带信号，实现框图如图 4.3-4(b)所示，滤波器用于滤除由于乘法运算造成的不需要的和频分量或差频分量。

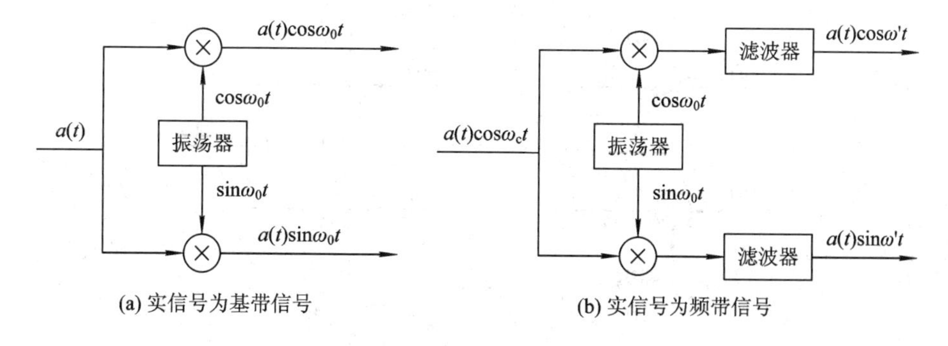


图 4.3-4　正交变换法产生解析信号

## 4.4 复信号的基本处理

信号处理中最基本的两种运算为复乘和复卷积，此外本小节还对复滤波这种基本的信

号处理过程进行了介绍。

### 4.4.1　复乘

在无线系统中，混频就是乘法运算。设复变量 $A$、$B$，其中，

$$A = a_r(t) + \mathrm{j}a_i(t) \tag{4.4-1}$$

$$B = b_r(t) + \mathrm{j}b_i(t) \tag{4.4-2}$$

$$\begin{aligned} C = A \cdot B &= c_r(t) + \mathrm{j}c_i(t) \\ &= (a_r(t) \cdot b_r(t) - a_i(t) \cdot b_i(t)) + \mathrm{j}(a_r(t) \cdot b_i(t) + a_i(t) \cdot b_r(t)) \end{aligned} \tag{4.4-3}$$

即 1 个复乘由 4 个实乘和 2 个实加构成，其电路实现如图 4.4－1 所示。

如果是实信号与复信号相乘，则图 4.4－1 就演化为图 4.4－2。

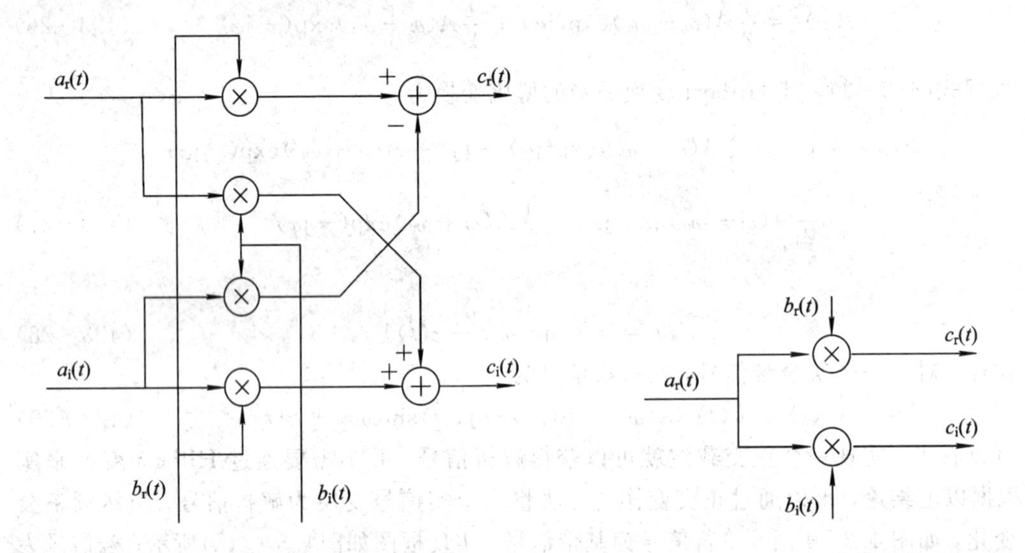


图 4.4－1　复数乘法的电路实现　　　　图 4.4－2　实数与复数相乘的电路实现

另一方面，也可以获得复数相乘取出实部或虚部的方式，如图 4.4－3 所示。

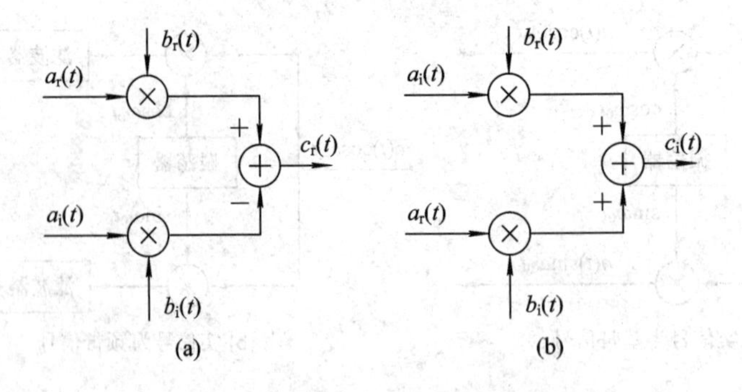


图 4.4－3　复数相乘取实部和虚部的实现

这种结构常用于发射机中，即所谓的正交上变频。因为发射出去的信号必然是实信号，因此只能选择复信号的实部或者虚部，如图 4.4－4 所示。

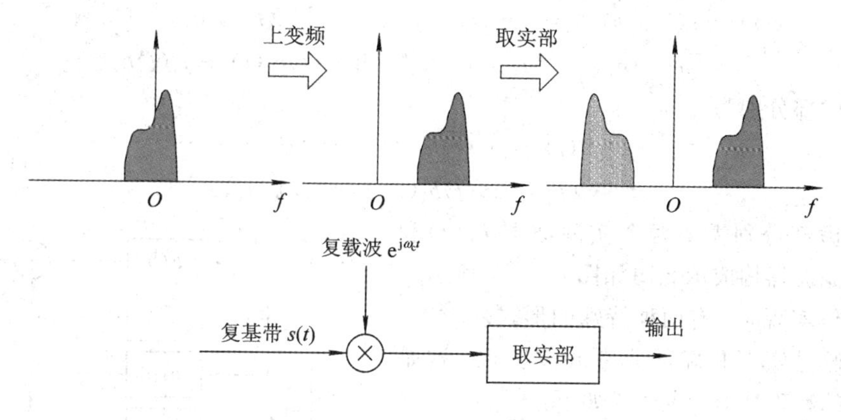


图 4.4-4　正交上变频

## 4.4.2　复卷积

复卷积运算表达式为

$$C = A * B = c_r + jc_i$$
$$= [a_r(t) * b_r(t) - a_i(t) * b_i(t)] + j[a_r(t) * b_i(t) + a_i(t) * b_r(t)] \quad (4.4-4)$$

即 1 个复卷积由 4 个实卷积和 2 个实加构成，其电路实现如图 4.4-5 所示

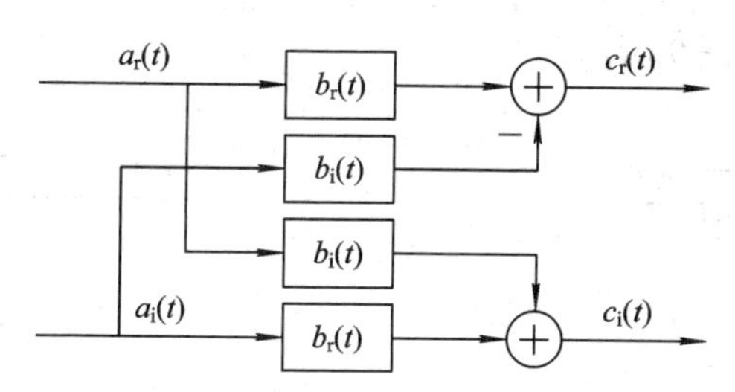


图 4.4-5　复卷积的电路实现示意图

## 4.4.3　复滤波

滤波器是最为常见的系统组成单元，几乎所有的系统都可以建模为某一类型的滤波器。由于复信号的使用，则必然需要考虑在系统中采用复滤波器，即输入/输出为复信号的滤波器。通常接触的是实数滤波器，与实信号特性相配合，其通带分别位于正频率部分和负频率部分，构成共轭对称关系，而复滤波器则不具备此特性，即有

$$|H(\omega)| \neq |H^*(-\omega)| \quad (4.4-5)$$

复滤波器频域响应示意图如图 4.4-6 所示。

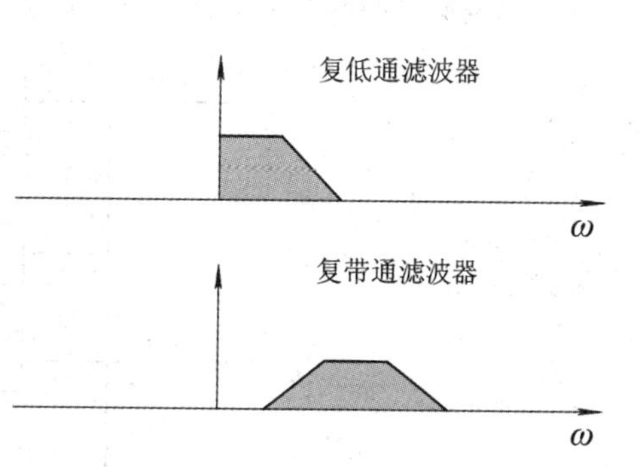


图 4.4-6　复滤波器频域响应示意图

这样，信号的冲激响应为复信号，有

$$h(t) = h_r(t) + jh_i(t) \quad (4.4-6)$$

参照解析信号的分析方式，可知 $h_i(t)$是 $h_r(t)$的 Hilbert 变换，即对于输入信号 $x(t)$，输出为

$$
\begin{aligned}
y(t) &= x(t) * h(t) = [x_r(t) + jx_i(t)] * [h_r(t) + jh_i(t)] \\
&= [x_r(t)h_r(t) - x_i(t)h_i(t)] + j[x_r(t)h_i(t) + x_i(t)h_r(t)]
\end{aligned} \tag{4.4-7}
$$

其实部和虚部分别为

$$
\begin{cases}
y_r(t) = x_r(t)h_r(t) - x_i(t)h_i(t) \\
y_i(t) = x_r(t)h_i(t) + x_i(t)h_r(t)
\end{cases} \tag{4.4-8}
$$

其实部和虚部分别需要两个实滤波器 $h_r(t)$ 和 $h_i(t)$。复滤波器构成示意图如图 4.4-7 所示。

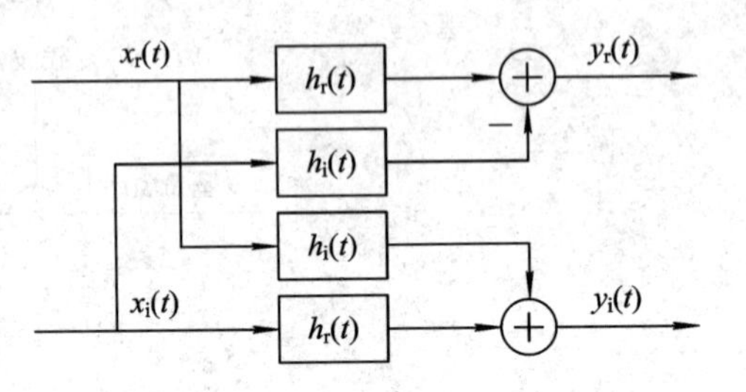


图 4.4-7　复滤波器构成示意图

在具体实现时，有两种特殊的形式。

(1) 通过实部和虚部分别滤波实现，这是 $h_i(t)=0$ 的特殊情形，表达式如下：

$$
\begin{cases}
y_r(t) = x_r(t)h_r(t) \\
y_i(t) = x_i(t)h_r(t)
\end{cases} \tag{4.4-9}
$$

令 $h_i(t)=h(t)$，构成示意图如图 4.4-8 所示，这是一种非常常见的情形。

(2) 输入是实信号，输出为复信号，这是 $x_i(t)=0$ 的特殊情形，表达式如下：

$$
\begin{cases}
y_r(t) = x_r(t)h_r(t) \\
y_i(t) = x_r(t)h_i(t)
\end{cases} \tag{4.4-10}
$$

构成示意图如图 4.4-9 所示。

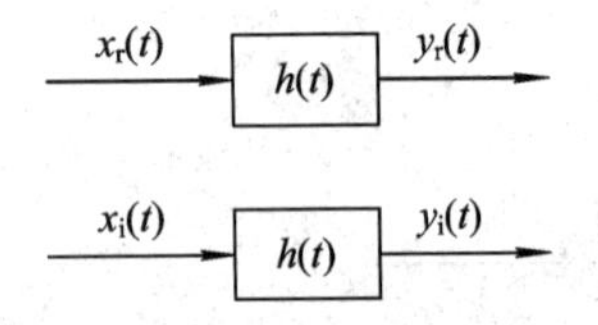


图 4.4-8　复滤波器构成示意图(一)

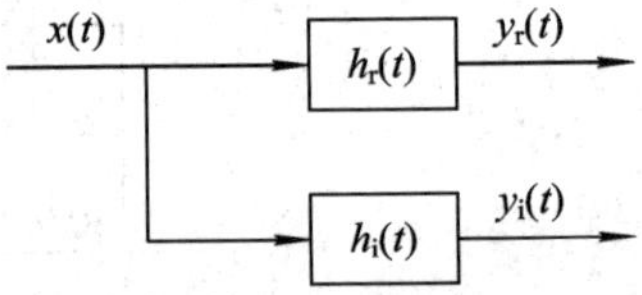

4.4-9　复滤波器构成示意图(二)

由于 $h_r(t)$ 和 $h_i(t)$ 傅立叶变换符合 Hilbert 变换，这样具体实现时两个滤波器可以由一个原型滤波器构成，如图 4.4-10 所示。

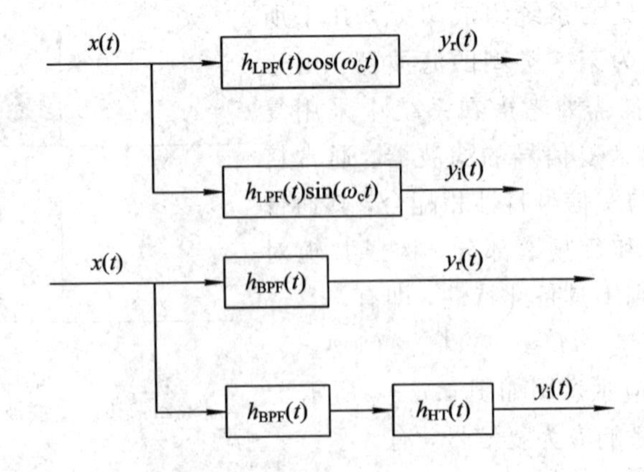


图 4.4-10　复滤波器构成示意图

下面简单介绍复带通滤波器的具体实现。

在设计实带通滤波器时，首先设计低通原型滤波器，进而进行频率变换。复带通滤波器的设计与此类似，复带通滤波器的传输函数 $H_{bp}(j\omega)$是低通原型滤波器传输函数 $H_{lp}(j\omega)$的频移，即

$$H_{bp}(j\omega) = H_{lp}(j\omega - j\omega_s) \tag{4.4-11}$$

这种变换将原低通滤波器的 $s$ 平面上的零极点从零轴移到中心频率为 $\omega_s$ 处，图 4.4-11 和图 4.4-12 分别表示了传输函数和零极点的变化情况。其中图 4.4-12 是一个在 $s$ 平面上 5 阶 Butterworth 滤波器的频率转换实例，转换后极点不再得到补偿，这种转换只在复数滤波器中存在。采用这种方法，可以实现任何低通滤波器传输函数的转换。

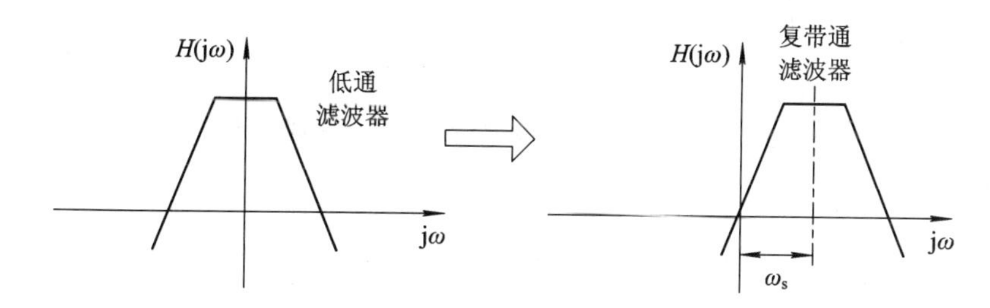


图 4.4-11　从低通滤波器到复带通滤波器传输函数的转换

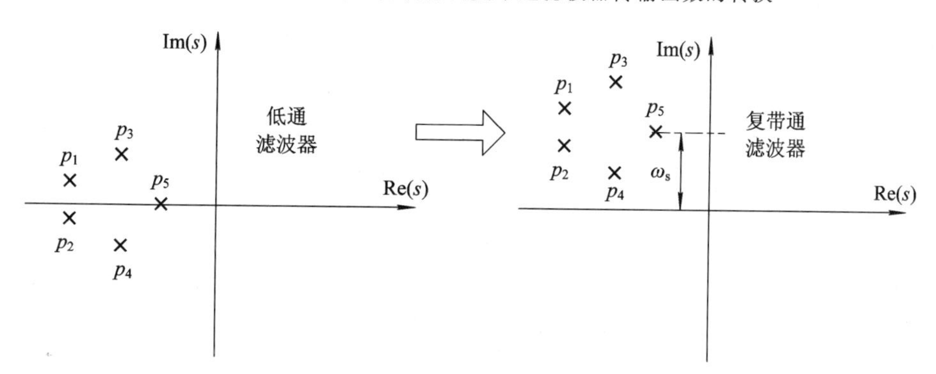


图 4.4-12　$s$ 平面上 5 阶低通滤波器向复带通滤波器转换示意图

为了更加清楚，以一个单极点系统为例进行进一步说明。以 1 阶 Butterworth 滤波器为原型滤波器，取 $\omega_{c\,3dB}$为该低通滤波器的截止频率，则其传输函数为

$$H_{lp}(s) = \frac{1}{1 + s/\omega_{c\,3dB}} = \frac{\omega_{c\,3dB}/s}{1 + \omega_{c\,3dB}/s} \tag{4.4-12}$$

在左半平面有一个极点：

$$p_1 = -\omega_{c\,3dB} + j0 \tag{4.4-13}$$

系统实现如图 4.4-13 所示。其频域特性为

$$H_{lp}(j\omega) = \frac{1}{1 + j\omega/\omega_{c\,3dB}} \tag{4.4-14}$$

可知零频时有最大幅度，且随着频率增加而减少，在 $\omega_{c\,3dB}$处幅度下降到原来的 0.707 倍(功率下降 3 dB)。

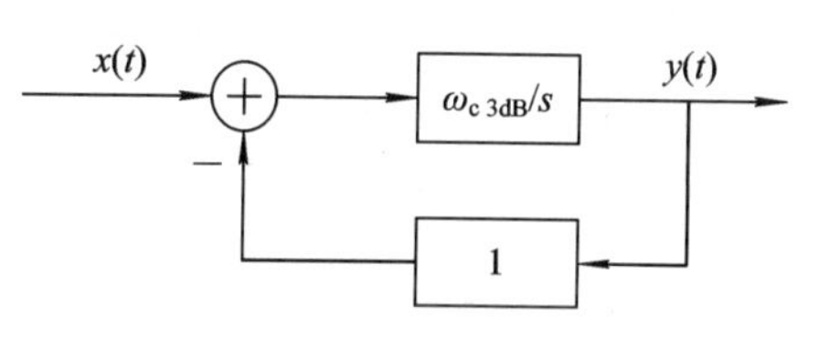


图 4.4-13　单极点复低通滤波器的实现

基于此构造一个中心频率为 $\omega_s$ 的复带通滤波器，如图 4.4-14 所示。

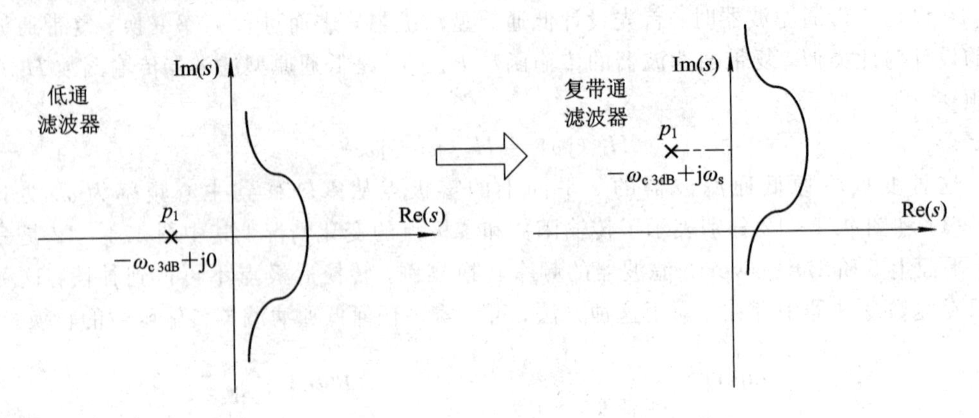


图 4.4-14 由低通滤波器到复带通滤波器频域特性的转换

由式(4.4-11)有

$$H_{bp}(j\omega)=H_{lp}(j\omega-j\omega_s)=\frac{1}{1+j(\omega-\omega_s)/\omega_{c\,3dB}}$$

$$=\frac{1}{1-j\omega_s/\omega_c+j\omega/\omega_{c\,3dB}} \tag{4.4-15}$$

其存在一个极点，为

$$p_1=-\omega_{c\,3dB}+j\omega_s \tag{4.4-16}$$

$$H_{bp}(s)=\frac{1}{1-j\omega_s/\omega_{c\,3dB}+s/\omega_{c\,3dB}}$$

$$=\frac{1/(s/\omega_{c\,3dB})}{1+(1-j\omega_s/\omega_{c\,3dB})\cdot[1/(s/\omega_{c\,3dB})]} \tag{4.4-17}$$

系统实现如图 4.4-15(a)所示。系统函数中出现复系数，再分成实部和虚部表示，得到其实现框图如图 4.4-15(b)所示。

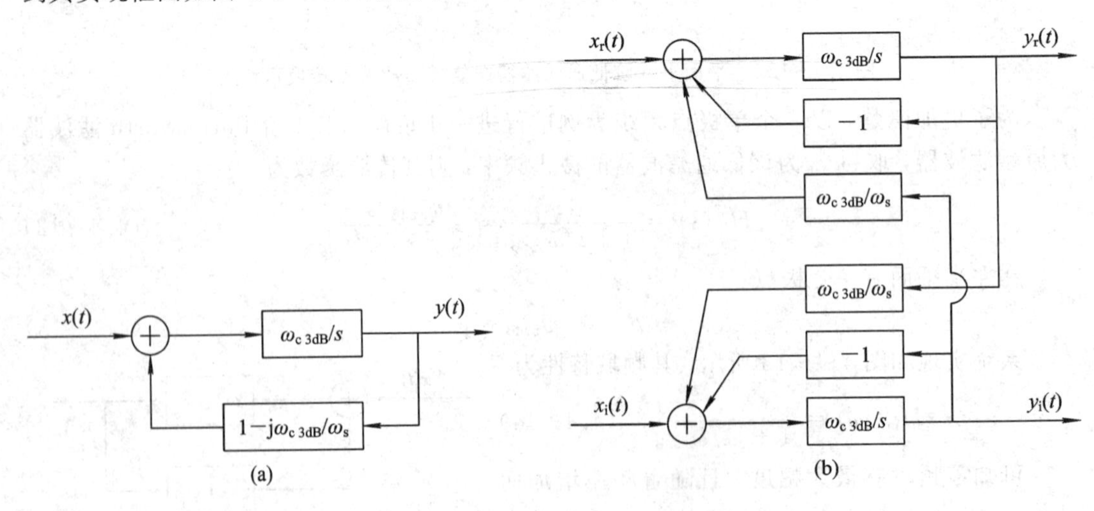


图 4.4-15 单极点复带通滤波器的实现

# 4.5 小　　结

本章介绍了软件无线电涉及的信号表达形式，明确软件无线电的信号处理是通过严格的数学表达实现的。信号的表示是算法的基础，非常重要。本章的重点并不是常规的实信号表示形式，而是复信号的表示形式。采用复信号表达将简化信号的频谱结构，降低信号处理受到的频谱混叠因素的约束，相关运算也将变得容易。在实现中由于实部和虚部信号的存在会使系统结构复杂化，因此本章也进行了有针对性地描述，涉及乘法、卷积等基本运算形式，并介绍了复滤波器的情况。

# 练习与思考四

1. Hilbert 变换指什么？有什么特点？

2. 求取下列实信号的 Hilbert 变换，并给出对应解析信号。

(1) $s(t)=\cos\omega_c t$；

(2) $s(t)=\sin\omega_c t$。

3. 定义信号的内积为

$$\langle s(t),\ r(t)\rangle = \int_{-\infty}^{\infty} s(t)r^*(t)\mathrm{d}t$$

且若

$$\langle s(t),\ r(t)\rangle = 0$$

称 $s(t)$、$r(t)$正交。证明下列实信号与其 Hilbert 变换是正交的。

(1) $s(t)=\cos\omega_c t$；

(2) $s(t)=\sin\omega_c t$。

4. 证明实信号 $g(t)$与其 Hilbert 变换是正交的

$$\langle g(t),\ \hat{g}(t)\rangle = 0$$

5. 试说明 $s(t)=\cos\omega t+\mathrm{j}\sin\omega t$ 为什么是解析信号。

6. 某复信号为 $s(t)=\cos\omega t-\mathrm{j}\sin\omega t$，该复信号是否是解析信号？请说明原因。

7. 试证明 Hilbert 变换是线性的，即令 $a_1$、$a_2$为任意常量，$g_1(t)$、$g_2(t)$为信号，有

$$\widehat{[a_1 g_1(t)+a_2 g_2(t)]} = a_1\hat{g}_1(t)+a_2\hat{g}_2(t)$$

8. 请证明，若信号为常量 $c$，其 Hilbert 变换为 0。

请利用柯西主值积分式：

$$\frac{1}{\pi}\int_{-\infty}^{\infty}\frac{g(t-\tau)}{\tau}\mathrm{d}\tau = \lim_{\varepsilon\to 0^+}\left(\frac{1}{\pi}\int_{-1/\varepsilon}^{\varepsilon}\frac{g(t-\tau)}{\tau}\mathrm{d}\tau+\frac{1}{\pi}\int_{\varepsilon}^{1/\varepsilon}\frac{g(t-\tau)}{\tau}\mathrm{d}\tau\right)$$

9. 请证明 Hilbert 变化的卷积性质，即令 $g_1(t)$、$g_2(t)$为信号，有

$$\widehat{[g_1(t) * g_2(t)]} = \hat{g}_1(t) * g_2(t) = g_1(t) * \hat{g}_2(t)$$

10. 已知低通实信号 $g(t)$，请证明

$$\widehat{[g(t)\cos\omega t]} = g(t)\widehat{\cos\omega t} = g(t)\sin\omega t$$

# 第5章 采样与量化

软件无线电的实现是以数字技术为基础的，因此数字到模拟转换(D/A)以及模拟到数字转换(A/D)是非常重要的环节。在具体实现时，软件无线电采用ADC/DAC构成连接模拟部分和数字部分的桥梁，ADC/DAC的性能将直接影响系统的性能。转换的重点是模/数转换，即A/D转换，它分为两步，首先实现连续时间信号离散化，这通过对连续时间信号的采样来实现；然后完成量化。

在软件无线电中，对采样技术的要求比通常对数字无线电的要求高。首先，软件无线电的工作频带很宽，对ADC/DAC器件性能要求高；其次，软件无线电有特殊的工作方式，比如可以同时多频段、多模式收/发信号，这就对采样的具体实现方法也提出了要求。无论怎样，软件无线电要求能够实现在宽的频带范围内无缝隙、多频段的采样，这是实现软件无线电功能的基础。

在采样技术中，我们会遇到不同的采样概念，如低通采样、带通采样、多频带带通采样、正交采样、过采样等。无论如何，读者需要把握的基本原则是，应该能够保证从采样后获得的离散序列中恢复原始的模拟信号，这是采样实施时必须注意的。采样过程所应遵循的规律又称采样定理或抽样定理。采样定理说明采样速率与信号频谱之间的关系，是连续信号离散化的基本依据。采样定理是1928年由美国电信工程师H.奈奎斯特首先提出来的，因此称为奈奎斯特采样定理。1933年，苏联工程师科捷利尼科夫首次用公式严格地表述了这一定理，因此在苏联文献中称为科捷利尼科夫采样定理。1948年，信息论的创始人C. E. 香农对这一定理加以明确说明并正式作为定理引用，因此在许多文献中又称为香农采样定理。采样定理有许多表述形式，但最基本的表述方式是时域采样定理和频域采样定理。采样定理在信息处理、数字通信等领域得到了广泛的应用。

采样方式一般分为均匀采样和非均匀采样两种。非均匀采样是指采样点之间的间隔是非等间隔的，不论采样信号频率高低，非均匀采样均可根据采样信号的频率自动调节采样点数，保持周期内的采样点数固定，可根据输入信号合理分配后续计算和存储资源。但采用该方法会加重后续数字信号处理的负担。均匀采样以等时间间隔采样，采样后的信号频谱呈周期性分布，有利于理论分析和原始信号的恢复。

本章将仅对软件无线电中可能涉及的均匀采样技术予以详细介绍。

## 5.1 低通采样

低通采样(Low Pass Sampling)是最基本的采样形式，也称Nyquist采样。

低通采样定理的表述如下：

设有一个低通带限在$(0, f_H)$内的连续信号$x(t)$，如果以不小于$f_s=2f_H$的采样速率对$x(t)$进行等间隔采样，则$x(t)$可以被所得到的采样值完全确定。

所谓带限信号，是指对于连续信号 $x(t)$，如果 $|f|>f_H$，则其傅立叶变换 $X(f)=0$，如图 5.1-1 所示。采样速率采用每秒采样点数(Samples Per Second，SPS)描述，常见的有 kSPS、MSPS。

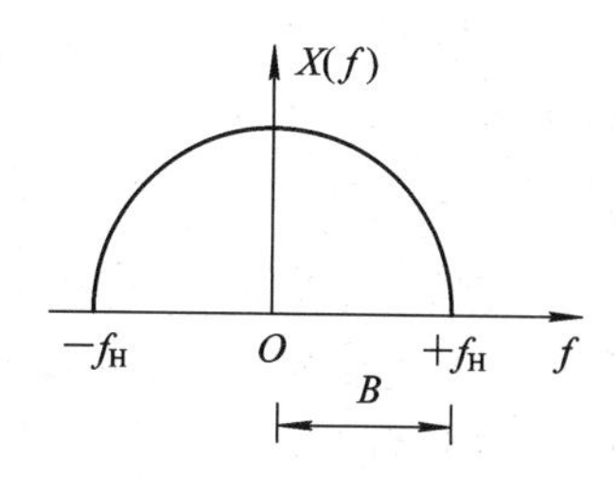

图 5.1-1 带限信号示意图

对于给定的最高信号频率 $f_H$，系统所需要的最低采样速率 $2f_H$ 称为 Nyquist 速率。将 $1/(2f_H)$ 称为 Nyquist 间隔，它是抽样所可能取得的最大间隔。当给定系统采样速率 $f_s$ 时，所可能输入的最高信号频率为 $f_s/2$，称为 Nyquist 频率。需要强调的是，在带限信号的最高频率点 $f_H$ 处，信号不能存在能量。

下面给出该采样定理的数学说明。

已知一个频带限制在$(0, f_H)$内的连续信号 $x(t)$，采样的过程就是将 $x(t)$与周期性冲激函数 $\delta_{T_s}(t)$相乘，该周期函数是均匀间隔为 $T_s=1/f_s$ 的单位强度的冲激序列，即

$$s_{sa}(t)=\delta_{T_s}(t)=\sum_{n=-\infty}^{+\infty}\delta(t-nT_s) \tag{5.1-1}$$

其中，$\delta(t)$为单位冲击函数；所得到的乘积函数 $x_s(t)$也是间隔均匀的冲激序列，其强度 $x_n$ 等于相应瞬时 $x(t)$的值，表示对 $x(t)$的抽样，即

$$x_s(t)=x(t)\delta_{T_s}(t)=\sum_{n=-\infty}^{+\infty}x_n\delta(t-nT_s) \tag{5.1-2}$$

令 $x(t)$、$S_{sa}(t)$、$x_s(t)$的频谱分别为 $X(f)$、$S_{sa}(f)$、$X_s(f)$，则有

$$\begin{cases}X(f)=\mathscr{F}[x(t)]=\int_{-\infty}^{+\infty}x(t)e^{-j2\pi ft}dt \\ S_{Sa}(f)=\mathscr{F}[\delta_{T_s}(t)]=\int_{-\infty}^{+\infty}\delta_{T_s}(t)e^{-j2\pi ft}dt=2\pi f_s\sum_{n=-\infty}^{+\infty}\delta(f-nf_s)=2\pi f_s\delta_{f_s}(f) \\ X_s(f)=X(f)*S_{sa}(f)=2\pi f_s\sum_{n=-\infty}^{+\infty}X(f-nf_s)\end{cases} \tag{5.1-3}$$

式(5.1-3)表明，已抽样信号 $x_s(t)$的频谱 $X_s(f)$是由无穷多个间隔为 $f_s$的原信号 $x(t)$的频谱 $X(f)$叠加而成的，如图 5.1-2 所示。从图中可以看到，当 $f_s\geqslant 2f_H$时，$X_s(f)$是 $X(f)$的周期性重复且不重叠，因而在 $x_s(t)$中包含了 $x(t)$的全部信息。

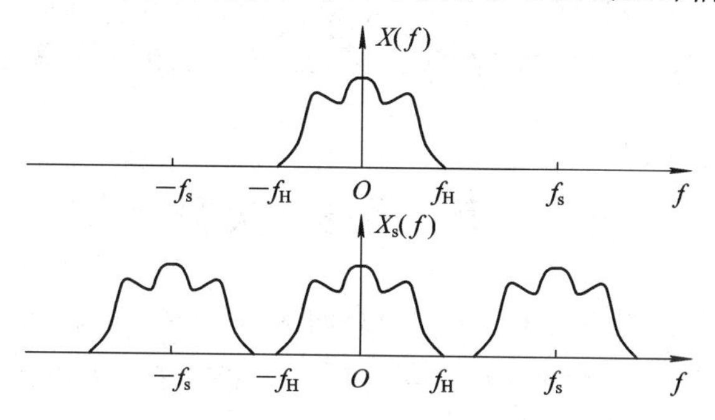

图 5.1-2 采样频谱

如果该要求不能满足，则频谱之间会发生重叠而导致失真，该失真称为混叠（Alising），如图5.1-3所示。

若采样速率满足要求，则频移后有效的频谱分量相互不会发生混叠，因此，仅需要采用一个带宽不小于 $f_H(f_s/2)$ 的理想低通滤波器作为重构滤波器（Reconstruction Filter）就可以恢复原始信号。理想低通滤波器的特性为

$$H(f)=\begin{cases}T_s, & |f|\leqslant \dfrac{f_s}{2}\\ 0, & |f|\geqslant \dfrac{f_s}{2}\end{cases} \tag{5.1-4}$$

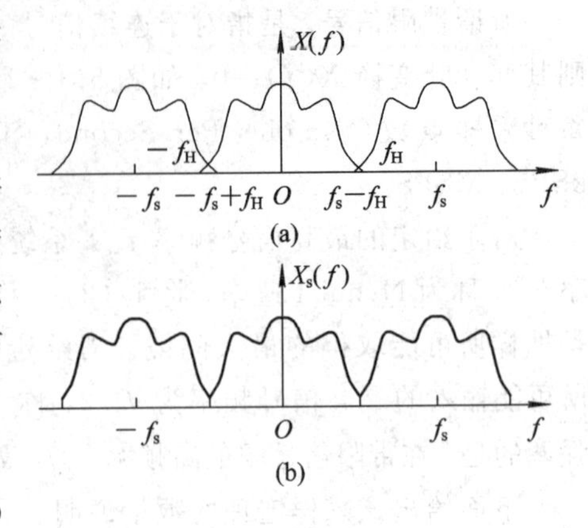

图 5.1-3 采样的混叠现象

其冲激响应应为

$$h(t)=T_s f_s\frac{\sin(\pi f_s t)}{\pi f_s t}=\operatorname{sinc}(\pi f_s t) \tag{5.1-5}$$

则通过采样信号恢复原信号的内插公式为

$$x(t)=h(t)*x_s(t)=\sum_{n=-\infty}^{+\infty}x_n\operatorname{sinc}(\pi f_s(t-nT_s)) \tag{5.1-6}$$

以上论述清楚地表明了带限信号可以用其采样值来代替。

当然，完全带限信号是不存在的，在实际应用中，一个信号只要高频分量所引入误差可以被忽略，则该信号就可以认为是低通带限信号。

在理想情况下，ADC可以采用略高于最高频率两倍的采样速率进行采样，这样，系统采样所得到的信息带宽将包含从直流到 $f_s/2$ 整个范围。处理器可以通过软件实现数字滤波、抽取以及其他的射频处理，这样，一个单片结构的接收机就可以通过软件更新获得多种不同接收机的实现。这就是一个非常理想的软件无线电结构。这种结构非常简单，在整个工作频段内仅需要一种采样速率，所有处理均可由数字器件完成。

但是如果信号的最高频率很高，则这种采样方式对器件工作能力的要求相当高。举例说明：如果系统可应用的最高频率为1.6 GHz，带宽为2 MHz，则所需要的采样速率不低于3.2 GHz。这对ADC的采样速率提出了相当高的要求，而且其数据率也相当高，对信号处理的工作速度要求也相当高。

因此，低通采样的应用受到了限制，只能应用于系统最高频率不高的场合（如短波系统），或者采用传统的多级变换体制收发机，采样在较低的中频频率处进行，但是这样就需要较为复杂的模拟射频前端。

## 5.2 带通采样（欠采样）

为了解决低通采样所造成的采样速率过高的问题，需要以低于最高频率2倍的采样速率进行采样，这种采样一般称为带通采样（Bandpass Sampling）或欠采样（Under Sampling），其理论基础是带通采样定理。

所谓带通信号，是指信号频谱幅度在（$f_L$，$f_H$）外为0的信号，其中，$f_H$ 为上边界频率，

$f_L$为下边界频率，带宽 $B=f_H-f_L$，如图 5.2－1 所示。

带通采样定理表述如下：对于一个频带限制在$(f_L, f_H)$的带通信号 $x(t)$，如果对其进行等间隔采样，且采样速率 $f_s$ 满足：

$$\frac{2f_H}{n}\leqslant f_s\leqslant\frac{2f_L}{n-1} \tag{5.2-1}$$

式中 $n$ 为正整数，满足：

$$1\leqslant n\leqslant\left\lfloor\frac{f_H}{B}\right\rfloor \tag{5.2-2}$$

则 $x(t)$可以被所得到的采样值完成确定(除频谱位置信息)。式中⌊ ⌋为取整符号。

带通采样的结果如图 5.2－2 所示。带通采样后信号的频谱也同样出现周期性的重复(具体推导请参阅相关文献)。

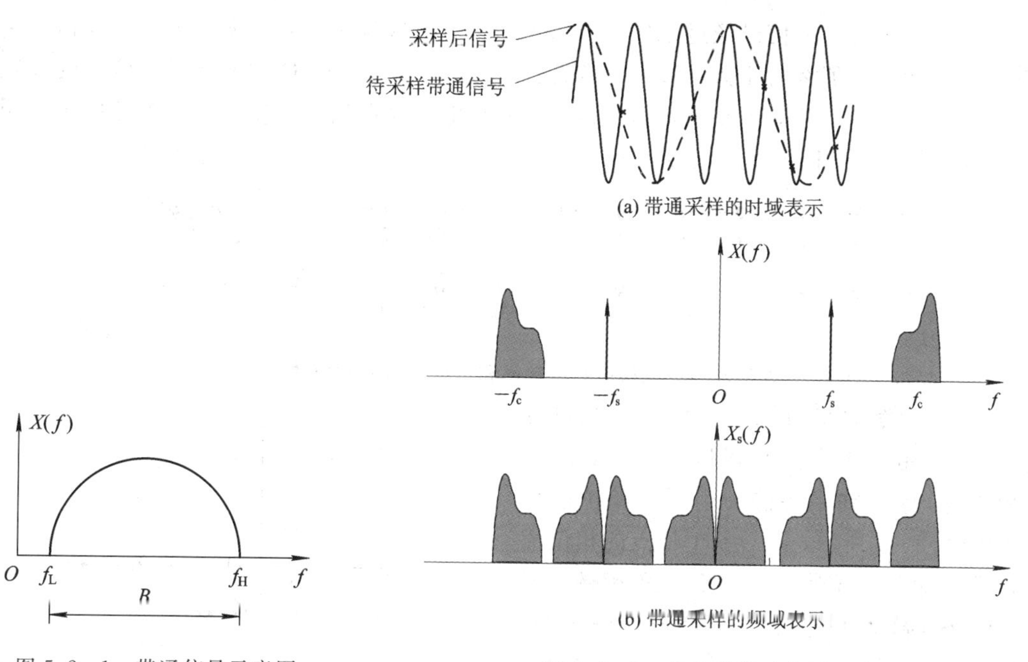


图 5.2－1　带通信号示意图

图 5.2－2　带通采样示意图

由图 5.2－2 可以看到：

(1) 带通采样速率远低于低通采样速率。

(2) 时域高频的信号经过带通采样后成为了低频信号，这是带通的混叠现象。

(3) 实信号具有对称的正、负频率部分，带通采样后的正频率谱部分和负频率谱部分交替出现，带通采样速率必须保证正、负频率部分不发生混叠，这一点对带通采样速率的选取非常重要。

# 5.3　采样定理的统一

## 5.3.1　数字频率范围

低通采样和带通采样的含义是清晰的，但采样器完成采样工作时并不会区分是低通信号还是带通信号，所以在这里将统一看待两种采样。

实际上，采样的重点是采样后频谱不能发生混叠现象。下面从频率域的角度来讨论采样问题，看看采样后频率会发生什么变化。

以一个正弦信号为例：

$$s(t) = \sin(2\pi f_c t) \tag{5.3-1}$$

若对其进行采样，采样速率为 $f_s$，采样间隔为 $\Delta t$，则信号成为离散点序列，表示为

$$s(n \cdot \Delta t) = \sin(2\pi f_c n \cdot \Delta t) = \sin\left(2\pi \frac{f_c}{f_s} n\right) = \sin(\Omega n) \tag{5.3-2}$$

这里，$\Omega$ 为两个相邻采样样点之间信号的相位变化，称为数字频率，该参量没有量纲，即

$$\Omega = 2\pi \frac{f_c}{f_s} \tag{5.3-3}$$

显然，一个连续的信号经过采样后成为了序列，模拟频率也成了数字频率，模拟频率的范围从 0 到∞，那么对于数字频率，其范围也是从 0 到∞，但是考虑到三角函数的周期性，数字频率均可以等效到 0～2π 范围内。这种变化使数字频率在使用中与模拟频率有明显不同，如图 5.3-1 所示。

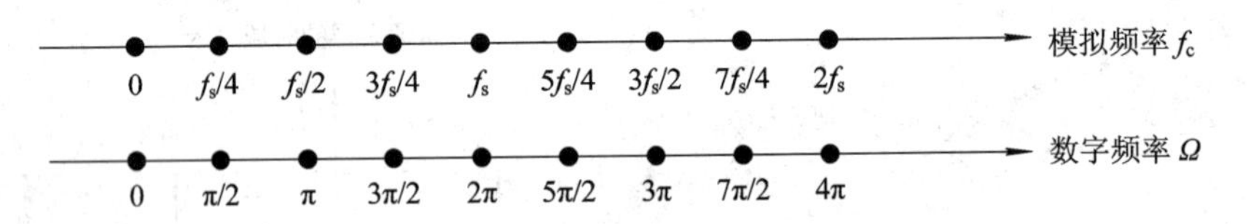


图 5.3-1　采样后数字频率和模拟频率的对应关系

那么，数字频率可以表示的最大相位变化是多少？由于数字频率就是两个样点之间的相位差，因此如果将前一个样点相位取为 0，如图 5.3-2 所示，则后一个样点的相位值就是数字频率，显然，对于实三角函数，当 $\pi<\Omega<2\pi$ 时，相位差可以等效为 $-(2\pi-\Omega)$，可用式(5.3-4)说明。也就是说，相位差的绝对值不超过 π。如果与实信号频率的概念对应(不考虑频率正、负的差别)，实信号数字频率范围为[0, π]。

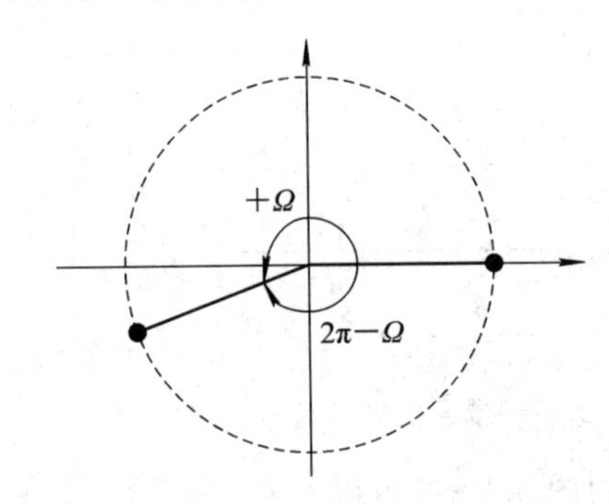


图 5.3-2　最大相位差示意图

$$\begin{cases} \sin\Omega = \sin[-(2\pi-\Omega)],\ 0 \leqslant \Omega \leqslant \pi \\ \cos\Omega = \cos[-(2\pi-\Omega)],\ 0 \leqslant \Omega \leqslant \pi \end{cases} \tag{5.3-4}$$

下面对各个样点进行考察，令数字频率

$$\Omega = \Omega' + \pi, \qquad 0 < \Omega' < \pi$$

随采样的继续则相位逐点增加，分别考虑正、余弦信号，第 1 个采样点相位是 $\theta$，在第 $n+1$ 个采样点，其相位分别是

$$\begin{cases} \sin(\theta + n\Omega) = \sin[\theta + n(\pi + \Omega')] = \sin[\theta + n(2\pi + \Omega' - \pi)] = \sin[\theta - n(\pi - \Omega')] \\ \cos(\theta + n\Omega) = \cos[\theta + n(\pi + \Omega')] = \cos[\theta + n(2\pi + \Omega' - \pi)] = \cos[\theta - n(\pi - \Omega')] \end{cases} \tag{5.3-5}$$

式(5.3-5)表明，若已知三角函数采样值来判断数字频率，在$(\pi, 2\pi)$之间的数字频率$\pi+\Omega'$与$-(\pi-\Omega')$会相混淆。即通过采样后，超过$\pi$的数字频率会与小于$\pi$的一个数字频率(方向相反)的采样值相同而不能唯一确定。另外，一个事实是当数字频率为$\pi$时，令幅度归一化，通过三角函数可以得到变化最为剧烈的$\{-1, +1, -1, +1, \cdots\}$序列，如图5.3-3所示。这显然是数字序列前后样点之间所能表示的最大的变化情况。

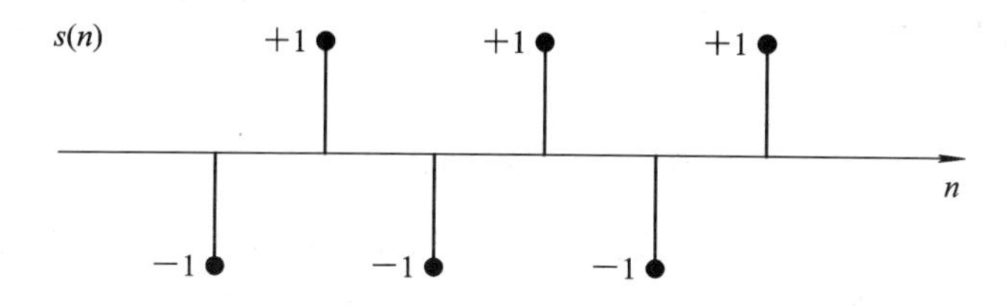


图5.3-3 变化最快的数字序列

由此可以明确，$\pi$是在不产生歧义情况下最快的相位变化。$[0, \pi]$这个范围表示了等效数字频率域从低频到高频的范围，即0为数字频率域的最低频率，而$\pi$为数字频率域的最高频率，即采样后等效的模拟频率不会超过$f_s/2$。

令$\Omega'$为采样后等效数字频率，范围为$[0, \pi]$，有

$$\Omega' = \begin{cases} \mathrm{rem}(\Omega, \pi), & \left\lfloor \dfrac{\Omega}{\pi} \right\rfloor \text{为偶数} \\ \pi - \mathrm{rem}(\Omega, \pi), & \left\lfloor \dfrac{\Omega}{\pi} \right\rfloor \text{为奇数} \end{cases}$$

$$= \begin{cases} 2\pi \cdot \dfrac{\mathrm{rem}(f_c, f_s/2)}{f_s}, & \left\lfloor \dfrac{2f_c}{f_s} \right\rfloor \text{为偶数} \\ 2\pi \dfrac{\frac{1}{2}f_s - \mathrm{rem}(f_c, f_s/2)}{f_s}, & \left\lfloor \dfrac{2f_c}{f_s} \right\rfloor \text{为奇数} \end{cases} \tag{5.3-6}$$

式中，$\lfloor\ \rfloor$表示取整，rem()表示求余数。

那么采样后$\Omega'$对应的等效模拟频率$f'_c$就可以表示为

$$f'_c = \begin{cases} \mathrm{rem}(f_c, f_s/2), & \lfloor 2f_c/f_s \rfloor \text{ 为偶数} \\ \dfrac{1}{2}f_s - \mathrm{rem}(f_c, f_s/2), & \lfloor 2f_c/f_s \rfloor \text{ 为奇数} \end{cases} \tag{5.3-7}$$

从式(5.3-7)可以看出，任意实信号采样后所表现出来的频率将出现在$[0, f_s/2]$范围内。那么，对于带宽信号，采样后其每个频率分量都将出现在$[0, f_s/2]$范围内，为了保证采样后的信号成分不发生混叠，则信号的带宽绝对不可能超过$f_s/2$。

若信号为低通信号，则信号带宽为信号最高频率，且原信号本身就在$[0, f_s/2]$范围内，采样后不发生变化，反映了真实信号的情况；若信号为频带大于$f_s/2$且带宽不超过$f_s/2$的带通信号，则采样后信号出现在$[0, f_s/2]$范围内，发生移频现象，采样后不能完全反映真实信号的情况，在不发生混叠的情况下，只能反映信号频率成分相对的关系。

可以形象地说，采样器是数字信号处理器观察模拟世界的窗口，一个采样率为$f_s$的采样器具有$f_s/2$的观察宽度，可以将模拟世界的某段不超过$f_s/2$的频率范围的信号成分采集进数字世界，这段有选择的频率范围可通过滤波器进行限定，如图5.3-4所示。

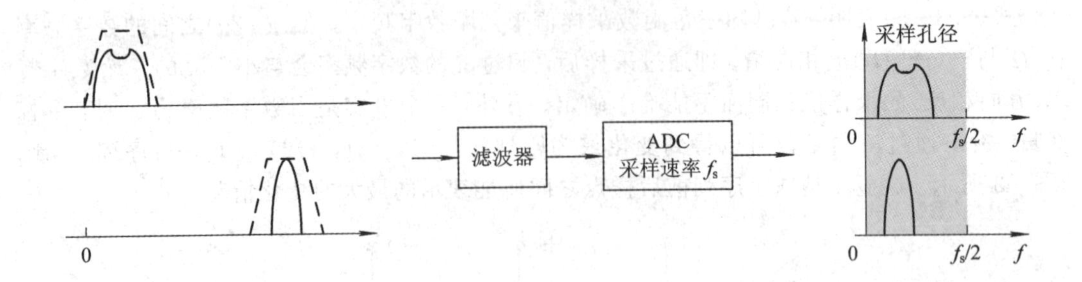


图 5.3-4　采样“孔径”示意图

这有点像天文望远镜，天文望远镜有其观察的孔径，随着镜体的转动，可将天空中任意位置的星空区域映射到孔径内，采样率对应的就是望远镜的孔径，滤波器的选择过程对应镜体移动指向过程，如图 5.3-5 所示。

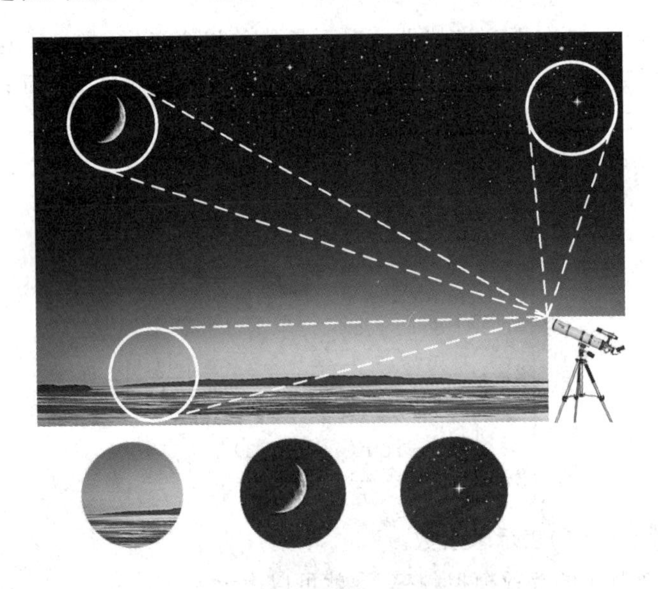

图 5.3-5　天文望远镜“孔径”采样示意图

## 5.3.2　采样后的现象

### 1. 采样移频

低通采样定理表明，如果采样频率大于等于信号最高频率的两倍，则当信号重构时没有信息损失。当进行带通采样时，采样后频率发生了变化，不能真实地体现原信号所在的频率。

为了方便说明，将整个模拟频率以 $f_s/2$ 为单位进行分段，则区间$[(N_y-1)f_s/2, N_y f_s/2]$称为第 $N_y$个 Nyquist 区，有

$$N_y=\left\lfloor\frac{2f_c}{f_s}\right\rfloor+1 \tag{5.3-8}$$

根据前面的总结可以明确，针对某个采样速率 $f_s$，位于第 1 个 Nyquist 区的模拟信号可被低通采样且无损恢复；位于其他高阶 Nyquist 区的模拟信号则可被带通采样，采样后

频谱进入第 1 个 Nyquist 区，此时信号所在的绝对频率信息丢失。带通信号采样就是把位于$[(N_y-1)f_s/2, N_y f_s/2]$的信号都用位于$[0, f_s/2]$上第 1 个 Nyquist 区的信号表示，即进行了频谱搬移。

输入模拟信号频率 $f_c$ 经过采样速率为 $f_s$ 的带通采样后所得到的频率均会进入第 1 个 Nyquist 区，其频率为

$$f_c' = \begin{cases} \text{rem}(f_c, f_s/2), & N_y \text{ 为奇数} \\ \dfrac{1}{2}f_s - \text{rem}(f_c, f_s/2), & N_y \text{ 为偶数} \end{cases} \tag{5.3-9}$$

例如，若采样速率为 78MSPS，则 Nyquist 频率为 39 MHz。第 1 个 Nyquist 区为(0，39)MHz，若输入信号为 40 MHz，则处于第 2 个 Nyquist 区时采样输出为 38 MHz；若输入信号为 68 MHz，则采样输出为 10 MHz；若输入信号为 244 MHz，则采样输出为 10 MHz，此时由于移频现象的产生是没有办法确定原始输入信号频率的，如图 5.3-6 所示。

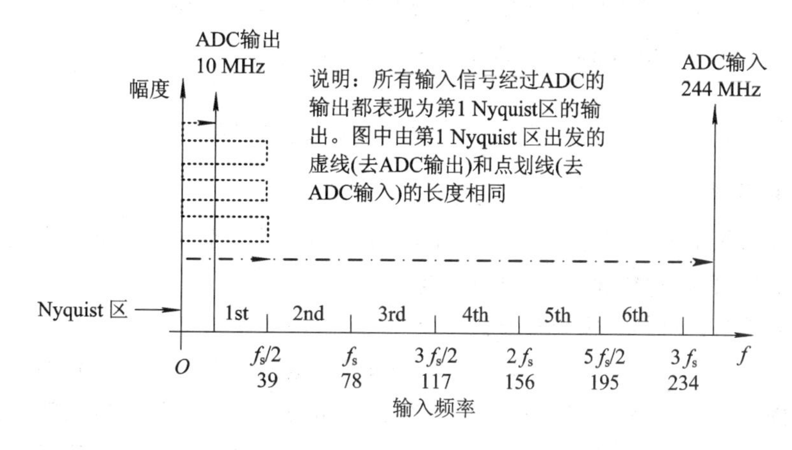


图 5.3-6　采样前后频率变化示意图

采样后的频率与采样速率有着密切的关系。对于给定的某个单一频率，根据式(5.3-9)，得到某个频率 $f_c$ 经过采样速后的频率 $f_c'$ 与采样速率 $f_s$ 的关系，如图 5.3-7 中黑实线所示。线上某点坐标代表了相应采样速率 $f_s$(横坐标)采样后所获得的频率 $f_c'$(纵坐标)。

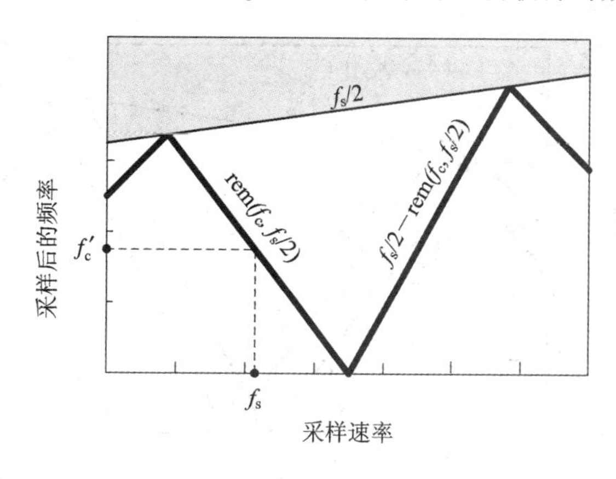


图 5.3-7　给定 $f_c$ 时，单频点采样后频率与 $f_s$ 之间的关系

由图 5.3-7 也可以非常清楚地看出，采样后的频率被限定在$[0, f_s/2]$范围内。

还有一种直观的方法来观察这个现象：折扇法。想象用一叠半透明纸，如图 5.3－8 所示，将纸的叠痕按垂直方向固定，沿底边从左到右绘制频率轴，然后在 A/D 采样速率 $f_s$ 的倍数(即 $f_s/2$ 的偶数倍)处向内折，在 $f_s/2$ 奇数倍数处向外折。这样，折出的各页就代表 Nyquist 区。纵轴表示信号(如宽带 RF 信号)频谱的幅值。为了查看采样后的情况，只需要将这一摞纸叠起来，然后对着灯光看过去，就可以看到这些纸上的频谱互相重叠，上面就是 A/D 转换输出样本中的频率值。如图 5.3－8 所示，高于 $f_s/2$ 的信号都被折到 0 Hz 和 $f_s/2$ 之间。对于奇数页上的信号，其频率相当于改变了 $f_s$ 的整数倍，而偶数页上的信号首先对频率轴进行翻转，然后改变 $f_s/2$ 奇数倍。这种概念通过折纸模型比较容易理解。

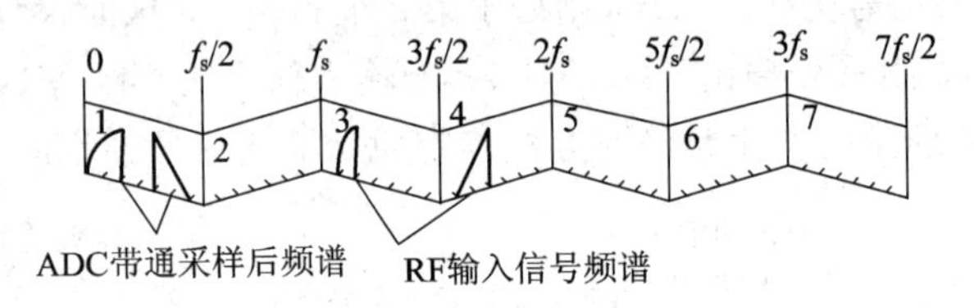


图 5.3－8　折扇法观察带通采样结果

**2. 采样的混叠**

由于采样后频谱均出现在第 1 个 Nyquist 区，因此采样前相互之间没有任何重叠关系的两个频段信号可能重叠，称为采样的混叠现象。

频谱的混叠有两种情况需要注意。

(1) 一定带宽信号采样后自身频率成分的混叠。范围为$[f_L，f_H]$的带通信号采样后的频谱情况如图 5.3－9 所示。信号的上下限频点 $f_H$ 和 $f_L$ 经过 $f_s$ 采样后的频率由两条相平行的实线表示，代表所选采样速率 $f_s$ 的垂线与带通上下限频率线相交就可以得到带通信号采样后的频段为$[f'_L，f'_H]$。若采样速率不在图中阴影三角部分，则采样后的信号带宽是能够完整体现的，反之则频率出现了混叠现象，如图 5.3－10 所示。

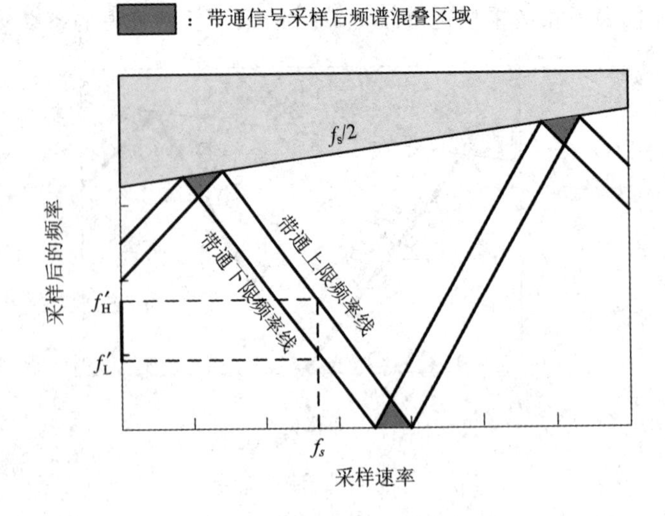


图 5.3－9　确定的带通信号采样后频率与 $f_s$ 之间的关系

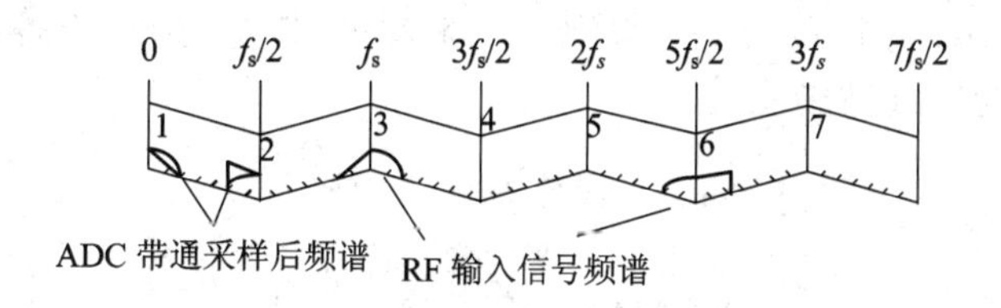


图 5.3-10 信号采样自身混叠示意图

(2) 两个频段的带通信号经过采样后频率成分的混叠。由于采样后频率均进入第 1 个 Nyquist 区，因此原本相互分离的信号采样后在第 1 个 Nyquist 区出现混叠，如图 5.3-11 所示。

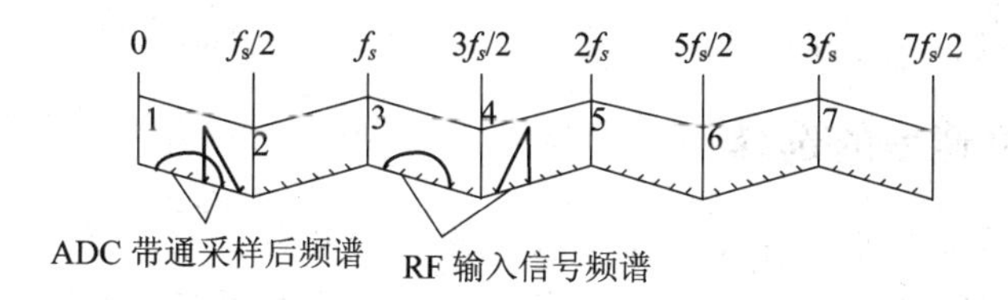


图 5.3-11 两个频段带通信号采样混叠示意图

**3. 采样的反折**

采样速率的选择若如图 5.3-12(a)所示，对比图 5.3-9 可知，采样后带通信号高、低频频率发生反折，即原本高频部分采样后到低频，而低频部分采样后到高频。由式(5.3-9)可知，当整个带通信号位于偶数 Nyquist 区时，经过采样后会发生频率的“反折”，如图 5.3-12(*b*)所示；当整个带通信号位于奇数 Nyquist 区时，则不会发生“反折”现象。

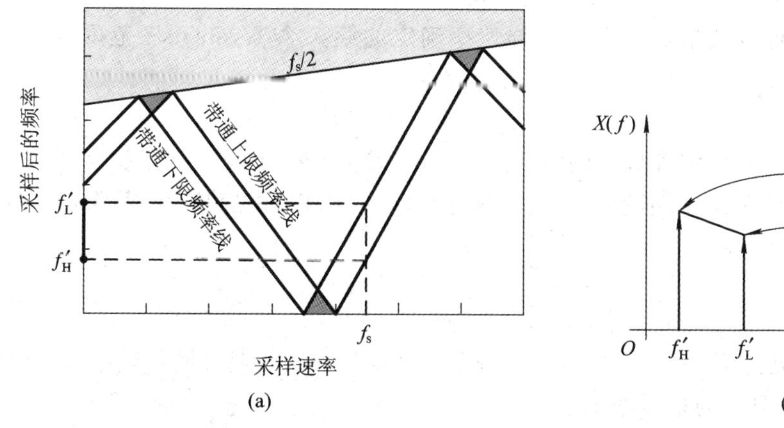


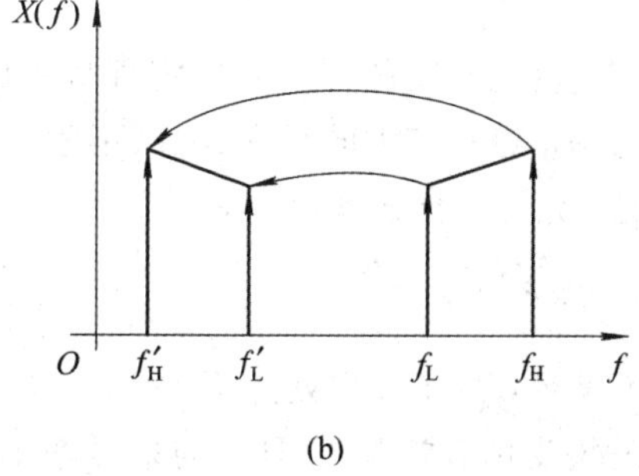


图 5.3-12 带通采样的“反折”现象

为了能进行快速直观判断，下面采用混叠三角形加以说明，如图 5.3-13 所示。该混叠三角形可以这样构成：在频谱上从 0 开始画一组等腰三角形，其底边长为 $f_s$，每个等腰三角形又可以分为两个相互对称的直角三角形，这些三角形在频谱轴上的底边恰好构成 Nyquist 区，以第 1 个 Nyquist 区的直角三角形为基准，若信号所在的 Nyquist 区的混叠三角形是由第 1 个 Nyquist 区的混叠三角形平行移动构成的，则采样得到的信号不会发生“反折”；反之，会发生“反折”。

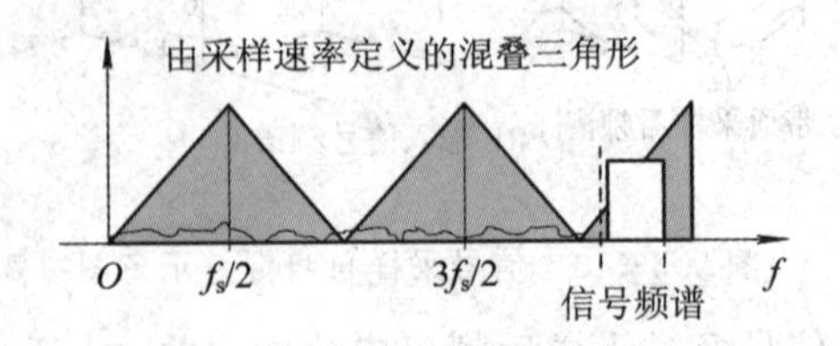


图 5.3-13 混叠三角形

在应用中如果不希望产生“反折”现象，可以通过选择合适的采样速率或在采样后进行 FFT，然后将结果进行逆序排列即可。

### 5.3.3 允许采样速率的选择

综上所述，采样是把第 $n$ 个 Nyquist 区内的信号搬移到第 1 个 Nyquist 区的范围内，采样后可观察的范围就是 $f_s/2$。采样的目的是恢复原信号频谱或保证相应的频谱成分相对关系。必须保证频谱成分不发生混叠，否则采样目的不可能实现。

根据前面所说明的采样后的现象，采样速率选择必须保证被采样信号完整位于第 $n$ 个 Nyquist 区的范围内，即有

$$\frac{(n-1)f_s}{2} \leqslant f_L \text{ 且 } f_H \leqslant \frac{nf_s}{2} \tag{5.3-10}$$

得

$$\frac{2f_H}{n} \leqslant f_s \leqslant \frac{2f_L}{n-1} \tag{5.3-11}$$

这就是带通采样定理规定的可选采样速率范围。

若某个采样速率可以使信号位于该采样速率确定的第 1 个 Nyquist 区范围内，则式(5.3-11)简化为

$$2f_H \leqslant f_s \leqslant \infty \tag{5.3-12}$$

这就是常见的低通采样定理规定的采样速率范围。需要注意的是，如果被采样信号在 $f_L$ 或 $f_H$ 处有较大的频率成分(不为 0)，则不能称为($f_L$，$f_H$)的带通信号，若考虑到这种情况，允许采样速率应该表示为

$$\frac{2f_H}{n} < f_s < \frac{2f_L}{n-1} \tag{5.3-13}$$

若不满足，由于边界处并不为 0，采样后的频谱混叠会发生在边界处。例如频率为 1 MHz 的正弦波并不能以 2 MHz 的采样率来采样。

不同的采样速率将使信号位于不同的 Nyquist 区，如图 5.3-6 所示。对于 244 MHz 信号，当采样速率为78 MHz 时，该信号位于第 7 个 Nyquist 区；当采样速率为 156 MHz 时，信号位于第 4 个 Nyquist 区。

由于采样定理是以信号的最高频率 $f_H$ 和带宽 $B$ 为基准描述的，将带宽 $B$ 引入式(5.3-11)，并以 $B$ 为基准进行归一化处理，其中称 $f_H/B$ 为信号的频带位置，则式(5.3-11)改写为

$$\frac{2f_{\mathrm{H}}}{nB} \leqslant \frac{f_{\mathrm{s}}}{B} \leqslant \frac{2f_{\mathrm{H}}}{(n-1)B} - \frac{2}{n-1} \tag{5.3-14}$$

式(5.3-14)是普适的，根据该式可以得到图 5.3-14。

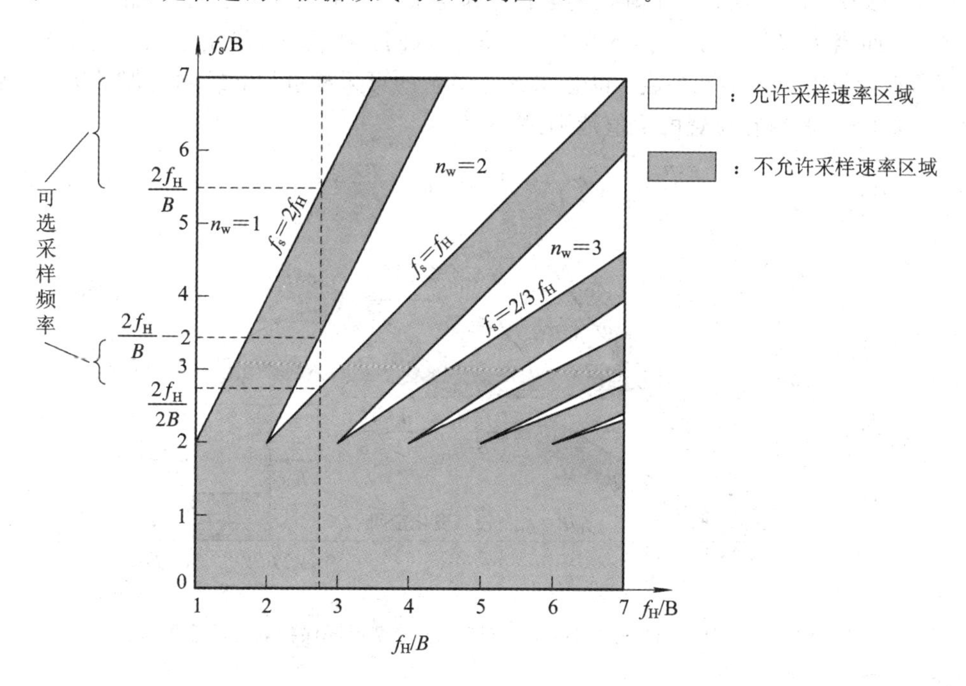


图 5.3-14 允许采样速率和不允许采样速率与频带位置关系图

图 5.3-14 中的白色楔形区域是无混叠允许采样速率存在的区域，阴影区域为发生混叠的采样速率所处的区域，对于一个确定位置、确定带宽的信号，可以得到一条平行于纵轴的线 $x=f_{\mathrm{H}}/B$，选取采样速率 $f_{\mathrm{s}}$，可以得到一条平行于横轴的线 $y=f_{\mathrm{s}}/B$，两线的交点所处的位置在哪个区域表明了采样速率可行与否。$n$ 也称为楔形区的阶数，表明如果以第 $n$ 阶楔形区的采样速率对信号进行采样，则信号将位于第 $n$ 个 Nyquist 区中，但为了区分采用 $n_{\mathrm{w}}$ 表示楔形区的阶数。随着 $n_{\mathrm{w}}$ 的升高，允许的采样速率及其范围会下降。由于最小的 Nyquist 区宽度为带宽 $B$，这样信号对应的最大可取的 Nyquist 区数或者楔形区阶数为：

$$n_{\mathrm{w\_max}} - \left\lfloor \frac{f_{\mathrm{H}}}{B} \right\rfloor \tag{5.3-15}$$

对于一个信号，可用从横坐标相对应的信号频带位置 $f_{\mathrm{H}}/B$ 点出发的一条与纵坐标平行的直线穿过的楔形区域来描述可采用的采样速率。可以看到，这条直线将按 $n_{\mathrm{w}}$ 的取值从大到小穿越不同的楔形区，最后进入第 1 阶楔形区，第 1 阶楔形区对应的采样速率是最大的，满足 Nyquist 低通采样定理。当然，在某些特殊的场合，带通采样定理可以违反。例如，对于平衡双边带信号，其双边频谱可以互相反折混叠而没有信息损失，这样，对于一个总带宽为 $B$ 的双边带信号，可以采用的最小采样速率为 $B$。这种情况是相当特殊的，如果采样速率出现一点变化，会引起不正确的混叠，使信息受到损失。

虽然现在能够选择采样速率的范围，但在这个范围中选取哪个点需要进一步具体分析。分析时需要注意的问题是信号的带限不是理想的，要考虑一定的带外扩展或保护频带。

图 5.3－15 给出了某个确定 $n_w$ 楔形区的图。对于确定带宽 $B$ 的信号，当给定采样速率 $f_s$ 的时候，$f_s/B$ 表示为相应的平行于横坐标的虚线，当 $f_s/B=2$ 时，该线仅与该 $n_w$ 楔形区端点相交，表明 $f_H/B$ 仅有一个确定的取值，即这个给定带宽 $B$ 的信号只能位于一个确定的位置上；而当 $f_s/B>2$ 时，$f_H/B$ 存在一个取值区间，对于一个给定带宽 $B$ 的信号，意味着对其所在位置有一定的冗余度，也意味着有多余的可采样频段，或称为保护频带，由式(5.3－13)可知，其所在位置的取值范围是

$$\frac{n_w-1}{2}\cdot\frac{f_s}{B}+1\leqslant\frac{f_H}{B}\leqslant\frac{n_w}{2}\cdot\frac{f_s}{B} \tag{5.3-16}$$

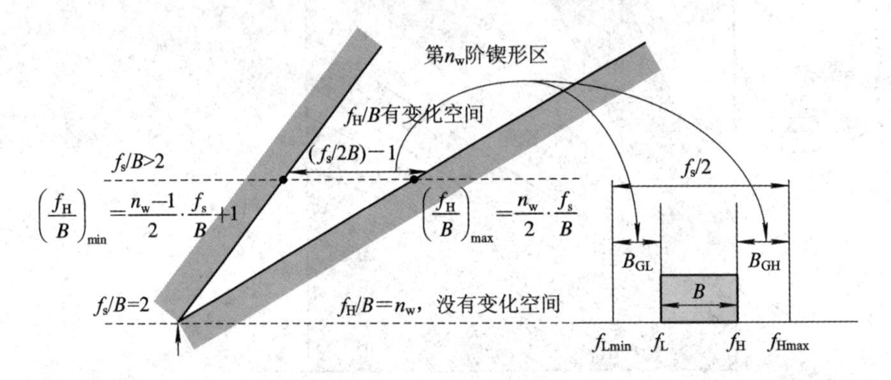


图 5.3－15　给定采样速率 $f_s$ 时第 $n_w$ 阶楔形区保护频带示意图

宽度是

$$\frac{n_w}{2}\cdot\frac{f_s}{B}-\left(\frac{n_w-1}{2}\cdot\frac{f_s}{B}+1\right)=\frac{f_s}{2B}-1 \tag{5.3-17}$$

被采样信号的保护频带为

$$B_G=\left(\frac{f_s}{2B}-1\right)B=\frac{f_s}{2}-B \tag{5.3-18}$$

显然，当 $f_s/B=2$ 时，采样信号两边没有保护频带。

如图 5.3－15 所示，若取高于带宽为 $B$ 的信号本身的保护带宽为 $B_{GH}$，低于信号本身的保护带宽为 $B_{GL}$，有

$$\begin{cases}B=f_H-f_L\\ B_G=\dfrac{f_s}{2}-B=B_{GL}+B_{GH}\\ f_{Lmin}=f_L-B_{GL}=\dfrac{n_w-1}{2}f_s\\ f_{Hmax}=f_H+B_{GH}=\dfrac{n_w}{2}f_s\end{cases} \tag{5.3-19}$$

下面寻找采样速率与保护带宽之间的关系，如图 5.3－16 所示。

在图 5.3－16 中的楔形区中选取一个点($f_H/B$，$f_s/B$)，表明一个确定带宽为 $B$ 的信号选取的采样速率 $f_s$，以该点为中心，可将允许采样速率范围分为上、下两个部分，图 5.3－16 中上、下部分的宽度 $\Delta f_{sH}$ 和 $\Delta f_{sL}$ 为

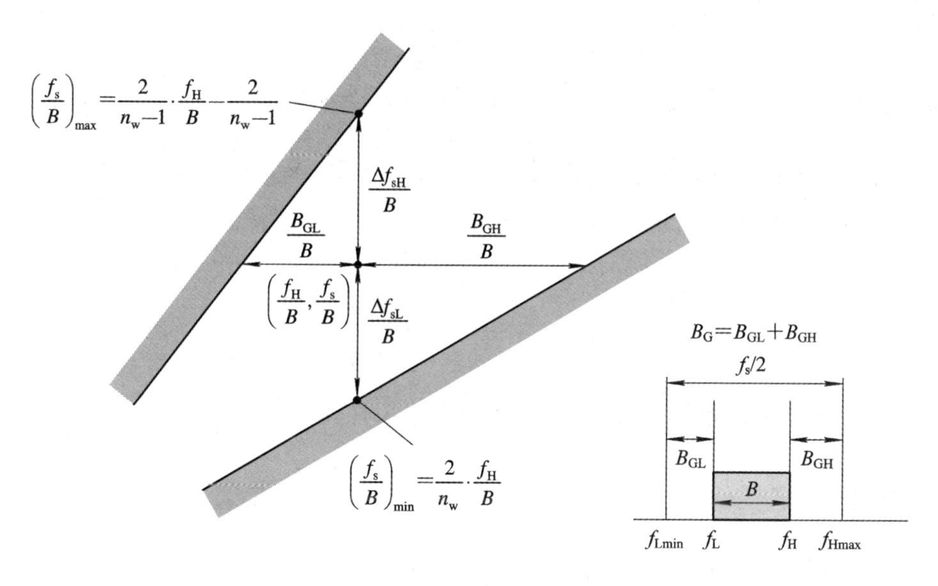


图 5.3-16 在 $n_w$ 阶楔形区采样速率范围以及保护频带

$$\begin{cases}\Delta f_{sH}=f_{smax}-f_s=\dfrac{2}{n_w-1}\cdot f_L-f_s\\[2ex]\Delta f_{sL}=f_s-f_{smax}=f_s-\dfrac{2}{n_w}\cdot f_H\\[2ex]\Delta f_s=\Delta f_{sH}+\Delta f_{sL}=\dfrac{2}{n_w-1}\cdot f_L-\dfrac{2}{n_w}\cdot f_H\end{cases}\tag{5.3-20}$$

根据楔形区两条线的斜率，可以得到上下保护频带与允许采样速率上下两个部分之间的关系：

$$\begin{cases}B_{GL}=\Delta f_{sH}\dfrac{n_w-1}{2}\\[2ex]B_{GH}=\Delta f_{sL}\dfrac{n_w}{2}\end{cases}\tag{5.3-21}$$

由式(5.3-21)可知：保护带宽对称意味着采样速率的容许范围不对称。但是，随着 $n_w$ 的增加，这种不对称越来越小。

如果采样速率的工作点选择为楔形区域中点(即采样速率容许范围对称)，那么采样速率为

$$f_s=\frac{1}{2}\left(\frac{2f_{Hmax}}{n_w}+\frac{2f_{Lmin}}{n_w-1}\right)\tag{5.3-22}$$

此时，保护带宽为

$$\begin{cases}B_{GL}=\Delta f_s\dfrac{n_w-1}{4}\\[2ex]B_{GH}=\Delta f_s\dfrac{n_w}{4}\end{cases}\tag{5.3-23}$$

**例 5.1** 若有一个带宽 $B$=25 kHz 的信号，位于(10.7025 MHz，10.7275 MHz)，设定对称的保护频带为 2.5 kHz，这样，该信号的区间为(10.7 MHz，10.73 MHz)。分别讨论有、无保护频带条件下的最小允许采样速率。

**解** (1) 考虑保护频带，则信号使用带宽 $B_T$ 为 30 kHz，最大楔形区阶数为

$$n'_{w\_max} = \left\lfloor \frac{f'_H}{B_T} \right\rfloor = \left\lfloor \frac{10730}{30} \right\rfloor = 357$$

根据式(5.3-16)，在357阶楔形区，最大允许采样速率为

$$f'_{smax} = \frac{2}{n'_{w\_max}-1} \cdot f'_H - \frac{2}{n'_{w\_max}-1} = \frac{2}{n'_{w\_max}-1} \cdot f'_L = \frac{2\times 10700}{357-1} = 60.112359\ \text{kSPS}$$

最小允许采样速率为

$$f'_{smin} = \frac{2}{n'_{w\_max}} \cdot f'_H = \frac{2\times 10730}{357} = 60.112045\ \text{kSPS}$$

采样速率的容许范围为

$$\Delta f'_s = f'_{smax} - f'_{smin} = 0.314\ \text{SPS}$$

补充说明：如果采用第357阶楔形区最大允许采样速率，则其第357个Nyquist区范围是

$$\left(\frac{60.112359}{2}\times 356,\ \frac{60.112359}{2}\times 357\right)\text{即}(10699.9999,\ 10730.0561)$$

表明信号恰好在第357个Nyquist区中，采样后不发生反折现象。

如果采用第357阶楔形区最小允许采样速率，则其第357个Nyquist区范围是

$$\left(\frac{60.112045}{2}\times 356,\ \frac{60.112045}{2}\times 357\right)\text{即}(10699.944,\ 10730)$$

表明信号也恰好在第357个Nyquist区中。

(2) 不考虑保护频带，信号带宽$B$为25 kHz，则最大楔形区阶数为

$$n_{w\_max} = \left\lfloor \frac{f_H}{B} \right\rfloor = \left\lfloor \frac{10727.5}{25} \right\rfloor = 429$$

在429楔形区，最大允许采样速率为

$$f_{smax} = \frac{2}{n_{w\_max}-1} \cdot f_L = \frac{2\times 10702.5}{429-1} = 50.01168\ \text{kSPS}$$

最小允许采样速率为

$$f_{smin} = \frac{2}{n_{w\_max}} \cdot f_H = \frac{2\times 10727.5}{429} = 50.01165\ \text{kSPS}$$

采样速率的容许范围更小了，仅为

$$\Delta f_s = f_{s\,max} - f_{s\,min} = 0.02\ \text{SPS}$$

从这个例子可以看出，有无保护频带对于采样速率的选择会造成很大影响，另外若在最大楔形区内选择采样速率，可选择的采样速率范围很小。

显然，采样速率的选择范围也代表着采样速率要求的误差精度，该精度随着$n_w$的增加而增加，如果采样速率工作点在$n_w$阶楔形区域内，则采样速率的容许范围是

$$\Delta f_s = \frac{2f_L}{n_w-1} - \frac{2f_H}{n_w} = \frac{2(f_H-B)}{n_w-1} - \frac{2f_H}{n_w} = \frac{2(f_H-n_wB)}{n_w(n_w-1)} \tag{5.3-24}$$

对于例5-1(1)的情况，在357阶楔形区中，其采样速率容许范围是0.314 SPS，如果在第2楔形区，其采样速率允许范围是10.67 MSPS，差别明显。

综合考虑采样速率允许范围和信号带宽的关系，则给出采样速率的相对带宽的精度的定义为

$$\frac{\Delta f_s}{2B} = \frac{(f_H-n_wB)}{n_w(n_w-1)B} = \frac{(f_H/B-n_w)}{n_w(n_w-1)} \tag{5.3-25}$$

可以看到，采样速率相对精度与信号频带位置和选择的楔形区阶数有关，$1\leqslant n_{w}\leqslant f_{H}/B$，如果考虑最高的相对精度，则在楔形区最高时，采样速率最低，此时 $f_{H}/B<n_{w\_max}+1$，简化考虑下，其最高相对精度与最大楔形区域的阶数的平方成反比，或与信号频带位置成反比，即

$$\frac{\Delta f_{s}}{2B}\triangleq\frac{1}{(f_{H}/2B)^{2}}=\frac{1}{n_{w\_max}^{2}} \tag{5.3-26}$$

根据式(5.3-26)给出了信号频带位置与采样速率最高相对精度之间的关系，如图5.3-17所示。

图中也给出了 $RC$ 振荡器和晶体振荡器所能够达到的精度，可以作为选择采样速率时钟源的参考，如果可以增加保护频带，则精度要求就大为降低，从图5.3-17中也可以看出。

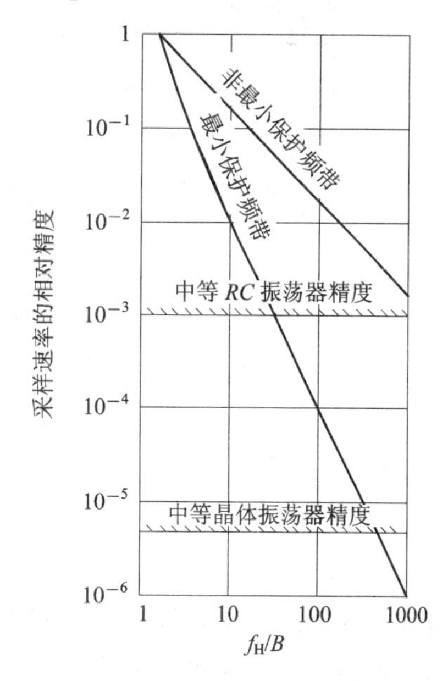


图5.3-17 采样速率最高相对精度与信号频带位置 $f_{H}/B$ 之间的关系

对于上面所提到的例子，$n_{w\_max}=429$，则采样速率的相对精度为

$$\frac{1}{n_{w\_max}^{2}}=\frac{1}{429^{2}}\approx 5\times10^{-6}$$

显然，在阶数为429的楔形区域内，对采样速率精度要求是很高的。当然，我们可以选择较小的楔形区域阶数，这样就可以降低对采样速率精度和保护带宽的要求，但是这样会增加采样速率。所以，对于采样速率的选择要综合考虑多方面的因素。

## 5.4 采样量化噪声

在通信系统中，噪声性能的好坏对系统的性能影响至关重要。其中，采样以及量化所引起的噪声相对于背景噪声是不同的噪声形式，对性能的影响非常大。这里讨论量化噪声(Quantization Noise)以及带通采样引起的噪声混叠的影响。

### 5.4.1 量化及其噪声

模拟信号经过采样后，其采样值还是随信号幅度连续变化的，即采样值可以取无穷多个可能值。为了能够利用数字系统处理采样值，必须将采样值用有限个离散取值表示。利用预先规定的有限个电平来表示模拟采样值的过程称为量化。

在均匀量化中，模拟向数字转换的理想转换函数具有均匀的阶梯特性，如图5.4-1所示。该图表示在一定的输入范围内所有模拟输入可以唯一用有限位数字表示。图中也给出了每个数字输出码表示的模拟输入区间。因为模拟信号是连续的，而数字信号是离散的，所以量化过程必然会产生误差。当数字的位数增加时，量化间隔将减小，转换函数将趋近

于一条理想直线。

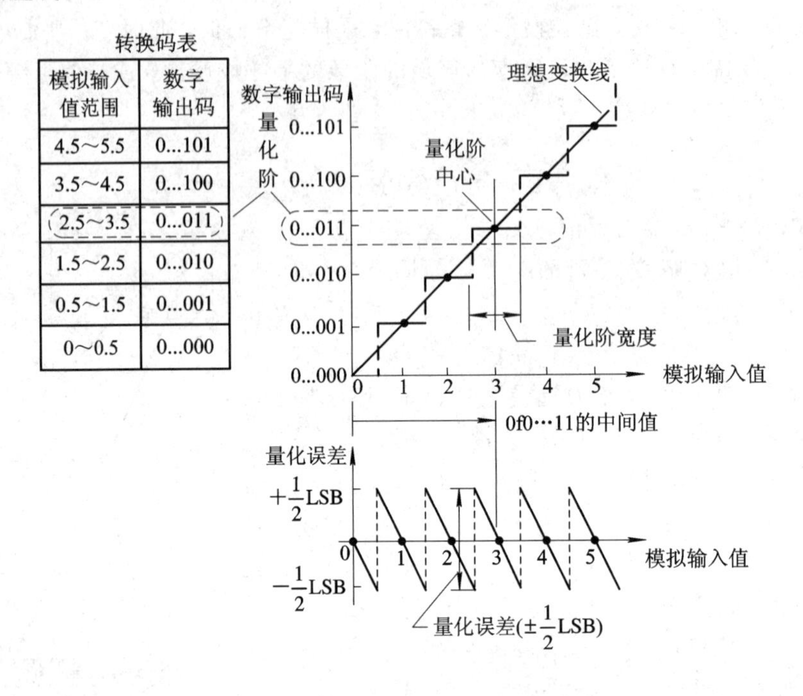


图 5.4-1　ADC 的理想传输函数

量化间隔的宽度定义为 1 LSB(最低有效位)，这是用来度量转换精度的。若输出数字信号的位数为 $n$ bit，则可以有 $2^N$ 个量化阶，但是通常全 0 输出的量化阶会同时覆盖正、负两个区域，会少一个区域，这样满刻度范围(Full Scale Range，FSR)被分为 $2^N-1$ 个区间。对于 $N$ bit 的转换器，幅度量化间隔 $q$(或 1 LSB)的大小为

$$q = 1\ \text{LSB} = \frac{U_{\text{FSR}}}{2^N - 1} \approx \frac{U_{\text{FSR}}}{2^N} \tag{5.4-1}$$

式中，$U_{\text{FSR}}$是量化的满量程输入电压范围，$N$ 是二进制比特数。例如，满量程电压峰峰值是 2.2 V，$N=14$ bit，其量化间隔为

$$q = \frac{U_{\text{FSR}}}{2^N - 1} = \frac{2.2}{2^{14} - 1} \approx 0.134\ \text{mV} \tag{5.4-2}$$

量化过程所产生的误差称为量化误差，这个误差可以描述为量化噪声，其影响用量化噪声功率以及信量噪比来描述，量化噪声是由于采样而额外增加的加性噪声。下面对量化噪声功率和信量噪比(平均信号功率与量化噪声功率比)进行简单计算。

假设一个模拟输入为正弦波，满量程峰峰值为 $A$，则量化间隔为

$$q = \frac{A}{2^N} \tag{5.4-3}$$

这里假设量化误差 $e$ 是在$(-q/2,\ q/2)$之间均匀分布的 0 均值随机变量，其方差即量化噪声功率为

$$\sigma_e^2 = \int_{-q/2}^{q/2} e^2 \cdot \frac{1}{q} \mathrm{d}e = \frac{q^2}{12} \tag{5.4-4}$$

即量化噪声功率与量化间隔的平方成正比。由于正弦信号功率为

$$S=\left(\frac{1}{2}\frac{\sqrt{2}}{2}A\right)^2=\frac{A^2}{8} \tag{5.4-5}$$

因此，信号的信量噪比为

$$\mathrm{SNR}=10\lg\left(\frac{A^2/8}{q^2/12}\right)=10\lg\left(\frac{12\times 2^{2N}}{8}\right)=6.02N+1.76\ \mathrm{dB} \tag{5.4-6}$$

由此可以得到结论：信量噪比与量化位数有关，每提高 1 位，信量噪比提高 6 dB。如果转换位数为 14 bit，对于一个满量程正弦信号，理论上其信量噪比为 86 dB；若转换位数为 10 bit，则信量噪比为 62 dB。

以上结论还不够准确，需要考虑信号频带内的噪声。采样后，信号存在于第 1 个 Nyquist 区内，则量化噪声也分布在这个区域内，并且假定为均匀分布，量化噪声功率谱密度为

$$\frac{\sigma_e^2}{f_s/2} \tag{5.4-7}$$

而进入信号频带的量化噪声下降为

$$\frac{B\sigma_e^2}{f_s/2}=\sigma_e^2\cdot\frac{2B}{f_s} \tag{5.4-8}$$

考虑该因素后信量噪比将提高，计算方式修正如下：

$$\mathrm{SNR_I}=\mathrm{SNR_N}+10\ \log\left(\frac{f_s}{2B}\right)=6.02N+1.76+10\ \log\left(\frac{f_s}{2B}\right) \tag{5.4-9}$$

这里 $\mathrm{SNR_N}$ 是全 Nyquist 带宽范围内的信噪比，$\mathrm{SNR_I}$ 是考虑实际信号带宽后的信量噪比。

注意，这里计算的是采样量化引起的额外的量化噪声的影响，而不是信号本身所遭受的噪声的影响。

### 5.4.2 带外噪声的混叠效应

在进行采样的时候，除了所需要的信号外，噪声也将被采样。这里噪声包括两个部分，一部分是信号带内的噪声，一部分是信号带外噪声。带外噪声也将同样被采样进入第 1 个 Nyquist 区而对信号造成影响，会造成信噪比下降。这里用折扇法来形象地说明，如图 5.4-2 所示。

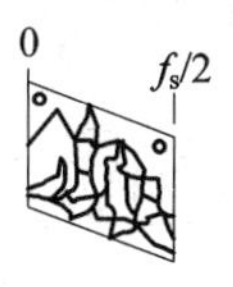


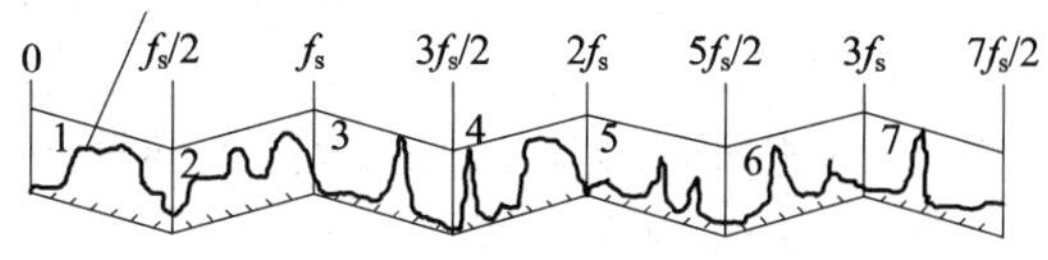


图 5.4-2 噪声混叠示意图

考虑一个系统，信号的功率谱密度为 $S$，信号带内噪声功率谱密度为 $N_p$，信号带外噪声功率谱密度为 $N_0$，这样原始输入的模拟信号的信噪比为 $S/N_p$，而采样后信号的信噪比

下降为

$$\mathrm{SNR_s} \approx \frac{S}{N_p + (m-1)N_0} \tag{5.4-10}$$

其中，$m$ 为采样器输入带宽 $B_I$ 与 Nyquist 区宽度的比值，即

$$m = \frac{B_I}{f_s/2} \tag{5.4-11}$$

可以不考虑信噪比下降的影响，除非 $N_p \gg N_0$。如果 $N_p = N_0$，且假定 $m \gg 1$，那么信噪比的下降因子可以表示为

$$D_{\mathrm{SNR}} = 10\ \log m \tag{5.4-12}$$

**例 5.2**　仍以例 5.1 给出的信号为例，假设输入带宽 $B_I = 10.73$ MHz，采样速率 $f_s =$ 60 kSPS，则

$$D_{\mathrm{SNR}} = 10\ \lg \frac{10730}{30} = 10\ \lg 357.6 \approx 25.5\ \mathrm{dB}$$

可以看到信噪比的恶化程度是相当大的。在实际应用中，即使仅存在热噪声，带通采样所可能造成的信噪比恶化也必须充分考虑。

降低采样器的输入带宽是十分必要的，最佳的设置是采样器的输入带宽与所需信号相一致，最大化减少带外噪声的影响。输入带宽的限制采用防混叠滤波器完成。防混叠滤波器应该保证带内增加噪声总能量不足以影响最小量化比特，即 1/2 LSB。

## 5.5　基于有效带宽的多频带采样

低通采样定理是基于最高频率成分的采样，带通采样定理是基于频率范围的采样。

在低通采样定理应用的时候，会出现由于最高频率较高而带来的采样速率较高的问题，在这种情况下，引入带通采样定理可以用较低的采样速率实现一定范围内连续频谱的采样。显然，如果多个信号出现在不连续的频谱范围内，带通采样也将需要较高的采样速率。例如，两个带宽为 20 MHz 的信号，其中心频率分别位于 1.2 GHz 和 1.6 GHz，则带通采样所需要的采样速率至少为 800 MHz。这实际上并不合理，如果通过滤波器进行分路选择后再分别对两个信号进行采样，采样速率也就是 80 MHz 量级。能否用一个采样器完成两个及以上分离信号的总和的采样工作？

由于带通采样会使频谱发生混叠，因此，一个合理的想法是，对射频上分离的多个频段的信号进行带通采样，它们都会混叠进入第 1 个 Nyquist 区，只要采样速率能够保证它们互不重叠，就可以实现信号的分离，如图 5.5-1 所示。仍然看上面给出的例子，两个信号总带宽为 40 MHz，如果能够保证采样后两个信号不混叠地分布于第 1 个 Nyquist 区，那么采样速率为 80 MHz 即可。

如何确定采样速率？前面已经知道通过带通采样后频率的变换情况，见式(5.3-9)，另外还需要依靠带通采样的限制条件。

(1) 保证带通采样后频谱完整位于第 1 个 Nyquist 区内。

采样前信号载频为 $f_c$，采样后混叠进第 1 个 Nyquist 区内的频率为 $f_A$，则有

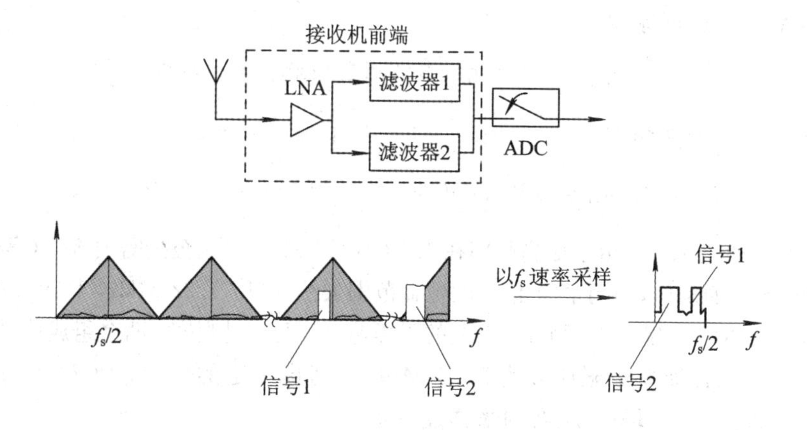


图 5.5-1 多频带信号带通采样

$$\begin{cases} f_A - \dfrac{B}{2} > 0 \\ f_A + \dfrac{B}{2} < \dfrac{f_s}{2} \end{cases} \tag{5.5-1}$$

(2) 保证多频段信号带通采样后频谱相互之间不发生混叠。

对于两频段信号，有

$$|f_{A1} - f_{A2}| \geqslant \frac{B_1 + B_2}{2} \tag{5.5-2}$$

若包含两个以上($N$ 个)频段信号，有

$$|f_{Ai} - f_{Aj}| \geqslant \frac{B_i + B_j}{2}, \quad 1 \leqslant i, j \leqslant N, \text{且 } i \neq j \tag{5.5-3}$$

可通过以下步骤满足上述两个限制条件：

首先，根据需求确定多频带信号目标采样速率。

然后，根据目标采样速率选择合适的楔形区域，计算组成信号允许的采样速率；选择组成信号允许采样速率的交集。

最后，在采样速率交集内进行验证。

可以通过式(5.5-1)和式(5.5-2)反复迭代来获得所需要的采样速率，也可以通过图5.5-2所示的方法进行辅助设计。下面通过一个实例来具体说明。

**例 5.3** 拟设计一软件无线电卫星导航接收机，可以同时接收美国 GPS 信号和俄罗斯 GLONASS 信号。已知：GPS 的中心频率 $f_{c\_GPS}=1575.42$ MHz，3 dB 带宽为 3.2 MHz；GLONASS 的中心频率 $f_{c\_GLO}=1605.656$ MHz，3 dB 带宽为 7.5 MHz。对其采样策略进行考察。

**解** 为了简化分析，仅考虑信号 3 dB 带宽，不失一般性。根据已知条件有

GPS 的最低频率：

$$f_{L\_GPS} = 1575.42 - \frac{3.2}{2} = 1573.82 \text{ MHz}$$

GPS 的最高频率：

$$f_{H\_GPS} = 1575.42 + \frac{3.2}{2} = 1577.02 \text{ MHz}$$

GLONASS 的最低频率：

$$f_{\mathrm{L\_GLO}} = 1605.656 - \frac{7.5}{2} = 1601.906\ \mathrm{MHz}$$

GLONASS 的最高频率：

$$f_{\mathrm{H\_GLO}} = 1605.656 + \frac{7.5}{2} = 1609.406\ \mathrm{MHz}$$

若按照传统低通采样，由于最高频率在 1.6 GSPS 以上，因此至少需要 3.2 GSPS 的采样速率；若按照传统带通采样，由于两个信号的覆盖范围大约为(1573.82 MHz，1609.406 MHz)，整体带宽为 35.586 MHz，需要 71 MSPS 以上的采样速率。而通过观察，两个组成信号带宽之和为 10.7 MHz，所以采样速率下限应该为 21.4 MSPS；考虑一定的余量，取 24 MSPS 左右。

(1) 求 GPS 在 24 MSPS 左右的采样速率范围。

计算采样速率为 24 MSPS 时楔形区阶数的上限值，由式(5.3-11)有

$$n_{\mathrm{w\_GPS}} \leqslant \frac{2f_{\mathrm{L\_GPS}}}{f_{\mathrm{s}}} + 1 = \frac{2\times 1573.82}{24} + 1 = 132.2 \tag{5.5-4}$$

则楔形区阶数为 132，另外再考虑一个更高的采样速率楔形区阶数 131，则采样速率范围为

$$\begin{cases} 23.894 = \dfrac{2f_{\mathrm{H\_GPS}}}{n_{\mathrm{w\_GPS}}} \leqslant f_{\mathrm{s\_GPS}} \leqslant \dfrac{2f_{\mathrm{L\_GPS}}}{n_{\mathrm{w\_GPS}}-1} = 24.027,\ n_{\mathrm{w\_GPS}} = 132 \\ 24.076 = \dfrac{2f_{\mathrm{H\_GPS}}}{n_{\mathrm{w\_GPS}}} \leqslant f_{\mathrm{s\_GPS}} \leqslant \dfrac{2f_{\mathrm{L\_GPS}}}{n_{\mathrm{w\_GPS}}-1} = 24.212,\ n_{\mathrm{w\_GPS}} = 131 \end{cases} \tag{5.5-5}$$

(2) 求 GLONASS 在 24 MSPS 左右的采样速率范围。

计算 24 MSPS 楔形区阶数上限值：

$$n_{\mathrm{w\_GLO}} \leqslant \frac{2f_{\mathrm{L\_GLO}}}{f_{\mathrm{s}}} + 1 = \frac{2\times 1601.906}{24} + 1 = 134.5 \tag{5.5-6}$$

则楔形区阶数为 134，另外再考虑一个更高的采样速率楔形区阶数 133，则采样速率范围为

$$\begin{cases} 24.021 = \dfrac{2f_{\mathrm{H\_GLO}}}{n_{\mathrm{w\_GLO}}} \leqslant f_{\mathrm{s\_GLO}} \leqslant \dfrac{2f_{\mathrm{L\_GLO}}}{n_{\mathrm{w\_GLO}}-1} = 24.088,\ n_{\mathrm{w\_GLO}} = 134 \\ 24.202 = \dfrac{2f_{\mathrm{H\_GLO}}}{n_{\mathrm{w\_GLO}}} \leqslant f_{\mathrm{s\_GLO}} \leqslant \dfrac{2f_{\mathrm{L\_GLO}}}{n_{\mathrm{w\_GLO}}-1} = 24.271,\ n_{\mathrm{w\_GLO}} = 133 \end{cases} \tag{5.5-7}$$

(3) 根据上述结论，能够采样的速率范围为(24.021 MSPS，24.027 MSPS)和(24.202 MSPS，24.212 MSPS)。

(4) 选择(24.202 MSPS，24.212 MSPS)区间，在这个区间，两个组成信号均位于奇数 Nyquist 区，采样后信号没有反折现象。

下面进行验证。

在(24.202 MSPS，24.212 MSPS)区间选择 24.205 MSPS 为采样速率。对于 GPS，计算其中心频点经过带通采样后进入第 1 个 Nyquist 区的频率，根据式(5.3-8)有

$$\begin{aligned} N_{\mathrm{y\_GPS}} &= \left\lfloor \frac{2f_{\mathrm{c\_GPS}}}{f_{\mathrm{s}}} \right\rfloor + 1 \\ &= \left\lfloor \frac{2\times 1575.42}{24.205} \right\rfloor + 1 = 131 \end{aligned} \tag{5.5-8}$$

GPS 信号位于本采样速率的奇数 Nyquist 区，则采样后：

$$\begin{cases} f'_{c\_GPS} = \text{rem}\left(f_{c\_GPS}, \dfrac{f_s}{2}\right) = 1575.42 - \left(130 \times \dfrac{24.205}{2}\right) = 2.095 \\ f'_{H\_GPS} = \text{rem}\left(f_{H\_GPS}, \dfrac{f_s}{2}\right) = 1577.02 - \left(130 \times \dfrac{24.205}{2}\right) = 3.695 \\ f'_{L\_GPS} = \text{rem}\left(f_{L\_GPS}, \dfrac{f_s}{2}\right) = 1573.82 - \left(130 \times \dfrac{24.205}{2}\right) = 0.495 \end{cases} \tag{5.5-9}$$

故GPS信号经过带通采样后进入第1个Nyquist区的频率范围是(0.495 MHz，3.695 MHz)。

对于GLONASS，计算其载波经过带通采样后进入第1个Nyquist区的频率：

$$N_{y\_GLO} = \left\lfloor \frac{2f_{c\_GLO}}{f_s} \right\rfloor + 1 = \left\lfloor \frac{2 \times 1605.656}{24.205} \right\rfloor + 1 = 133 \tag{5.5-10}$$

GLONASS信号位于本采样速率的奇数Nyquist区，则采样后：

$$\begin{cases} f'_{c\_GLO} = \text{rem}\left(f_{c\_GLO}, \dfrac{f_s}{2}\right) = 1605.656 - \left(132 \times \dfrac{24.205}{2}\right) = 8.126 \\ f'_{H\_GLO} = \text{rem}\left(f_{H\_GLO}, \dfrac{f_s}{2}\right) = 1609.406 - \left(132 \times \dfrac{24.205}{2}\right) = 11.876 \\ f'_{L\_GLO} = \text{rem}\left(f_{L\_GLO}, \dfrac{f_s}{2}\right) = 1601.906 - \left(132 \times \dfrac{24.205}{2}\right) = 4.376 \end{cases} \tag{5.5-11}$$

故GLONASS信号经过带通采样后进入第1个Nyquist区的频率范围是(4.376 MHz，11.876 MHz)。

采样后的结果如图5.5-2所示，可知选择允许区域内的采样速率能够保证两个信号正常采样而且相互分离。

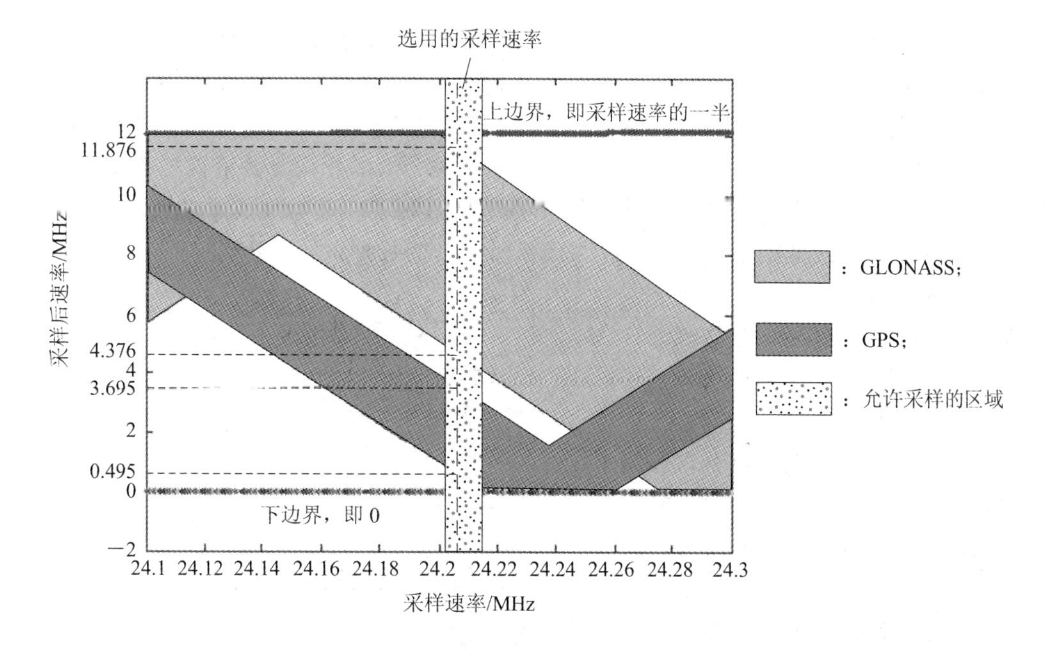


图5.5-2 GPS和GLONASS信号采样速率选择及采样后结果示意图

## 5.6 过 采 样

前面主要讨论了如何进行采样以及有效率地使用采样速率的问题，本节将反其道而行之，讨论过采样的问题。所谓过采样，是指信号的采样速率大于两倍的信号带宽或信号的最高频率。这里用过采样系数 $\beta$ 表示采样速率高于 Nyquist 采样速率的倍数，此时采样速率为

$$f_s = 2\beta f_H \tag{5.6-1}$$

这里 $f_s$ 是采样速率，$f_H$是信号带宽或信号最高频率。

为什么需要采用这样“浪费”的方式进行采样呢？我们再次回顾输入模拟信号进行低通采样的过程，采样的过程可以分为三步：

(1) 信号通过高性能的模拟低通滤波器来限制其频带；

(2) 滤波后的带限信号(或近似带限信号)按照 Nyquist 速率进行采样；

(3) 将采样后的值进行量化。

在采样过程中，为了防止混叠，需要具有陡峭的截止特性(像“砖墙”一样)的模拟低通滤波器作为防混叠滤波器。当然，这样是不现实的，在实际中，滤波器都会有过渡带，然而过渡带会增加输出信号的带宽，原来的采样速率(最高频率的 2 倍)必须相应增加。这样，采样后的信号频谱之间会出现额外的间隔，这个频谱间隔不意味着有用信号的带宽的增加，只是用来防止信号受到采样所造成的混淆的影响。当然完全消除混淆是不可能的，只是说可以将混淆降低到容许的程度，因为事实上信号不可能是带限的。典型的过渡带大约增加 10%～20%的带宽。

防混叠滤波器的性能是十分重要的，特别是在要求采样速率尽可能低的场合，此时需要实现窄带滤波器。由于防混叠滤波在采样之前进行，因此必须采用模拟滤波器。然而，采用模拟滤波器具有两个不好的特性：首先，由于过渡带较窄，因此将产生失真(非线性失真)；其次，必须采用高阶的滤波器实现这种窄带滤波器，因此需要数量较多的高质量的元器件，而在信号处理中采用高性能模拟器件要比采用数字处理器件成本高且性能不稳定。为了使系统能够在最低的采样率上采样以降低后处理的数据量，必须实现一个复杂的具有窄的过渡带的模拟滤波器，该滤波器不仅昂贵，而且会引起信号失真，这样不仅没有避免混叠引起的失真，还引入了新的失真。

下面改变一下思路，即不再强调采用高性能的模拟滤波器进行限带，而选用廉价的、简单的、过渡带较宽的模拟预滤波器来限制频带。由于过渡带加宽，因此必须采用高的采样速率。一般地，采样速率为原来的四倍，这就是所谓的过采样。图 5.6－1 表明了 Nyquist 采样和过采样后信号频

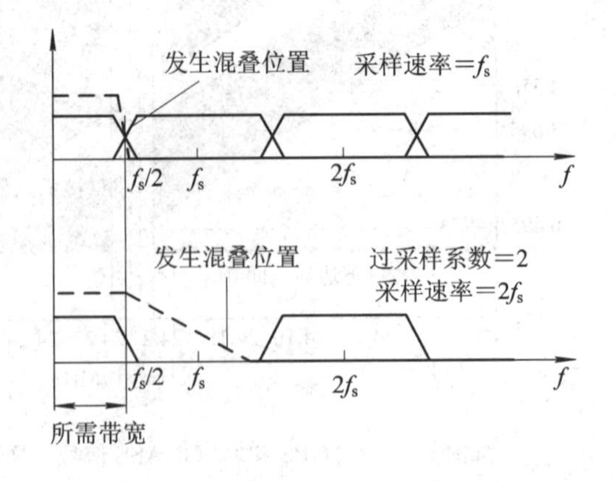


图 5.6－1 Nyquist 采样和过采样后信号频谱对比

谱的不同，可以很清楚地看到，由于采用了过采样，因此对模拟防混叠滤波器的要求大大降低了。

为了和 Nyquist 采样进行对比，这里给出过采样的步骤：

(1) 信号首先通过一个低性能的(廉价的)模拟低通滤波器来限制其带宽；

(2) 滤波后的近似带限信号通过高于 Nyquist 速率的速率进行采样；

(3) 将采样后的值进行数字化；

(4) 数字化后的样值通过高性能的数字滤波器降低数字样值的带宽；

(5) 降低数字滤波器的输出速率，使之与数字滤波器输出的带宽缩减的信号相适应。

结合上述采样步骤，对过采样的特点作进一步说明。

首先，过采样将原来集中在模拟滤波器上的任务进行了分解，主要采用数字滤波器实现信号的限带，以获得窄的且无失真的过渡带。虽然数据速率较高，但采用数字器件实现成本较低，而且可以提高采集数据的质量。一般前级的模拟滤波器会引入幅度和相位失真，在准确掌握失真情况的基础上，后级采用数字滤波器不仅可以完成防混叠滤波器的任务，而且可以补偿幅度和相位失真，以获得较为理想的合成响应，即得到更高质量的信号(失真小)。

其次，通过高性能的数字滤波，信号频带受到有效限制，因此此时较高的数据速率相对有冗余，需要降低数据速率以适应实际需要。一般希望将数字滤波和降低数据速率结合在一起完成。

从以上论述可以看到，无论是 Nyquist 采样还是过采样，对于一个给定的输入信号，实际上都希望得到的输出是速率上尽可能与输入信号带宽相适应、失真尽可能小的采样数据。这两种采样方法都可以获得相当的效果，但很明显，过采样是一种非常经济的解决方案。

类似的原理也用于数模转换中，DAC 后面的模拟滤波器如果具有窄的过渡带，则将引入较大的失真，如果送入 DAC 的数据速率大于 Nyquist 速率，则该滤波器的过渡带将有所放宽，这样对 DAC 后面的模拟滤波器的过渡带要求就放宽了。

除了上面所说明的原因外，过采样还是一种重要的在数字域提高信噪比的方法，可以获得信噪比的增益。

根据式(5.4-9)可知，量化所引起的量化噪声的影响与采样速率相关，这是因为量化噪声的功率分布在第1Nyquist 区内，其大小仅与最小量化阶有关，而量化噪声功率谱密度与采样速率有关，当采样速率提高的时候，量化噪声功率谱密度随之下降，如图 5.6-2 所示。

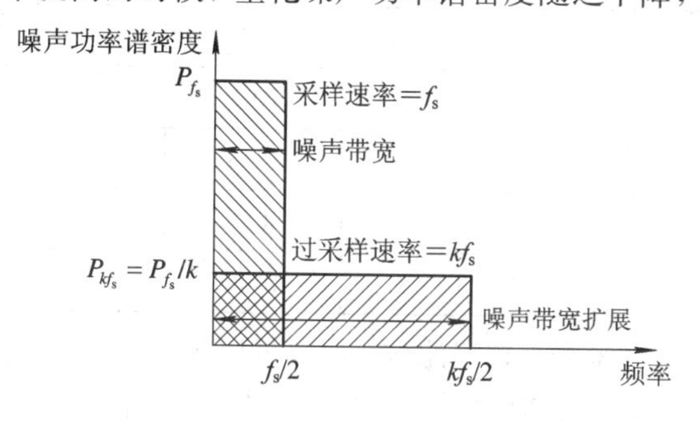


图 5.6-2 过采样引起的信噪比增益

那么能够进入信号频带对信号造成影响的量化噪声功率也会随之下降，信噪比会提高，就以 Nyquist 速率采样为基准，将过采样所获得信噪比增益称为过采样增益，即

$$G_{\mathrm{SNR}} = 10\lg\left(\frac{f_s}{2B}\right) \tag{5.6-2}$$

过采样增益可以通过过采样操作和数字滤波获得，该公式假定该滤波器是理想滤波器，并满足信号的需求。

如果考虑过采样后的抽取过程，可以采用一个简单的方式来获得过采样增益，即通过样点分组平均后抽取。如图 5.6-3 所示，一组采样值有 $k$ 倍过采样，将样点分为每 $k$ 点一组，然后组内样点取平均，将每组的平均值作为输出。这样，可以获得过采样增益并把采样速率下降为原来的 $1/k$。

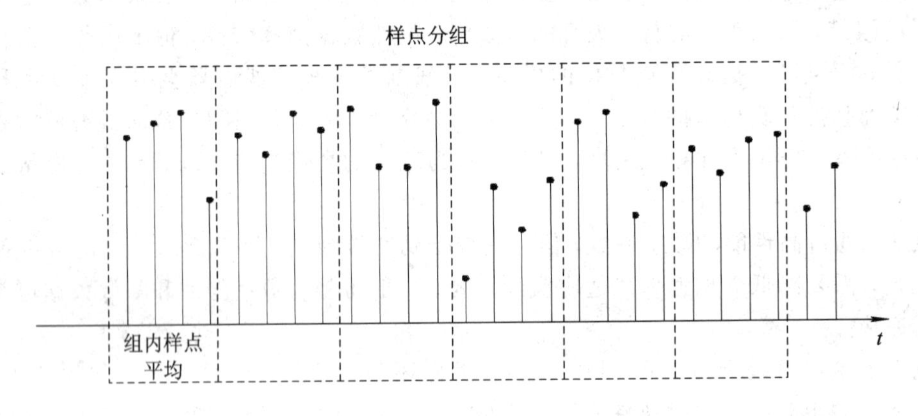


图 5.6-3　过采样样点平均示意图

以一个 16 位的 ADC 为例，以 100 kSPS 采样率工作，具有 15 bit 分辨率。对同一个信号的每次输出采样做两次测量结果平均，将使有效采样率减小到 50 kSPS，信噪比(SNR)提高 3 dB，并且分辨率可提高到 15.5 bit。如果对每次输出采样做四次测量平均，采样率将减小到 25 kSPS，SNR 提高6 dB，并且分辨率提高到 16 bit。表 5.6-1 列出了过采样系数与信(量)噪比提高以及相应增加的位数之间的关系。

**表 5.6-1　过采样系数与信(量)噪比提高以及相应增加的位数之间的关系**

| 过采样系数 | 信(量)噪比提高/dB | 相应位数增加/bit | 过采样系数 | 信(量)噪比提高/dB | 相应位数增加/bit |
|---|---|---|---|---|---|
| 2 | 3 | 0.5 | 128 | 21 | 3.5 |
| 4 | 6 | 1 | 256 | 24 | 4 |
| 8 | 9 | 1.5 | 512 | 27 | 4.5 |
| 16 | 12 | 2 | 1024 | 30 | 5 |
| 32 | 15 | 2.5 | 2048 | 33 | 5.5 |
| 64 | 18 | 3 | 4096 | 36 | 6 |

这样，从整体上讲，过采样、数字滤波、抽取可以提高信号信(量)噪比，这等效提高了 ADC 的分辨率，即若 ADC 的有效位增加 1 bit，则相当于信(量)噪比增加 6 dB，等效于进行系数为 4 的过采样。这一点在实际中用处非常大，过采样的应用是为了获得相对廉价的

较高精度的ADC或DAC。例如，为了实现一个24 bit转换器，可以采用20 bit的转换器工作在256倍的原采样速率上，对一组256个采样点20 bit精度进行平均，则信噪比提高256倍，约为24 dB，将增加24/6=4 bit的分辨率，获得24 bit的分辨率。注意，在信号中包含的是等分布白噪声的情况下，这个平均是可能的。

为了实现平均并获得高精度的操作，可以采用移位的方式。若增加$n$ bit精度，需要$4^n$倍过采样，对每$4^n$个样点分组相加后，位数增加了$2n$ bit，此时不进行除法，只需向右移走$n$ bit即可获得增加的$n$ bit精度。如希望10 bit ADC获得12 bit的精度，需要进行$4^2=16$倍过采样，16个10 bit数取和得到一个14 bit数，然后向右移2位，就得到12 bit数，最后两位不要。

值得强调的是，过采样和欠采样(带通采样)可以同时进行，因为欠采样是按照被采样信号频率上限为基准的，而过采样是按照被采样信号带宽为基准的。例如，一个带宽为5 MHz、中心频率为100 MHz的信号，若采样速率大于10 MSPS，就称为过采样，同时也是欠采样。

## 5.7 采样率变换

通过对前面三种基本的采样形式(低通、带通、多频带)的了解可知：在接收端，从提高采样性能的角度来看，采样速率应该越高越好，这样不仅可以适应更宽的信号带宽，而且有利于降低量化噪声，但是，较高的采样速率使采样后的数据速率很高，将导致后续信号处理的负担加重，非常有必要在ADC后进行降速处理；而在发射端，则希望输入DAC的数据速率尽可能高，以降低噪声并减小射频输出滤波器的实现难度，但是同样地，由于数字信号处理能力的限制，输出速率也不能很高，所以也非常有必要进行升速处理。需要注意的是，很多算法的运算量与数据速率关系敏感。例如，如果采样速率加倍，同样的滤波器将需要4倍于原来的运算量，这是因为数据速率和滤波器长度都加倍，所以卷积运算量就增加4倍。这样，如果能够将采样速率减半，显然运算量将减为原来的1/4。另外，由于软件无线电系统所传输的信号可能是多种多样的，既可能是语音信号，也可能是图像信号，这些信号的频率成分相差很远，所以系统应该具有多种采样速率，并可完成采样率的变换，即使是同一种信号，由于使用对象的不同，所要求的数据速率也是不同的。

因此，对采样率进行变换是非常重要的。

一般认为，在满足采样率的前提下，首先对以采样率$f_{s1}$采集到的数字信号进行D/A重建为模拟信号，再按照采样率$f_{s2}$进行A/D变换，就可以实现从$f_{s1}$到$f_{s2}$的采样率变换。但这样比较麻烦，且容易使信号受到损伤，所以实际上改变采样率并不是将数字信号变成模拟信号后再进行一次不同速率的采样，而是在数字域内实现。

采样率变换通常分为"内插"和"抽取"或"上采样"和"下采样"。"内插"和"上采样"是指提高采样率以增加数据的过程；"抽取"和"下采样"是指降低采样率以去掉多余数据的过程。

### 5.7.1 重建后重采样

设$x(n)$是连续信号$x_a(t)$的采样序列，采样速率为$f_{s1}=1/T_{s1}$，$T_{s1}$称为采样间隔，

即有

$$x(n)=x_a(nT_1) \tag{5.7-1}$$

若将其采样率变换为 $f_{s2}=1/T_{s2}$，采用的一个较为直观的方法是通过 DAC 重构这个信号，然后对这个重构信号进行重采样，该方法如图 5.7-1 所示。

图 5.7-1　信号重构后进行重采样示意图

这种方法在实际中并不适用，但是它可以使我们非常清楚地了解采样率变换的特点。图 5.7-2 给出了采样率变换时谱结构的变化情况。

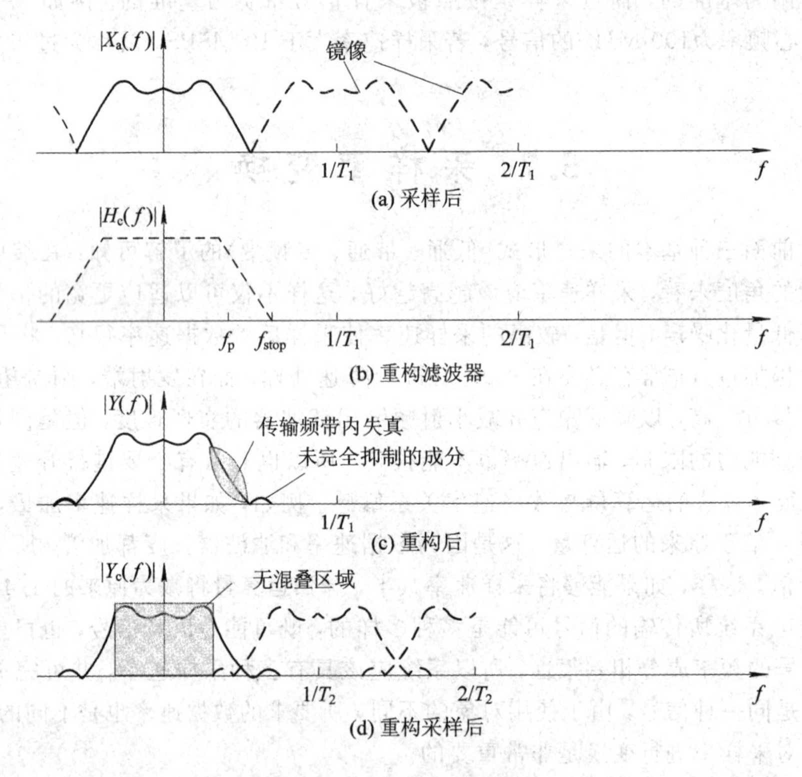


图 5.7-2　重采样频谱示意图($T_2>T_1$)

图 5.7-2(a)为一个低通信号按照 Nyquist 速率采样后的谱情况，采样后信号的谱为以采样速率 $1/T_1$ 为周期进行延拓，那些新产生的频谱分量称为镜像分量；图 5.7-2(b)为重构滤波器特性，其通带为 $f_p$，采样信号通过该滤波器实现重构，重构后信号见图 5.7-2(c)，此时，信号会引入两个失真，一个是由于过渡带引起的本身信号失真，另一个是由于镜像信号不可能完全抑制引起的失真，该信号再通过采样速率 $1/T_2$ 进行重采样，所得到的谱为图 5.7-2(d)，如果信号频带在 $f_p$ 内，则必须要求重采样后所可能造成的混叠成分不能进入 $f_p$。

必须强调的是，防混叠是任何采样速率变换系统必须服从的要求。因此，采样率变换时首要的设计目标就是滤波器的设计，其目的就是控制混叠。一般情况下，当采样速率下降时出现混叠成分，采样速率上升时将新增镜像成分，而混叠成分一旦混入有用信号就不可能消除，所以采样速率下降时一定要非常小心。

## 5.7.2 内插或上采样

上采样和内插是两个非常相似的概念，其作用是使目标采样率大于原始采样率。有的文献认为上采样就是插0，内插是上采样＋滤波；而有的文献又恰好相反或认为两个概念相同。为了不至于引起混乱，这里明确认为上采样和内插这两个概念相同，包括插值和滤波两个过程。

### 1. 上采样的实现

实现上采样最简单的方法是在原来的数据流中插0来提高采样速率。另一种实现方法是对原信号样值进行加权平均产生新的额外样值。在几乎所有的情况中，上采样之后均经过内插滤波器来消除原信号的镜像，如图5.7－3所示。

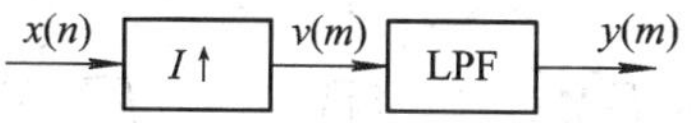

x(n) → I↑ → v(m) → LPF → y(m)

图5.7－3 上采样实现框图

图5.7－3中，符号“$I\uparrow$”表示插值，一般是插0。所谓插0，就是在两个原始抽样点之间插入$I-1$个0。若原始采样序列为$x(n)$，则插值后的序列为

$$v(m)=\begin{cases}x\left(\dfrac{m}{I}\right), & m=0,\pm I,\pm 2I,\ldots\\ 0, & \text{其他}\end{cases} \tag{5.7-2}$$

插值的过程如图5.7－4所示。

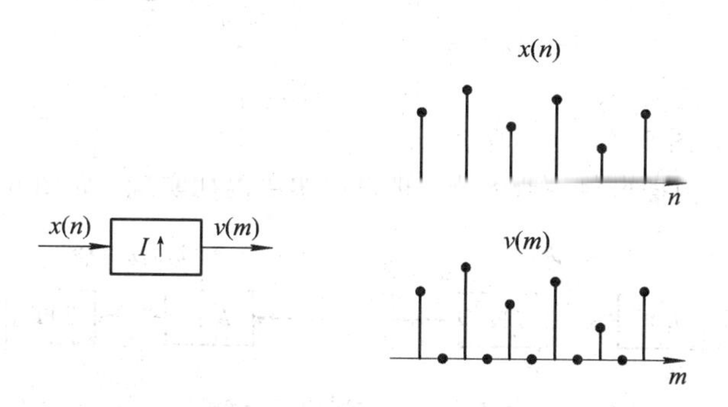


图5.7－4 插值的过程(图中仅表示插入一个0)

进行$Z$变换，可以得到

$$\begin{aligned}V(z)&=\sum_{m=-\infty}^{+\infty}v(m)z^{-m}=\sum_{m=-\infty}^{+\infty}x\left(\frac{m}{I}\right)z^{-m}\\&=\sum_{m=-\infty}^{+\infty}x(m)z^{-mI}=X(z^{I})\end{aligned} \tag{5.7-3}$$

将$z=e^{j\omega}$代入，得到其DTFT(离散时间傅立叶变换)：

$$V(e^{j\omega})=V(x^{j\omega I}) \tag{5.7-4}$$

式(5.7－4)表明，内插后信号的频谱为原始频谱经$I$倍压缩后得到的谱。图5.7－5表

明了内插引起的谱的变化情况。图 5.7-5(a)是原始信号谱，插 0 后原始频谱经过压缩并产生镜像分量，如图 5.7-5(b)所示。

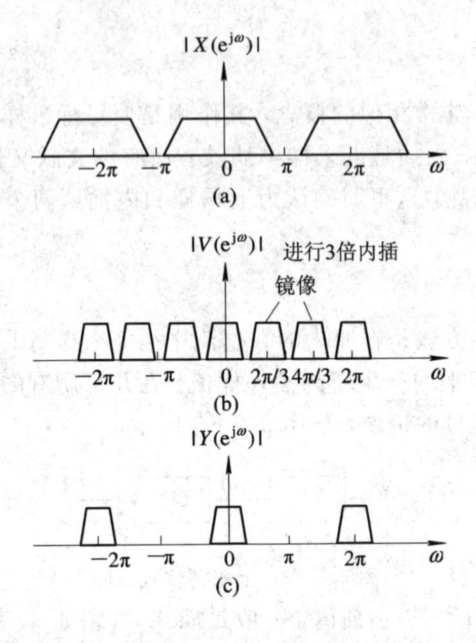


图 5.7-5　上采样的频谱变化情况

这时，频谱中不仅含有基带分量，而且含有频率大于 $\pi/I$ 的高频镜像分量，为了从中恢复原始频谱，必须对内插后的信号进行低通滤波，滤波器通带为 $\pi/I$。注意，这是通过数字滤波实现的。

$$H_{\mathrm{LP}}(\omega)=\begin{cases}1, & -\dfrac{\pi}{I}\leqslant\omega\leqslant\dfrac{\pi}{I}\\ 0, & 其他\end{cases} \tag{5.7-5}$$

滤波后得到的结果如图 5.7-5(c)所示。

在具体实现时，内插可以一级实现，也可以多级内插实现，如图 5.7-6 所示。

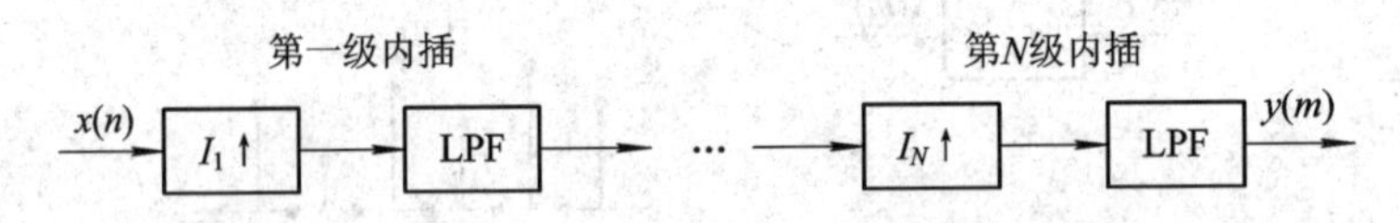


图 5.7-6　多级内插示意图

各级内插倍数应该按照由小到大的顺序进行安排。例如，若内插倍数为 60，则 $60=3\times4\times5$，可以分为 3 级进行内插，首先进行 3 倍内插，然后进行 4 倍内插，最后进行 5 倍内插，即保证最高的数据速率对应最大的内插倍数，使系统总运算量较小。内插的级数以 2 或 3 级为佳。

另外还有一种采用信号样点值加权平均进行内插的方式，这里不多作说明。

**2. 上采样和过采样**

在数学层面上，上采样与过采样类似，它们都包含采样速率或数据速率从一个较低的速率变到另一个速率的过程。

过采样是一种状态，是指采样速率比 Nyquist 采样速率高的采样；上采样是指采样速率提高的过程。上采样会造成过采样，但是过采样并不一定由上采样造成。比如，发射端本身数据速率快就可以造成过采样，并不一定需要上采样过程。

在实际应用中，过采样典型地用于描述在进行 A/D 转换时，信号的采样速率几倍于 Nyquist 速率的情况，同样在进行 D/A 转换时，输入 DAC 的数据速率高于 Nyquist 速率的情况也可称为过采样，其中出现或使用的数据速率大于实际所需要的数据速率。采用过采样大大减轻了模拟防混叠滤波器的设计难度，可以使滤波器的过渡带放宽，减小了信号失真，扩展了量化噪声分布范围，降低了量化噪声的功率谱密度，非常有利于系统的实现。

上采样是一个纯粹的数字域处理过程，即通过数字信号处理手段实现数据速率的提高。图 5.7-7 给出了某系统实现框图。该系统分为数字部分和模拟部分，过采样发生在数字部分和模拟部分的衔接，而上采样发生在数字部分。实际上，过采样的实现仍旧依赖于上采样，因此如果针对 DAC，过采样与上采样是相同的。有的地方做了更细的划分，如果速率增加倍数为较大的整数，则称为过采样；若不为整数或较小，则称为上采样。

无论怎样，这两种采样的最终数据速率必须满足采样定理，以防止混叠的发生。

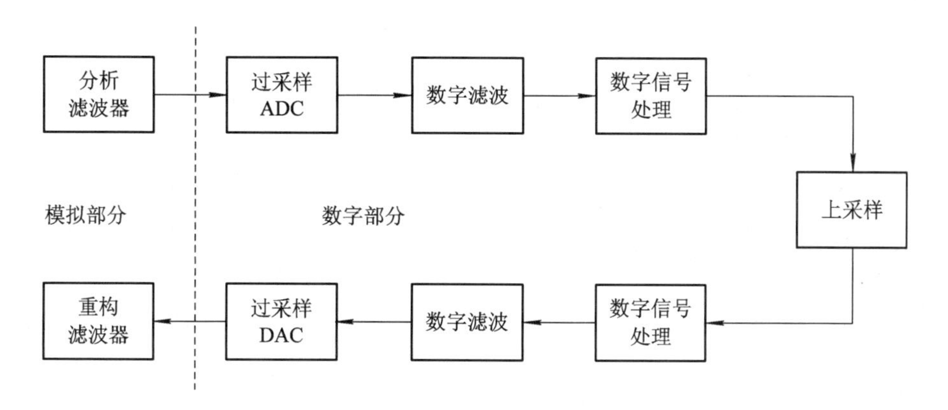


图 5.7-7　上采样与过采样的实现位置

## 5.7.3　抽取或下采样

下采样是包括防混叠滤波的降低信号采样速率的过程，通常用于降低数据速率和减小数据规模。下采样系数 $M$ 表明下采样后的数据速率降为原速率的 $1/M$，$M$ 通常是整数或者有理小数。下采样有时称为子采样或亚采样。

抽取也是一个类似的概念，关于这两个概念的异同没有确定的说法。

一种观点认为，抽取是下采样的一部分。因为抽取(decimation)这个词来源于古罗马军团的一个残酷的惩罚制度“十杀一”令，就是若兵败，对士兵每十人为一组抽出一人当场杀掉。所以该观点认为，抽取是保持原采样值，并按照顺序将 $M$ 个样点分为一组，用所有第 $M$ 个样点形成一个新的信号。而下采样是一个完整的在低采样速率下的重采样过程，它在抽取前一般包括防混叠滤波器，可以说在抽取前有插值(有新的样点值形成)。

另外一种观点恰好相反，认为所谓抽取就是采用合适防混叠滤波器的下采样，而下采样并不包含滤波操作。

第三种观点认为两者是相同的。

本书中采用最后一种观点，即明确两个概念相同，它包括滤波和抽值两个过程。

在抽取的过程中，需要把握住设计的目的是在没有混淆现象发生的情况下降低数据速率，一旦混淆现象发生，则无法修正。在下采样中，防混叠滤波器一定要通过低通滤波器先行滤波，这与欠采样有所不同。

**1. 抽取的实现**

设原始抽样序列为 $x(n)$，若将采样速率降低到原来的 $1/M$，最简单的方法就是把原始采样序列每 $M$ 点抽取一点，抽取的样点依次组成新的序列，其采样间隔为 $T_2$，这样采样速率 $f_{s2}=1/T_2$，降低到原来的 $1/M$，则对 $x(n)$，新采样序列和老序列之间的关系为

$$y(m) = x(mM) \tag{5.7-6}$$

其中，$M$ 为抽取系数。下采样的实现框图如图 5.7-8 所示，包含低通滤波和抽值两个部分，图中符号“$M\downarrow$”表示抽值。

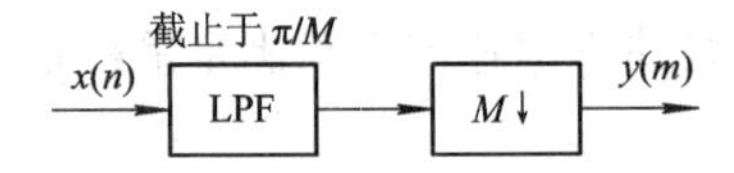


图 5.7-8 下采样的实现框图

进行 $Z$ 变换，可以得到

$$Y(z) = \frac{1}{M}\sum_{k=0}^{M-1} X\left(z^{\frac{1}{M}} e^{-j\frac{2\pi k}{M}}\right) \tag{5.7-7}$$

将 $z=e^{j\omega}$ 代入，得到其 DTFT(离散时间傅立叶变换)：

$$Y(e^{j\omega}) = \frac{1}{M}\sum_{k=0}^{M-1} X\left(e^{j\frac{\omega-2\pi k}{M}}\right) \tag{5.7-8}$$

式(5.7-8)表明，抽取后信号的频谱为原始频谱 $M$ 倍展宽后得到的谱。下采样过程中频谱的变化如图 5.7-9 所示，图中还显示了滤波过程。

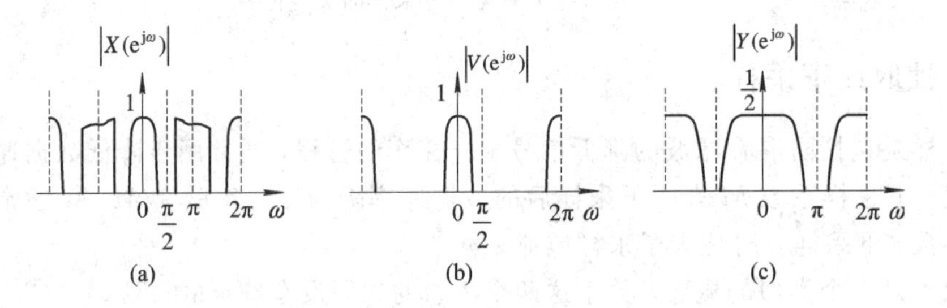


图 5.7-9 下采样过程中频谱的变化(2 倍抽取)

所以如果没有带宽的限制，则抽取会引起频谱的混叠现象，需要采用低通滤波器进行带限。根据数字频率的对应关系，由于采样率下降，则同一个信号数字频率会出现扩展，即抽取后信号的数字最高频率 $\pi$ 就对应着原速率采样信号的数字频率 $\pi/M$，所以滤波器的截止频率不能高于 $\pi/M$。图 5.7-10 显示了当两倍抽取时频谱的变化情况，由于原始信号频谱超过 $\pi/2$，因此抽取频谱产生了混叠。

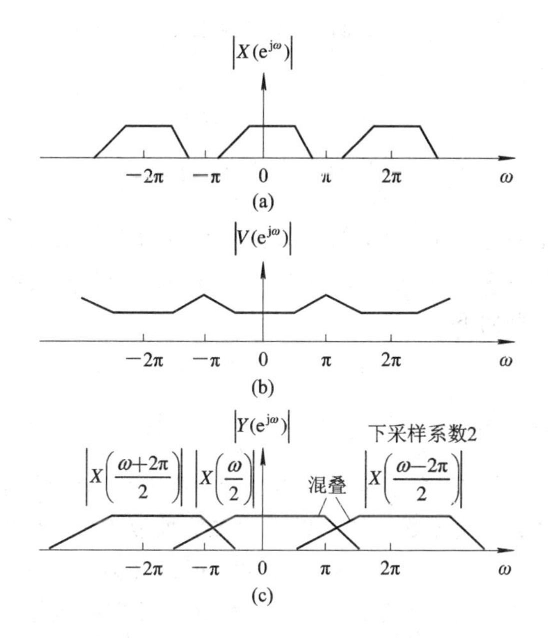


图 5.7－10　下采样过程中频谱的混叠

滤波器可以采用 FIR 或 IIR 滤波器。由于 FIR 滤波器没有反馈结构，因此在应用时没有必要计算所有点的滤波值，仅计算需要抽取点处的滤波值即可，这样，可以将滤波和抽取合并在一起完成。IIR 滤波器没有这样的特点，所以一般选用 FIR 滤波器。

在具体实现时，抽取可以单级实现，即一次实现 $M$ 倍抽取，但是，当抽取倍数非常大的时候，所需要的低通滤波器的阶数会非常高，不宜于实现。在这种情况下，可以采用多级抽取方式，如图 5.7－11 所示。

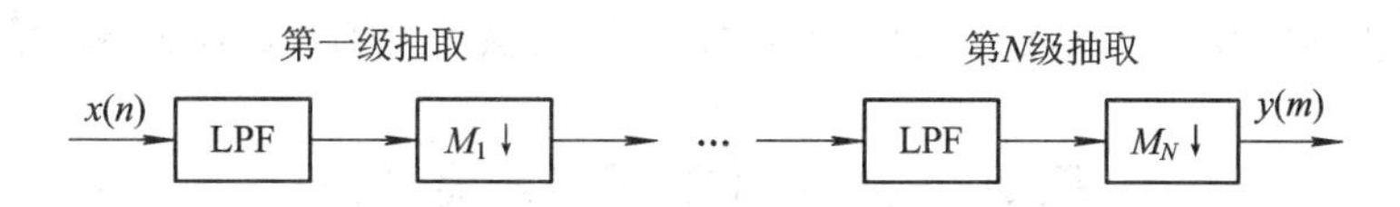


图 5.7－11　多级抽取示意图

**例 5.4**　某低通信号的最高频率为 50 kHz，已知信号原始采样速率为 $f_s$＝100 MSPS，希望得到的目标采样速率为 200 kSPS，则抽取系数为 500，设计 FIR 滤波器对该信号进行带限滤波，要求通带纹波 $\delta_p=0.001$，阻带纹波 $\delta_s=0.001$。讨论单级抽取与两级抽取(50×10)对滤波器阶数要求的差异。

已知用 Kaiser 窗设计 FIR 滤波器，滤波器阶数的经验公式为

$$N=\frac{-20\lg\sqrt{\delta_p\delta_s}-7.95}{2.285(\omega_s-\omega_p)}+1 \tag{5.7-9}$$

**解**　(1) 若采用单级抽取，则 $M=500$，设定 FIR 滤波器阻带起始极限状态为 100 kHz，$\omega_s=\pi/500=0.002\pi$，通带最高频率 $\omega_p=0.001\pi$(50 kHz)，所需阶数计算如下：

$$\omega_s-\omega_p=0.002\pi-0.001\pi=0.001\pi$$

$$N=\frac{-20\lg\sqrt{\delta_p\delta_s}-7.95}{2.285(\omega_s-\omega_p)}+1\approx 7255$$

(2) 若采用二级抽取，第一级抽取系数 $M=50$。设定 FIR 滤波器阻带起始极限状态可

以扩展到 1 MHz，$\omega_s=\pi/50=0.02\pi$，通带最高频率 $\omega_p=0.001\pi$(50 kHz)，由于抽取系数较低，所需阶数计算如下：

$$\omega_s-\omega_p=0.019\pi$$

$$N_1=\frac{-20\lg\sqrt{\delta_p\delta_s}-7.95}{2.285(\omega_s-\omega_p)}+1\approx 427$$

第二级原始采样速率为 2 MSPS，第二级抽取系数为 10，目标采样率为 200 kSPS；设定 FIR 滤波器阻带起始极限状态为 100 kHz，$\omega_s=\pi/10=0.1\pi$，通带最高频率 $\omega_p=0.05\pi$(50 kHz)，所需阶数计算如下：

$$\omega_s-\omega_p=0.05\pi$$

$$N_2=\frac{-20\lg\sqrt{\delta_p\delta_s}-7.95}{2.285(\omega_s-\omega_p)}+1\approx 163$$

可见，分级抽取后，滤波器的总阶数大为减小，降低了对滤波器的设计要求。

只要系统的抽取系数不为素数，就可以采用多级抽取方式。各级抽取倍数应该按照由大到小的顺序进行安排。例如，若抽取倍数为 60，可以分为 3 级进行抽取，首先进行 5 倍抽取，然后进行 4 倍抽取，最后进行 3 倍抽取，即保证最高的数据速率对应最大的抽取倍数。抽取的级数以 2 或 3 级为佳。

多级抽取有一种特殊的形式，即如果抽取倍数为 2 的 $N$ 次幂，则可以采用半带滤波器实现抽取。

**2. 下采样、欠采样和过采样**

欠采样是以信号最高频率为基准，即采样速率低于低通采样的 Nyquist 速率；过采样是以信号带宽为基准，即采样速率大于带通采样的 Nyquist 速率；下采样是采样速率降低的一个过程。欠采样可能是过采样，过采样也可能是欠采样。只有已经过采样的信号才能进行下采样。下采样的防混叠滤波器是低通滤波器，而欠采样可能是低通滤波器也可能是带通滤波器。

# 5.8 复采样(正交采样)

## 5.8.1 复采样原理及实现

当实信号进行采样时，频谱因为采样而产生周期延拓。由于实信号正、负频谱分量分别进行延拓，因此要求采样结果需要保证周期延拓的频谱之间不混叠，这样实信号采样对于采样速率的选择会有相关限制。但解析信号没有负谱，因此采用复信号形式采样的时候将减少这方面的限制。通过 Hilbert 变换可以产生无负谱的复信号，如图 5.8-1 所示。

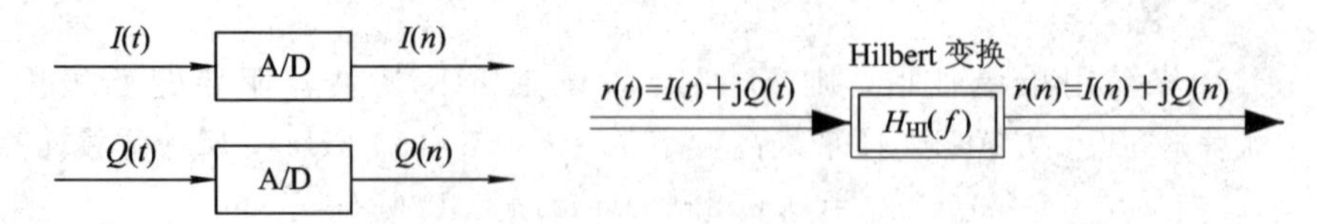


图 5.8-1 Hilbert 变换产生无负谱的复信号过程

对比实信号采样，可以得到复信号采样定理，即：

设有一个低通带限在$(0, f_H)$内的连续复信号$x(t)$，如果对其进行等间隔采样，采样速率满足$f_s \geqslant f_H$，则$x(t)$可以被所得到的采样值完全确定；对于一个频带限制在$(f_L, f_H)$的带宽为$B$的复带通信号$x(t)$，如果对其进行等间隔采样，且采样速率$f_s$满足$f_s \geqslant B$，则$x(t)$可以被所得到的采样值完全确定。

可以看到，复低通采样为复带通采样的特例，复采样的观察孔径为$f_s$，比实信号采样高出一倍。

与实采样类似，本书中并不强调低通或带通复采样，将其统一看待。

对复信号即两路信号(实部信号$I(t)$和虚部信号$Q(t)$)进行采样就称为复采样。

通常，当信号为频带信号时，复信号就是解析信号，其虚部是实部的Hilbert变换，则对某个实信号进行复采样的示意图如图5.8-2所示。由于实部、虚部是正交的，因此这样的采样也称为正交采样。

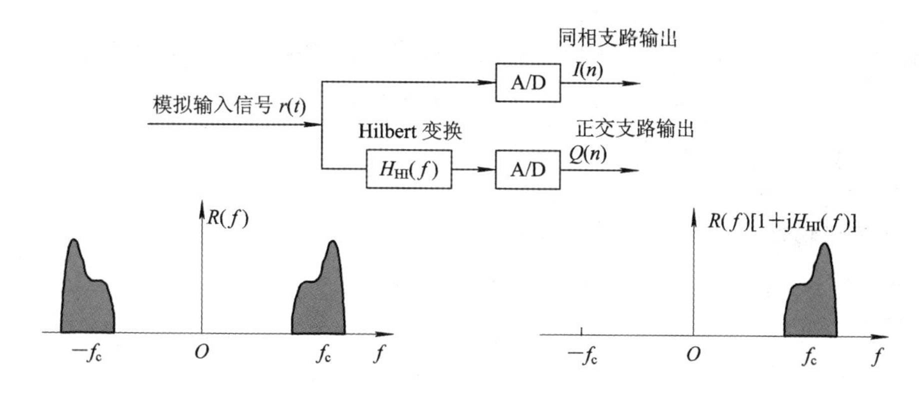


图5.8-2 对实信号进行复采样

正交采样产生两组采样数据，其中

$$\begin{cases} I(n) = r(nT_s) \\ Q(n) = \hat{r}(nT_s) \end{cases} \tag{5.8-1}$$

这里，$\hat{r}(t)$为$r(t)$的Hilbert变换。由于复信号的负频率部分被完全抑制，因此在两个支路上分别进行采样速率$f_s = B$的采样就可以完全消除有害的混叠现象，而且这与信号的中心频率位置是无关的。复采样与常规的带通采样相比具有很大的优势，其采样示意图如图5.8-3所示。

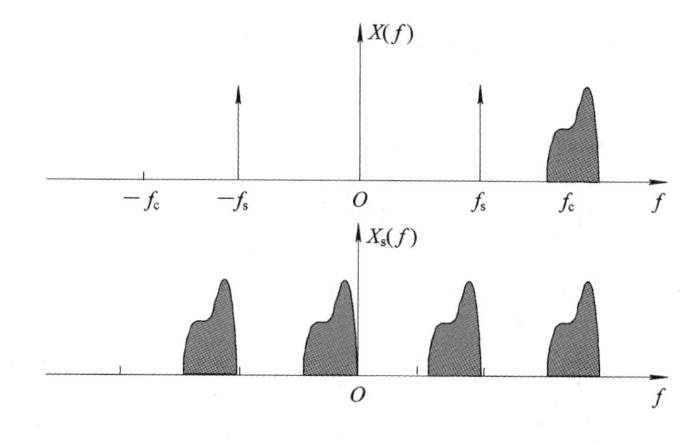


图5.8-3 复带通采样示意图

在实际应用中，对信号进行 Hilbert 变换是较为困难的，为此一般采用正交变频方式实现两路正交信号，如图 5.8-4 所示。

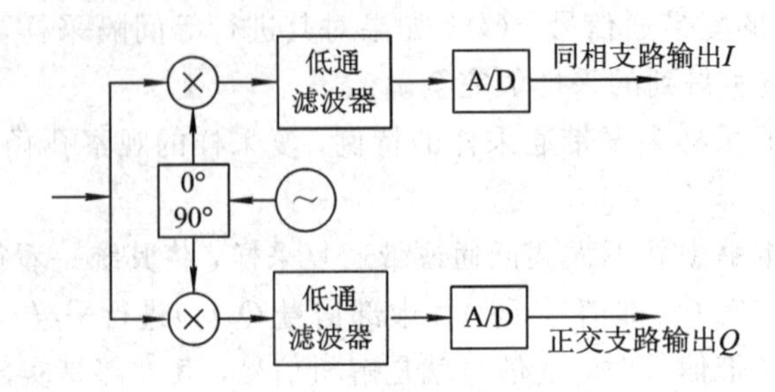


图 5.8-4　正交采样技术示意图

虽然理论上非常有吸引力，但正交采样的实现是较有挑战性的，参见图 5.8-4，每路的调制器、信号路径、低通滤波器必须严格匹配，这样才能保证复信号的表示式是输入信号的正确表示，否则任何幅度和相位的不匹配都会导致失真。

## 5.8.2　复采样后的现象

### 1. 复采样移频

观察基本解析信号 $e^{j\omega_c t}$ 经过采样后的情况。令

$$s(t) = e^{j\omega_c t} \tag{5.8-2}$$

$$\begin{aligned} s(n \cdot \Delta t) &= \exp(j2\pi \cdot f_c n \cdot \Delta t) \\ &= \exp\left(j2\pi \frac{f_c}{f_s} n\right) = \exp(j\Omega n) \end{aligned} \tag{5.8-3}$$

其中，数字频率为

$$\Omega = 2\pi \frac{f_c}{f_s} \tag{5.8-4}$$

表示两个相邻采样点之间的相位差，这一点与实采样相同。

因为

$$\exp(j2\pi) = \cos(2\pi) + j\sin(2\pi) = 1 \tag{5.8-5}$$

所以式(5.8-3)可改写为

$$\begin{aligned} s(n \cdot \Delta t) &= \exp\left[\frac{j2\pi\left(\left\lfloor \frac{f_c}{f_s} \right\rfloor f_s + \text{rem}(f_c, f_s)\right)n}{f_s}\right] \\ &= \exp\left(j2\pi \left\lfloor \frac{f_c}{f_s} \right\rfloor n\right) \cdot \exp\left(\frac{j2\pi \text{rem}(f_c, f_s)n}{f_s}\right) \\ &= \exp\left(\frac{j2\pi \text{rem}(f_c, f_s)n}{f_s}\right) \\ &= \exp(j\Omega' n), \qquad \Omega' = \frac{2\pi \text{rem}(f_c, f_s)}{f_s}, \ 0 \leqslant \Omega' \leqslant 2\pi \end{aligned} \tag{5.8-6}$$

称 $\Omega'$ 为复带通采样后获得的等效数字频率。对比前面实正弦函数的采样结果，实正弦函数相位取值有 $\pi$ 的模糊，所以最大等效数字频率就是 $\pi$，而在复指数函数中，因为有实

虚两部，所以可以精确描述4个象限的情况，不存在$\pi$的模糊情况，所以最大等效数字频率为$2\pi$。另外，为了方便和实信号采样对应，可考虑负的数字频率，这样最大等效数字频率绝对值不大于$\pi$，如图5.8-5所示。

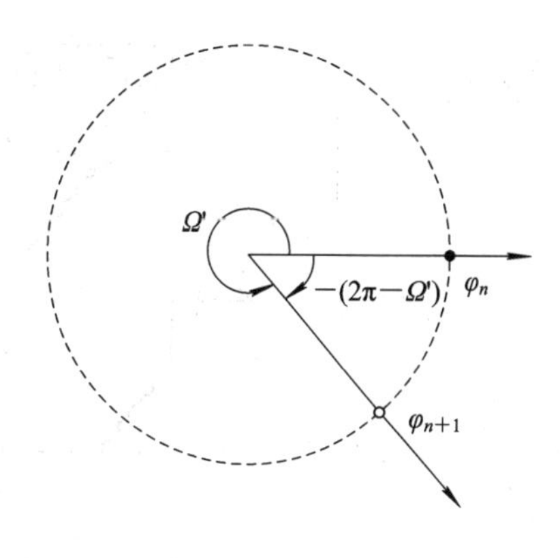


图5.8-5　等效数字频率取负情况示意图

这样，式(5.8-6)可改写为

$$\Omega'=\begin{cases}\dfrac{2\pi\mathrm{rem}(f_c,\ f_s)}{f_s}, & f_c\leqslant\dfrac{f_s}{2}\\[2ex] -\left[2\pi-\dfrac{2\pi\mathrm{rem}(f_c,\ f_s)}{f_s}\right], & f_c\geqslant\dfrac{f_s}{2}\end{cases}\tag{5.8-7}$$

根据式(5.8-6)，采样后体现的模拟频率为

$$f'=\mathrm{rem}(f_c,\ f_s)\tag{5.8-8}$$

这样，对于复带通信号，采样后信号的频率范围为$[0,\ f_s]$，分布在第1、2个Nyquist区连续的范围内。在这种情况下，由于采样后依然是复信号，所以第2个Nyquist区的信号仍然可以得到正确的理解(在实信号的情况下，第2个Nyquist区的信号会反折进入第1个Nyquist区)。为了方便说明，若将整个模拟频率以$f_s$为单位进行分段，则区间$[(N_y-1)f_s,\ N_y f_s]$称为第$N_y$个复Nyquist区，有

$$N_y=\left\lfloor\frac{f_c}{f_s}\right\rfloor+1\tag{5.8-9}$$

例如，对于实采样，若采样速率为78MSPS，则复Nyquist区宽度为78 MHz。若输入信号为40 MHz，处于第1个复Nyquist区，则采样输出为40 MHz；若输入信号为68 MHz，则采样输出为68 MHz；若输入信号为244 MHz，则采样输出为10 MHz，如图5.8-6所示。

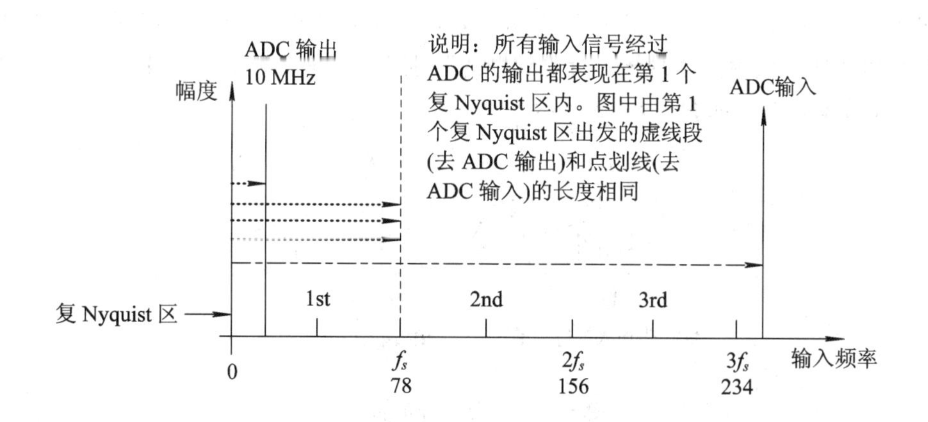


图5.8-6　复Nyquist区及采样前后频率变化

对于给定的某个频率，根据式(5.8-8)，得到被采样信号频率$f_c$经过采样后的频率$f_c'$与采样速率$f_s$的关系，如图5.8-7中黑实线所示。线上某点坐标代表了相应采样速率$f_s$(横坐标)以及采样后的频率$f_c'$(纵坐标)。

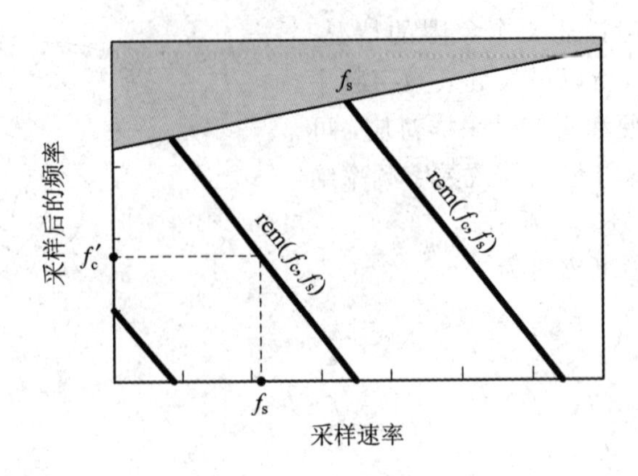


图 5.8-7　给定 $f_c$ 时，复采样后的频率与 $f_s$ 之间的关系(单频点信号)

对于带通信号，采样率与采样后的频率的关系如图 5.8-8 所示。

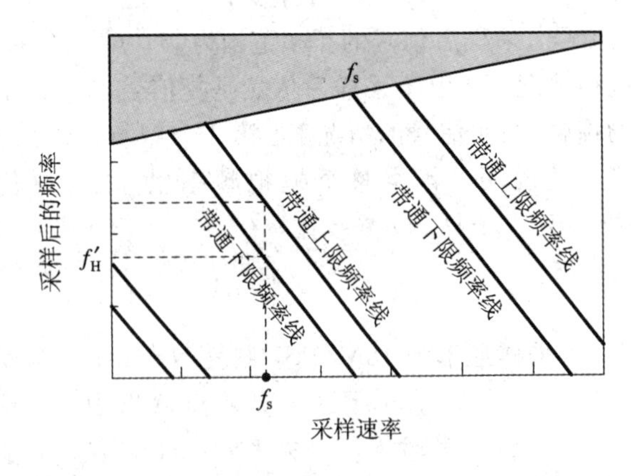


图 5.8-8　给定 $f_c$ 时，复采样后的频率与 $f_s$ 之间的关系(带通信号)

另外，从式(5.8-8)以及图 5.8-8 可以看出，复采样没有频谱反折问题。更为形象地可以从折扇法图来观察这个现象，与实采样的差别在于，复采样的“折扇”是一张张透明纸摞起来的，没有相连，如图 5.8-9 所示。

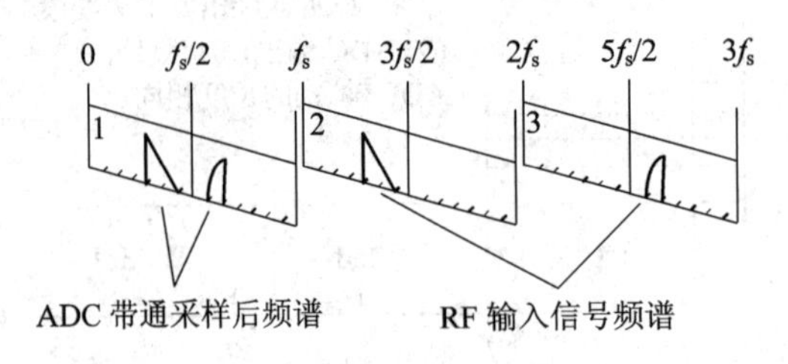


图 5.8-9　复采样的折扇法

**2. 复采样的混叠**

由于采样后频谱均将出现在第 1 个复 Nyquist 区，因此采样前相互之间没有任何重叠关系的两个频段信号将可能重叠，这称为采样的混叠现象。

对于复采样中存在多个频段的带通信号，经过采样后，频率成分混叠，采样后频率均进入第1个复 Nyquist 区，则原本相互分离的信号采样后在第1个复 Nyquist 区出现混叠，如图5.8-10所示。

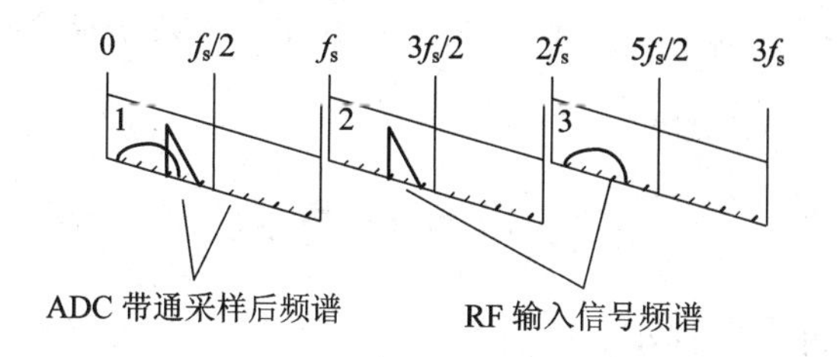


图5.8-10 复采样带混叠示意图(一)

注意，对于跨越复 Nyquist 区边界的信号，在采样后进入第1个复 Nyquist 区后频谱发生了分裂，如图5.8-11所示。但两个分离的部分实际上是相连的，因为0和2π是相同的，只需要把负频率部分扩展进来即可。注意在实函数中，负频率是不能分辨的。

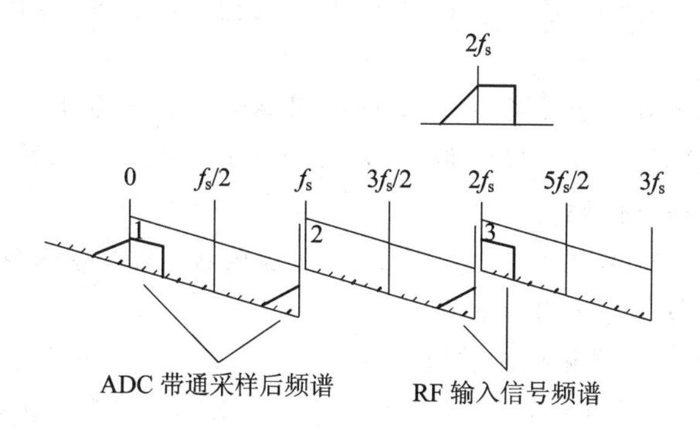


图5.8-11 复采样带混叠示意图(二)

### 5.8.3 复采样允许速率选择

复采样是把信号搬移到第1个复 Nyquist 区的范围内，采样后可观察的范围就是 $f_s$。但是与实信号不同，由于不存在自身混叠问题，因此并不需要待采样信号完整位于某个复 Nyquist 区内。复采样对信号边界的要求也不高，例如频率为1 MHz的正弦波就可以1 MHz的采样率来采样。复采样的频率选择比较简单，对于频带信号，要求

$$f_s \geqslant B \quad 或 \quad f_s > B(频带边缘有信号分量) \tag{5.8-10}$$

可知采用复信号极大地简化了采样的设计。但是在具体应用中，由于复信号的实部和虚部都是实信号，因此如果涉及实信号和复信号之间的转换，建议按照实信号采样规律处理。

## 5.9 小结

采样定理非常重要，它建立了从模拟世界到数字世界的桥梁，是软件无线电的基础技术之一。本章从频谱混叠的角度对采样定理进行了说明。

这个新的视角让我们可以统一地看待采样，即采样是数字处理器观察模拟信号世界的窗口，该窗口的大小与采样率成正比。在实信号采样的情况下，窗口为采样率的一半，低

通采样仅仅是带通采样的一个特例。实采样会出现移频、频谱混叠、频谱反折等现象。在充分考虑相关因素后，可以对分布在不同频段的信号以其有效带宽为基准同时进行采样。当采用复采样时，窗口等于采样率。由于复采样不存在负频率成分的干扰，因此设计及实施较为方便。

## 练习与思考五

1. 采样的目的是什么？量化的目的是什么？

2. 一20 MHz单频信号经过6 MHz采样后展现的数字频率是多少？经过12 MHz采样后呢？请仿真获取该波形。

3. 一20 MHz单频信号经过6 MHz采样后展现的模拟频率是多少？经过12 MHz采样后呢？

4. 中心频率为20 MHz、带宽为2 MHz的带通信号，是否可以10 MHz频率进行采样？为什么？

5. 中心频率为20 MHz、带宽为2 MHz的带通信号，其最低允许采样频率范围是多少？如果增加中心频率为100 MHz，带宽为1 MHz的带通信号，其最低允许采样频率是多少？采样后是否存在反折现象？

6. 中心频率为20 MHz、带宽为2 MHz的带通信号，若要求采样后频谱不发生反折，其最低允许采样频率范围是多少？

7. 请证明带通信号采样频率的选择范围。

8. 在4G移动通信系统中，中国移动TD-LTE使用频段为A频段(2010～2025 MHz)和F频段(1880～1920 MHz)，若设计双频段无线接收机，采样频率选择为110 MHz是否可行？请进行分析。

9. 某信号频率范围为95～105 MHz，带宽为10 MHz，采用100 MHz采样频率进行采样是否可以？试进行分析。

10. AD公司出品的AD7870为12 bit、100 kHz采样器，若满量程输入电压范围是5 V，计算其量化间隔。

11. 什么是抽取？什么是内插？它们的作用是什么？

12. 若某低通信号最高频率为25 kHz，已知信号原始采样速率为$f_s=100$ MSPS，希望得到的目标采样速率为100 kSPS，抽取系数为1000，设计FIR滤波器对该信号进行带限滤波，要求通带纹波$\delta_p=0.001$，阻带纹波$\delta_s=0.001$。讨论单极抽取与两级抽取(50×20)对滤波器的要求。

已知用Kaiser窗设计FIR滤波器，滤波器阶数的经验公式为

$$N=\frac{-20\lg\sqrt{\delta_p\delta_s}-7.95}{2.285(\omega_s-\omega_p)}+1$$

13. 某接收机拟接收频率为90 MHz的信号，强度为−10 dBm(信噪比为10 dB)，带宽为10 MHz，拟采用40 MSPS采样，在50 MHz处存在带宽为10 MHz的噪声信号，强度为−20 dBm。分析经过采样后信噪比下降的程度。如何避免这个问题？

# 第 6 章　调制及发射机

发射机中调制是必需的过程，通过调制实现了信息对信道的适应性，并提供了多址接入以及噪声对抗能力。调制的方式方法根据波形的不同而不同。软件无线电系统需要考虑对各种波形的适应性，因此调制需要从最为核心的共性出发，实现对多种波形均适用的调制方法，以构成发射机。

## 6.1　调制的基本原理

在无线电技术中，将基带低通信号转换为带通可传输信号的过程称为调制。具体实施是依据待传输的信息改变一个周期波形(称为载波)的一个或多个参数的过程，或是指将信息载入另外一个可以物理传输信号的过程。其反过程为解调。

调制完成信号的映射和上变频，所谓映射，是指将待传递信息与载波参数构成一一对应关系；上变频即完成频谱搬移。调制的目的有三个：其一是设定信号的传输频率，使信号易于信道传输，尤其是在无线信道中实现与天线的匹配；其二是实现频谱资源复用；其三是可以通过特定的波形以及载波参数对应关系保证传输性能。为了区分，映射时所对应的载波频率可称为中频。

调制器指完成调制的设备，解调器是完成解调的设备，两者可以合称为调制解调器(modem)。

信号调制常见以正弦信号为载波，通常改变正弦信号的波形以携载信息。一个正弦波可以表述为

$$s_c(t) = A\cos(2\pi f t + \varphi) \tag{6.1-1}$$

其设计参数分别为幅度 $A$、频率 $f$、相位 $\varphi$。

若信息为 $m(t)$，则可以得到三种调制方式：

(1) 幅度调制：

$$s(t) = (A + m(t))\cos(2\pi f t + \varphi_0) \tag{6.1-2}$$

(2) 频率调制：

$$s(t) = A\cos(2\pi f_c + k_f\int m(\tau)\mathrm{d}\tau + \varphi_0) \tag{6.1-3}$$

(3) 相位调制：

$$s(t) = A\cos(2\pi f_c t + k_p m(t) + \varphi_0) \tag{6.1-4}$$

这里 $\varphi_0$ 为初相位。这三种调制方式具有不同的实现手段，需要注意的是，调频和调相可以并称为调角，在实现过程中，实际上分成对幅度的控制和对相位的控制两大类，因此调制器有很大的不同，而在软件无线电系统中应该尽可能实现通用的调制器。

根据待调制信号状态(即根据待调制信号是模拟或是数字信号)可将调制分为模拟调制

和数字调制。如果其具有连续无限的取值，则为模拟调制；若待调制信号具有离散有限取值，则为数字调制。基本调制类型如表 6.1－1 所示。

**表 6.1－1　基本调制类型**

| 类型＼改变参数 | 幅　度 | 频　率 | 相　位 |
|---|---|---|---|
| 模拟调制 | 调幅(AM) | 调频(FM) | 调相(PM) |
| 数字调制 | 幅度键控(ASK) | 频移键控(FSK) | 相移键控(PSK) |

由于调制的信号改变的是幅度和相位，因此一个信号可以表示为平面空间(以后可称信号空间)的点，可以采用极坐标系来描述信号，如图 6.1－1 所示。即取 $O$ 点为极点，极轴 $Ox$ 代表载波原始相位状态，对于该平面的某点 $M$，$\varphi$ 表示从 $Ox$ 到 $OM$ 的角度(极角)，$OM$ 的长度为 $A$(极径)，这样点 $M$ 的坐标为($A$，$\varphi$)，以此来表示信号状态。

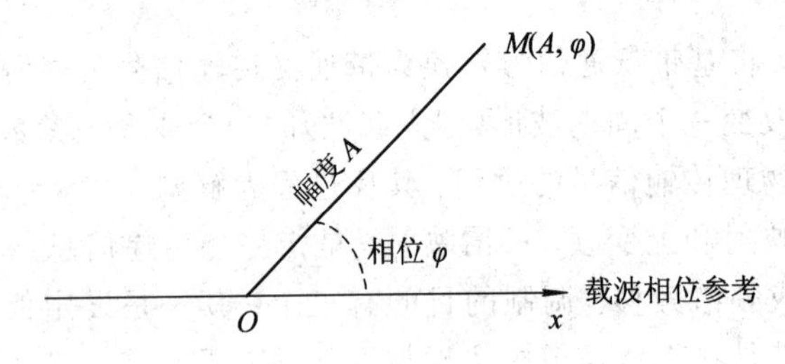


图 6.1－1　信号空间极坐标表示

由于载波不直接携带信息，为了简化问题，可以将载波的影响去除，则可以看到幅度调制仅改变幅度，如图 6.1－2(a)所示；相位调制仅改变初相位，如图 6.1－2(b)所示。频率调制类似于相位调制，但是改变的是频率(即相位的变化速率)，如图 6.1－2(c)所示。

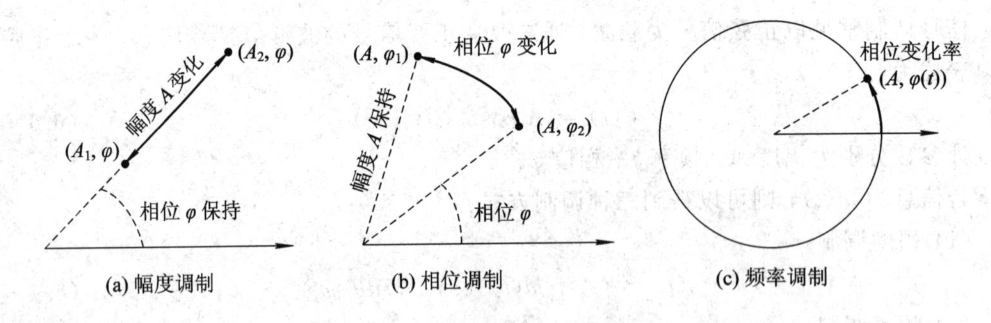


图 6.1－2　调制的信号空间表示

当然，还存在同时对幅度和相位进行控制的复合调制，如图 6.1－3 所示。

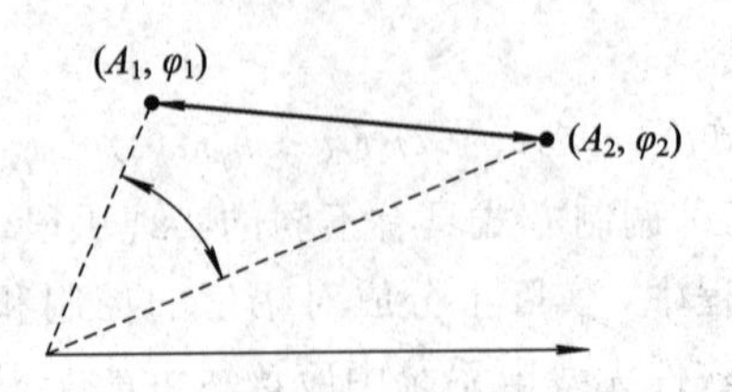


图 6.1－3　幅度/相位复合调制信号空间表示

从前面的叙述可以清楚地看出，实现调制就是构建信号空间的特定点，那么在具体实现时可以直接采用极坐标调制方式，即直接控制幅度和相位，如图 6.1-4 所示。

然而精确地控制相位在具体实现时较为困难，在实践中需要选择更为合适的方式。显而易见，极坐标($A$, $\varphi$)可以转换为直角坐标($I$, $Q$)，如图 6.1-5 所示。

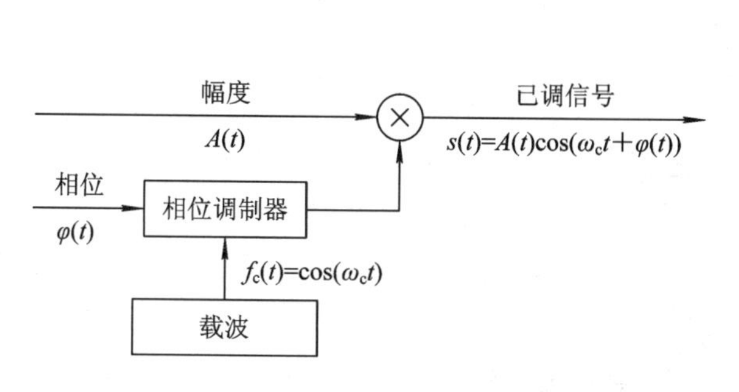


图 6.1-4 极坐标调制方式示意图

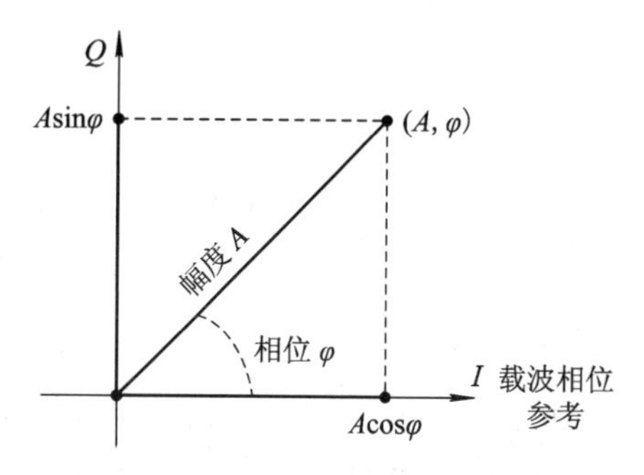


图 6.1-5 信号空间直角坐标表示

由图 6.1-5 可知，极坐标和直角坐标之间的转换关系表达式如下：

$$\begin{cases} I = A\cos\varphi \\ Q = A\sin\varphi \end{cases} \tag{6.1-5}$$

或

$$\begin{cases} A = \sqrt{I^2 + Q^2} \\ \varphi = \arctan\left(\dfrac{I}{Q}\right) \end{cases} \tag{6.1-6}$$

因此采用控制两个正交信号幅度的方式就可以实现信号幅度以及相位的控制。由于后者没有直接的相位控制问题，因此在实现上具有极大的优势。

根据上面的表述，具体对于一个已调信号 $s_M(t)$，有

$$\begin{aligned} s_M(t) &= A(t)\ \cos(2\pi f_c(t)t + \varphi(t)) \\ &= A(t)\cos\varphi(t)\cos(2\pi f_c(t)t) - A(t)\sin\varphi(t)\sin(2\pi f_c(t)t) \end{aligned} \tag{6.1-7}$$

从上式可以看到信号由两个正交的分量或支路构成，以本地载波为基准(为了方便频域表示，取为$\cos(2\pi f_c t)$，则将与本地载波同相的支路称为同相支路或 $I$ 路，与本地载波正交的支路称为正交支路或 $Q$ 路，则有

$$\begin{cases} I(t) = A(t)\cos\varphi(t) \\ Q(t) = A(t)\sin\varphi(t) \end{cases} \tag{6.1-8}$$

可得

$$s_M(t) = I(t)\cos(2\pi f_c(t)t) - Q(t)\sin(2\pi f_c(t)t) \tag{6.1-9}$$

这样，一个已调信号可以看成两个正交基带分量和两个正交载波分别进行幅度调制的信号之和，这种调制方式称为 IQ 正交调制方式。其实现方式如图 6.1-6 所示，其中，载波由本振(Local Oscillator，LO)产生。

通过 $I$ 和 $Q$ 的数据变化可以表示任何幅度和相位的变化。也就是说，基于相角和幅度控制的调制均可以通过 IQ 正交调制实现，可以使用相同结构的正交调制器来实现各类形式的调制。

这样，可以明确调制完成了信号的映射和上变频两个过程。所谓映射是对原始信号完

成在信号空间的映射(调制方式不同，映射结果也不同)；而后增加载波成分实现上变频。

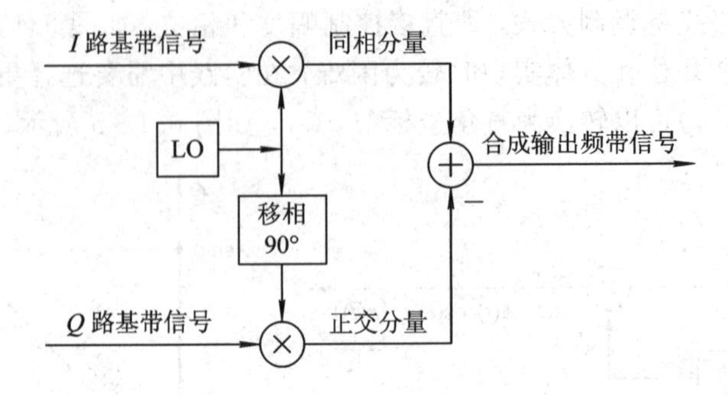


图 6.1-6　IQ 正交调制方式

可以方便地采用解析信号描述上述过程：

(1) 完成信号空间映射，构成基带信号或复包络信号：

$$s_{\mathrm{B}}(t)=A(t)\mathrm{e}^{\mathrm{j}\varphi(t)}=I(t)+\mathrm{j}Q(t) \tag{6.1-10}$$

(2) 增加载波分量，构成已调频带信号：

$$s_{\mathrm{M}}(t)=\mathrm{Re}\{s_{\mathrm{B}}(t)\exp(\mathrm{j}2\pi f_{\mathrm{c}}t)\}=I(t)\cos(2\pi f_{\mathrm{c}}t)-Q(t)\sin(2\pi f_{\mathrm{c}}t) \tag{6.1-11}$$

完整的调制器原理图如图 6.1-7 所示。

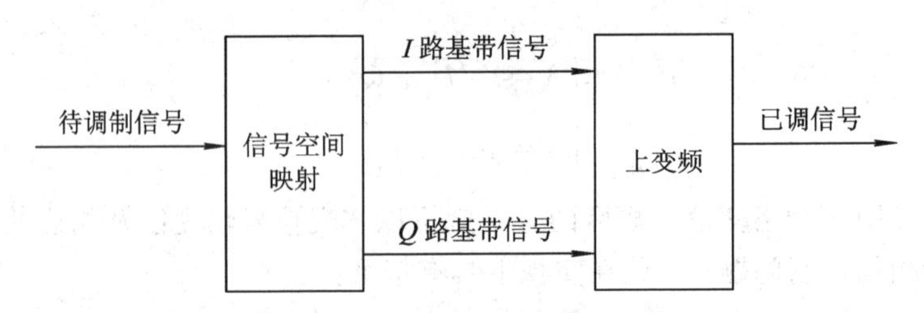


图 6.1-7　调制器原理图

信号空间的映射对调制而言是最为重要的过程，映射的形式也决定了调制的类型。如果信号映射为空间连续的轨迹，则是模拟调制，如图 6.1-8(a)、(b)所示。模拟调幅体现信号幅度的变化；模拟调相体现信号相位的变化。

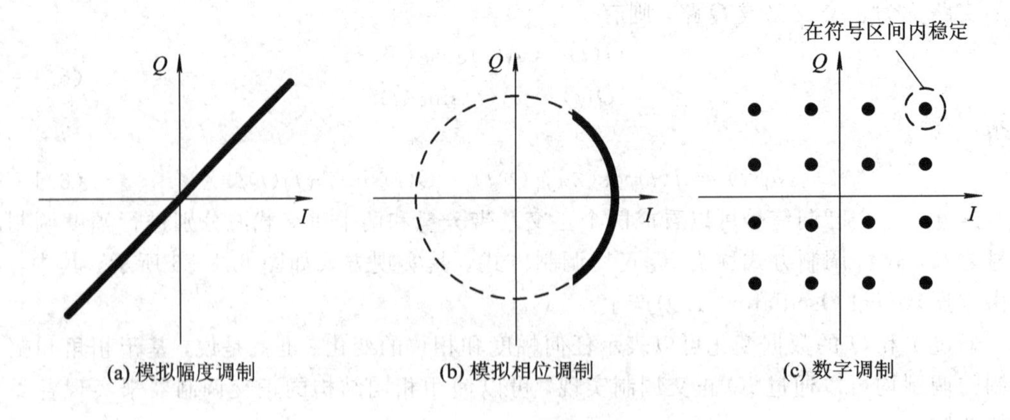


图 6.1-8　调制映射示意图

如果映射为有限离散的点，则为数字调制，在具体实现时，意味着在一段时间内，某个用于调制的参数是保持不变的，这段时间就表示一个传输符号，其星座点如图 6.1-8(c)所示(频率调制相位是变化的，因此通常不采用星座图的表示方法来描述 FSK 类的信号)。注意，与模拟调制不同，待调制信号表示为离散码元序列$\{a_n\}$，需要转换成连续的模拟波形，这样，在数字调制情况下，图 6.1-7 可以变化为图 6.1-9。可以认为数字序列先完成波形调制，再完成载波上变频，波形调制可以用两种方式实现。

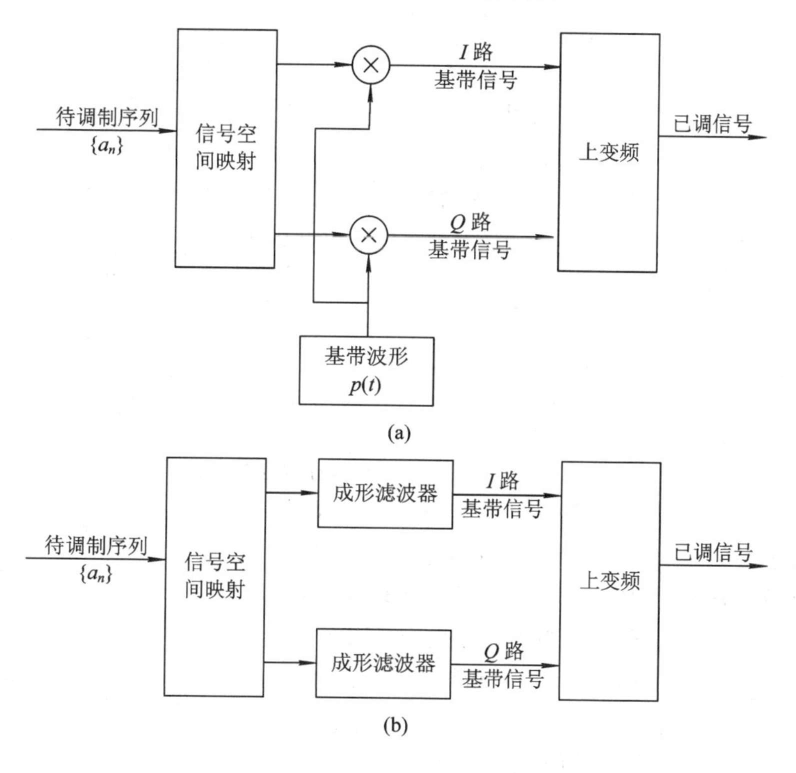


图 6.1-9　数字调制器示意图

QPSK 实际信号空间的轨迹图如图 6.1-10 所示，可以清楚看到轨迹在四个相位点上集中交汇。

图 6.1-10　QPSK 实际星座图示例

一定长度的待传输码组与信号空间的确定点一一对应，完成映射，这些离散点称为星座点，映射的过程也称为星座点的设计，需要仔细设计才能保证最优的误码性能。接收端解调是通过接收星座点与可能星座点之间的距离比较完成的，在确定的信道条件下，星座点错误判定概率就是确定的，但是星座点对应的码组不同，则造成的误码效果也是不同的。QPSK 的四个离散信号点映射方式是不同的，如图 6.1－11 所示。图 6.1－11(a)采用的是格雷码，图 6.1－11(b)采用的是自然二进制码，显然采用格雷码性能更优。

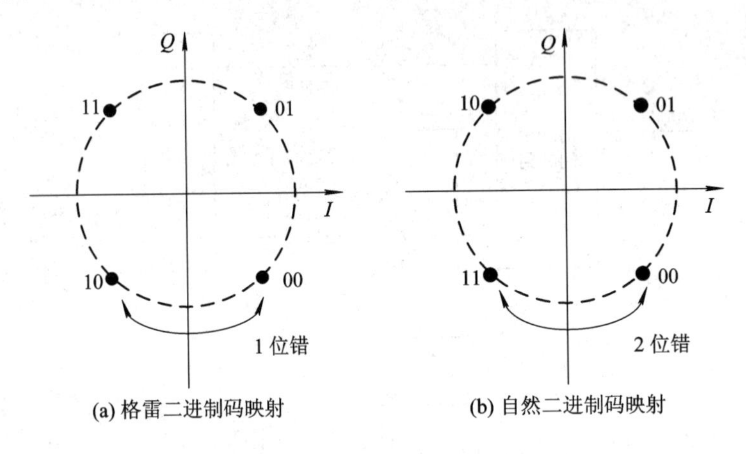


图 6.1－11　星座点设计示意图

对于 FSK 信号，由于其采用 $M$ 个能量相等、频率不同的正交信号传输信息，因此也称为正交多维信号。如果进行可视化描述，则需要 $M$ 维坐标，这时就不能在一个平面上构成星座图了。当然，如果以 2FSK 为例，分别采用频率为 $F_1$ 的信号 $f_1(t)$和频率为 $F_0$ 的信号 $f_0(t)$来携载信息，其星座图如图 6.1－12 所示。

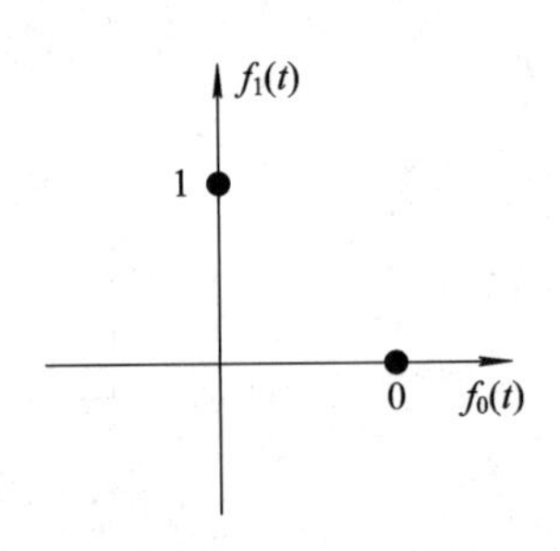


图 6.1－12　2FSK 星座图示意图

但这并不影响在工程上采用 $I$、$Q$ 两路正交的信号表示和产生 FSK 信号，只不过其幅度、相位状态是连续变化的而已。

调制映射的结果是个系统响应，如果输出与输入之间存在线性叠加关系，则称为线性调制，包括幅度类调制以及可以通过常规正交幅度调制实现的类型，如 AM、DSB、PSK、QAM 等，其所映射参量(幅度、相位)与所传输信息有正比例关系；反之如果不满足线性叠加原理，则称为非线性调制，如 FM、FSK 等，其所映射参量与传输信息存在积分或者微分关系。

# 6.2　上　变　频

上变频是发射机的重要功能，既可以使基带信号上变到射频，也可以使基带信号上变到中频，而后再从中频上变到射频。准备进行上变频的信号称为待上变频信号。上变频主要有以下三种方式：复混频上变频、实混频上变频和内插带通上变频。

### 6.2.1　复混频上变频

复混频上变频指待上变频信号和本振信号为复信号的方式。复混频上变频也称为正交上变频，是直接适用于解析信号表示的 $I$、$Q$ 两路信号的上变频方式。其结果可以是复信号，也可以是实信号。

令 $s_B(t)$为完成调制的复基带信号，进行上变频的过程就是

$$\begin{aligned}s_A(t) &= s_B(t)\exp(\mathrm{j}\omega_0 t)\\ &= [I(t)+\mathrm{j}Q(t)][\cos(\omega_0 t)+\mathrm{j}\sin(\omega_0 t)]\\ &= [I(t)\cos(\omega_0 t)-Q(t)\sin(\omega_0 t)]+\mathrm{j}[I(t)\sin(\omega_0 t)+Q(t)\cos(\omega_0 t)]\end{aligned} \tag{6.2-1}$$

其结构以及信号频谱变换情况如图 6.2-1 所示。

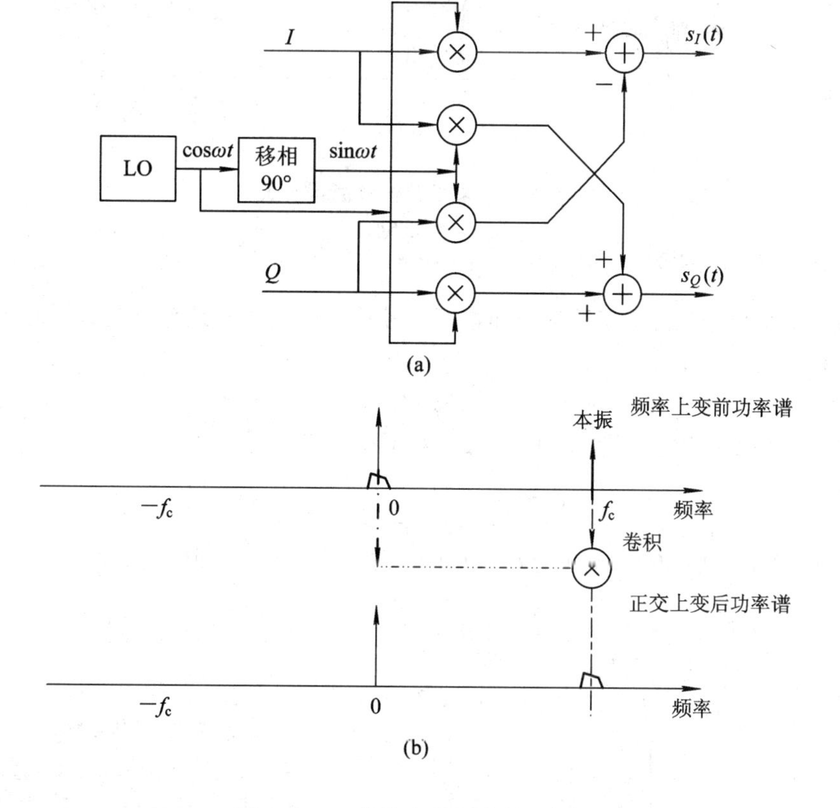


图 6.2-1　复输出的复混频上变频

若直接获得实上变频信号，则式(6.2-1)仅取实部即可得到：

$$s_I(t) = \mathrm{Re}(s_B(t)\exp(\mathrm{j}\omega_0 t)) = I(t)\cos(\omega_0 t) - Q(t)\sin(\omega_0 t) \tag{6.2-2}$$

其结构及频谱变换情况如图 6.2-2 所示。

这就构成了两路正交上变取和的结构。信号相乘后的滤波器为带通滤波器，选取所需要的和频或差频信号(另外一个信号作为镜像信号被滤除)，带通滤波可以在正交、同相路分别进行，也可以在和路后统一进行。

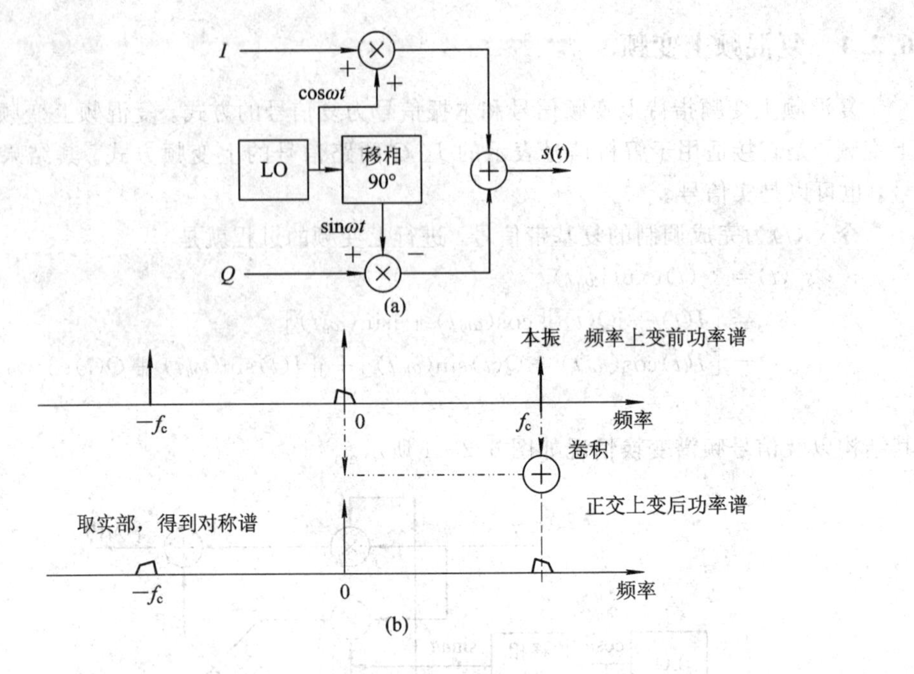


图 6.2-2　实输出的复混频上变频

## 6.2.2 实混频上变频

实混频上变频中，待上变频信号和本振信号均为实信号，其实现就是待上变频信号与本振信号相乘滤波，即

$$s(t) = s_{\mathrm{IF}}(t)\cos\omega_0 t \tag{6.2-3}$$

实混频结构及频谱变换情况如图 6.2-3 所示。

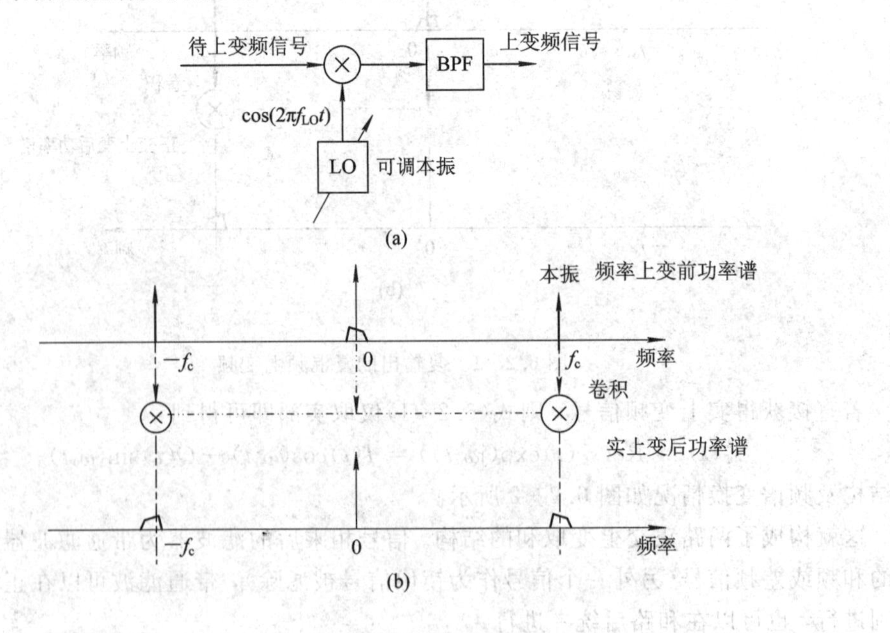


图 6.2-3　实混频上变频

### 6.2.3　内插带通上变频

对样点进行内插，频谱中不仅含有基带分量，而且还有频率大于 $\pi/L$ 的高频镜像分量。为了从中恢复原始频谱，则必须对内插后的信号进行低通滤波，滤波器通带为 $\pi/L$，但是如果采用带通滤波器滤出其镜像成分，可以获得上变频的作用。若需要获得 $m$ 倍镜像频率成分，则带通滤波器特性为

$$H_{\mathrm{BP}}(\omega)=\begin{cases}1, & \dfrac{(m-1)\pi}{L}\leqslant|\omega|\leqslant\dfrac{(m+1)\pi}{L}\\ 0, & 其他\end{cases} \tag{6.2-4}$$

其过程如图 6.2-4 所示。

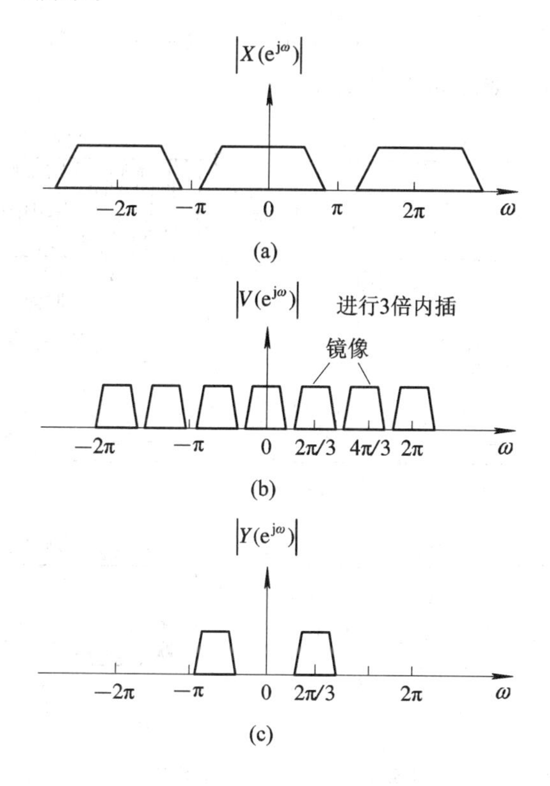


图 6.2-4　内插上变频过程

图 6.2-4(a)为原始信号频谱，图 6.2-4(b)为经过 3 倍内插后的信号频谱，图 6.2-4(c)为通过带通滤波器后形成上变频的信号频谱。

## 6.3　模拟信号调制

若基带信号为模拟信号，具有连续的信号状态，则调制称为模拟调制。根据 6.2 节的说明，调制完成信号映射形成基带信号，以及完成上变频形成射频信号。信号映射是最为重要的一环，下面给出基于正交调制的信号映射方法，上变频是通用的，不再说明。

### 6.3.1 AM 调制

令 $m(t)$为待调制基带信号，则 AM 调制信号为

$$\begin{aligned}f(t) &= [A+m(t)]\cos(2\pi ft+\varphi)\\ &= [A+m(t)]\cos(\varphi)\cos(2\pi ft)-[A+m(t)]\sin(\varphi)\sin(2\pi ft)\\ &= I(t)\cos(2\pi ft)-Q(t)\sin(2\pi ft)\end{aligned} \tag{6.3-1}$$

其中，

$$\begin{cases}I(t)=[A+m(t)]\cos\varphi\\ Q(t)=[A+m(t)]\sin\varphi\end{cases} \tag{6.3-2}$$

其基带信号为

$$s_{\mathrm{B}}(t)=I(t)+\mathrm{j}Q(t)=[A+m(t)]\mathrm{e}^{\mathrm{j}\varphi} \tag{6.3-3}$$

AM 调制波形变换图如图 6.3-1 所示。

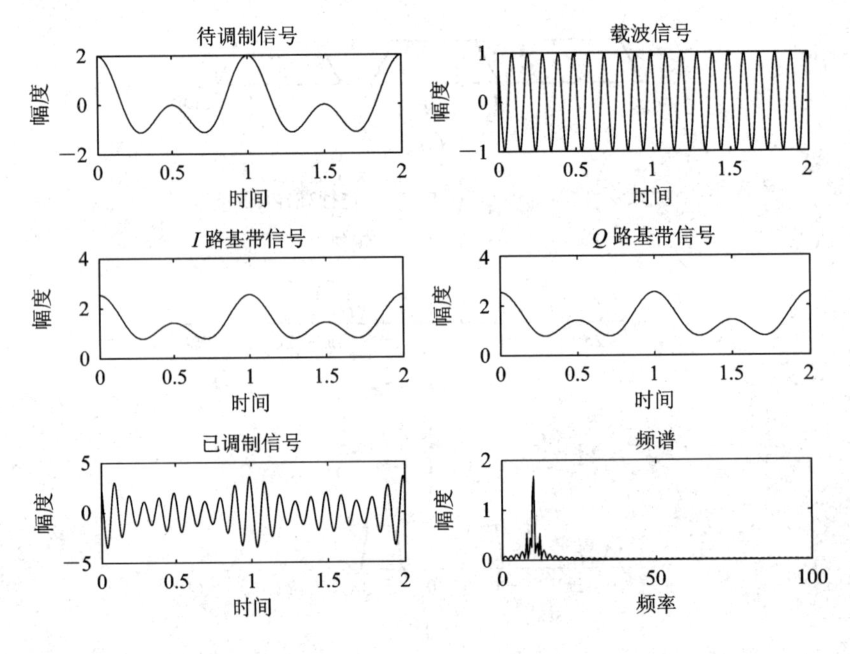


图 6.3-1　AM 调制波形变换图

### 6.3.2 DSB 调制

令 $m(t)$为待调制基带信号，则 DSB 调制信号为

$$\begin{aligned}f(t) &= m(t)\cos(2\pi ft+\varphi)\\ &= m(t)\cos(\varphi)\cos(2\pi ft)-m(t)\sin(\varphi)\sin(2\pi ft)\\ &= I(t)\cos(2\pi ft)-Q(t)\sin(2\pi ft)\end{aligned} \tag{6.3-4}$$

其中，

$$\begin{cases}I(t)=m(t)\cos\varphi\\ Q(t)=m(t)\sin\varphi\end{cases} \tag{6.3-5}$$

其基带信号为

$$s_B(t) = I(t) + jQ(t) = m(t)e^{-j\varphi} \tag{6.3-6}$$

DSB 调制波形变换图如图 6.3-2 所示。

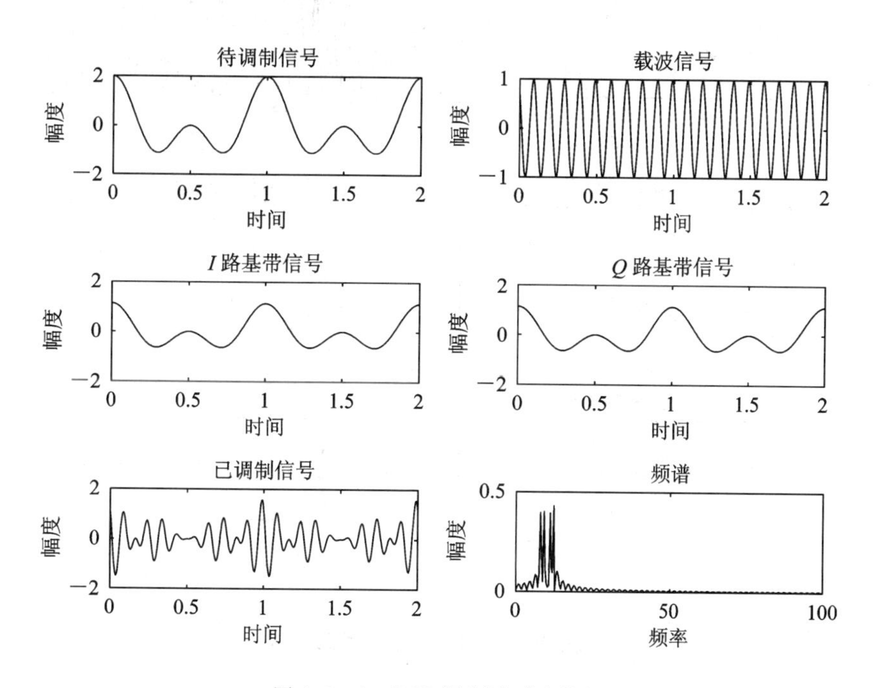


图 6.3-2　DSB 调制波形变换图

### 6.3.3　SSB 调制

令 $m(t)$ 为待调制基带信号，则 SSB 调制信号为

$$\begin{aligned} f(t) &= m(t)\cos(2\pi f_c t + \varphi) \mp \hat{m}(t)\sin(2\pi f_c t + \varphi) \\ &= [m(t)\cos(\varphi)\cos(2\pi f_c t) - m(t)\sin(\varphi)\sin(2\pi f_c t)] \mp \\ &\quad [\hat{m}(t)\sin(\varphi)\cos(2\pi f_c t) + \hat{m}(t)\cos(\varphi)\sin(2\pi f_c t)] \\ &= [m(t)\cos(\varphi) \mp \hat{m}(t)\sin(\varphi)]\cos(2\pi f_c t) - [m(t)\sin(\varphi) \pm \\ &\quad \hat{m}(t)\cos(\varphi)]\sin(2\pi f_c t) \end{aligned} \tag{6.3-7}$$

其中，$\hat{m}(t)$ 为 $m(t)$ 的 Hilbert 变换，上边带调制时，首式的第二项取“－”；下边带调制时，首式的第二项取“＋”，另外有

$$\begin{cases} I(t) = m(t)\cos\varphi \mp \hat{m}(t)\sin\varphi \\ Q(t) = m(t)\sin\varphi \pm \hat{m}(t)\cos\varphi \end{cases} \tag{6.3-8}$$

其基带信号为

$$\begin{aligned} s_B(t) &= I(t) + jQ(t) \\ &= [m(t)\cos\varphi \mp \hat{m}(t)\sin\varphi] + \\ &\quad j[m(t)\sin\varphi \pm \hat{m}(t)\cos\varphi] \end{aligned} \tag{6.3-9}$$

SSB 调制波形变换图如图 6.3-3 所示。

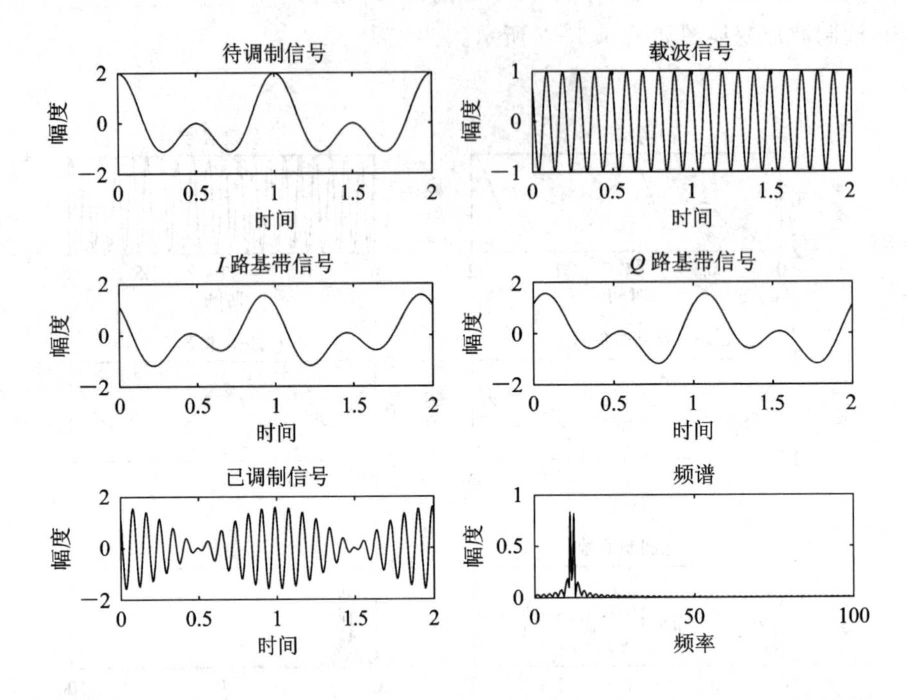


图 6.3-3　SSB 调制波形变换图

### 6.3.4　FM 调制

令 $m(t)$为待调制基带信号，FM 信号的瞬时频率与 $m(t)$成正比，则 FM 调制信号为

$$\begin{aligned} f(t) &= A\cos\left(2\pi f_c t + \int_{-\infty}^{t} k_f m(\tau)\mathrm{d}\tau\right) \\ &= A\cos\left(\int_{-\infty}^{t} k_f m(\tau)\mathrm{d}\tau\right)\cos(2\pi f_c t) - \\ &\quad A\sin\left(\int_{-\infty}^{t} k_f m(\tau)\mathrm{d}\tau\right)\sin(2\pi f_c t) \end{aligned} \tag{6.3-10}$$

其中，

$$\begin{cases} I(t) = A\cos\left(\int_{-\infty}^{t} k_f m(\tau)\mathrm{d}\tau\right) \\ Q(t) = A\sin\left(\int_{-\infty}^{t} k_f m(\tau)\mathrm{d}\tau\right) \end{cases} \tag{6.3-11}$$

其基带信号为

$$s_B(t) = I(t) + \mathrm{j}Q(t) = A\mathrm{e}^{\mathrm{j}\int_{-\infty}^{t} k_f m(\tau)\mathrm{d}\tau} \tag{6.3-12}$$

其中，瞬时频率与 $m(t)$的比值 $k_f$ 称为调频灵敏度，表示单位幅度待调制信号产生的角频率偏移量，单位为 rad/s・V，最大角频率偏移量与待调制信号频率的比值称为调频指数 $m_f$，也称为频偏比，如果 $m_f$ 远小于 1，则可以称为窄带调频。

FM 调制波形变换图如图 6.3-4 所示。

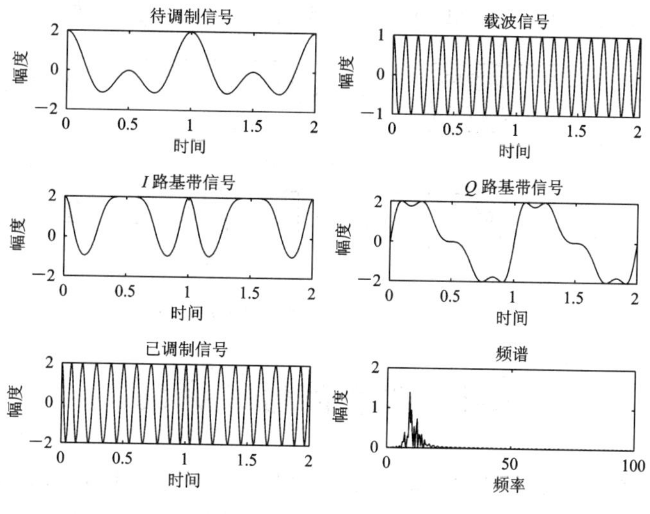


图 6.3-4　FM 调制波形变换图

### 6.3.5　PM 调制

令 $m(t)$为待调制基带信号，PM 信号的瞬时相位与 $m(t)$成正比，则 PM 调制信号为

$$\begin{aligned} f(t) &= A\cos(2\pi f_c t + k_p m(t)) \\ &= A\cos(k_p m(t))\cos(2\pi f_c t) - A\sin(k_p m(t))\sin(2\pi f_c t) \end{aligned} \tag{6.3-13}$$

其中，

$$\begin{cases} I(t) = A\cos(k_p m(t)) \\ Q(t) = A\sin(k_p m(t)) \end{cases} \tag{6.3-14}$$

其基带信号为

$$s_B(t) = I(t) + \mathrm{j}Q(t) = A\mathrm{e}^{\mathrm{j}k_p m(t)} \tag{6.3-15}$$

其中，$k_p$ 为调相灵敏度，表示单位幅度待调制信号产生的相位偏移量，单位为 rad/V，最大相位偏移量又称为调相指数 $m_p$。

PM 调制波形变换图如图 6.3-5 所示。

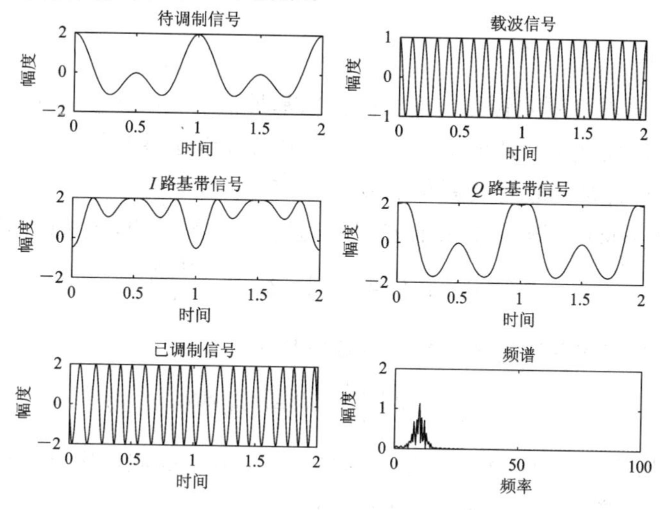


图 6.3-5　PM 调制波形变换图

从上面的推导也可以看出，FM 和 PM 具有相互转换的关系，如图 6.3－6 所示。

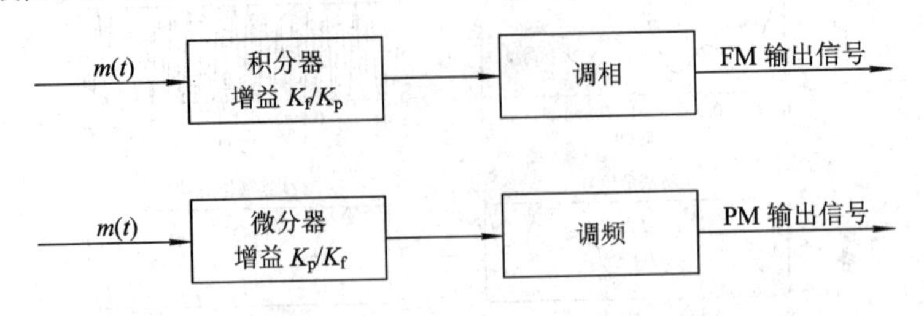


图 6.3－6　FM 与 PM 调制关系图

## 6.4　数字信号的调制

若待调制信号具有有限个状态，则调制称为数字调制。这样，若信号具有有限个幅度和相位，在信号空间中可以用有限个点描述。在具体实现时，意味着在一段时间内，某个用于调制的参数是保持不变的，这段时间就表示一个传输符号。在一个发射的符号区间范围内，数字信号 0、1 是不可能直接用于调制的，首先需要进行波形的调制或者成形，形成时间连续的模拟信号，而后才能进行常规的载波调制。

对于第 $k$ 个码元周期的信号，可以表示为

$$s_{Mk}(t) = A_k p(t - kT_B)\cos(2\pi f_c t + \varphi_k) \tag{6.4-1}$$

其中，$k$ 为整数；$A_k$ 表示幅度；$\varphi_k$ 表示初相位；$f_c$ 表示载波频率；$\omega_c$ 表示载波角频率；$T_B$ 为码元持续时间；$p(t)$ 为脉冲波形。

$$\begin{aligned} s_{Mk}(t) &= A_k p(t - kT_B)\cos\varphi_k \cos 2\pi f_c t - A_k p(t - kT_B)\sin\varphi_k \sin 2\pi f_c t \\ &= I_k \cos(2\pi f_c t) - Q_k \sin(2\pi f_c t) \end{aligned} \tag{6.4-2}$$

其中，

$$\begin{cases} I_k = A_k p(t - kT_B)\cos\varphi_k \\ Q_k = A_k p(t - kT_B)\sin\varphi_k \end{cases} \tag{6.4-3}$$

以下以具体调制信号为例进行说明。

### 6.4.1　脉冲成形

数字信号在传输前必须先转化为连续的模拟基带信号，在此之后才能进行进一步的调制发射输出。这个过程称为脉冲成形。数字信号可以看作是冲激脉冲，成形是通过成形滤波器的响应过程，脉冲成形也称为基带滤波。

最初的考虑就是将码元转换为具有有限时间宽度 $T$ 的脉冲，比如矩形脉冲：

$$p(t) = U\left(t + \frac{T_B}{2}\right) - U\left(t - \frac{T_B}{2}\right) \tag{6.4-4}$$

其中，$U(t)$ 为单位阶跃函数，矩形脉冲的频谱特性为

$$P(f) = T_B \frac{\sin(\pi T_B f)}{\pi T_B f} = T_B \mathrm{Sa}(\pi T_B f) \tag{6.4-5}$$

如图 6.4－1 所示，矩形脉冲频带的衰减性较差，其他时间有限脉冲也是如此，而后期的传输需要在带限信道中传输，显然是不合适的。

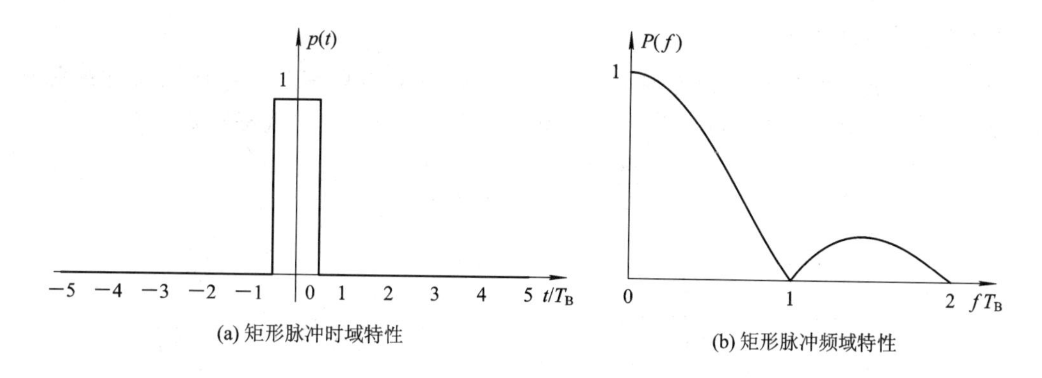


图 6.4-1　矩形脉冲

因此，需要从实际出发考虑频带受限条件下的传输。通过脉冲成形，达到以下重要目的：

(1) 实现对传输带宽的控制和限制；

(2) 实现无码间串扰的传输。

为此，脉冲成形通常要求该脉冲仅在本符号采样时刻有值，而在其他符号采样时刻为0，满足这一条件的脉冲称为奈奎斯特脉冲，即脉冲满足：

$$p(t)\mid_{t=kT_s}=\begin{cases}c, & k=0\\0, & k\text{为其他整数}\end{cases}\tag{6.4-6}$$

常见的奈奎斯特脉冲有Sinc、升余弦、根升余弦、高斯脉冲等。

**1. Sinc脉冲成形**

Sinc波形是采用理想低通滤波器作为成形滤波器，带宽为$B$，其时域、频域特性如下：

$$p(t)=\mathrm{Sa}\left(\frac{\pi}{T_B}t\right)=\frac{\sin\pi t/T_B}{\pi t/T_B}\tag{6.4-7}$$

$$P(f)=\begin{cases}T_B, & |f|\leqslant 1/2T_B\\0, & |f|>1/2T_B\end{cases}\tag{6.4-8}$$

Sinc脉冲的时域、频域特性如图6.4-2所示，这种脉冲符合Nyquist脉冲的要求，可以达到无码间串扰传输速度的极限，具有最高的频带利用率2 Baud(符号/秒)。因此，该脉冲所需要的带宽$1/2T_B$也称为Nyquist带宽$f_N$，相比较矩形脉冲优势明显，但是该脉冲拖尾衰减较慢，对同步要求高，而且重要的是，其成形采用理想低通滤波器，较难实现。

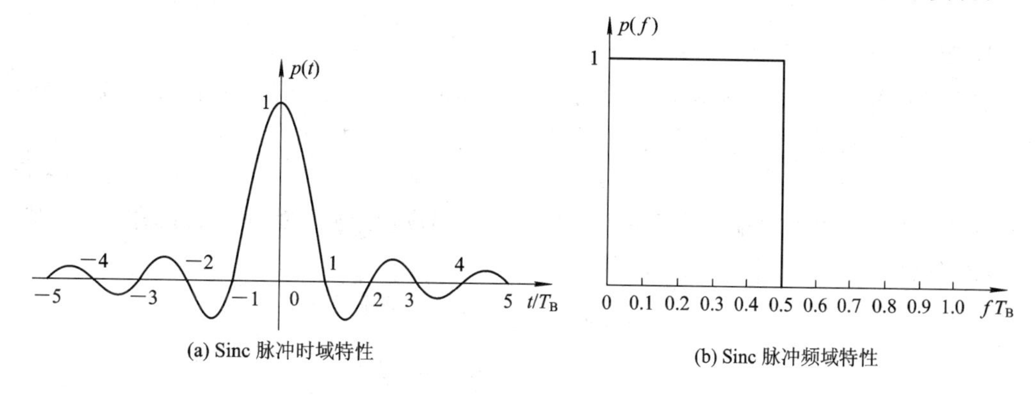


图 6.4-2　Sinc 脉冲

**2. 升余弦脉冲成形**

由于 Sinc 波形实现起来较为困难，所以在实际中采用具有升余弦频谱特性的脉冲，这类脉冲增大了对拖尾的衰减，放宽了带宽的要求，其时域、频域特性如下：

$$p(t)=\frac{\sin\pi t/T_B}{\pi t/T_B}\cdot\frac{\cos\beta\pi t/T_B}{1-(4\beta^2t^2/T_B{}^2)} \tag{6.4-9}$$

$$P(f)=\begin{cases}T_B, & 0\leqslant|f|\leqslant\dfrac{1-\beta}{2T_B}\\ \dfrac{T_B}{2}\left[1+\cos\left(\dfrac{\pi T_B}{\beta}\left(|f|-\dfrac{1-\beta}{2T_B}\right)\right)\right], & \dfrac{1-\beta}{2T_B}\leqslant|f|\leqslant\dfrac{1+\beta}{2T_B}\\ 0, & \dfrac{1+\beta}{2T_B}\leqslant|f|\end{cases} \tag{6.4-10}$$

这类脉冲的频谱相对于理想低通脉冲频谱宽度(Nyquist 带宽)有所扩展，为了描述这个扩展 $f_\Delta$，定义了滚降系数(指扩展带宽与理想低通滤波器带宽之比)，即

$$\beta=\frac{f_\Delta}{f_N}$$

其中 $0\leqslant\beta\leqslant1$。当 $\beta=0$ 时，即为理想低通矩形脉冲。

升余弦脉冲的时域、频域特性如图 6.4-3 所示。

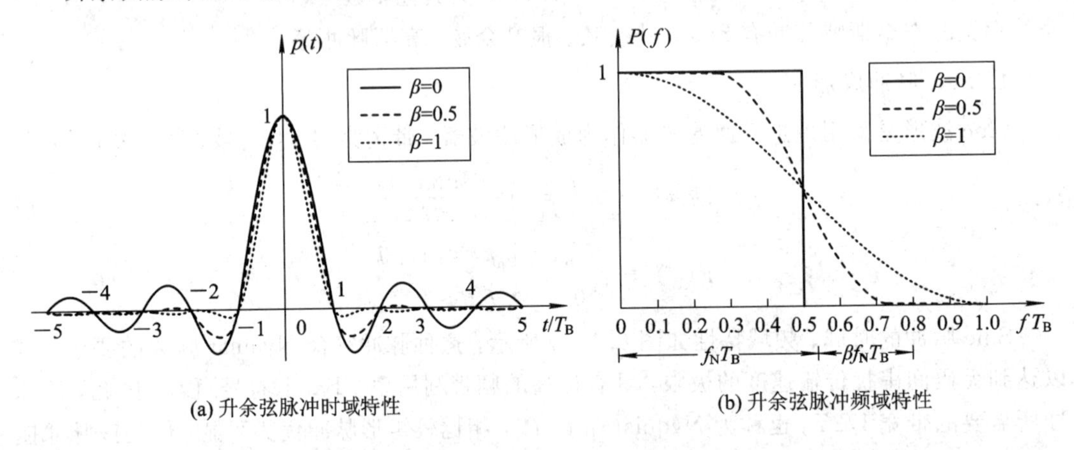


(a) 升余弦脉冲时域特性　　(b) 升余弦脉冲频域特性

图 6.4-3　升余弦脉冲

**3. 根升余弦脉冲成形**

需要注意的是，脉冲成形不仅仅是发射端需要考虑的，通常需要和接收端联合考虑，即令发射端滤波器特性为 $G_T(f)$，接收端特性为 $G_R(f)$，要求：

$$H(f)=G_T(f)\cdot G_R(f)=G^2(f) \tag{6.4-11}$$

则若总的脉冲滤波器脉冲响应为升余弦，那么发射端成形滤波器的响应为根升余弦，其时域、频域特性如下：

$$p(t)=\frac{4\beta}{\pi\sqrt{T_B}}\cdot\frac{\cos[(1+\beta)\pi t/T_B]+\dfrac{\sin[(1-\beta)\pi t/T_B]}{4\beta t/T_B}}{1-(4\beta t/T_B)^2} \tag{6.4-12}$$

$$P(f)=\begin{cases}\sqrt{T_{\mathrm{B}}}, & 0\leqslant|f|\leqslant\dfrac{1-\beta}{2T_{\mathrm{B}}}\\ \sqrt{\dfrac{T_{\mathrm{B}}}{2}\left[1+\cos\left(\dfrac{\pi T_{\mathrm{B}}}{\beta}\left(|f|-\dfrac{1-\beta}{2T_{\mathrm{B}}}\right)\right)\right]}, & \dfrac{1-\beta}{2T_{\mathrm{B}}}\leqslant|f|\leqslant\dfrac{1+\beta}{2T_{\mathrm{B}}}\\ 0, & \dfrac{1+\beta}{2T_{\mathrm{B}}}\leqslant|f|\end{cases}\tag{6.4-13}$$

根升余弦脉冲的时域、频域特性如图 6.4－4 所示。

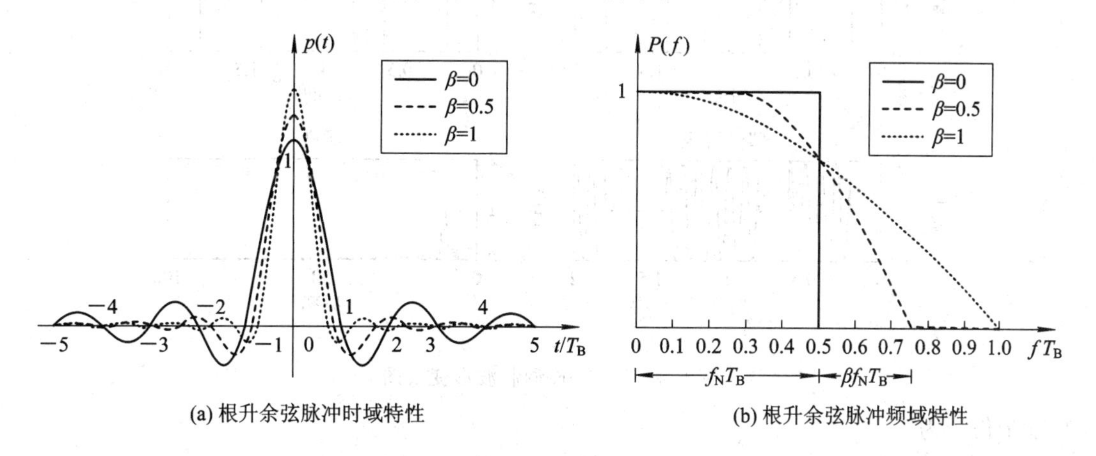


图 6.4－4　根升余弦脉冲

除了上述采用单个脉冲成形的方式外，还有一种采用相关编码，使用连续两个或两个以上码字进行编码以及脉冲成形的方式，称为部分响应波形(即不是单个响应)。该类波形可以达到最高的 Nyquist 速率，这里不作介绍。

## 6.4.2　ASK 调制

当 $\varphi_k$ 为常量(为简单起见可取 0)，$A_k$ 有多种取值时，为 ASK 调制信号，即

$$\begin{cases}I_k=A_kp(t-kT_{\mathrm{B}})\cos\varphi\\ Q_k=A_kp(t-kT_{\mathrm{B}})\sin\varphi\end{cases}\tag{6.4-14}$$

其基带信号为

$$s_{\mathrm{B}}(t)=I(t)+\mathrm{j}Q(t)=A_kp(t-kT_{\mathrm{B}})\mathrm{e}^{\mathrm{j}\varphi}\tag{6.4-15}$$

若幅度 $A_k$ 有 $M$ 种取值，称为 MASK，最简单的为 2ASK，即幅度有两种取值 0 及 $A$。ASK 调制波形变换图如图 6.4－5 所示。

## 6.4.3　PSK 调制

当 $A_k$ 为常量(不为 0)，$\varphi_k$ 有多种取值时，为 PSK 调制信号。为了保证性能最佳，$\varphi_k$ 在 0 到 $2\pi$ 范围内均匀取值，即

$$\begin{cases}I_k=Ap(t-kT_{\mathrm{B}})\cos\varphi_k\\ Q_k=Ap(t-kT_{\mathrm{B}})\sin\varphi_k\end{cases}\tag{6.4-16}$$

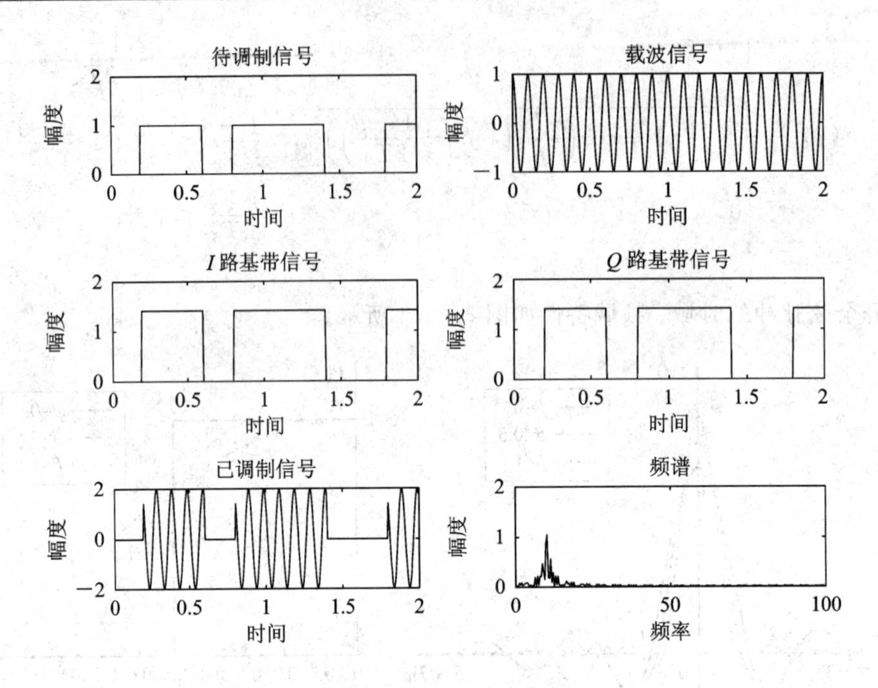


图 6.4-5　ASK 调制波形变换图

其基带信号为

$$s_{\mathrm{B}}(t)=I(t)+\mathrm{j}Q(t)=Ap(t-kT_{\mathrm{B}})\mathrm{e}^{\mathrm{j}\varphi_k} \tag{6.4-17}$$

若 $\varphi_k$ 有 $M$ 种取值，称为 MPSK 调制，最简单的为 2PSK，常见的有 QPSK、8PSK 等。PSK 调制波形变换图如图 6.4-6 所示。

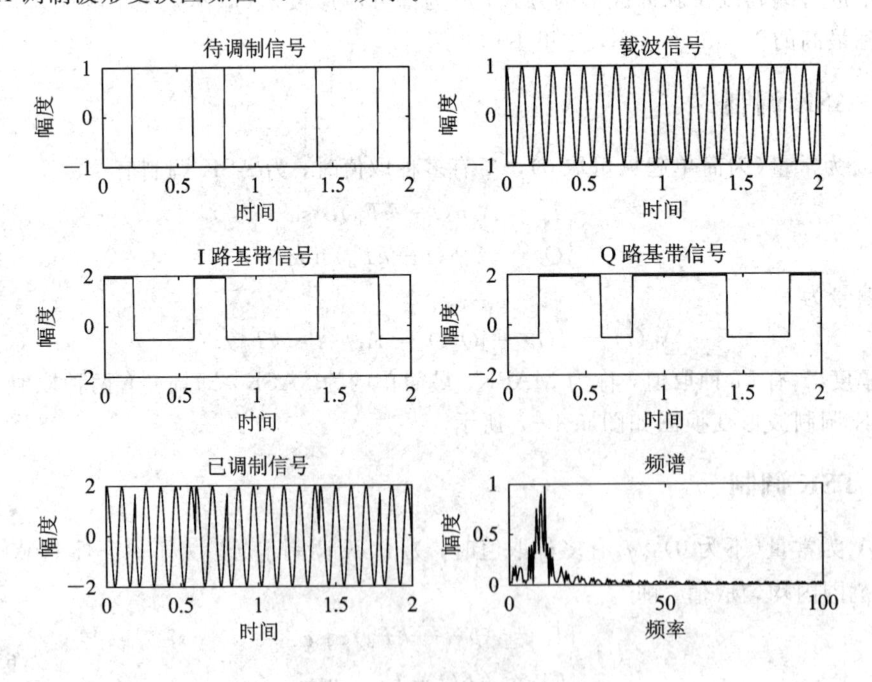


图 6.4-6　PSK 调制波形变换图

### 6.4.4 QAM(正交幅度调制)

QAM 称为正交幅度调制(Quadrature Amplitude Modulation)，其本身即包含两路基带信号，分别对两路正交的载波信号进行 ASK 调制，并取和后获得。其调制出发点与前面所述的正交调制出发点是完全相同的，即当 $A_k$ 和 $\varphi_k$ 可以有多种取值时，可称为 QAM。

$$\begin{cases} I_k = A_k p(t-kT_B)\cos\varphi_k \\ Q_k = A_k p(t-kT_B)\sin\varphi_k \end{cases} \tag{6.4-18}$$

其基带信号为

$$s_B(t) = I(t) + jQ(t) = A_k p(t-kT_B)e^{j\varphi_k} \tag{6.4-19}$$

根据信号星座点的数目 $M$，可称为 MQAM，如 16QAM、64QAM 等。QAM 波形变换示意图如图 6.4-7 所示。

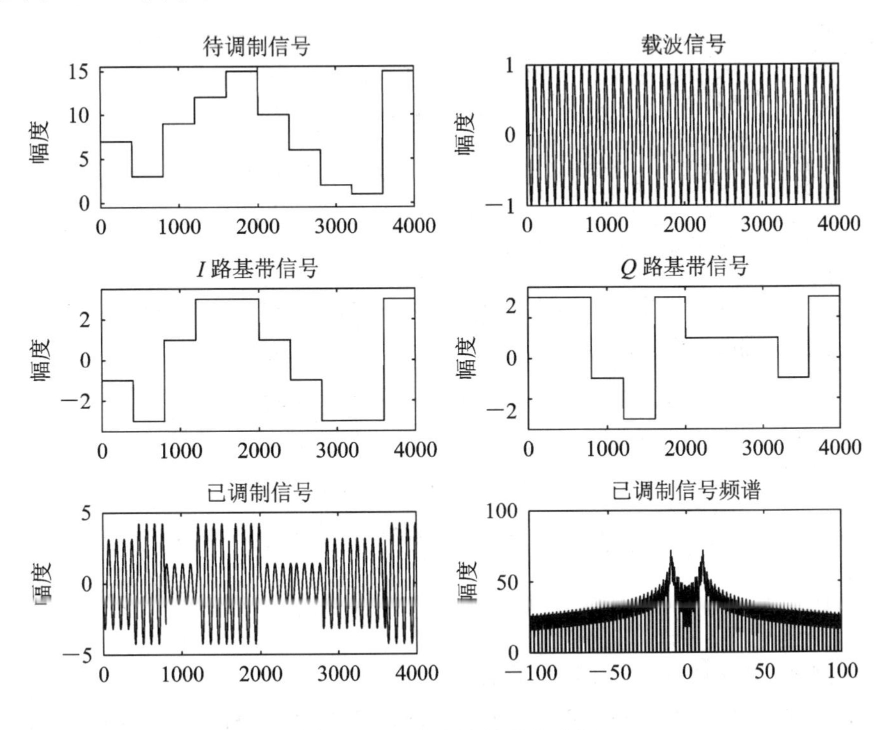


图 6.4-7　QAM 波形变换图

### 6.4.5 FSK 调制

FSK 相对比较特殊，因为载波频率是变化的，相对于参考的本地载波存在着频率差，所以相对相位将处于连续变化状态，星座图不会存在固定点。为简单起见，以二进制待调制序列$\{a_k\}(a_k=\pm1)$为例进行说明，其第 $k(k\geqslant0)$个码元的波形表示如下：

$$s_{Mk}(t) = A_k p(t-kT_B)\cos(2\pi f_c t + a_k 2\pi\Delta f(t-kT_B) + \varphi_k),\quad kT_B \leqslant t \leqslant (k+1)T_B \tag{6.4-20}$$

其中，第 $k$ 个码元初相位为 $\varphi_k$，$\Delta f$ 为传输符号速率与参考载波的频率差，为了保持频率之间的正交性，要求传输符号 0 频率 $f_0$ 和符号 1 频率 $f_1$ 之间的频率差与传输符号速率 $f_B$ 有关。如果载波初始相位不确定，频率差为传输符号速率 $f_B$ 的整数倍；如果载波初始相位确定且相等，频率差为传输符号速率 $f_B$ 一半的整数倍，即

$$f_0 - f_1 = 2\Delta f = \begin{cases} mf_B, & \varphi_0、\varphi_1 \text{ 任意}, m \text{ 为正整数} \\ \dfrac{1}{2}mf_B, & \varphi_0、\varphi_1 \text{ 确定且相等}, m \text{ 为正整数} \end{cases} \tag{6.4-21}$$

因为前者满足后者条件，即认为

$$f_0 - f_1 = 2\Delta f = \frac{1}{2}mf_B, m \text{ 为正整数} \tag{6.4-22}$$

考虑到 FSK 调制信号幅度是恒定的，波形为矩形，式(6.4-20)可以直接简化为

$$s_{Mk}(t) = \cos(2\pi f_c t + a_k 2\pi\Delta f(t - kT_B) + \varphi_k), \quad kT_B \leqslant t \leqslant (k+1)T_B \tag{6.4-23}$$

进行分解，有

$$\begin{aligned} s_{Mk}(t) &= \cos(2\pi f_c t + a_k 2\pi\Delta f(t - kT_B) + \varphi_k) \\ &= \cos(a_k 2\pi\Delta f(t - kT_B) + \varphi_k)\cos 2\pi f_c t - \\ &\quad \sin(a_k 2\pi\Delta f(t - kT_B) + \varphi_k)\sin 2\pi f_c t \end{aligned} \tag{6.4-24}$$

这样，有

$$\begin{aligned} I_k &= \cos(a_k 2\pi\Delta f(t - kT_B) + \varphi_k) \\ &= \cos(a_k 2\pi\Delta f(t - kT_B))\cos\varphi_k - \sin(a_k 2\pi\Delta f(t - kT_B))\sin\varphi_k \\ Q_k &= \sin(a_k 2\pi\Delta f(t - kT_B) + \varphi_k) \\ &= \sin(a_k 2\pi\Delta f(t - kT_B))\cos\varphi_k + \cos(a_k 2\pi\Delta f(t - kT_B))\sin\varphi_k \end{aligned} \tag{6.4-25}$$

如果不考虑相位连续性，简单起见令 $\varphi_k$ 为 0，有

$$\begin{cases} I_k = \cos(a_k 2\pi\Delta f(t - kT_B)) \\ Q_k = \sin(a_k 2\pi\Delta f(t - kT_B)) \end{cases} \tag{6.4-26}$$

其基带信号为

$$s_B(t) = I(t) + jQ(t) = e^{ja_k 2\pi\Delta f(t - kT_B)} \tag{6.4-27}$$

FSK 调制波形变换图如图 6.4-8 所示。

从图 6.4-8 可以看到，由于调制采用了不同的频率源(2FSK 有 $\pm\Delta f$)，波形出现明显的变换点，这将造成明显的带外扩展，为了提高性能，要求波形变换点处波形(相位)连续，采用仅需要一个频率源的 IQ 调制是非常重要的。为此，则要求前一码元末尾相位等于后一码元开始相位(相位连续则波形连续，由于参考载波远大于频率差，则相位的更新方向不会发生变化，即不会出现波形的突变，但变换点不可导，因为在连接点处两者的斜率不同)，有

$$\begin{aligned} s_{Mk}(t) &= \cos(2\pi f_c t + a_k 2\pi\Delta f(t - kT_B) + \varphi_k) \\ &= \cos(2\pi f_c t + 2\pi a_k \Delta f t - a_k 2\pi\Delta f k T_B + \varphi_k) \\ &= \cos\left(2\pi f_c t + 2\pi a_k \Delta f t - k a_k \frac{m\pi}{2} + \varphi_k\right) \end{aligned} \tag{6.4-28}$$

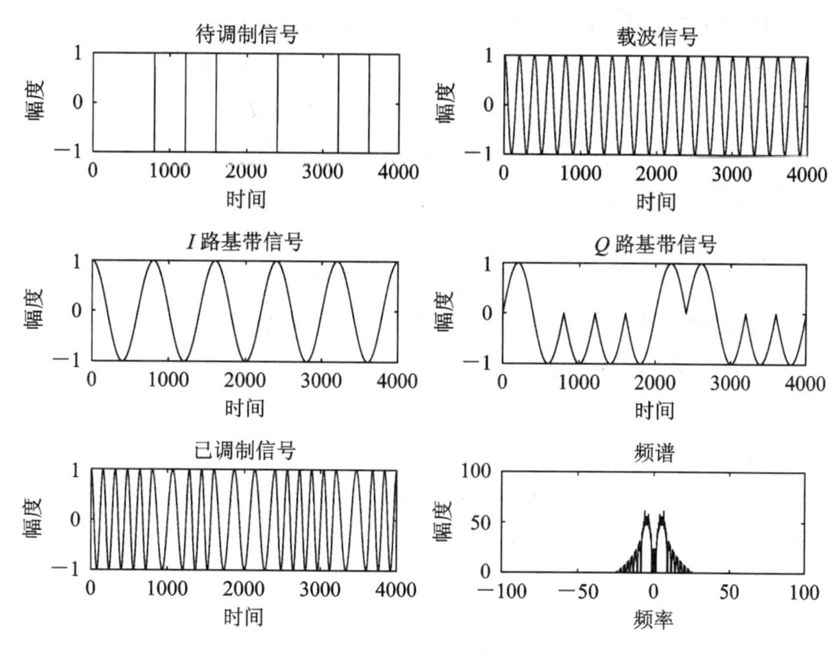


图 6.4-8　FSK 调制波形变换图(相位不连续，没有双峰)

令

$$\begin{aligned}\Phi_k &= -ka_k\frac{m\pi}{2}+\varphi_k = -ka_k\frac{m\pi}{2}+\varphi_{k-1}+a_{k-1}\frac{m\pi}{2}\\ &= -ka_k\frac{m\pi}{2}+\varphi_{k-1}+a_{k-1}\frac{m\pi}{2}\\ &= -(k-1)a_{k-1}\frac{m\pi}{2}+\varphi_{k-1}+ka_{k-1}\frac{m\pi}{2}-ka_k\frac{m\pi}{2}\\ &= \Phi_{k-1}+k\frac{m\pi}{2}(a_{k-1}-a_k)\end{aligned} \tag{6.4-29}$$

清楚看到，$\Phi_k$取值与 $k$、$m$ 以及前后序列的变化情况密切相关，具体分析如下，

(1) 若频率差为速率差一半的奇数倍，即 $m$ 为奇数，有

$$\Phi_k=\begin{cases}\Phi_{k-1}\pm m\pi, & a_k\neq a_{k-1}, k\text{ 为奇数}\\ \Phi_{k-1}, & \text{其他}\end{cases} \tag{6.4-30}$$

这样

$$\begin{aligned}s_{Mk}(t) &= \cos(2\pi f_c t+2\pi a_k\Delta ft+\Phi_k)\\ &= \cos(2\pi f_c t)\cos(2\pi a_k\Delta ft+\Phi_k)-\sin(2\pi f_c t)\sin(2\pi a_k\Delta ft+\Phi_k)\end{aligned} \tag{6.4-31}$$

假定 $\Phi_0=0$，有

$$\begin{aligned}\cos(2\pi a_k\Delta ft+\Phi_k) &= \cos(2\pi a_k\Delta ft)\cos\Phi_k-\sin(2\pi a_k\Delta ft)\sin\Phi_k\\ &= \cos(2\pi a_k\Delta ft)\cos\Phi_k\\ &= d_{I,k}\cos(2\pi\Delta ft)\end{aligned} \tag{6.4-31}$$

$$d_{I,k}=\cos\Phi_k$$

对 $d_{I,k}$进行分析，有

$$d_{I,k}=\cos\Phi_k=\begin{cases}-d_{I,k-1}, & a_k\neq a_{k-1}, k\text{ 为奇数}\\ d_{I,k-1}, & \text{其他}\end{cases} \tag{6.4-33}$$

$d_{I,k}$是$\{a_k\}$序列中奇数位符号与前一个符号差分编码后的结果。

$$\begin{aligned}\sin(2\pi a_k \Delta f t + \Phi_k) &= \sin(2\pi a_k \Delta f t)\cos\Phi_k + \cos(2\pi a_k \Delta f t)\sin\Phi_k \\ &= \cos\Phi_k a_k \sin(2\pi \Delta f t) = d_{Q,k}\sin(2\pi\Delta f t)\end{aligned} \tag{6.4-34}$$

$$d_{Q,k} = \cos\Phi_k a_k = d_{I,k} a_k$$

对$d_{Q,k}$进行分析，有

$$d_{Q,k} = a_k\cos\Phi_k = \begin{cases} -d_{I,k-1}, & a_k \neq a_{k-1}\text{，}k\text{ 为偶数} \\ d_{I,k-1}, & \text{其他} \end{cases} \tag{6.4-35}$$

$d_{Q,k}$是$\{a_k\}$序列中偶数位符号与前一个符号差分编码后的结果。可得

$$s_{Mk}(t) = d_{I,k}\cos(2\pi\Delta f t)\cos(2\pi f_c t) - d_{Q,k}\sin(2\pi\Delta f t)\sin(2\pi f_c t) \tag{6.4-36}$$

其中，

$$\begin{cases} I_k = d_{I,k}\cos(2\pi\Delta f t) \\ Q_k = d_{Q,k}\sin(2\pi\Delta f t) \end{cases} \tag{6.4-37}$$

其基带信号为

$$s_B(t) = I(t) + jQ(t) = d_{I,k}\cos(2\pi\Delta f t) + j d_{Q,k}\sin(2\pi\Delta f t) \tag{6.4-38}$$

在此情况下，FSK 调制过程如图 6.4-9 所示。

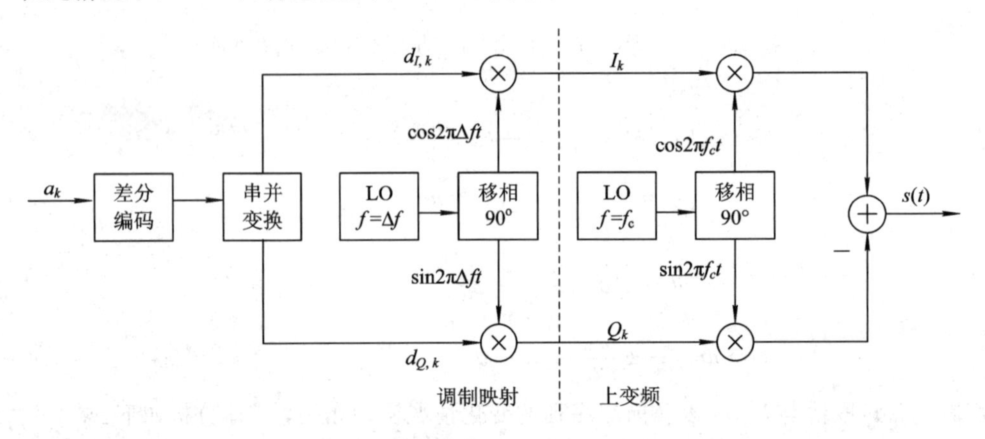


图 6.4-9　FSK 调制过程(相位连续，$m$ 为奇数)

(2) 若频率差为速率差一半的偶数倍，即 $m$ 为偶数，有

$$\Phi_k = \begin{cases} \Phi_{k-1} \pm 2\pi, & a_k \neq a_{k-1} \\ \Phi_{k-1}, & \text{其他} \end{cases} \tag{6.4-39}$$

$$\begin{aligned} s_{Mk}(t) &= \cos(2\pi f_c t + 2\pi a_k \Delta f t + \Phi_k) \\ &= \cos(2\pi f_c t)\cos(2\pi a_k \Delta f t) - \sin(2\pi f_c t)\sin(2\pi a_k \Delta f t) \\ &= \cos(2\pi f_c t)\cos(2\pi\Delta f t) - \sin(2\pi f_c t) a_k \sin(2\pi\Delta f t) \end{aligned} \tag{6.4-40}$$

其中

$$\begin{cases} I_k = \cos(2\pi\Delta f t) \\ Q_k = a_k \sin(2\pi\Delta f t) \end{cases} \tag{6.4-41}$$

其基带信号为

$$s_B(t) = I(t) + jQ(t) = \cos(2\pi\Delta f t) + j a_k \sin(2\pi\Delta f t) \tag{6.4-42}$$

在此情况下，FSK 调制过程如图 6.4-10 所示。

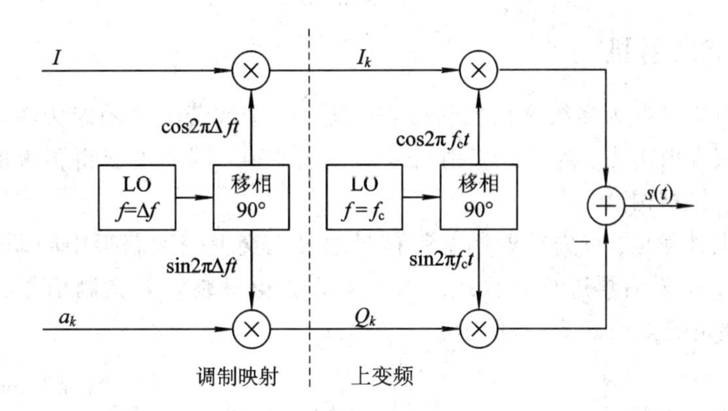


图 6.4-10 FSK 调制过程(相位连续，$m$ 为偶数)

FSK 调制波形变换图如图 6.4-11 所示。

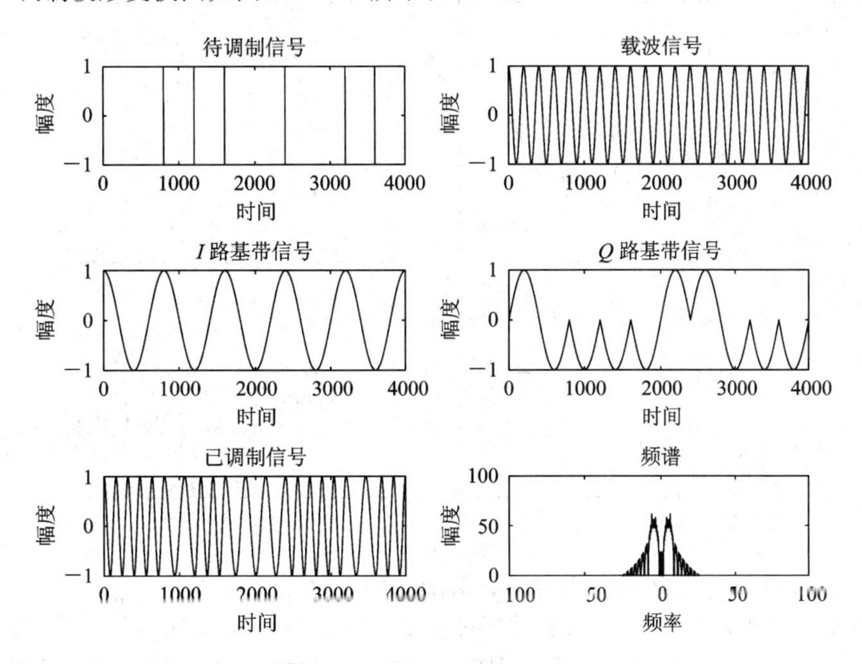


图 6.4-11 FSK 调制波形变换图(相位连续)

## 6.5 发射机结构

发射机是一类无线设备，它可以产生无线电波并输出至天线进行辐射。发射机是完成发射信号调制、上变频、功率放大等所有功能的设备组合，发射机完成了波形的构建以及功率的管理控制。

通常而言，发射机的各项功能是通过多次变频完成的。基带频率到射频频率之间存在一个或多个中间频率，简称中频，可以通过中频的情况来区分发射机结构。

发射机主要分为外差式发射机(高中频)、零中频发射机、低中频发射机、宽中频发射机、信道化发射机等。

### 6.5.1　外差式发射机

外差式发射机又称为多级变换发射机，它具有一个或若干个固定中频，而后再从中频进行上变频调制发射出去。外差式发射机采用多级变换，因此可获得很大的发射增益，是较为主流的发射机结构。

其具体实现过程是，首先待调制基带信号通过正交上变频获得中频调制信号(因为基带信号为复信号)，而后再进行一级或多级上变频获得最终射频调制信号。以两级上变频为例，频谱变化情况如图 6.5-1 所示。

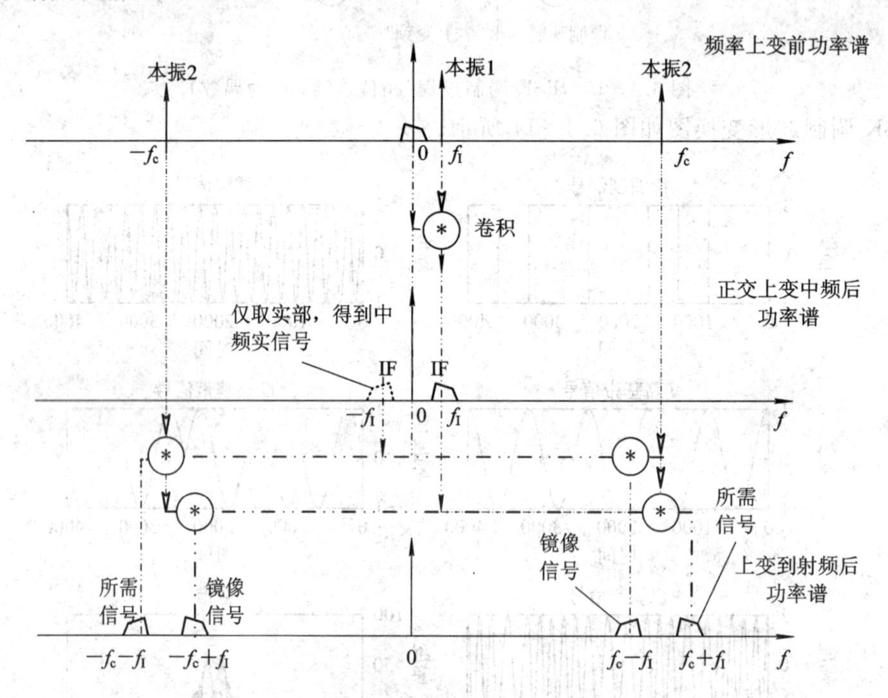


图 6.5-1　外差式发射机镜像信号产生示意图

如图 6.5-1 所示，首先，基带信号通过正交上变频获得中频调制信号，该信号通常取实部得到实中频信号，在此基础上进行实混频上变频将信号搬移到射频。注意，从图中可以清楚看到这种发射机工作时会产生镜像信号，镜像信号与所需信号之间间隔两倍的中频。

具体实现时获得中频的方式有两种，即模拟中频方式和数字中频方式。两者的差异在于本振信号的产生，模拟中频方式的本振是通过模拟振荡器产生的，数字中频方式的本振是通过数控振荡器(NCO)产生的，由于 NCO 的性能良好，所以采用数字中频方式结构是较为理想的。这种结构仅采用一个 DAC，只不过增加了中频滤波单元。另外 NCO 可以在数控情况下实现快速的频率跳变。

下面介绍两种外差式发射机结构。

**1. 模拟中频发射机**

在采用模拟中频的外差式发射机中，数字基带 $I/Q$ 信号经过 DAC 变换成模拟 $I/Q$ 信号，模拟 $I/Q$ 信号经过模拟低通滤波器滤波后，分别与正交的两路本振信号混频后进行叠加，转变成模拟中频调制信号。模拟中频调制信号经过中频滤波器后与射频本振混频，转换成射频调制信号。最后射频调制信号经过功率放大器、射频滤波器后，通过天线发射出去。

这种结构中需要两个 DAC，如图 6.5－2 所示。在大多数应用中 DAC 工作在基带，速率较低，而 DAC 在低速率情况下一般具有高的 SFDR 特性，而且功耗较低，可以有余量进一步内插，以降低后级滤波器的难度。

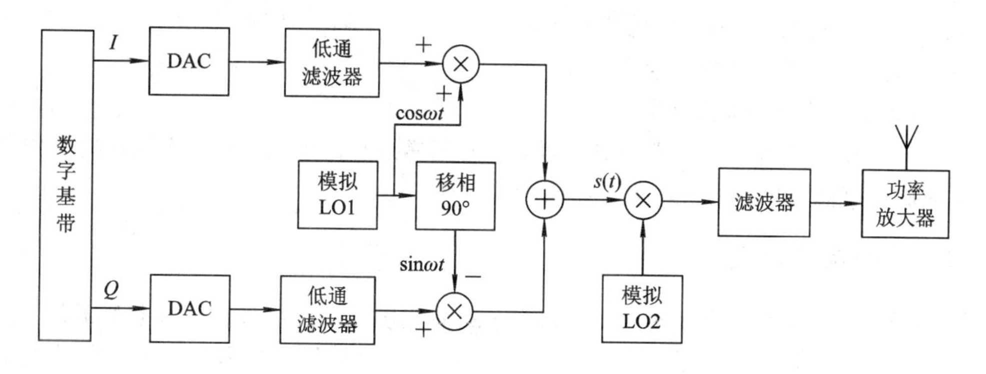


图 6.5－2　模拟中频外差式发射机结构

**2. 数字中频发射机**

在数字中频发射机中，来自基带处理器的基带 $I/Q$ 信号经过数字滤波器进行数字信号处理后，分别与正交的两路中频信号混频后叠加，转变为数字中频信号，然后通过 DAC 转换成模拟调制信号。中频模拟信号经过中频滤波器后与射频本振混频转换成射频调制信号。最后，射频调制信号通过功率放大器、射频滤波器后通过天线发射。

数字中频发射机结构是对模拟中频外差式发射机的改进，改进表现为：一是数字中频发射机的前端是宽带收发信机前端，处理信号带宽大，动态范围大，可扩展性好；二是数字中频发射机在中频实现数模转换，可以减少模拟环节，使前端引入的噪声更少，信号失真更少，电路更简洁。同时这些改进对射频器件、数模转换器和数字信号处理部分提出了更高的要求。

数字中频外差式发射机结构如图 6.5－3 所示，其中 DAC 的数量仅有一个，但中频的频率范围约为数十兆赫兹，这需由 DAC 产生，因此对 DAC 性能的要求更为严格，且同样需要较高的 SFDR 等性能。

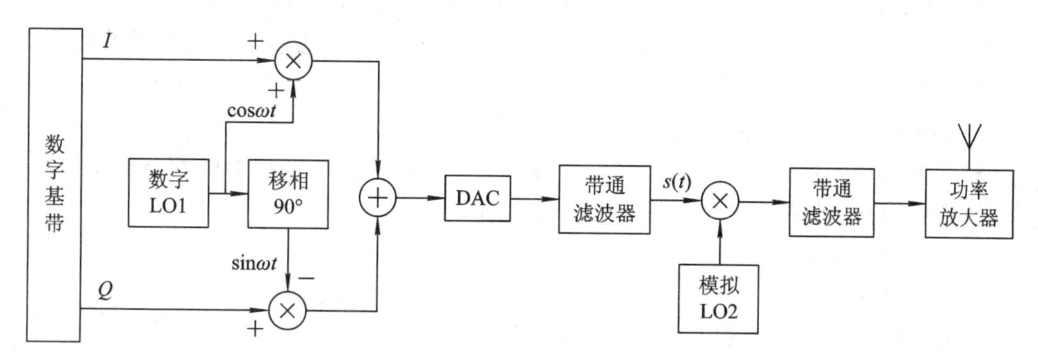


图 6.5－3　数字中频外差式发射机结构

总体上讲，外差式发射机结构具有以下优点：

• 发射的射频信号由复信号转换为实信号是在固定的本地振荡器频率上实现的，因此本地振荡器仅需要在单一频率上进行相位正交和幅度平衡，比较容易实现，而且可以通过数字信号处理器用数字的方法实现。

• 整个系统性能良好。

同时，外差式发射机的缺点也非常明显：

• 需要多级变换，系统复杂度较高。

• 需要至少两个本地振荡器。

• 为了抑制镜像频率，需要设计滤波器，且通常进行高中频设计，需要特定的中频滤波器，因此不可能在单片上实现该种结构的接收机。

## 6.5.2　零中频发射机

零中频发射机又称为直接变换发射机，它能够直接将基带信号搬移到射频载频，具体实现过程就是将复基带信号通过正交变频器直接上变频至射频信号。频谱变化情况如图6.5－4所示。

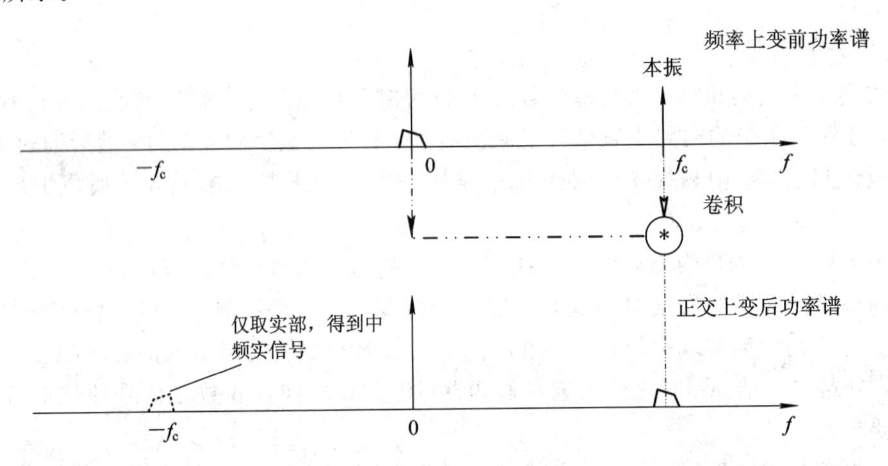


图 6.5－4　零中频发射机频谱

零中频发射机的突出优点是没有中频，不需要中频放大、滤波、变频等电路，系统层次少，复杂度低，适合集成实现。由于没有中频，因此镜像信号与所需信号是完全重合的，对滤波器的需求大为简化，甚至可以不需要滤波器，从而极大地减小了发射机的体积、重量、功耗和成本。

但这项技术也存在很多缺点：

• 在使用频率范围内，本地振荡器需要保证相位正交和幅度均衡的两路输出；另外，I、Q两路的增益和相位也需要均衡。

• 有直流偏移失真。

• 需要宽带混频器。

• 功放线性化电路需要工作在整个宽的频带内。

• 本地振荡器产生的本振信号会通过天线泄漏出去。

• 零中频发射机只有一级APC（自动功率控制），因此动态范围相对较小。

根据本振的情况，零中频发射机可以分为模拟正交直接变换发射机和数字正交直接变换发射机。

**1. 模拟正交直接变换发射机**

模拟正交直接变换发射机是常规外差发射机的改进，模拟射频部分与超外差发射机相同，不同的是省去了模拟中频级的处理，直接进行上变频。在这种发射机中，数字基带 $I/Q$ 信号经过 DAC 转换成模拟 $I/Q$ 信号，该 DAC 的采样速率按照输出带宽的 Nyquist 速率设置，模拟 $I/Q$ 信号经模拟低通滤波器滤波后，分别与正交的两路射频载波信号混频，而后进行叠加，转换成模拟射频调制信号。

滤波器的作用类同于接收机中的滤波器，都用于滤除镜像信号，DAC 后面的低通滤波器用于滤除 DAC 产生的镜像信号。发射机结构如图 6.5－5 所示。

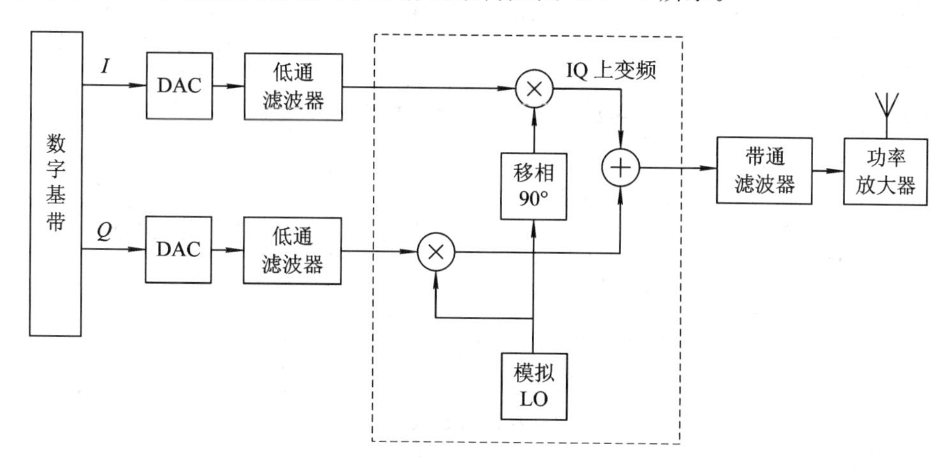


图 6.5－5　模拟正交直接变换发射机结构

本地振荡器通常采用两种方式产生：

一种是先倍频然后分路，首先产生两倍于本振的频率，然后除以 2，产生两路正交本振信号。另一种是采用 90°宽带移相器产生正交信号。

这种发射机结构的缺点是：由于采用模拟本振，因此在使用频率范围内，本地振荡器需要保证相位正交和幅度均衡的两路输出较为困难。

**2. 数字正交直接变换发射机**

数字正交直接变换发射机也称为直接射频 DAC 发射机。前面介绍的发射机结构都需要使用本地模拟振荡器，如果采用数字本振，则 DAC 的输出即为可输出的射频信号，那么发射机的结构将更为简单，更加符合软件无线电的需求。根据 DAC 所处的位置，这种发射机一般有两种结构形式，即单 DAC 结构和双 DAC 结构。

单 DAC 结构的发射机如图 6.5－6 所示。由数字信号处理器输出已调的正交基带输出信号，采用数控振荡器(NCO)进行正交上变频，并合并输出数字实信号，随后采用射频 DAC 直接形成模拟射频信号，通过带通滤波器并放大输出。系统的模拟部分完成的工作仅有带通滤波和功率放大。

双 DAC 结构的发射机如图 6.5－7 所示。其结构整体上与单 DAC 类似，只不过 D/A 转换在正交两路分别完成，形成两路正交模拟信号，然后相加输出。

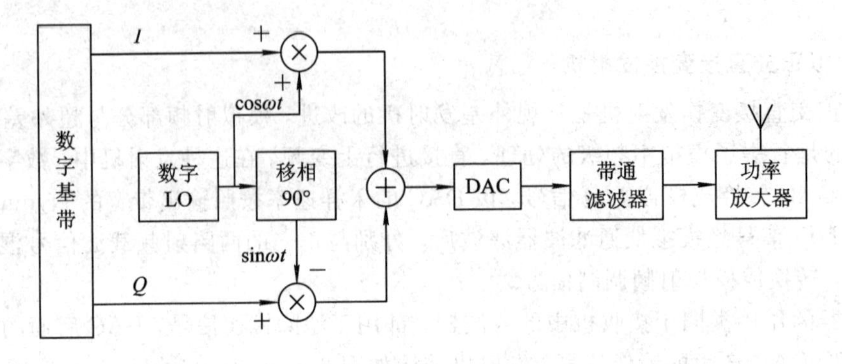


图 6.5-6　单 DAC 的数字正交直接变换发射机结构

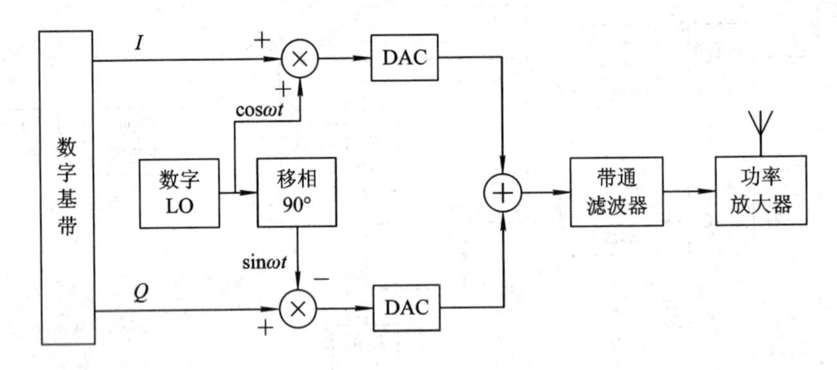


图 6.5-7　双射频 DAC 的发射机

**3. 影响性能的几个因素**

1）本振信号泄漏发射

由于零中频发射机的本振频率就是输出载波频率，因此本振信号很容易泄漏出去，会在输出频谱的中心位置产生干扰辐射。这个信号是不能被滤波器滤除的。本振泄漏一方面占用了发射机功率，降低了发射效率，同时单峰本振谱线会形成强干扰或特殊的示标信号。另外，如果接收端是零中频接收机，则会造成直流失调，如图 6.5-8 所示。

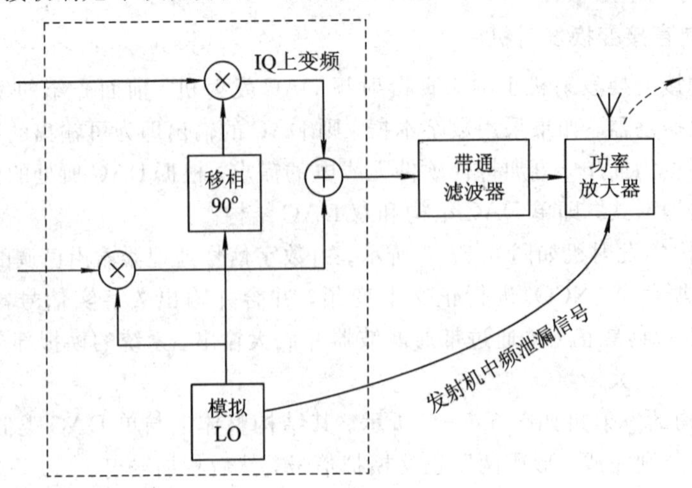


图 6.5-8　本振信号泄漏发射示意图

本振泄漏的产生有三个原因：

(1) 本振与射频端口之间隔离度不好；

(2) 在混频器中由于中频自混频而产生直流分量，该分量与本振相乘后输出；

(3) 在混频器输入端出现直流偏移。

所有这些原因所产生的本振泄漏的影响都是相同的，因此可以用一种方式予以补偿。因为DAC产生的直流泄漏会在混频中产生本振泄漏，因此输入一个相应的补偿用的直流泄漏就可以消除中频泄漏，这个补偿用的直流分量同样需要从发射数据中计算得到。这种发射机的结构如图6.5-9所示。另外，对于混频器输入端出现的直流偏移可以通过电容耦合滤除。

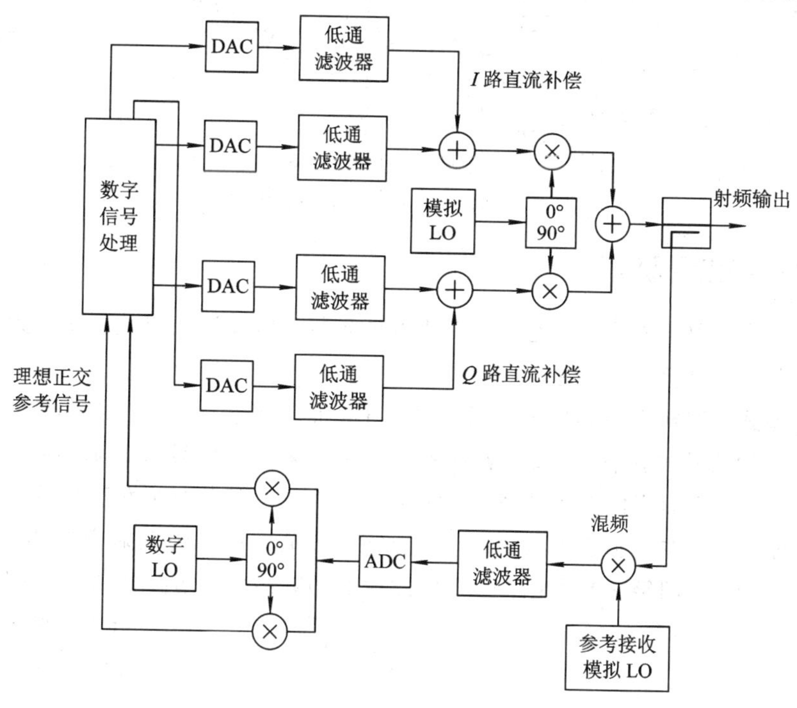


图6.5-9 本振泄漏的补偿

2) 本振牵引

本振牵引是指由于本振和功放之间隔离度不好，造成功放输出的功率较大的发射信号泄漏回馈到本振部分，由于发射信号具有非常丰富的频率成分，这些信号会成为本振信号的一部分，从而引起发射信号的频率偏移以及其他畸变，如图6.5-10所示。

本振牵引的严重程度与本振和功放之间的隔离度以及本振信号和功放输出频率之间的差异有关。在非零中频结构的发射机中，由于本振和发射信号的频率之间相差较大，因此本振牵引问题并不明显，但是在零中频结构发射机中，由于功放输出中心频率与本振频率相同，因此必须解决这个问题。

解决问题的思路是使强的本振振荡源的频率与本振频率不同，比如可以通过一个低的频率源进行倍频，或是通过一个高的频率源进行分频，以获得最终的本振信号。需要注意的是，在分频方式形成本振的情况下，由于功放存在非线性，存在自身信号高阶互调谐波，这些信号也有可能与高的本振源信号频率接近，如果耦合进入本振部分，经过分频也会形成接近本振的干扰信号。

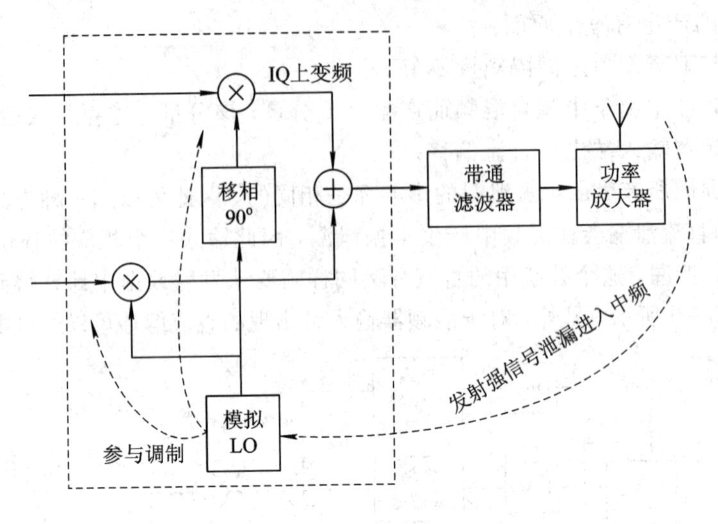


图 6.5-10　本振牵引示意图

## 6.5.3　低中频发射机

从前面的介绍可以看到，外差式发射机性能较好，但无法集成化；零中频发射机易于集成，但是面临中频泄漏等问题。

由于外差式发射机在中频信号形成时采用了实信号形式，所以在进一步上变频时不可避免地受到镜像信号的影响。为此，若在中频产生时采用复信号形式则不会有此困扰，无需中频滤波器，并进而降低中频频率；同时由于有中频，则零中频发射机的相关缺点也得到克服。这种结合外差式和零中频式优点，能够以较低中频实现发射变换的发射机，就称为低中频发射机。以两级变换为例，低中频发射机的频谱变换情况如图 6.5-11 所示。

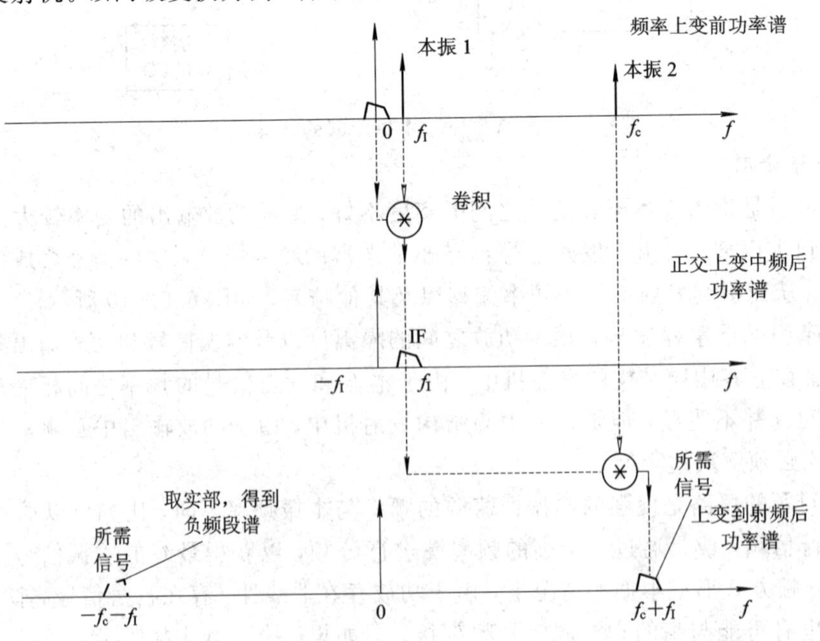


图 6.5-11　低中频发射机的频谱变换情况

如图 6.5-11 所示，首先，基带信号通过正交上变频获得复中频调制信号，该信号在此基础上再进行复混频上变频将信号搬移到射频，取实部部分发射输出。从图中可以清楚看到这种发射机工作时没有产生镜像信号。

低中频发射机的结构如图 6.5-12 所示。在这种结构中有两个本振信号，本振 LO1 频率较低，数字域输出的基带信号与复的本振 LO1 信号相乘，形成所谓的低中频复调制信号，而后由 DAC 变换为模拟信号，通过频率可变的本振 LO2 进行正交上变频，形成最终的射频输出信号。

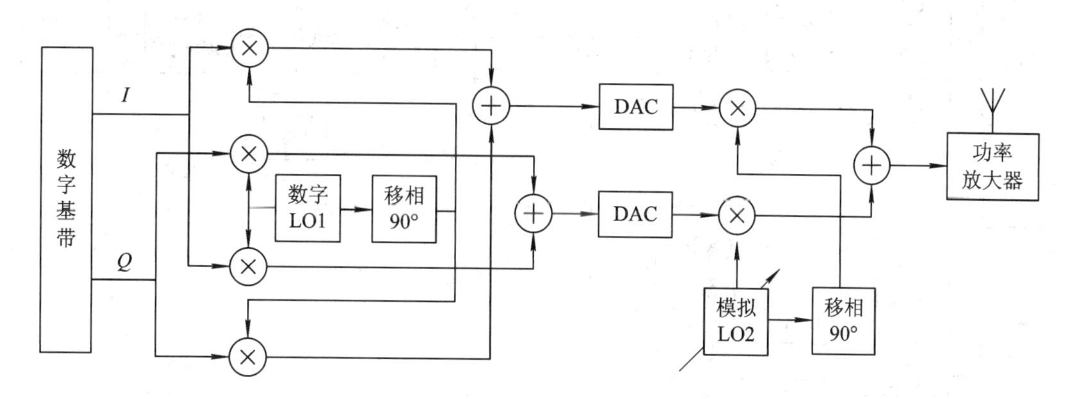


图 6.5-12　低中频发射机的结构

与传统的外差式发射机相比，低中频发射机的两次上变频过程均采用正交上变频，很好地抑制了镜像信号的产生，大大降低了后级滤波器的设置难度，这也是可以采用低中频的主要原因。与零中频发射机相比，低中频发射机采用多次变频，本振泄漏现象得以消除，而且同样适于集成实现，因此这种发射机结构也非常适合软件无线电发射机的实现。

## 6.5.4　信道化发射机

前面介绍的发射机主要用于单信道。由于软件无线电系统多频段多模式的要求，发射机应该能够具备同时多信道的工作能力，这样的发射机通常称为信道化发射机，所谓信道化是指将分离的多个信道组合为一个特定频段的处理过程。信道化发射机实现的方式有两种：多载波上变频和多相滤波。

### 1. 多载波上变频结构发射机

多载波上变频结构发射机是通过对前面描述的三种基本的发射机结构进行拓展实现的，即将多路信号首先分别上变频至不同的中频位置，而后取其和信号作为整体再次上变频即可。根据 DAC 的位置，可以分为模拟中频的多信道发射机和数字中频的多信道发射机。

以两级变换为例，数字中频多信道发射机结构如图 6.5-13 所示。

这种发射机具有一个宽带的中频，每个信道占据该宽带中频的一段，各个信道的中频信号组合在一起构成宽带中频信号，随后进行上变频发射出去。由于 $M$ 路多载波系统的总带宽为原窄带系统的 $M$ 倍，因此最终输出数据速率是加倍的，这里是通过内插实现的，因此一般的多载波上变频结构发射机的工作过程为“内插＋低通滤波＋上变频”。

这种结构是数字中频发射机设计结构的扩展，即由多个数字中频发射机并行构成，每个发射机拥有自己的 NCO，各个发射机输出的数字信号进行数字叠加，然后进行数模转

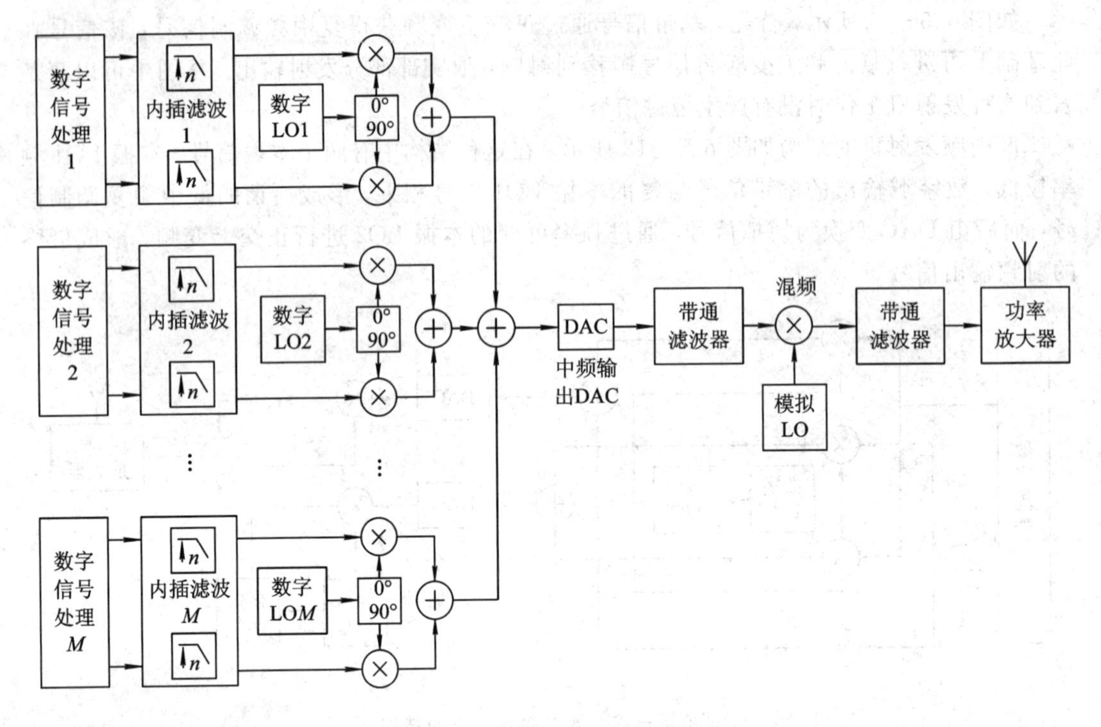


图 6.5－13　多载波上变频结构发射机

换。由于 $M$ 路多载波系统的总带宽为原窄带系统的至少 $M$ 倍，因此最终输出时样点速率是加倍的，DAC 的工作频率是加倍的，为此每个信道的样点需要进行内插提高采样率后才能相加；其次，因为中频产生的是多载波信号，则信号的峰均比会增加，对 DAC 动态范围的要求增加了；另外，这种发射机对后级滤波器要求带宽足够宽，后级混频器、放大器等器件的动态范围必须较大，以适应较大的峰均比需求。

**2. 多相滤波器组发射机**

多载波上变频发射机结构需要每个信道有独立的中频部分，因此整个系统较为庞杂，如果系统的信道分布是规则的，可以采用多相滤波器组实现高效的信道化发射机。信道的分布如图 6.5－14 所示。

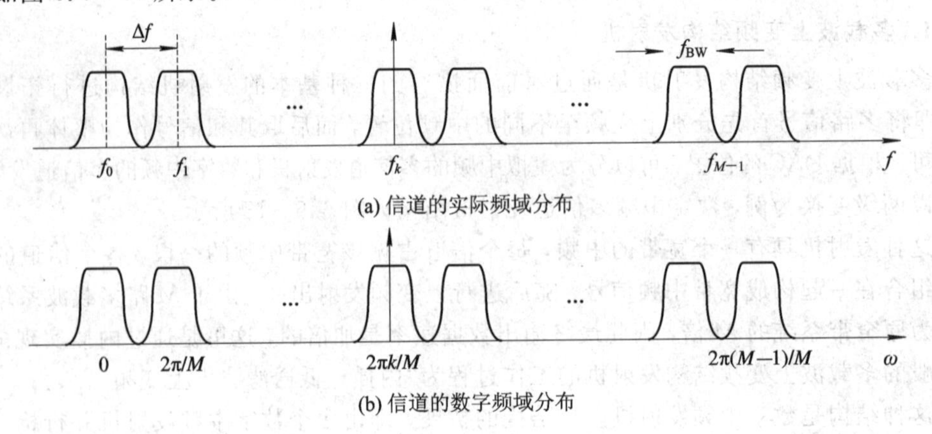


图 6.5－14　等间隔分布信道结构示意图

图6.5-14(a)为信号单边频谱，可以看到输入信号频谱是由 $M$ 个等间隔的信号频谱构成的，不失一般性，可以将所需的频段等效到 $0\sim2\pi$ 数字频域中(复信号)，如图6.5-14(b)所示。

具体实施时，每个信道分别通过低通滤波，然后上变频到不同的载频上组合，为了满足组合后频带的要求需要进行内插。这样发射机结构如图6.5-15所示。

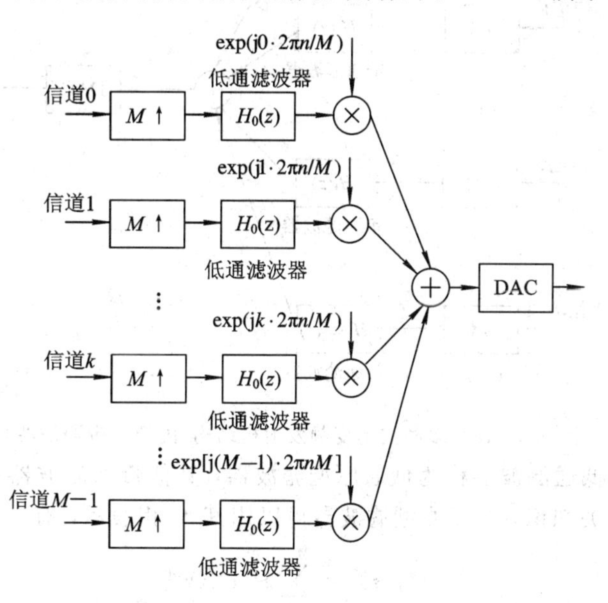


图6.5-15　多载波上变频结构发射机(内插+低通滤波+上变频)

对于每个信道，根据等效原理，低通滤波+上变频等效为上变频+带通滤波，如图6.5-16所示。

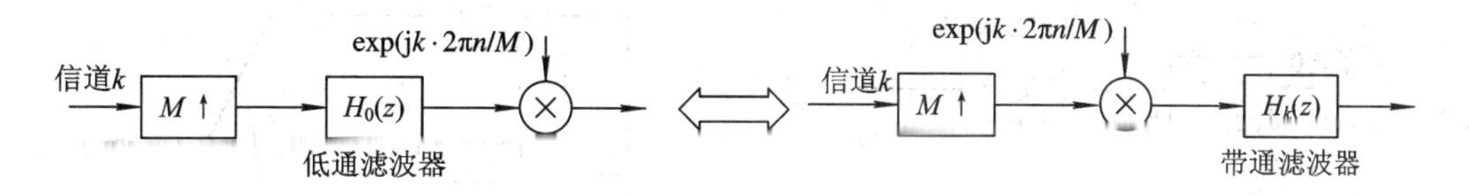


图6.5-16　低通滤波+上变频等效为上变频+带通滤波

如果把上变频移到内插前面，则上变频时样点速率降低，本振的数字域频率相应乘以 $M$，则频率相乘项就消去，如图6.5-17所示。

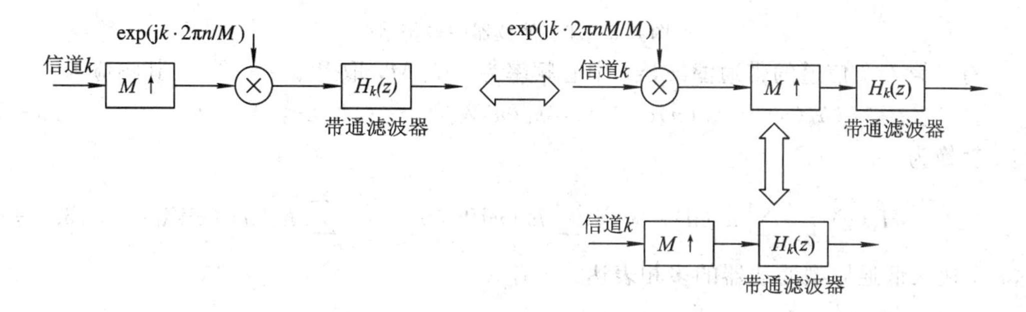


图6.5-17　内插与上变频位置变换的等效形式

这样，图 6.5-15 的等效形式如图 6.5-18 所示。

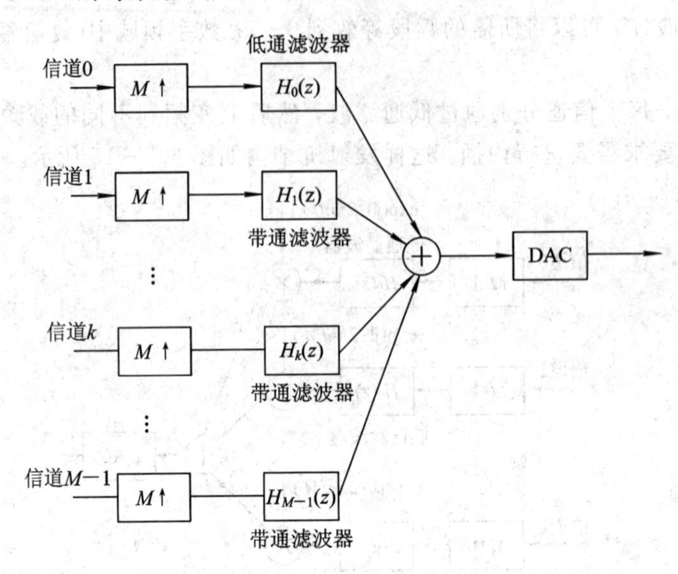


图 6.5-18 多载波上变频发射机结构(内插+带通滤波)

图 6.5-15 中低通滤波器称为低通原型滤波器，其他带通滤波器在其基础上构建，根据多相滤波器的相关知识，低通原型滤波器可以用其 $M$ 相表示，有

$$H_0(z) = \sum_{n=0}^{M-1} z^{-n} E_n(z^M) \tag{6.5-1}$$

这样，包含内插的低通原型滤波器的多相滤波器如图 6.5-19 所示。

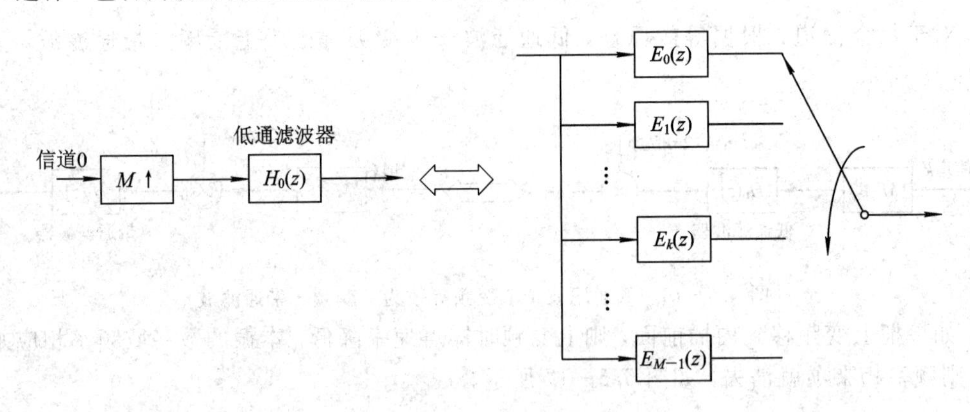


图 6.5-19 滤波器的多相结构

对于第 $k$ 个信道的带通滤波器，中心频率为 $2\pi k/M$，取 $W_M = e^{-j2\pi/M}$，其响应为

$$h_k(n) = h_0(n)e^{j2\pi kn/M} = h_0(n)W_M^{-kn}, \quad 0 \leqslant k \leqslant M-1 \tag{6.5-2}$$

其 $z$ 变换为

$$H_k(z) = \sum_{n=-\infty}^{\infty} h_k(n)z^{-n} = \sum_{n=-\infty}^{\infty} h_0(n)W_M^{-kn}z^{-n} = \sum_{n=-\infty}^{\infty} h_0(n)\,(zW_M^k)^{-n} \tag{6.5-3}$$

这样，代入低通原型滤波器的多相表达式，有

$$H_k(z) = H_0(zW_M^k) = \sum_{n=0}^{M-1} (zW_M^k)^{-n} E_n((zW_M^k)^M) = \sum_{n=0}^{M-1} W_M^{-kn}(z^{-n}E_n(z^M)) \tag{6.5-4}$$

这样第 $k$ 个信道相应的带通滤波器的多相结构如图 6.5－20 所示。

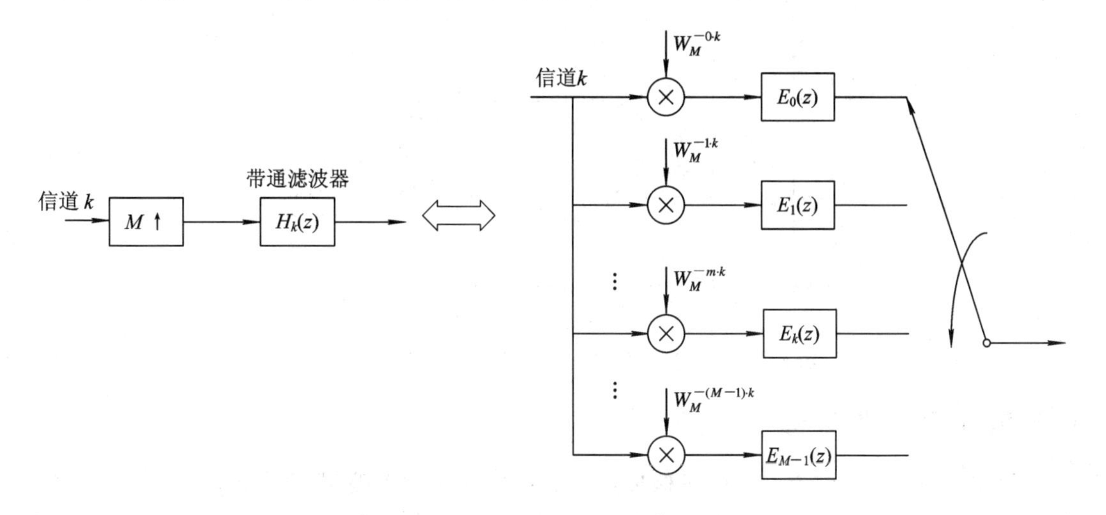


图 6.5－20　第 $k$ 个信道滤波器的多相结构

对于第 $l$ 相输入，是 $M$ 个信道的和，如图 6.5－21 所示。

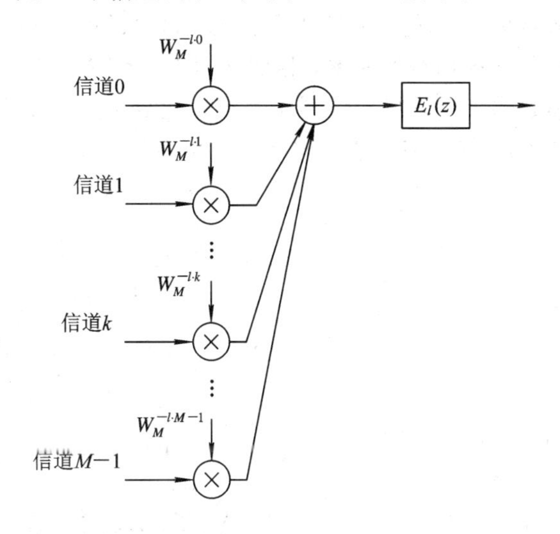


图 6.5－21　多相滤波器第 $l$ 相示意图

第 $l$ 相输入的表示式为

$$Y_l = \sum_{k=0}^{M-1} W_M^{-l \cdot k} \cdot X_k \tag{6.5-5}$$

根据 IDFT 的定义，有

$$x_n = \frac{1}{M}\sum_{k=0}^{M-1} X_k W^{-kn} \tag{6.5-6}$$

显然，第 $l$ 相的输入是 $M$ 个信道输入第 $l$ 点的 IDFT，具体实现时可以采用 IFFT 计算。多相滤波器组发射机的结构如图 6.5－22 所示。

与多载波上变频发射机相比，这种发射机相当简单，但是要求系统的频谱分配是均匀规律的。

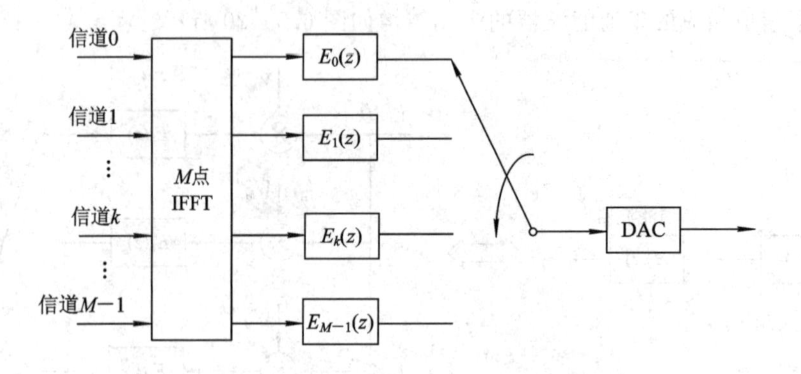


图 6.5-22 多相 FFT 滤波器组的信道化发射机结构

## 6.5.5 OFDM 发射机

如前文所述，多信道之中的子信道可以通过滤波器加以限制保持相互分离，当信道具有均匀分布特性时，可以简化采用多相滤波器结构。但是如果子信道之间的正交性不需要滤波器就可以保持，则可进一步简化结构。根据 6.4.5 节中 FSK 载波选择的结论：如果载波初始相位不确定，载波频率差为传输符号速率 $f_B$ 的整数倍时，载波可保持正交。如果选择最小的载波频差，即等于传输符号速率，相邻子载波频谱之间会出现混叠，但依然保持正交性，当子载波数量足够大时，其频带利用率可以达到 Nyquist 速率，如果这些子载波用于一个用户，就是所谓的 OFDM 调制，当然也可以应用于多个用户，即 OFDMA，如图 6.5-23 所示。

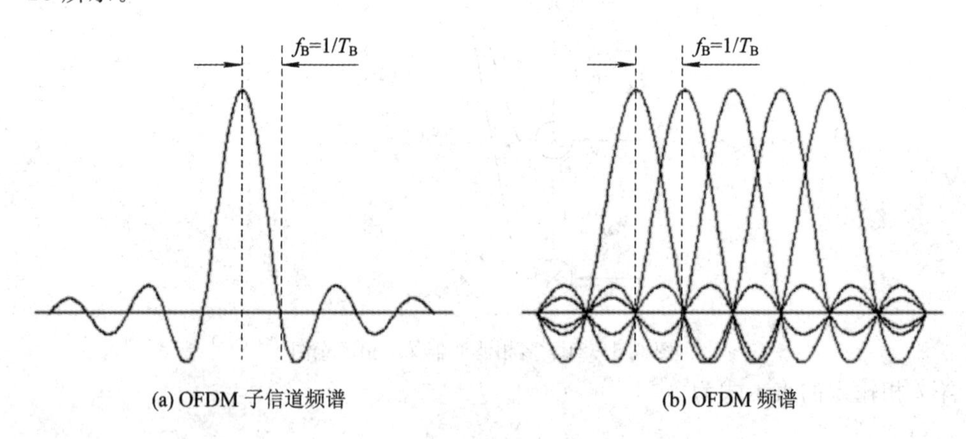


图 6.5-23 OFDM 频谱

每个 OFDM 符号包含 $M$ 个子载波，$M$ 为偶数(一般为 2 的幂)，第 $m$ 个子载波描述为复信号：

$$A_m(t)\exp(\mathrm{j}2\pi f_m t + \varphi_m(t)) \tag{6.5-7}$$

OFDM 符号持续时间为 $T_B$，该持续时间是子载波周期的整数倍，令子载波间隔为 $\Delta f$，为保证子载波之间的正交性，要求：

$$\Delta f = \frac{1}{T_B},\ \Delta f = | f_m - f_{m-1} | \tag{6.5-8}$$

这样，

$$f_m = f_0 + m \cdot \Delta f \tag{6.5-9}$$

实际信号为其实部，OFDM 包含 $M$ 个子载波，其复信号表达为

$$s_{\text{OFDM}}(t) = \sum_{m=0}^{M-1} A_m(t)\exp(\text{j}2\pi f_m t + \varphi_m(t)) \tag{6.5-10}$$

考虑在一个符号期间内，调制参数幅度初相保持不变，上式化简为

$$s_{\text{OFDM}}(t) = \sum_{m=0}^{M-1} A_m \exp(\text{j}2\pi(f_0 + m \cdot \Delta f)t + \varphi_m) \tag{6.5-11}$$

下面，令符号有 $M$ 个样点，采样间隔为 $T$，则符号长度为 $T_B = MT$，采样后信号为

$$s_{\text{OFDM}}(kT) = \sum_{m=0}^{M-1} A_m \exp(\text{j}2\pi(f_0 + m \cdot \Delta f)kT + \varphi_m) \tag{6.5-12}$$

令 $f_0 = 0$，$\Delta f = \dfrac{1}{T_B} = \dfrac{1}{MT}$，得到

$$\begin{aligned} s_{\text{OFDM}}(kT) &= \sum_{m=0}^{M-1} A_m \exp(\text{j}2\pi m \cdot \Delta f \cdot kT + \varphi_m) \\ &= \sum_{m=0}^{M-1} A_m \exp(\text{j}\varphi_m)\exp\left(\text{j}2\pi m \cdot \frac{1}{MT}kT\right) \\ &= \sum_{m=0}^{M-1} A_m \exp(\text{j}\varphi_m)\exp\left(\text{j}\,\frac{2\pi}{M}m \cdot k\right) \\ &= \sum_{m=0}^{M-1} A_m \exp(\text{j}\varphi_m) W_M^{-mk} \end{aligned} \tag{6.5-13}$$

已知 IFFT 表达式：

$$\begin{cases} x(n) = \text{IDFT}[X(k)] = \dfrac{1}{N}\displaystyle\sum_{k=0}^{N-1} X(k) W_N^{-kn}, \ n = 0, 1, \cdots, N-1 \\ W_N = \exp\left(-\text{j}\,\dfrac{2\pi}{N}\right) \end{cases} \tag{6.5-14}$$

表明 OFDM 一个调制符号中有 $N$ 个样点，其中第 $k$ 点时域离散复信号是这个符号时间内 $N$ 个发射码元的第 $k$ 点 IDFT(共 N 点)，如图 6.5-24 所示。由于 OFDM 的 IFFT 发射机利用了子载波之间的正交性，没有滤波器的环节，因此结构较为简单。

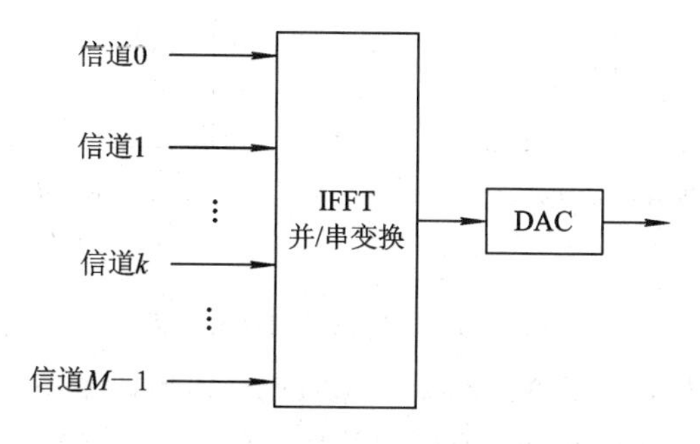


图 6.5-24　基于 IFFT 的 OFDM 发射机结构

## 6.6 内插的应用

内插是软件无线电发射机中一个非常重要的环节，其主要目的是实现上变频和过采样。

内插上变频的原理在前面已经介绍过了，即内插后通过带通滤波器滤出高频镜像分量实现上变频，图 6.6-1 给出一种基于带通内插的模拟正交上变频发射机结构框图。

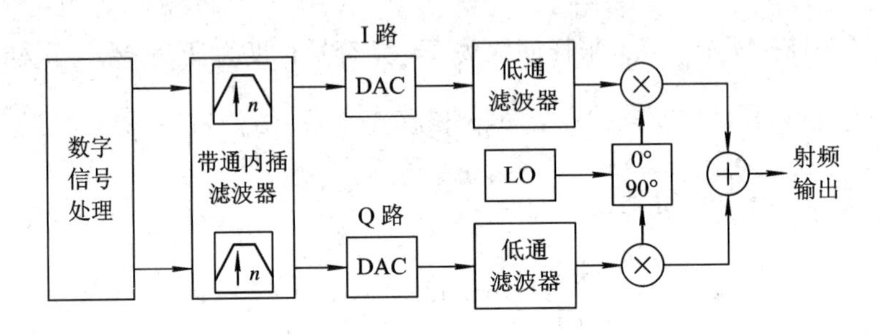


图 6.6-1　带通内插模拟正交上变频结构

这种结构中，基带信号首先通过带通内插进行上变频，然后通过相乘混频进一步上变频。可以认为这是外差式发射机结构的一种特例，只不过中频是通过内插得到的而已。

其优点是：本地振荡器的泄漏不再是所需输出频谱的一部分，因此很容易被模拟高通滤波器滤除。

除了可以直接进行上变频外，内插的另一个作用是实现过采样，过采样的目的是使镜像信号离需要信号尽可能远，以确保由 DAC 产生的混叠成分可以充分和所需要的信道相分离，这样它们就可以通过一个性能并没有太高要求的滤波器将镜像信号衰减到一个可接受的水平，否则的话必须采用具有理想“砖墙”特性的滤波器。这个过程如图 6.6-2 所示。图 6.6-2(a)是未内插的频谱，可以看到为了能有效地抑制镜像频率，需要性能极好的滤波器，当进行 4 倍内插后，数据速率提高，镜像频率远移，使滤波器的设置难度降低。

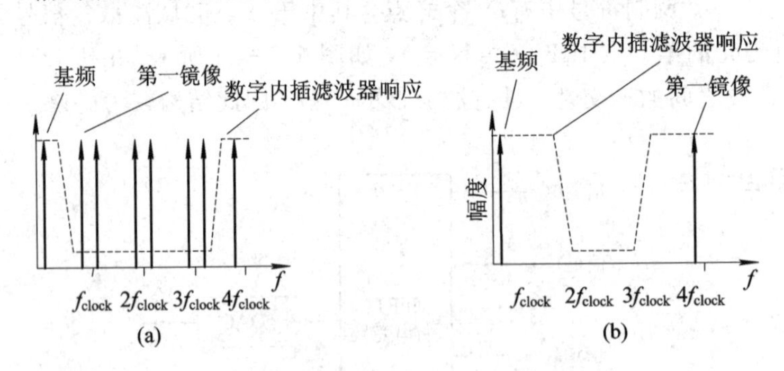


图 6.6-2　单频信号内插后的效果

为了能够实现过采样，可以令处理器本身的数据输出速率高于 Nyquist 速率，但是这会增加数字信号处理器的工作负担，所以内插是一种重要的方式。

图 6.6-3 表示了内插前后 DAC 的输出变化情况。图 6.6-3(a)为一个单正弦信号，每周期采样数为 5，图 6.6-3(b)是对其进行 4 倍过采样的图形，可以认为原来的样点被四

个新样点代替了，采样时间间隔也就下降为原来的 1/4。DAC 输出的效果分别如图 6.6－3(c)、(d)所示。显然，内插后的波形更为逼真，其谱更为纯净。

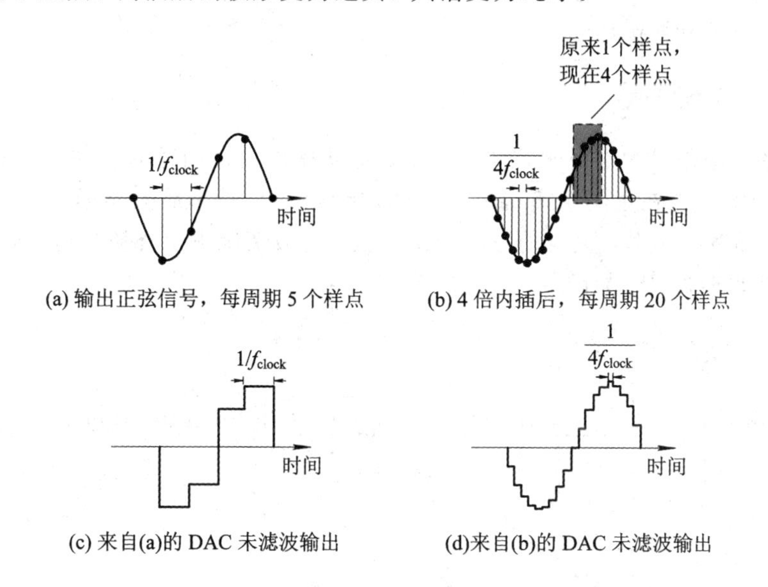


图 6.6－3　内插的时域效果

单纯增加内插过程对发射机结构影响不大，图 6.6－4 给出了一个带内插的正交模拟上变频结构的发射机结构框图。

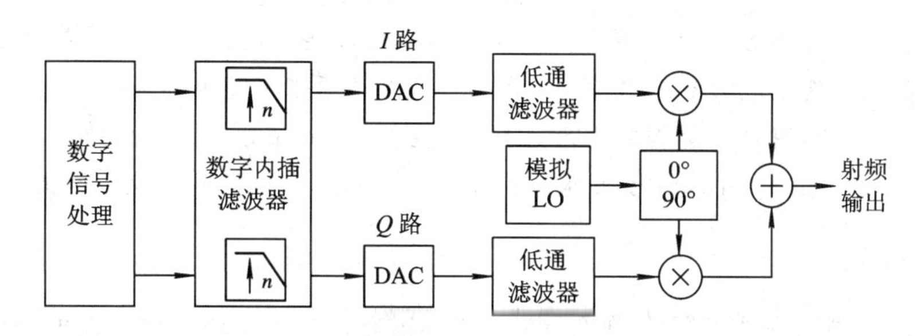


图 6.6－4　带内插的正交模拟上变频直接变换发射机结构

一般内插后新的采样速率可以达到原采样频率的 4～8 倍，这显然对 DAC 提出了更高的要求。

## 6.7　射频线性化

软件无线电发射机必须适应不同的调制方式和更宽的工作频率，很多调制方式不具有恒包络特性，因此系统需要能够实现线性的放大过程。非线性放大过程会产生两种不希望得到的结果：其一是带内信号失真，信号失真导致系统性能的下降，达不到信号可靠传输的目的；其二是带外互调分量，带外辐射功率将对发射机载频的邻近信道产生干扰，影响其他用户的正常使用，不能满足发射机频谱特性指标。综上所述，线性功率放大技术是非常重要的。与接收机情况不同，发射机输出功率很大，因此线性放大的难度也较高。如果简单地要求功率放大器本身就必须非常线性，则意味着要有相当高的功耗，因此需要使用一些线性化方案。常见的对放大器进行线性化的技术主要有三种：输出功率回退法(Output Power Back-Off)、预失真法(Pre-distortion)和前馈法(Feed-forward)。这些线性化方法都有自己的性能优势。

## 6.7.1　输出功率回退

输出功率回退是最为常用的方法，具体是把功率放大器的输入功率从 1 dB 压缩点向后回退几个 dB，工作在远小于 1 dB 压缩点的电平上，使功率放大器远离饱和区，进入线性工作区，从而改善功率放大器的三阶交调系数。一般情况下，当基波功率降低 1 dB 时，三阶交调失真改善 3 dB，如图 6.7－1 所示。

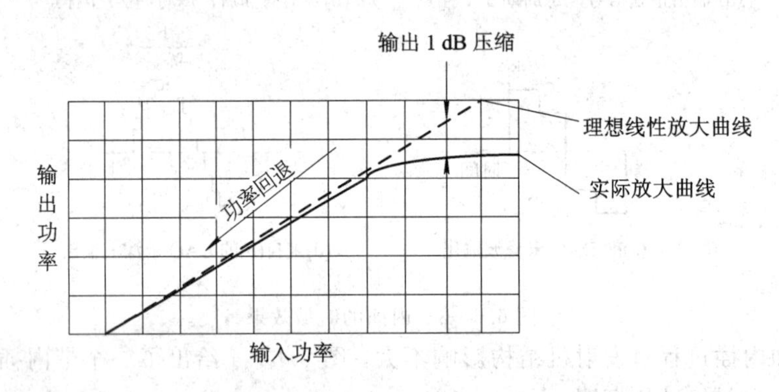


图 6.7－1　输出功率回退示意图

功率回退法简单且易实现，不需要增加任何附加设备，是改善放大器线性度行之有效的方法，其缺点是功率放大器的效率大为降低，特别在手持设备中是非常不适用的。

另外，当功率回退到一定程度，即当 IM3 达到－40 dBc 以下时，继续回退将不再改善放大器的线性度。因此，在线性度要求很高的场合，完全靠功率回退是不够的。

## 6.7.2　预失真

预失真就是在功率放大器前增加一个非线性电路，以补偿功率放大器的非线性，两者构成的组合电路整体表现为线性，从而减少线性调制信号放大后的交调失真，如图 6.7－2 所示。该方法的优点在于不存在稳定性问题，有更宽的信号频带，能够处理含多载波的信号。预失真技术成本较低，由几个仔细选取的元件封装成单一模块，连在信号源与功放之间，就构成了预失真线性功放。

由于功率放大器的特性可能会随所处工作环境的变化而变化，因此预失真器的特性也必须随之进行相应调整。通常采用自适应估计器来连续不断地跟踪功放的特性变化，实时修正预失真器的参数，使预失真器和功率放大器组合电路特性始终保持线性。

预失真技术分为 RF 预失真和数字基带预失真两种基本类型。RF 预失真一般采用模拟电路来实现，具有电路结构简单、成本低、易于高频及宽带应用等优点，缺点是频谱再生分量改善较小、高阶频谱分量抵消较困难。

基带预失真工作频率低，可以用数字电路实现，适应性强，而且可以通过增加采样率和增大量化阶数的办法来抵消高阶互调失真，是一种很有发展前途的方法。数字基带预失真器由一个矢量增益调节器组成，根据查找表(LUT)的内容来控制输入信号的幅度和相

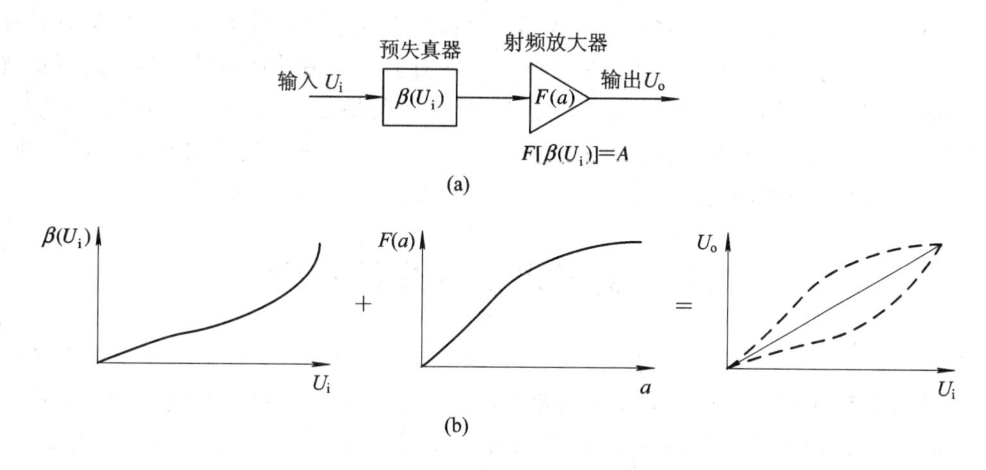


图 6.7-2 预失真器原理示意图

位，预失真的大小由查找表的输入来控制。矢量增益调节器一旦被优化，将提供一个与功放相反的非线性特性。理想情况下，这时输出的互调产物应该与双音信号通过功放的输出幅度相等而相位相反，即自适应调节模块就是要调节查找表的输入，从而使输入信号与功放输出信号的差别最小。注意，输入信号的包络也是查找表的一个输入，反馈路径来取样功放的失真输出，然后经过 ADC 送入自适应调节 DSP 中，进而更新查找表。数字基带预失真可以利用现代数字信号处理技术进行处理，并且能跟随放大器特性的变化及时更新预失真器的参数，具有独特的优势。

### 6.7.3 前馈

前馈是指预先产生误差信号，并在功放输出时减去该误差以实现线性放大的方法。图 6.7-3 是前馈功率放大器一种最基本、最简单的实现框图。前馈功率放大器由两个环路组成，一个是误差环，另一个是校正环。在误差环中，输入信号分为两路，其中一路经过功率放大器，另外一路仅进行延时，这样经过功放非线性放大会出现非线性的误差分量，通过耦合与延时的无失真信号相减就将该误差分量从放大信号中取出；所得到的这个误差分量进入校正环进行放大，通过耦合与功放输出相减就留下了纯净的信号分量。因此，理论上来说，前馈功率放大器可以得到理想的线性放大。

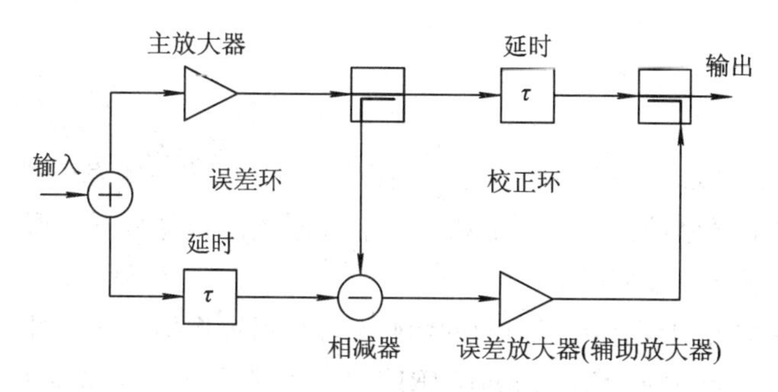


图 6.7-3 前馈系统框图

前馈技术既具有校准精度较高的优点，又没有不稳定和带宽受限的缺点。当然，这些优点是用高成本换来的。由于在输出端进行校准时，功率电平较大，校准信号需放大到较高的功率电平，因此需要额外的辅助放大器，而且要求这个辅助放大器本身的失真特性应在前馈系统的指标之上。当然，由于在校准环中添加了一个辅助功率放大器，因而总效率有所降低。另外，前馈功放的抵消要求是很高的，需获得幅度、相位和时延的匹配，功率变化、温度变化及器件老化等均会造成抵消失灵。为此，在系统中应考虑自适应抵消技术，使抵消能够跟得上内外环境的变化。

## 6.8　发射端正交失配补偿

若采用正交上变频，则存在正交失配的影响。所谓正交失配，就是指正交上变频的 I、Q 两路的增益和相位不平衡。从前面的论述中可以了解到，正交上变频不会产生镜像成分，但是，如果本振信号两路幅度不相同，相位不正交，就会引起发射时的正交失配。

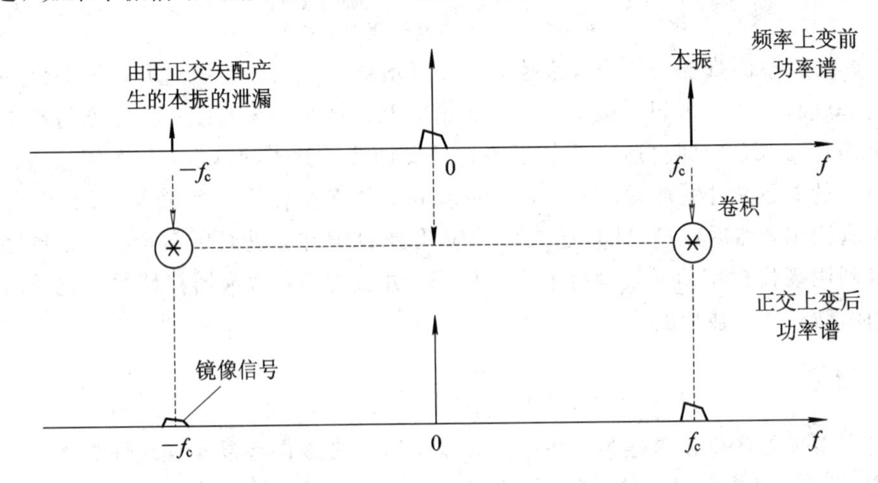


图 6.8-1　由于正交失配造成射频信号出现镜像信号干扰

考虑一个单正频率本振信号：

$$z(t)=\mathrm{e}^{\mathrm{j}2\pi f_0 t}=\cos(2\pi f_0 t)+\mathrm{j}\ \sin(2\pi f_0 t) \tag{6.8-1}$$

如果考虑幅度和相位失配分别为 $g$ 和 $\phi$，则这个信号就为

$$\begin{aligned}z(t)&=\cos(2\pi f_0 t)+\mathrm{j}g\ \sin(2\pi f_0 t+\phi)\\&=\frac{1+g\mathrm{e}^{\mathrm{j}\phi}}{2}\mathrm{e}^{\mathrm{j}2\pi f_0 t}+\frac{1-g\mathrm{e}^{\mathrm{j}\phi}}{2}\mathrm{e}^{-\mathrm{j}2\pi f_0 t}\\&=K_1\mathrm{e}^{\mathrm{j}2\pi f_0 t}+K_2\mathrm{e}^{-\mathrm{j}2\pi f_0 t}\end{aligned} \tag{6.8-2}$$

本振会分裂为两个部分，分别位于正、负频率段上，以零中频发射机为例，如图 6.8-1 所示。这个新增的本振分量会造成一个和所需信号同频的镜像信号，形成对所需信号的干扰，因此需要解决正交失配问题。

为了表征正交失配对镜像频率抑制的影响，可采用镜像抑制比描述。

镜像抑制比(Image Rejection Ratio，IRR)定义为信号功率与镜像信号功率的比值：

$$\mathrm{IRR}=20\lg\left|\frac{K_1}{K_2}\right|=20\lg\left|\frac{1+g\mathrm{e}^{\mathrm{j}\phi}}{1-g\mathrm{e}^{\mathrm{j}\phi}}\right|=10\lg\left(\frac{1+2g\ \cos\phi+g^2}{1-2g\ \cos\phi+g^2}\right) \tag{6.8-3}$$

根据上式可以得到失配时的镜像抑制比曲线，如图 6.8-2 所示。

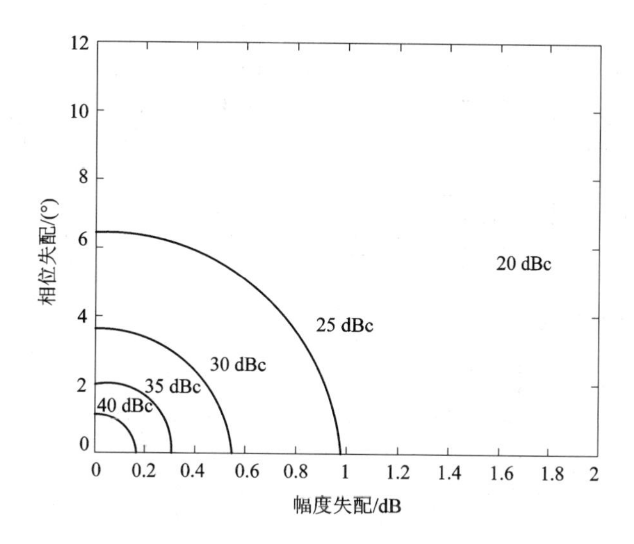


图 6.8-2　镜像抑制比曲线

图 6.8-3 给出了正交失配对信号星座图的影响。一般而言，幅度不均衡所造成的影响不是很严重，而相位不正交所造成的影响是比较大的，需要充分考虑。

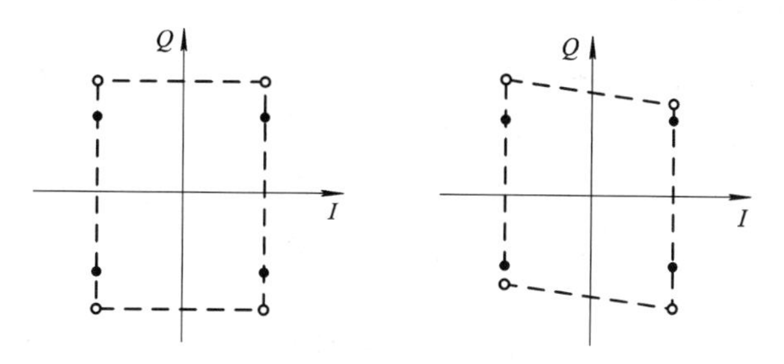


图 6.8-3　正交失配情况下 $I/Q$ 解调器星座图

在发射端，需要对正交失配进行补偿。通常的补偿方案如图 6.8-4 所示。其原理很简单，既然正交失配的影响是使正交、同相两路信号互相泄漏，那么补偿的方法就是在两路中再次引入对方成分加以抵消。其算法通过调整 4 个系数实现。

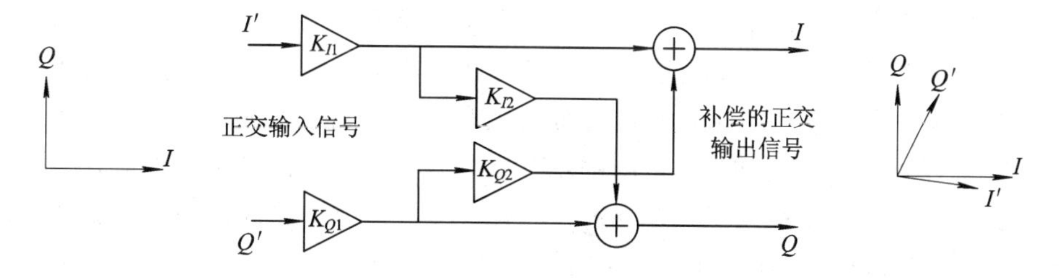


图 6.8-4　正交失配的补偿

正交失配的误差有两个成分，静态分量和动态分量。对于静态分量，可以采用两路预失真来补偿，可以采用内部数字信号处理器或外部模拟硬件来实现；对于动态分量，为了能够实现跟随具体情况动态地补偿，需要提供一个参考反馈支路，如图 6.8-5 所示。该支路对输出信号进行提取并送入信号处理器中，通过补偿算法计算所需要的补偿系数。在这里，补偿支路的增益和相位的均衡性要求更为精确，一般采用数字形式。

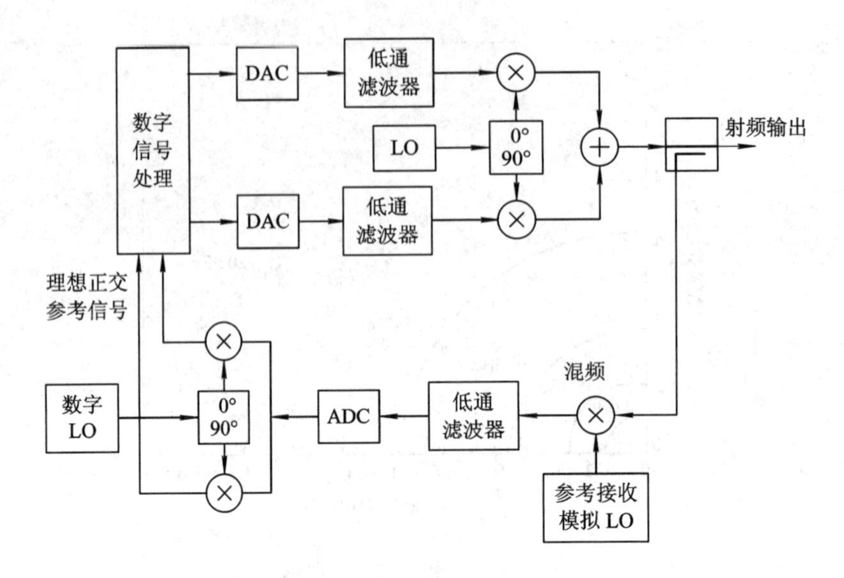


图 6.8-5　自动正交误差补偿

正交失配在零中频发射机中影响较大，对于有固定中频的发射机，由于中频固定，因此失配问题易于解决。

另外，在接收机中，由于采用正交下变频方式，同样存在正交失配问题，其补偿方法同图 6.8-4，不再专门论述。

## 6.9　数字上变频器

在软件无线电系统中，上、下变频所占用的处理能力达到整个处理能力需求的 60%，即这样一个简单的处理过程所占用的资源是相当可观的，这是因为其与射频直接相关，工作频率较高。因此可以采用专门用来完成上、下变频的数字处理器件，这样的数字器件就是数字变频器，分为数字下变频器(DDC)和数字上变频器(DUC)两类。DDC/DUC 属于专用标准产品(Application Specific Standard Parts，ASSP)，其组成与模拟变频器类似，包括数字混频器、数字控制振荡器和数字滤波器三部分，所不同的是数字变频采用正交混频。数字变频具有载频和数字滤波器系数可编程性、不存在非线性失真、频响特性好及造价低等优点。数字变频器是双口数字器件，宽带中频信号在一端，另一端为单载波基带信号。它不是一个简单的功能固定的器件，内部包含微处理器接口且内置微处理器，功能介于完全数字化处理器和固定功能的 ASIC 之间。DDC/DUC 集中了软件灵活、性能优、成本低等优势，因而在实践中得到广泛应用。这里首先对 DUC 进行了解。

图 6.9-1 为采用 DUC 的软件无线电发射机结构。

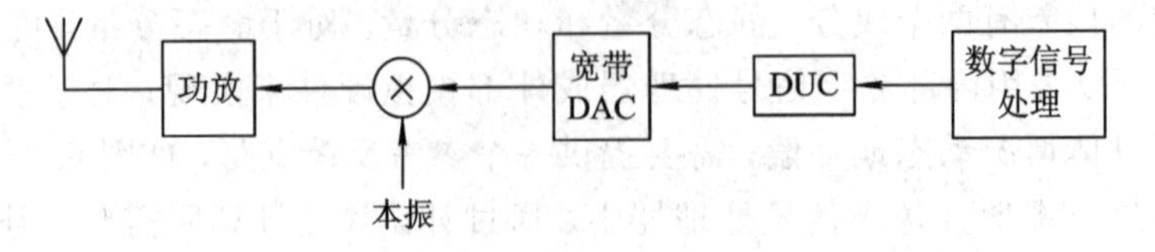


图 6.9-1　采用 DUC 的软件无线电发射机结构

DUC典型应用在数字发射机中，用于滤波、上采样（内插）、将基带信号调制到载频上，并使输出到射频单元的数字信号工作在较高的频率上以利于DAC的工作。

一个DUC包括一系列级联的FIR滤波器、混频器、直接数字频率合成器（DDS）或数控振荡器（NCO）。图6.9-2给出了DUC的框图，以及信号经过不同阶段后的频率响应。在DUC中，内插FIR滤波器用于平滑以及增加发射信号的采样速率，并增加频谱之间的间隔；滤波器的输出信号与载波信号在混频器进行混频，将基带谱移至高端，最后通过DAC变换后发射出去，混频器由I、Q两路乘法器构成；载波信号通常是由DDS或NCO产生的两路正交正弦和余弦信号。

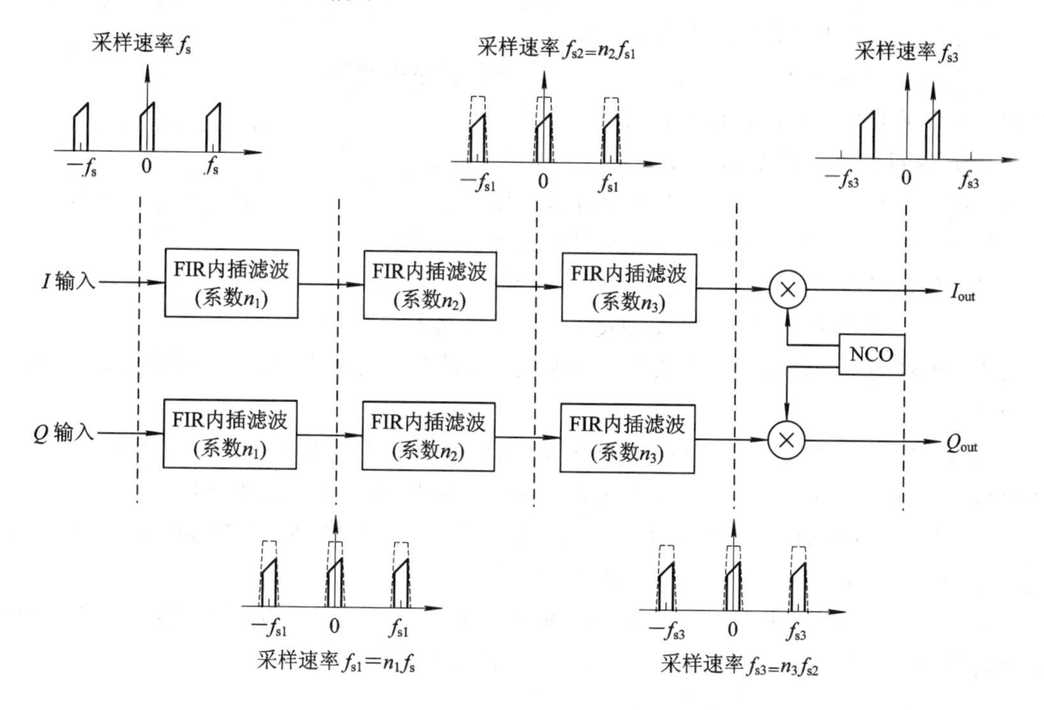


图6.9-2　DUC的结构框图及信号经过不同阶段后的频率响应

在这里，滤波器的设计会消耗较多的资源，对于速率变换系数较大的场合（一般超过30，在窄带DUC/DDC应用场合较常见），可以采用级联积分梳状滤波器（Cascaded Integrator Comb，CIC），然后结合FIR滤波器（补偿通带滚降特性）来降低复杂度。对于宽带DUC/DDC应用（变换系数小于30），系数足够小，可以直接采用FIR滤波器。

## 6.10　小　　结

调制是无线发射机所完成的主要工作，是所有无线收发设备必有的部分。调制的类型很多，多种调制方式是软件无线电系统必须具备的能力。为此，本章从调制的基本机理出发，讨论一般性的调制方法，将调制分为映射和上变频两大过程，使得不同的调制类型具有明确的内在联系，可构建统一的调制实现方式，同时以变频技术为基础的发射机的结构也就能够构建起来。

# 练习与思考六

1. 简述调制的目的。

2. 调制的过程是怎样的？各个部分的作用是什么？

3. 设计一个调制系统完成 8PSK 调制，分别以自然二进制和格雷二进制给出 8PSK 符号码与信号星座图之间的对应关系，并定性说明两个映射之间性能的优劣。

4. 对于数字调制的 QPSK 信号，其星座图如图 T6-1 所示，请写出信息比特对应的幅度相位关系。

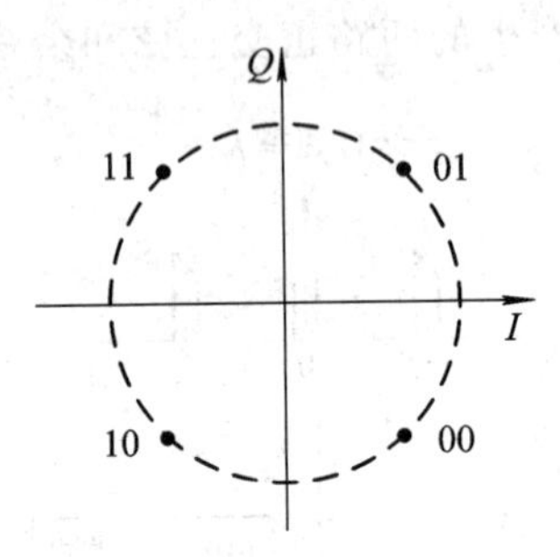


图 T6-1

5. 请说明脉冲成形的目的和意义，通过仿真程序绘制矩形脉冲成形的时域波形以及频域频谱图，说明其不足。

6. 请通过仿真程序绘制升余弦脉冲成形的时域波形、频域频谱图以及眼图，并与矩形脉冲成形进行对比。

7. 请通过仿真程序绘制根升余弦脉冲成形的时域波形、频域频谱图以及眼图，并与矩形脉冲成形进行对比。

8. 若单音信号频率为 1 kHz，幅度为 1，若将其上变频至 10 kHz，中频为 11 kHz，采用实混频上变频变频，请写出时域表达式、频域表达式(可以不考虑相位)。

9. 若单音信号频率为 1 kHz，幅度为 1，若将其上变频至 10 kHz，中频为 11 kHz，采用复混频上变频变频，请写出时域表达式、频域表达式(可以不考虑相位)。

10. 单音信号频率为 1 kHz，幅度为 1，若对其进行 AM 调制，载波频率为 10 kHz，幅度为 2，请写出 AM 后时域表达式、频域表达式。

11. 设计一个 FM 调制系统，载波频率为 15 Hz，幅度为 2.5 V，待调制信号为 1 Hz，幅度峰峰值为 1 V，调频灵敏度为 7.5 Hz/V，持续时间 0～4 s。

(1) 写出该 FM 信号的表达式；

(2) 仿真绘出该 FM 信号。

12. 设计一个 PM 调制系统，载波频率为 15 Hz，幅度为 2.5 V，待调制信号为 1 Hz，幅度为峰峰值 1 V，调频灵敏度为 7.5/V，持续时间 0～4 s。

(1) 写出该 PM 信号的表达式；

(2) 仿真绘出该 PM 信号。

13. 请设计一个发射机，能够适应 ASK、PSK 调制，说明其工作原理。

14. 某型发射机采用二级变换结构，其中设定中频为 1 MHz，最后输出的频率为 100 MHz，采用超外差方式，本振频率应该为多少？分别画出实混频上变频和复混频上变频结构的发射机框图。基带信号采用 $I$、$Q$ 两路输出。

15. 某型发射机采用直接变换结构，最后输出的频率为 100 MHz，画出发射机结构框图。基带信号采用 $I$、$Q$ 两路输出。

# 第 7 章　解调及接收机

经过调制的信号通过信道来到接收端，信道会施加乘性干扰和加性干扰，则在接收端接收的信号为

$$s_R(t) = s_T(t) * h(t-\tau) + n(t)$$

接收机的作用就是消除信道以及调制的影响，以恢复所传输的信号，信道传输过程如图7.0-1所示。

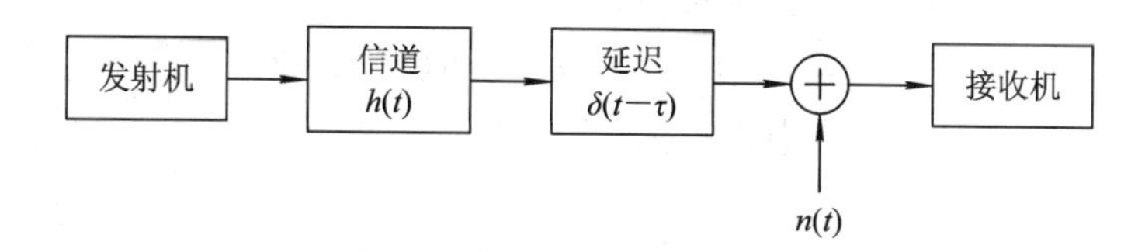


图 7.0-1　信道传输过程

信道的影响涉及：

(1) 由于信道传输函数造成波形的畸变；

(2) 由于距离以及处理过程造成的传输延迟(通常可以与上一条联合考虑)；

(3) 由于噪声造成的信噪比下降。

调制的影响涉及：

(1) 调制映射造成的信息的隐藏；

(2) 上变频造成的频带变换。

在本章中，为了构建具有较好普适能力的软件无线电接收机，重点说明接收机最一般的原理过程，即下变频和解调，至于其他由于信道引起的问题的解决，如同步等，就不做考虑，仅考虑加性噪声的影响。

## 7.1　解调的基本原理

解调是调制的逆过程，即从接收到的射频信号恢复传输的信息，对于理想接收信号：

$$s(t) = A(t)\cos(2\pi f_c t + \varphi(t)) \tag{7.1-1}$$

无论任何调制形式，无非就是要获取其包络、相位和实时频率信息。为了能够实现统一的解调方式，需要借助解析信号。当可获得其 Hilbert 变换时，得到其解析信号表达式，即

$$\hat{s}(t) = H[s(t)] = A(t)\sin(2\pi f_c t + \varphi(t)) \tag{7.1-2}$$

$$s_A(t) = s(t) + \mathrm{j}\hat{s}(t) = A(t)\mathrm{e}^{\mathrm{j}(\omega_c t + \varphi(t))} \tag{7.1-3}$$

而后可以获得其包络、相位和实时频率信息，即信号包络 $A(t)$ 为

$$A(t) = \sqrt{s^2(t) + \hat{s}^2(t)} \tag{7.1-4}$$

瞬时相位为

$$2\pi f_c t+\varphi(t)=\arctan\frac{\hat{s}(t)}{s(t)} \tag{7.1-5}$$

瞬时频率为

$$2\pi f_c+\frac{\mathrm{d}\varphi(t)}{\mathrm{d}t}=\frac{\mathrm{d}\left(\arctan\frac{\hat{s}(t)}{s(t)}\right)}{\mathrm{d}t} \tag{7.1-6}$$

但考虑到载波频率通常不携带信息，所以解调还是通过两个过程实现的，即下变频和逆映射。

(1) 下变频：完成下变频到基带，即解除载波，在解除载波过程不影响信号或者相位影响确定的情况下，则可获得其复基带信号，即

$$\begin{aligned}s_B(t)&=A(t)\exp(\mathrm{j}\varphi(t))\\&=A(t)\cos(\varphi(t))+\mathrm{j}A(t)\sin(\varphi(t))\\&=I(t)+\mathrm{j}Q(t)\end{aligned} \tag{7.1-7}$$

则有

$$\begin{cases}A(t)=\sqrt{I^2(t)+Q^2(t)}\\ \varphi(t)=\arctan\frac{Q(t)}{I(t)}\\ \frac{\mathrm{d}\varphi(t)}{\mathrm{d}t}=\frac{\mathrm{d}\left(\arctan\frac{Q(t)}{I(t)}\right)}{\mathrm{d}t}\end{cases} \tag{7.1-8}$$

(2) 逆映射：确定信号空间位置，解出相应的幅度、相角以及频率，并恢复为传输的信号。通用的解调过程如图 7.1-1 所示。

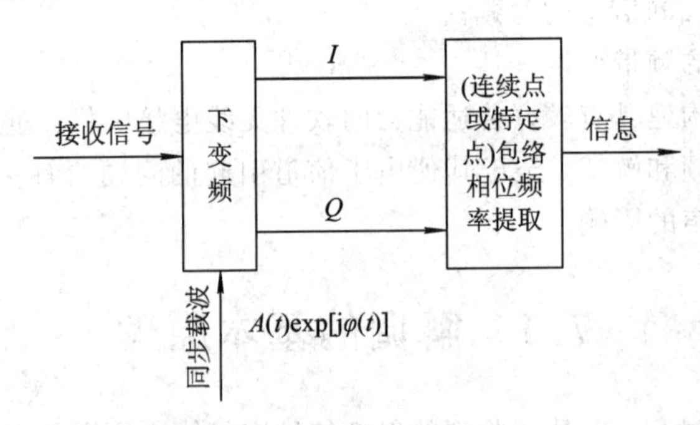


图 7.1-1　解调过程

显然，通过下变频得到复基带信号，在获得本地参考相位的情况下，可以清楚得到信号幅度、相位以及频率信息，当这个过程连续进行时，就可以恢复连续的基带传输波形，这样模拟信号解调就已经完成了。

数字解调则相对复杂一些。首先，解调获得的基带波形是由一系列脉冲波形构成的，每个脉冲波形对应一个传输符号，理论上并不需要在每一个时刻都解出式(7.1-8)，仅需要选择某个特定时刻，通常选择瞬时信噪比最大的时刻，这个选择就称为抽样，如图 7.1-2 所示。在 QPSK 调制的复基带脉冲波形构成的星座图轨迹图中，只有在正确时刻抽

样，才能获得图7.1-2中白点所示的正确的星座点。

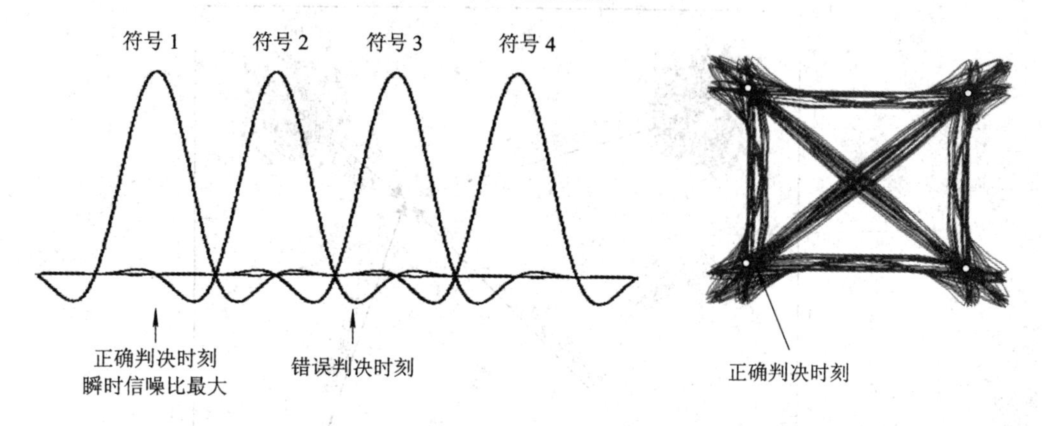


图7.1-2 抽样时刻选择

仅选择某个基带脉冲波形位置进行抽样并不是最佳的，因为没有应用整个脉冲的信息，所以最佳的接收机需要实现对基带脉冲波形的匹配接收(或相关接收)，在输出信噪比最大时刻进行抽样。前者称为一般接收机，如图7.1-1所示，选取特定点的包络相位频率；后者称为最佳接收机，如图7.1-3所示。

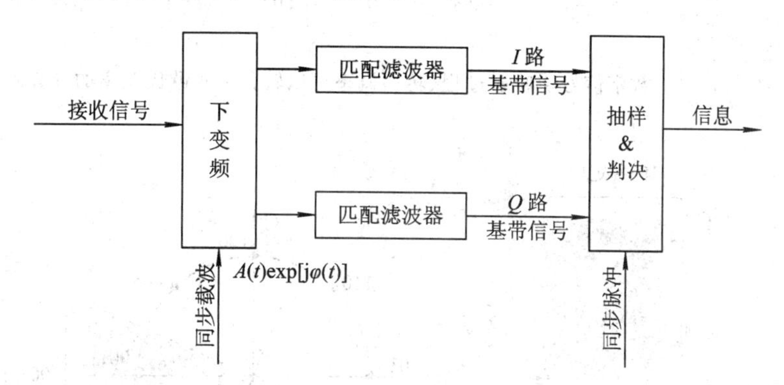


图7.1-3 数字信号最佳接收解调过程

抽样完成后，需要进一步进行调制逆映射或判决，恢复数字序列。在恢复过程中，需要考虑加性及乘性噪声的影响，由于噪声的存在，接收后的星座点位置将发生偏离或扭曲，图7.1-4所示为QPSK信号通过高斯白噪声信道后星座点的分布情况。解调中重要的工作是对扭曲及受到污染的星座点进行修正，并以最大正确概率判断发送信号。图中某次接收的一个信号星座点经过下变基带后为$C$点，接收机所做的工作是根据$C$点位置，以最大正确概率判别由哪个星座点变化而来，完成最终解调。如由00星座点转移到$C$点的概率$P_1$最大，则判决为00。当然，在具体解调时，如果是高斯信道，最大概率的判定可以转化为对最小欧氏距离的判定，即有

$$\widetilde{C}=\underset{C_i}{\operatorname{argmax}}(P(C\mid C_i))=\underset{C_i}{\operatorname{argmin}}(ED(C, C_i)) \tag{7.1-9}$$

如果星座点分布有特点，也不是都需要进行距离的计算，通过分析可以简化为其他的判定方式，比如正负号、相位的判定等，如图7.1-5所示。

需要注意的是，为了能够正确进行解调，需要对接收信号幅度等进行校正，以获得正

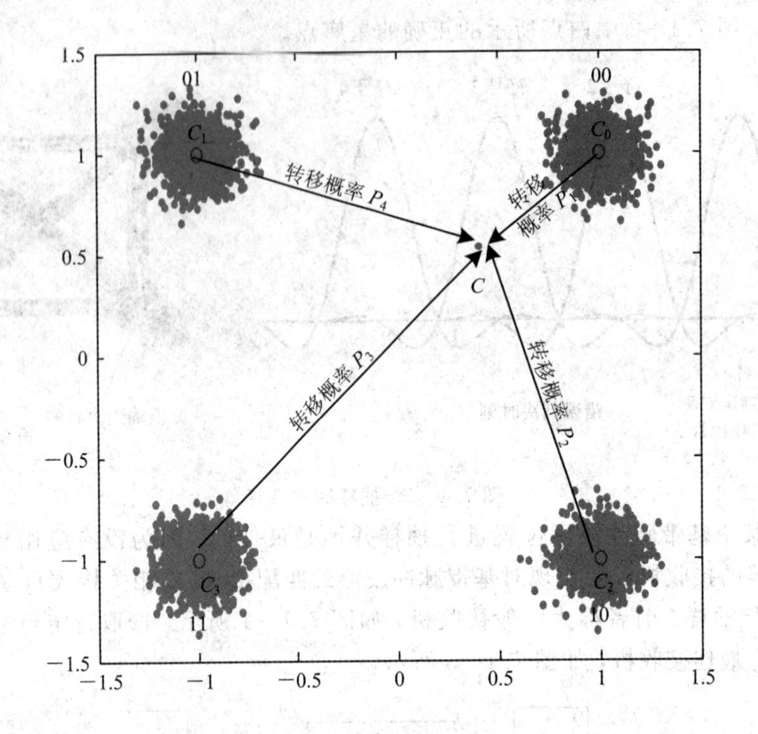


图 7.1-4　数字信号逆映射过程(转移概率可以转化为对欧氏距离的计算)

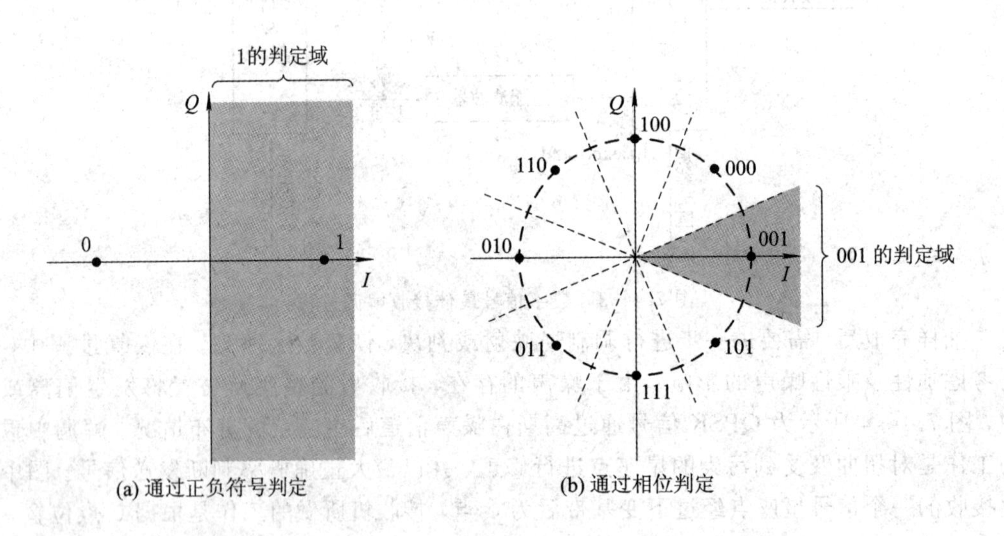


(a) 通过正负符号判定　　(b) 通过相位判定

图 7.1-5　数字信号逆映射过程

确的星座点位置，幅度校正通过自动增益控制(AGC)来完成，相位校正通过载波同步完成。

通过上面的论述，可以了解到接收是较为复杂的过程，需要完成增益调整、下变频、载波同步、码元同步、匹配滤波、解调等过程，在本书中，重点考虑软件无线电系统涉及的较为通用的部分，即下变频和解调，其他部分根据具体信号形式有所不同，可参见相关书籍。

# 7.2　下变频方式

为了实现在基带的解调，下变频是必要的过程。下变频是指从射频变换到中频或变换到基带的过程，下变频的方法主要有三种：实混频下变频、复混频下变频、带通采样直接下变频。

## 7.2.1　实混频下变频

实混频下变频是指待下变频信号和本振信号均为实信号。为了将包含所需通道的信号进行下变频，所接收到的射频信号可以与一个实的本振信号进行混频或相乘，并进行低通滤波，其基本原理如图 7.2－1 所示。

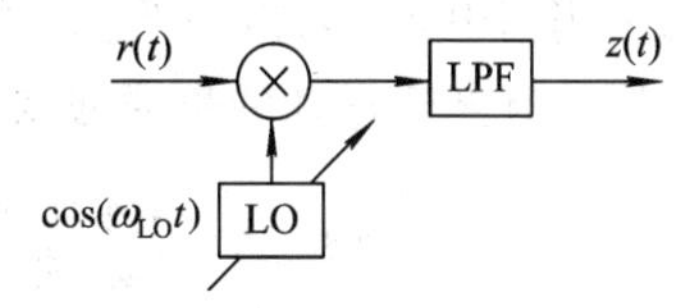


图 7.2－1　实混频下变频

图 7.2－1 中，本振频率为 $f_{LO}$，中频频率为 $f_{IF}$，考虑高本振设置情况，实混频下变频可以将中心频率位于 $f_{LO}-f_{IF}$ 的信号转换为中心频率为 $f_{IF}$ 的信号，即

$$[A(t)\cos(\omega_{LO}-\omega_{IF})t]\cos(\omega_{LO}t)\overset{\text{通过LPF}}{=}A(t)\cos(\omega_{IF}t)\qquad(7.2-1)$$

然而，由于采用了实混频，还有一个频率转换的过程，即中心频率位于 $f_{LO}+f_{IF}$ 的信号也可通过与本振信号相乘滤波而转换为中心频率为 $f_{IF}$ 的信号，即

$$[B(t)\ \cos(\omega_{LO}+\omega_{IF})t]\cos(\omega_{LO}t)\overset{\text{通过LPF}}{=}B(t)\ \cos(\omega_{IF}t)\qquad(7.2-2)$$

$A(t)\ \cos(\omega_{LO}-\omega_{IF})t$ 和 $B(t)\ \cos(\omega_{LO}+\omega_{IF})t$ 分别位于本振信号对称两端，距离本振均为 $\omega_{IF}$，称 $B(t)\ \cos(\omega_{LO}+\omega_{IF})t$ 为 $A(t)\ \cos(\omega_{LO}-\omega_{IF})t$ 的镜像信号，由于这两个信号下变频后频率一致，因此会造成干扰，这种现象称为镜像信号干扰现象，如图 7.2－2 所示。从另一个角度看，镜像频率干扰现象是因为实信号的正频率部分和负频率部分分别向中频移动而发生混叠造成的。

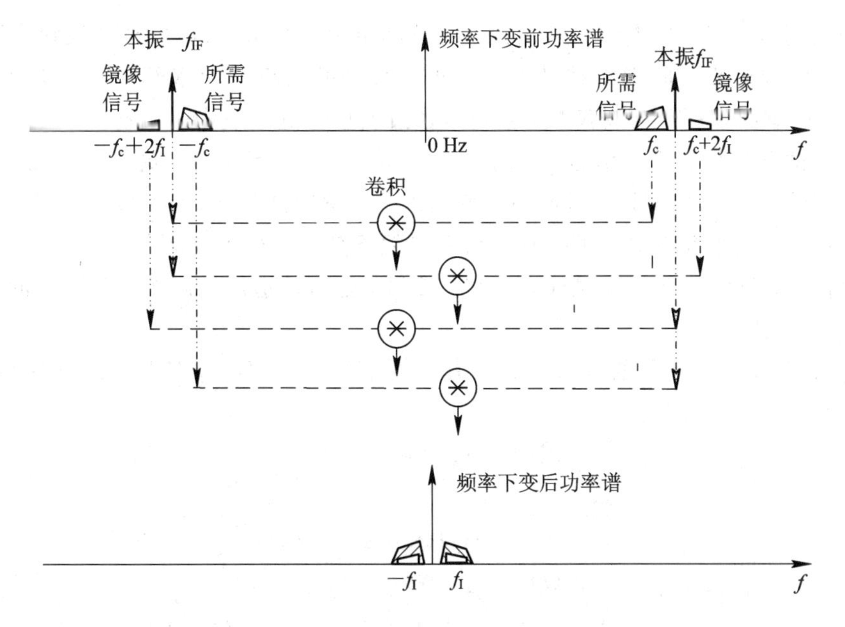


图 7.2－2　实混频下变频的频谱以及镜像信号干扰

若本地振荡器的频率 $f_{LO}$高于(或低于)所需信号的中心频率 $f_c$，则镜像信号频率将相应高于(或低于)所需信号频率，无论何种方式，所需信号与镜像信号之间的间隔均为 $2f_{IF}$。图 7.2－2 所示为本振频率高端注入的情况。

对于镜像干扰，通常采用镜像抑制滤波(IR)方法消除，即采用带通滤波器在频率变换之前对镜像信号进行抑制。这需要对中频频率和镜像抑制带通滤波器进行正确的选择。如果采用高中频，可以降低镜像抑制带通滤波器选择性要求；反之如果采用低中频，则必须选用具有高选择性的带通滤波器，如图 7.2－3 所示。

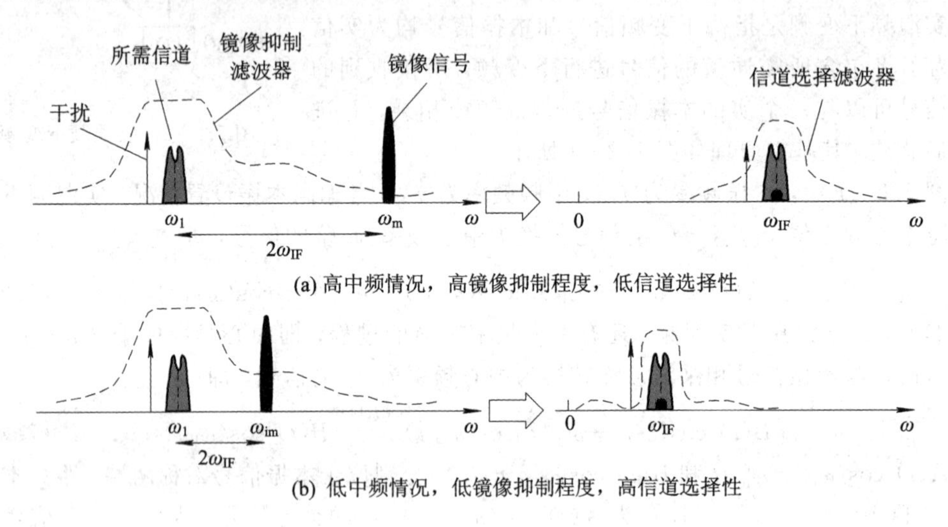


(a) 高中频情况，高镜像抑制程度，低信道选择性

(b) 低中频情况，低镜像抑制程度，高信道选择性

图 7.2－3　中频频率高低的影响

### 7.2.2　复混频下变频

前面提到过，信号的频谱分为正频率部分和负频率部分，镜像干扰问题是下变频时由信号的正、负频率部分向中频移动而造成的。如果可以将正频率部分和负频率部分相分离，镜像问题就可以得到轻松解决，这可以通过复信号处理技术来实现。

已知由两路信号表示复信号，一路表示实部，一路表示虚部；更为一般的称呼是同相信号和正交信号($I$、$Q$ 信号)。因此当下变频采用复混频技术时，也称为正交下变频技术。

若本振信号为复信号，则下变频称为复混频下变频。待下变频信号可以是实信号，也可以是复信号。复混频下变频也称为正交下变频，是直接适用于解析信号表示的 $I$、$Q$ 两路信号的下变频方式。

令 $s_A(t)$为待下变频解析信号，$s_B(t)$是完成下变频的复基带信号，进行下变频的过程就是：

$$s_B(t) = s_A(t)\exp(-j\omega_{LO}t) \tag{7.2-3}$$

若

$$s_A(t) = A(t)\exp(j\omega_c t + \varphi(t)) \tag{7.2-4}$$

$$\begin{aligned} s_B(t) &= s_A(t)\exp(-j\omega_{LO}t) \\ &= A(t)\ \exp[j(\omega_c - \omega_{LO})t + \varphi(t)] \end{aligned} \tag{7.2-5}$$

其实现结构如图 7.2－4 所示，频谱变换过程如图 7.2－5 所示。

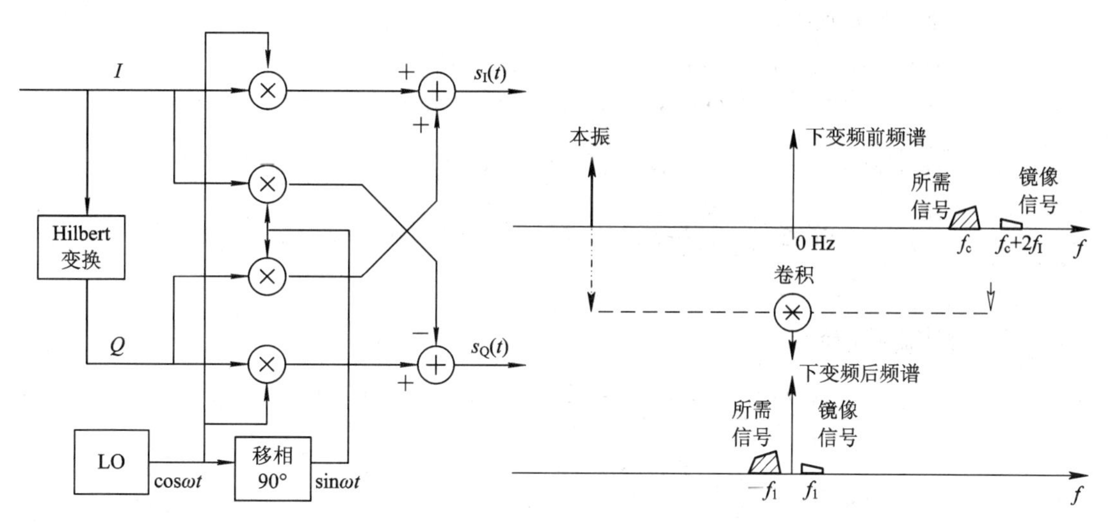


图 7.2-4　复信号复混频下变频　　　图 7.2-5　复混频下变频频谱

若输入信号是实信号，即虚部为 0，图 7.2-4 可转化为图 7.2-6，频谱变换如图 7.2-7 所示。

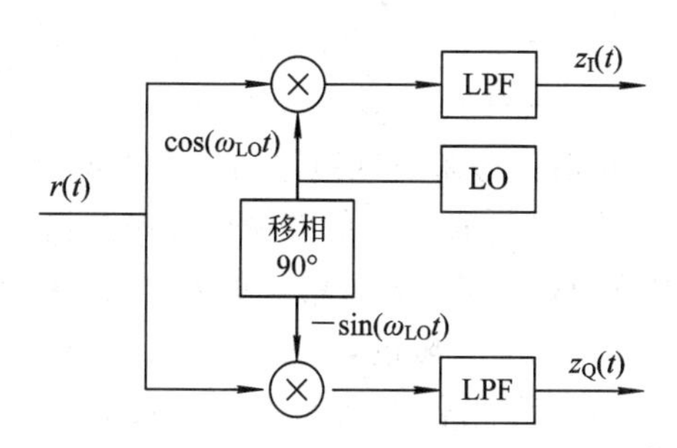


图 7.2-6　实信号复混频下变频

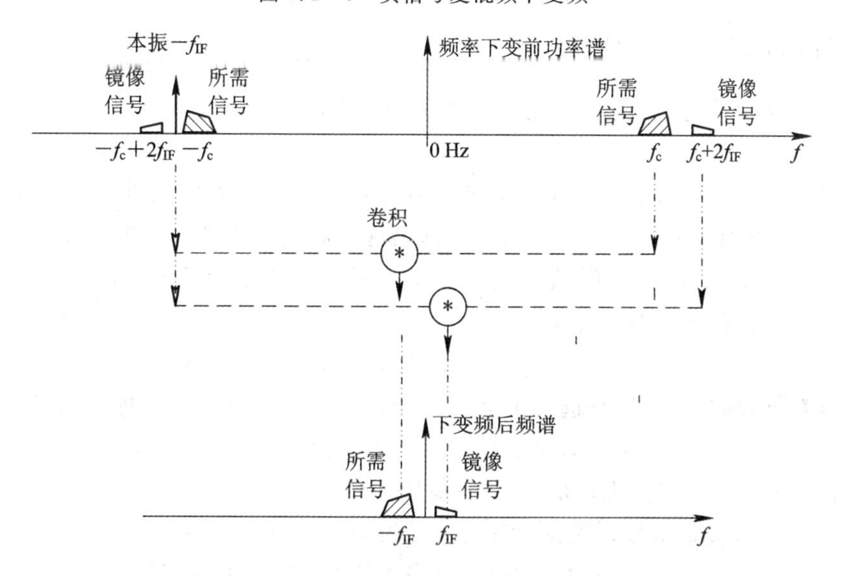


图 7.2-7　实信号复混频下变频频谱

变换的推导过程如下：

$$
\begin{aligned}
&A(t)\cos((2\pi f_c t+\varphi(t))\cdot\exp(-\mathrm{j}(2\pi f_{\mathrm{LO}}t))\\
&=A(t)\cos(2\pi f_c t+\varphi(t))\cdot(\cos(2\pi f_{\mathrm{LO}}t)-\mathrm{j}\sin(2\pi f_{\mathrm{LO}}t))\\
&=\frac{1}{2}A(t)[\cos(2\pi f_c t+2\pi f_{\mathrm{LO}}t+\varphi(t))+\cos(2\pi f_c t-2\pi f_{\mathrm{LO}}t+\varphi(t))]-\\
&\quad\frac{1}{2}\mathrm{j}A(t)[\sin(2\pi f_c t+2\pi f_{\mathrm{LO}}t+\varphi(t))-\sin(2\pi f_c t-2\pi f_{\mathrm{LO}}t+\varphi(t))]
\end{aligned}
\tag{7.2-6}
$$

经过低通滤波器后，得到

$$
\begin{aligned}
s_{\mathrm{B}}(t)&=\frac{1}{2}A(t)[\cos(2\pi f_c t-2\pi f_{\mathrm{LO}}t+\varphi(t))]+\\
&\quad\mathrm{j}\,\frac{1}{2}A(t)[\sin(2\pi f_c t-2\pi f_{\mathrm{LO}}t+\varphi(t))]\\
&=\frac{1}{2}A(t)\exp(\mathrm{j}(2\pi f_c t-2\pi f_{\mathrm{LO}}t+\varphi(t)))
\end{aligned}
\tag{7.2-7}
$$

实信号变换后幅度系数小一半，另外需要滤波器进行滤波，如果不考虑幅度系数结果是相同的。

若 $f_{\mathrm{LO}}=f_c$，有

$$
s_{\mathrm{B}}(t)=A(t)\exp(\mathrm{j}\varphi(t))\tag{7.2-8}
$$

如图 7.2-7 所示，下变频后信号未出现镜像频率干扰现象。理想情况下，正交下变频技术具有完全的镜像信号抑制能力，省去了射频镜像抑制滤波器，大大放宽了对模拟射频滤波器的总要求，简化了射频前端，使接收机集成更为方便。然而在实际应用中，由于I/Q不平衡问题，镜像信号的抑制能力是有限的，约为 20～40 dB。

除镜像频率问题外，在频率和相位调制系统中，接收机解调需要采用正交下变频方式。

### 7.2.3　带通采样直接下变频

除了前面两种常规的通过信号相乘混频进行下变频的方式外，采用带通采样也可以实现下变频。

在带通采样中，若采样速率为 $f_s$，采样后的频谱会反射或折叠进直流到 $f_s/2$ 的第 1 个 Nyquist 区，此时绝对频率信息丢失了，即出现了频谱的搬移。如果选择合适的采样速率，就可以直接通过采样实现信号的下变频。对于载波频率为 $f_c$ 的模拟信号，由式(5.3-7)知，如果采样速率 $f_s$ 满足：

$$
f_c=kf_s\geqslant k\cdot 2B\tag{7.2-9}
$$

则采样后该载波频率 $f_c$ 会折叠进第 1 个 Nyquist 区，频率转换为 0，即该信号直接下变频到基带。但从图 7.2-8(a)可知，对于具有双边带的模拟信号而言，必然出现频谱混叠现象，所以必须采用复采样方式，如图 7.2-8(b)所示。

对于特殊的单边带信号，载波频率与信号最高频率(取下边带时)或最低频率(取上边带时)相同，满足式(7.2-9)条件，这时可以采用常规的采样方式直接下变频，如图 7.2-9 所示。

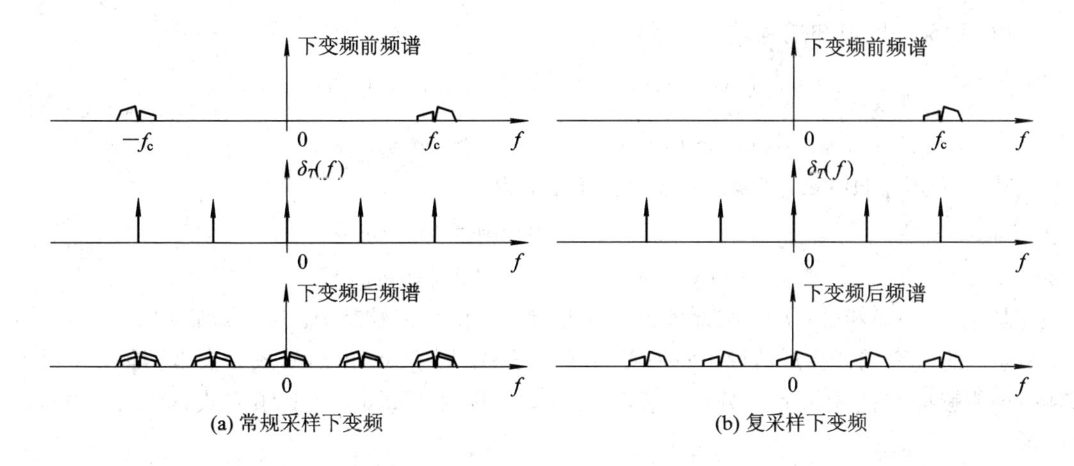


图 7.2-8 具有双边带信号的采样下变频

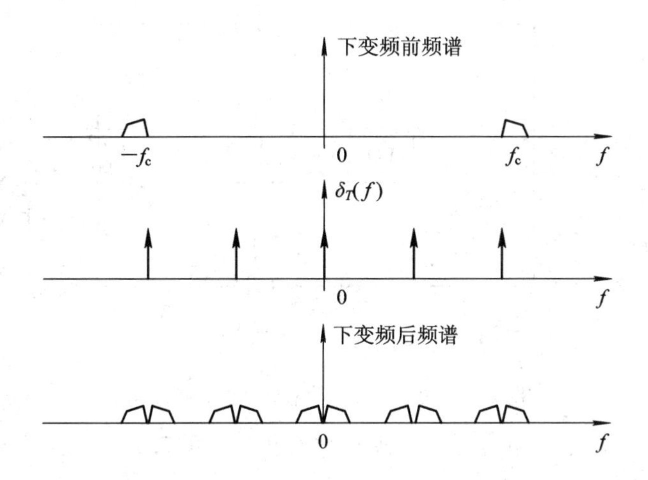


图 7.2-9 单边带信号的采样下变频(取上边带信号)

从另外的角度看，采样实际也是一种相乘混频的过程，因为采样是通过输入模拟信号与周期性冲激信号 $\delta_T(t)$ 相乘实现的。

采用这种下变频的方法可以使接收机结构非常简单，不仅实现了数字化同时也实现了下变频。

### 7.2.4 镜像抑制混频下变频

虽然复混频下变频能够有效解决镜像频率的干扰，但是镜像信号成分还是存在的，并没有消除，如果需要采用实信号输出，则镜像信号影响是实际存在的，为此需要采用能够有效抑制镜像信号的变频结构。

已知所需信号和其镜像信号，为不失一般性，确定高于本振信号为 $s_U(t)$，低于本振信号为 $s_D(t)$，两者根据需要分别为所需信号和镜像信号，经过复变频分别到 $\pm\omega_{IF}$ 处，有

$$\begin{cases} s_{UB}(t) = U(t)\exp(j\omega_{IF}t) = U(t)(\cos\omega_{IF}t + j\sin\omega_{IF}t) \\ s_{DB}(t) = D(t)\exp(-j\omega_{IF}t) = D(t)(\cos\omega_{IF}t - j\sin\omega_{IF}t) \end{cases} \tag{7.2-10}$$

由 Hilbert 变换知道有以下关系：

$$\begin{cases} a(t)\cos(\omega t+\varphi) \xrightarrow{\text{HT}} a(t)\sin(\omega t+\varphi) \\ a(t)\sin(\omega t+\varphi) \xrightarrow{\text{HT}} -a(t)\cos(\omega t+\varphi) \end{cases} \tag{7.2-11}$$

对虚部进行 Hilbert 变换，实部保持不变，得

$$\begin{cases} s'_{\text{UB}}(t) = U(t)(\cos\omega_{\text{IF}}t - \text{j}\cos\omega_{\text{IF}}t) \\ s'_{\text{DB}}(t) = D(t)(\cos\omega_{\text{IF}}t + \text{j}\cos\omega_{\text{IF}}t) \end{cases} \tag{7.2-12}$$

显然，$s'_{\text{UB}}(t)$和 $s'_{\text{DB}}(t)$的实部和虚部是相同的，仅有符号差别。这样，如果实部加虚部，则 $s_{\text{UB}}(t)$的所有成分会抵消掉，如果实部减去虚部，则 $s_{\text{DB}}(t)$的所有成分会抵消掉，从而得到一种能够抑制镜像频率成分的下变频方式，也称为 Hartley 下变频方式，如图 7.2-10 所示。

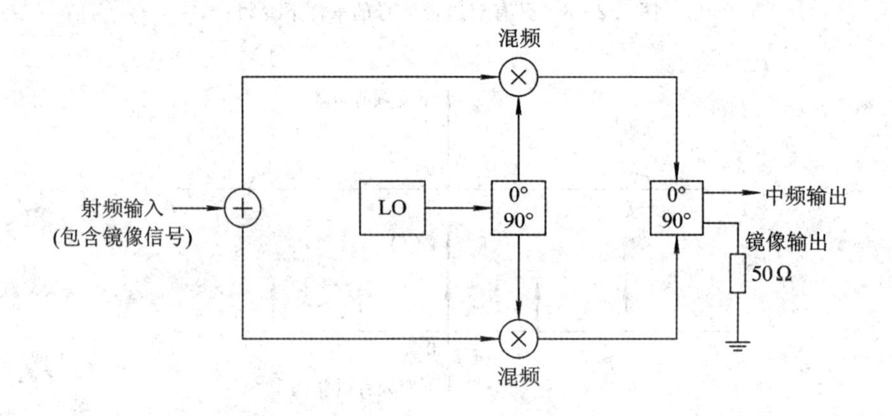


图 7.2-10　Hartley 镜像抑制混频结构

在具体实现时可以采用阻容方式实现相位变化，如图 7.2-11 所示。

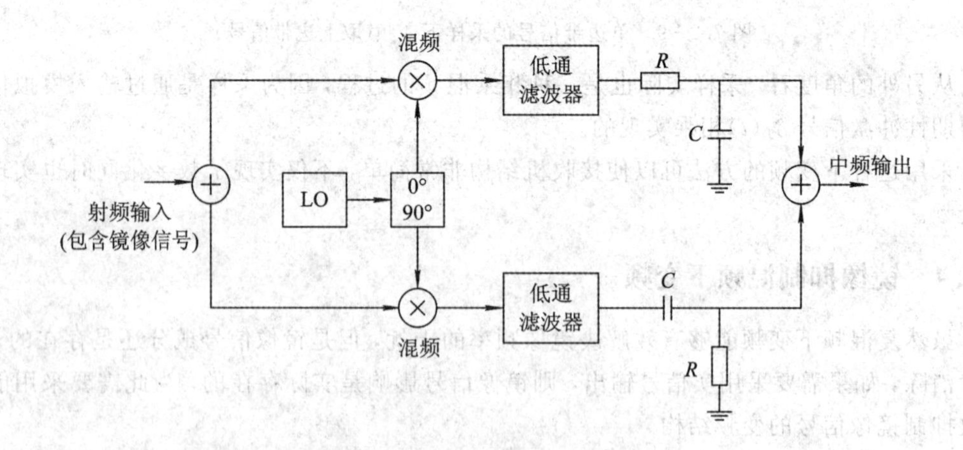


图 7.2-11　阻容移相的 Hartley 镜像抑制混频结构

在正交下变频后，使用 $RC$ 移相网络将两路信号分别移相，实现两路 90°的相移，即两路相移分别为

$$\begin{cases}\varphi_{\mathrm{I}} = -\arctan(RC\omega) \\ \varphi_{\mathrm{Q}} = \arctan\left(\dfrac{1}{RC\omega}\right)\end{cases} \tag{7.2-13}$$

这样两路相移关系为

$$\varphi_{\mathrm{Q}} - \varphi_{\mathrm{I}} = \frac{\pi}{2} \tag{7.2-14}$$

在输出端通过相加或相减消除镜像信号，即可得到需要的信号。由于 $RC$ 移相网络对失配很敏感，镜像抑制的精度有限，且大的电阻和电容也无法实现片上集成，所以该结构很少被使用。为此采用变频实现 90°相移，这就是 Weaver 镜像抑制混频结构，其特点是采用正交乘法实现 90°的相移，其结构如图 7.2－12 所示。它包含两个本振信号，本振 1 用来实现接收信号的正交变换，本振 2 用来实现 90°相移。

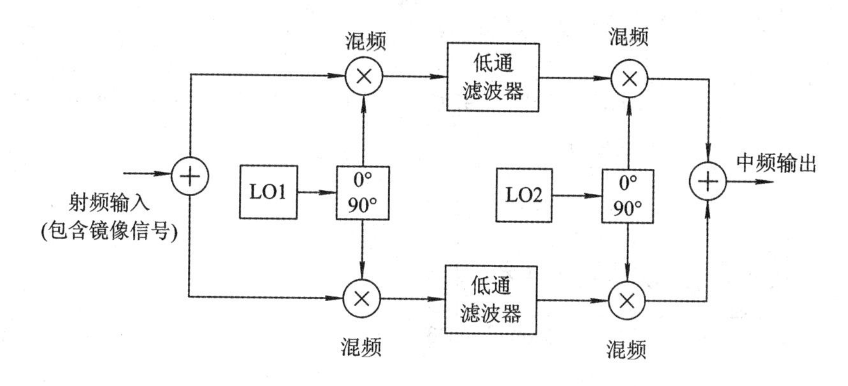


图 7.2－12　Weaver 镜像抑制混频结构

# 7.3　模拟信号的解调

本书所涉及的解调方法均依据 7.1 节，即通过下变频过程后获得了复基带信号。为了简化起见，复基带信号相位即为接收信号相位，为不失一般性，同时也不考虑信道所造成的影响。

## 7.3.1　AM 信号解调

AM 接收信号表达式如下：

$$\begin{aligned} s_R(t) &= (A + m(t))\cos(2\pi ft + \varphi) \\ &= (A + m(t))\cos\varphi\cos(2\pi ft) - (A + m(t))\sin\varphi\sin(2\pi ft) \end{aligned} \tag{7.3-1}$$

其基带信号为

$$\begin{cases} I(t) = (A + m(t))\cos\varphi \\ Q(t) = (A + m(t))\sin\varphi \end{cases} \tag{7.3-2}$$

解调通过以下方式进行：

$$A + m(t) = \sqrt{I^2(t) + Q^2(t)} \tag{7.3-3}$$

AM 调制信号解调波形如图 7.3－1 所示。

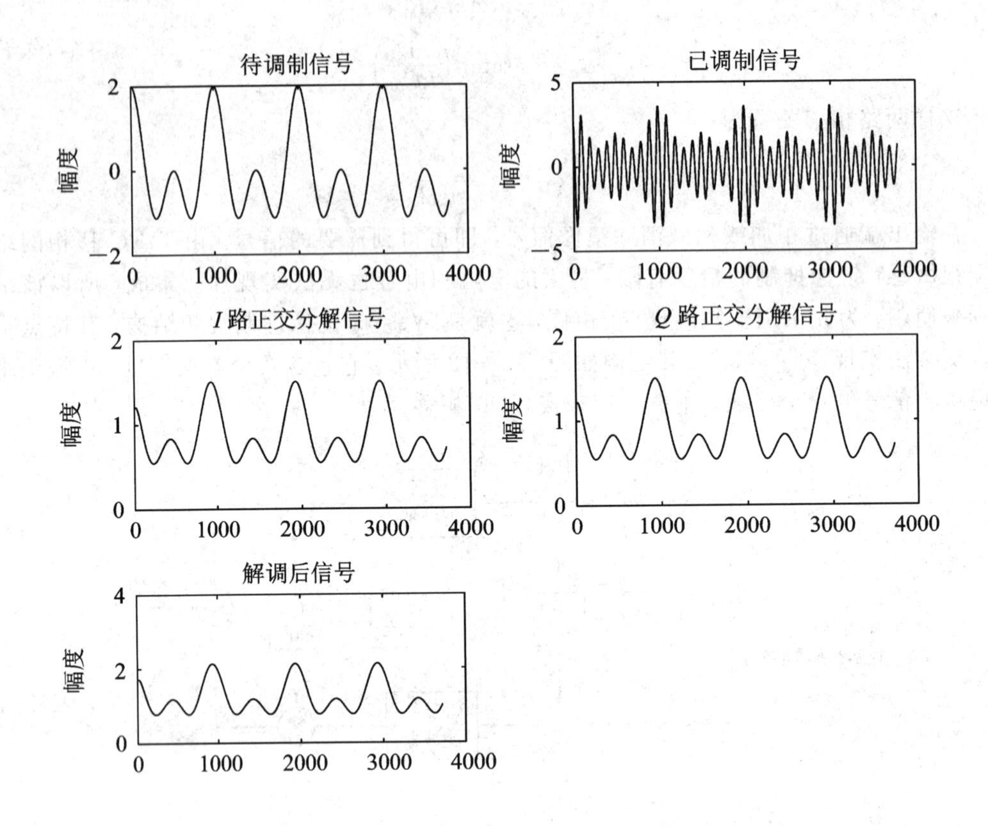


图 7.3-1　AM 调制信号解调波形

### 7.3.2　DSB 信号解调

DSB 信号表达式如下：

$$f(t) = m(t)\cos(2\pi ft + \varphi) \tag{7.3-4}$$

其基带信号为

$$\begin{aligned} I(t) &= m(t)\cos\varphi \\ Q(t) &= m(t)\sin\varphi \end{aligned} \tag{7.3-5}$$

相位为

$$\varphi = \arctan\frac{Q(t)}{I(t)} \tag{7.3-6}$$

解调通过以下方式进行：

$$m(t) = \mathrm{Re}\{(I(t) + \mathrm{j}Q(t)) \cdot \exp(-\mathrm{j}\varphi)\} \tag{7.3-7}$$

其中，$\varphi$ 也可以通过同步部分获得。

DSB 调制信号解调波形如图 7.3-2 所示。

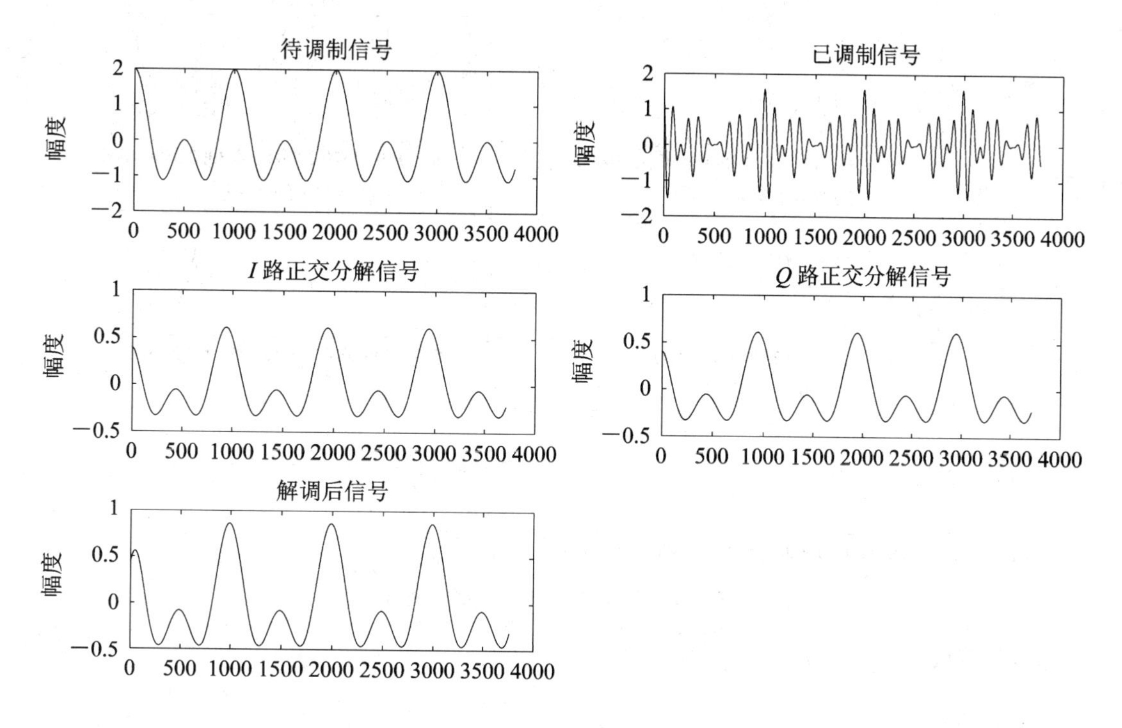


图 7.3-2　DSB 调制信号解调波形

## 7.3.3　SSB 信号解调

SSB 信号表达式如下：

$$f(t)=\frac{1}{2}m(t)\cos(2\pi f_c t+\varphi)\mp\frac{1}{2}\hat{m}(t)\sin(2\pi f_c t+\varphi) \tag{7.3-8}$$

其基带信号为

$$\begin{cases} I(t)=\dfrac{1}{2}m(t)\cos\varphi\mp\dfrac{1}{2}\hat{m}(t)\sin\varphi \\ Q(t)=\dfrac{1}{2}m(t)\sin\varphi\pm\dfrac{1}{2}\hat{m}(t)\cos\varphi \end{cases} \tag{7.3-9}$$

解调通过以下方式进行：

$$\begin{aligned} m(t) &= 2\mathrm{Re}\{(I(t)+\mathrm{j}Q(t))\exp(-\mathrm{j}\varphi)\} \\ &= 2\mathrm{Re}\{(I(t)+\mathrm{j}Q(t))\exp(-\mathrm{j}\varphi)\} \\ &= 2\mathrm{Re}\{(I(t)+\mathrm{j}Q(t))(\cos\varphi-\mathrm{j}\sin\varphi)\} \\ &= 2I(t)\cos\varphi+2Q(t)\sin\varphi \\ &= m(t)\cos^2\varphi\mp\hat{m}(t)\sin\varphi\cos\varphi+m(t)\sin^2\varphi\pm\hat{m}(t)\cos\varphi\sin\varphi \\ &= m(t) \end{aligned} \tag{7.3-10}$$

其中，$\varphi$ 通过同步部分获得。

SSB 调制信号解调波形如图 7.3-3 所示。

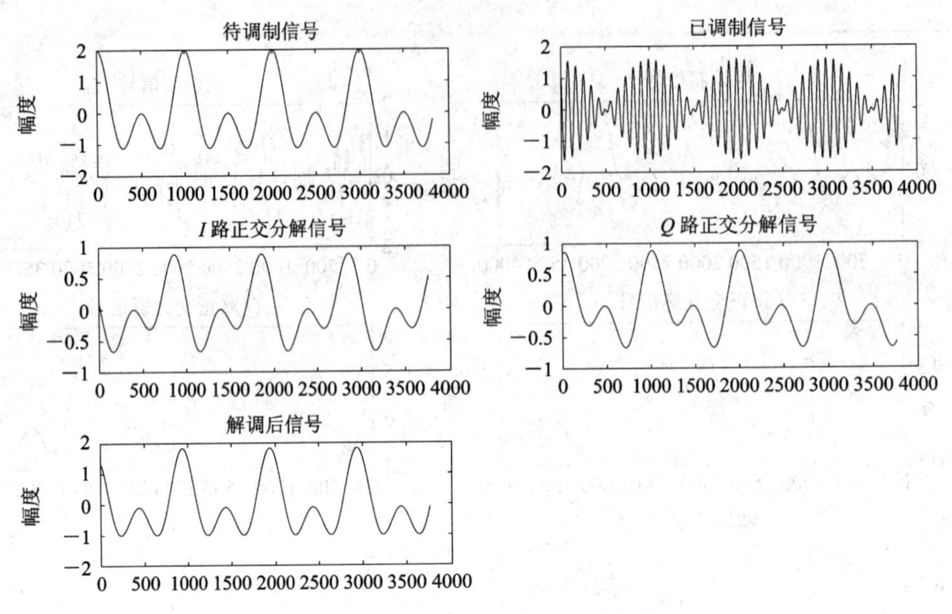


图 7.3-3　SSB 调制信号解调波形

### 7.3.4　FM 信号解调

FM 信号表达式如下：

$$\begin{aligned} f(t) &= A\cos\left(2\pi f_c t + \int_{-\infty}^{t} k_f m(\tau)\mathrm{d}\tau\right) \\ &= A\cos\left(\int_{-\infty}^{t} k_f m(\tau)\mathrm{d}\tau\right)\cos(2\pi f_c t) - A\sin\left(\int_{-\infty}^{t} k_f m(\tau)\mathrm{d}\tau\right)\sin(2\pi f_c t) \end{aligned} \tag{7.3-11}$$

其基带信号为

$$\begin{cases} I(t) = \cos\left(\int_{-\infty}^{t} k_f m(\tau)\mathrm{d}\tau + \varphi\right) \\ Q(t) = \sin\left(\int_{-\infty}^{t} k_f m(\tau)\mathrm{d}\tau + \varphi\right) \end{cases} \tag{7.3-12}$$

相位有

$$\varphi(t) = \int_{-\infty}^{t} k_f m(\tau)\mathrm{d}\tau + \varphi = \arctan\frac{Q(t)}{I(t)} \tag{7.3-13}$$

由于

$$k_f m(t) = \lim_{\Delta t\to 0}\frac{\int_{t}^{t+\Delta t} k_f m(\tau)\mathrm{d}\tau}{\Delta t} = \lim_{\Delta t\to 0}\frac{\varphi(t+\Delta t)-\varphi(t)}{\Delta t} \tag{7.3-14}$$

解调通过以下方式进行：

$$m(t) = \frac{\varphi(t+\Delta t)-\varphi(t)}{\Delta t}\cdot\frac{1}{k_f} \tag{7.3-15}$$

但需要注意的是求反三角函数是不方便的。为此，有两种解决方式。

(1) 考虑到复数乘可造成相位加，则可利用后样点与前样点共轭相乘获得两点的相位差，即

$$\frac{1}{|s_B(t+\Delta t)|^2} s_B(t+\Delta t) \cdot s_B^*(t) = \exp(\Delta\varphi(t)) = \cos(\Delta\varphi(t)) + \mathrm{j}\sin(\Delta\varphi(t)) \tag{7.3-16}$$

由于 $\Delta\varphi(t)$ 足够小，则

$$\cos(\Delta\varphi(t)) = 1, \qquad \sin(\Delta\varphi(t)) = \Delta\varphi(t) \tag{7.3-17}$$

取虚部就可以获得相位差，则解调通过以下方式实现：

$$m(t) = \frac{\Delta\varphi(t+\Delta t)}{\Delta t} \cdot \frac{1}{k_f} \tag{7.3-18}$$

(2) 考虑采用数字鉴频器，对于复基带信号，有

$$s_B(t) = A(t)\exp(\mathrm{j}\varphi(t)) = I(t) + \mathrm{j}Q(t) \tag{7.3-19}$$

两边取自然对数，有

$$\ln s_B(t) = \ln A(t) + \mathrm{j}\varphi(t) \tag{7.3-20}$$

对虚部求导，可得频率，有

$$\begin{aligned} m(t) &= \frac{1}{k_f}\frac{\mathrm{d}}{\mathrm{d}t}[\varphi(t)] = \frac{1}{k_f}\frac{\mathrm{d}}{\mathrm{d}t}\mathrm{Im}\{\ln s_B(t)\} \\ &= \frac{1}{k_f}\mathrm{Im}\left\{\frac{\mathrm{d}}{\mathrm{d}t}\ln s_B(t)\right\} = \frac{1}{k_f}\mathrm{Im}\left\{\frac{1}{s_B(t)} \cdot \frac{\mathrm{d}s_B(t)}{\mathrm{d}t}\right\} \end{aligned} \tag{7.3-21}$$

由于

$$\begin{aligned} \frac{1}{x+\mathrm{j}y}\frac{\mathrm{d}(x+\mathrm{j}y)}{\mathrm{d}t} &= \frac{(x-\mathrm{j}y)}{(x^2+y^2)}\left(\frac{\mathrm{d}x}{\mathrm{d}t} + \mathrm{j}\frac{\mathrm{d}y}{\mathrm{d}t}\right) \\ &= \frac{1}{(x^2+y^2)}\left[\left(x\frac{\mathrm{d}x}{\mathrm{d}t} + y\frac{\mathrm{d}y}{\mathrm{d}t}\right) + \mathrm{j}\left(x\frac{\mathrm{d}y}{\mathrm{d}t} - y\frac{\mathrm{d}x}{\mathrm{d}t}\right)\right] \end{aligned} \tag{7.3-22}$$

所以

$$m(t) = \frac{1}{k_f}\frac{\mathrm{d}}{\mathrm{d}t}[\varphi(t)] = \frac{1}{k_f}\frac{1}{|s_B(t)|^2}\left[I(t) \cdot \frac{\mathrm{d}Q(t)}{\mathrm{d}t} - Q(t) \cdot \frac{\mathrm{d}I(t)}{\mathrm{d}t}\right] \tag{7.3-23}$$

FM 调制信号解调波形如图 7.3-4 所示。

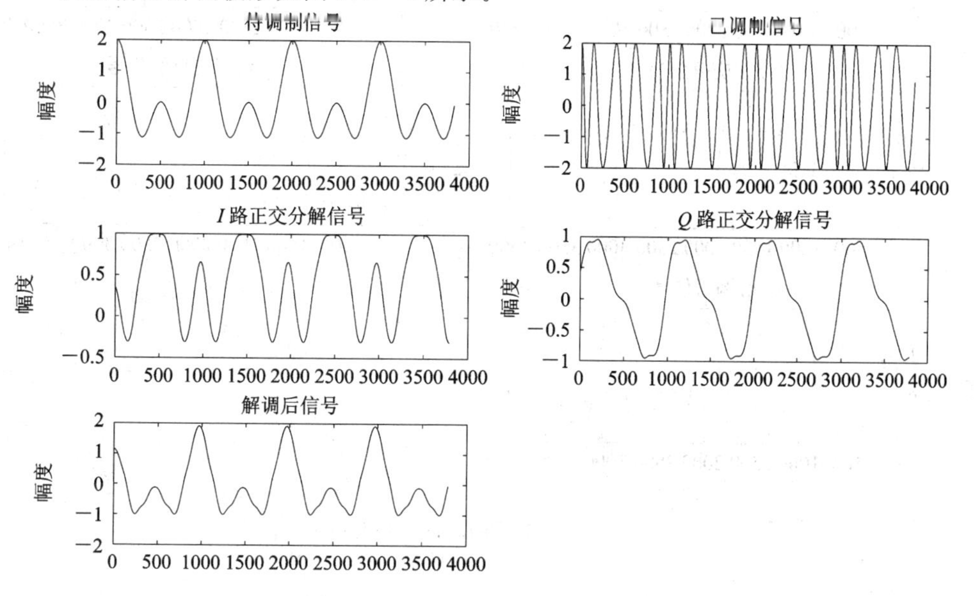


图 7.3-4　FM 调制信号解调波形

### 7.3.5 PM信号解调

PM信号表达式如下：

$$\begin{aligned} f(t) &= A\cos(2\pi f_c t + k_p m(t)) \\ &= A\cos(k_p m(t))\cos(2\pi f_c t) - A\sin(k_p m(t))\sin(2\pi f_c t) \end{aligned} \tag{7.3-24}$$

其基带信号为

$$\begin{cases} I(t) = \cos(k_p m(t) + \varphi_0) \\ Q(t) = \sin(k_p m(t) + \varphi_0) \end{cases} \tag{7.3-25}$$

相位有

$$\varphi(t) = k_p m(t) + \varphi_0 = \arctan\frac{Q(t)}{I(t)} \tag{7.3-26}$$

若可以获得载波同步，则解调可以通过直接相位计算获得：

$$k_p m(t) = \arctan\frac{Q(t)}{I(t)} - \varphi_0 \tag{7.3-27}$$

也可以采用与FM相同的解调方法，对结果再进行一次积分即可完成，即

$$(k_p m(t))' = \frac{\Delta\varphi(t+\Delta t)}{\Delta t} \tag{7.3-28}$$

$$m(t) = \frac{1}{k_p}\int_{-\infty}^{t} \frac{\Delta\varphi(t+\Delta t)}{\Delta t}\mathrm{d}t \tag{7.3-29}$$

PM调制信号解调波形如图7.3-5所示。

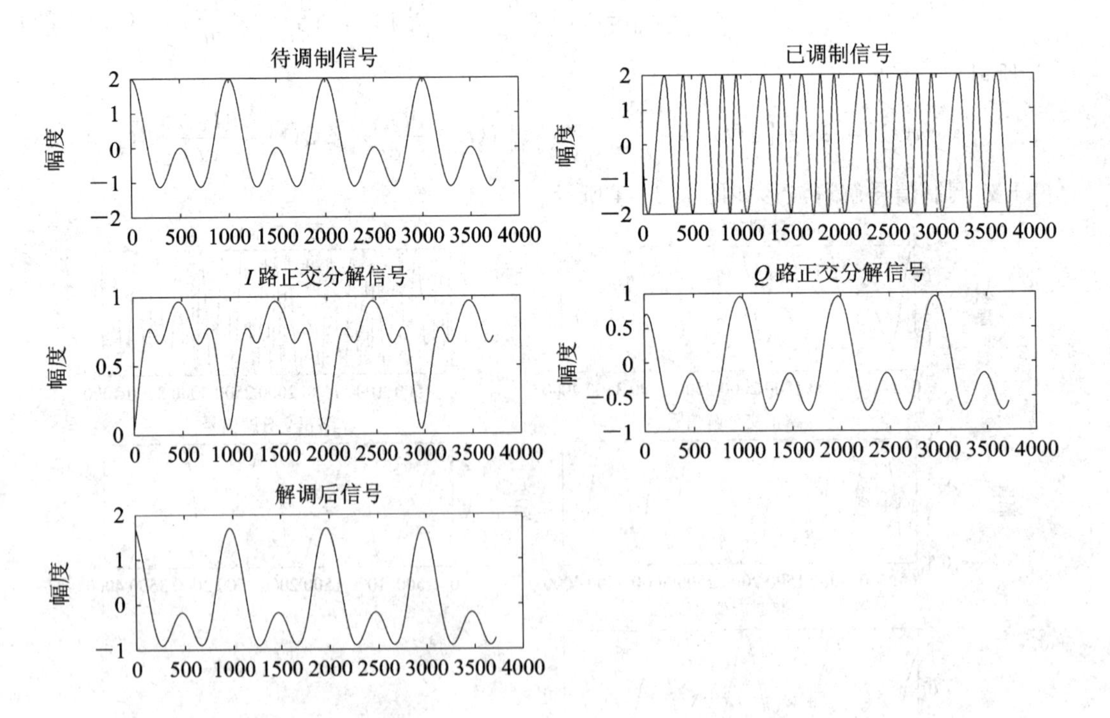


图7.3-5 PM调制信号解调波形

# 7.4　数字信号的解调

数字信号的解调与模拟信号解调过程相同，区别仅仅在于数字信号状态是离散的。

数字信号实际上是调制在两层载波之上的，首先将信息调制到波形上，其次将波形调制到正弦载波上。

数字信号解调的基本原理已经在前面进行了说明，具体实现时可以有两种方法：一种是简单接收机，即在码元波形的某个特定点确定其调制的相关参数，其性能依赖该点的瞬时信噪比(SNR)；一种是最佳接收机，这类接收机能够集合信号码元全部能量完成接收，其性能依赖于码元能量与噪声功率谱密度比($E_b/N_0$)。

数字解调与模拟解调还有一个重要的差别就是有逆映射的步骤，将解出的载波参数逆映射为数字码元。

这里主要讨论基带情况下的处理过程。

如果采用简单接收机，则处理过程与模拟接收机类似，即直接降频到基带，采样后解出采样点变化参量，但是数字信号在码元持续时间载波参量是保持不变的，如果仅仅在某一点取值解调显然不是最佳的。采用最佳接收机实际上利用了在码元持续时间内信号参数保持稳定的特点，这里主要强调如何进行最佳接收，据此在接收中必须考虑码元在接收端重建。

## 7.4.1　QAM 信号解调

这里不讨论信道影响及具体性能，有兴趣的同学请参考相关文献。解调过程是首先降频到基带，然后通过滤波器，最后对滤波器结果进行采样，解出变化参量，随后通过检测器获得信息码元。在最佳接收时，滤波器为匹配滤波器或采用相关器实现。

对于第 $k$ 个码元周期的信号，可以表示为

$$s_{Mk}(t)=A_kp(t-kT_B)\cos(2\pi f_ct+\varphi_k) \tag{7.4-1}$$

其中 $k$ 为整数，当 $\varphi_k$、$A_k$ 均有多种取值时，根据信号星座点的数目 $M$，可称为 MQAM，如 16QAM 调制等。

载波同步情况下，通过下变频获得基带信号为

$$s_{Bk}(t)=A_kp(t-kT_B)(\cos\varphi_k+\mathrm{j}\sin\varphi_k) \tag{7.4-2}$$

这样，有

$$\begin{cases}I_k=A_kp(t-kT_B)\cos\varphi_k\\Q_k=A_kp(t-kT_B)\sin\varphi_k\end{cases} \tag{7.4-3}$$

若采用最佳接收，则需要通过相关接收或匹配滤波接收，即

$$\begin{cases}I_k=\displaystyle\int_{kT}^{(k+1)T}A_kp(t-kT_B)\cdot p(t-kT_B)\cos\varphi_k\mathrm{d}t=E_pA_k\cos\varphi_k\\Q_k=-\displaystyle\int_{kT}^{(k+1)T}A_kp(t-kT_B)\cdot p(t-kT_B)\sin\varphi_k\mathrm{d}t=-E_pA_k\sin\varphi_k\end{cases} \tag{7.4-4}$$

对 $I_k$、$Q_k$ 进行采样判决即完成解调。

另外，ASK 和 PSK 是 QAM 信号的特例，因此不再进行特别说明。

QAM 调制信号解调波形如图 7.4-1 所示。

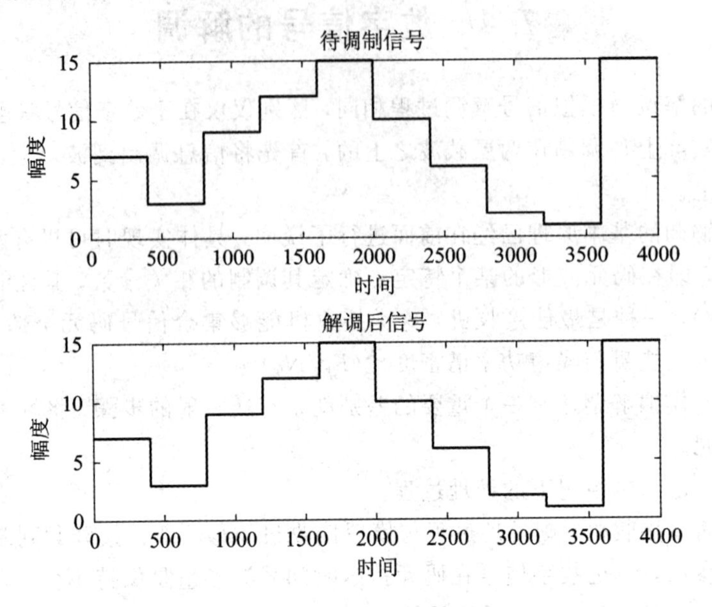


图 7.4-1 QAM 调制信号解调波形

### 7.4.2 FSK 信号解调

FSK 信号表达式如下：

$$s_{Mk}(t)=\cos(2\pi f_c t+a_k 2\pi\Delta f(t-kT_B)+\varphi_k),\qquad kT_s\leqslant t\leqslant(k+1)T_s \tag{7.4-5}$$

其基带信号为

$$\begin{cases}I(t)=\cos(a_k 2\pi\Delta f(t-kT_B)+\varphi_k)\\Q(t)=\sin(a_k 2\pi\Delta f(t-kT_B)+\varphi_k)\end{cases} \tag{7.4-6}$$

解调就是需要检测出传输信号的频率，常规用于 FM 的方法是可以使用的。

(1) 观察式(7.4-6)，$I$、$Q$ 两路前后样点相位差与 $a_k$ 有关，考虑到复数乘可造成相位加，则可利用后样点与前样点共轭相乘获得两点的相位差，即

$$\Delta\varphi(t)=a_k 2\pi\Delta f\Delta t \tag{7.4-7}$$

$$\frac{1}{|s_B(t)|^2}s_B(t)\cdot s_B^*(t-\Delta t)=\exp(\Delta\varphi(t))=\cos(\Delta\varphi(t))+\mathrm{j}\sin(\Delta\varphi(t)) \tag{7.4-8}$$

由于 $\Delta\varphi(t)$ 足够小，则

$$\begin{cases}\cos(\Delta\varphi(t))=1\\\sin(\Delta\varphi(t))=\Delta\varphi(t)\end{cases} \tag{7.4-9}$$

取虚部就可以获得相位差，则有

$$a_k=\frac{\Delta\varphi(t)}{2\pi\Delta f\Delta t} \tag{7.4-10}$$

通过对一个符号内相位的连续求解，即可实现解调。

在最简单的情况 2FSK 中，

$$a_k = \mathrm{sgn}(\Delta\varphi(t)) \tag{7.4-11}$$

观察在一个符号周期内变化的方向，即若正向变化取“1”，负向变化则取“0”。

(2) 采用数字鉴频器的方法，其原理见 7.3.4 节，有

$$a_k = \frac{\frac{\mathrm{d}}{\mathrm{d}t}[\varphi(t)]}{2\pi\Delta f} \tag{7.4-12}$$

其中，

$$\begin{cases} \dfrac{\mathrm{d}}{\mathrm{d}t}[\varphi(t)] = \dfrac{1}{|s_B(t)|^2}\left[I(t)\cdot\dfrac{\mathrm{d}Q(t)}{\mathrm{d}t} - Q(t)\cdot\dfrac{\mathrm{d}I(t)}{\mathrm{d}t}\right] \\ \dfrac{\mathrm{d}Q(t)}{\mathrm{d}t} = Q(t) - Q(t-\Delta t) \\ \dfrac{\mathrm{d}I(t)}{\mathrm{d}t} = I(t) - I(t-\Delta t) \end{cases} \tag{7.4-13}$$

解调通过在一个符号周期内连续求解获得。这种方法与上一种方法本质相同，不过消除了采样时间间隔的代入。

(3) 采用 FFT/DFT 的方法，即截取某个符号内的采样值，对其进行 FFT 计算，并确定其频谱峰值所在位置，而后进行判决，有

$$S(k) = \sum_{n=0}^{N-1} s(n) W_N^{nk}, \qquad k = 0, \cdots, N-1 \tag{7.4-14}$$

这种基于 FFT/DFT 的算法还有改进形式，如 Goertzel 算法等。

FSK 调制信号的解调波形如图 7.4-2 所示。

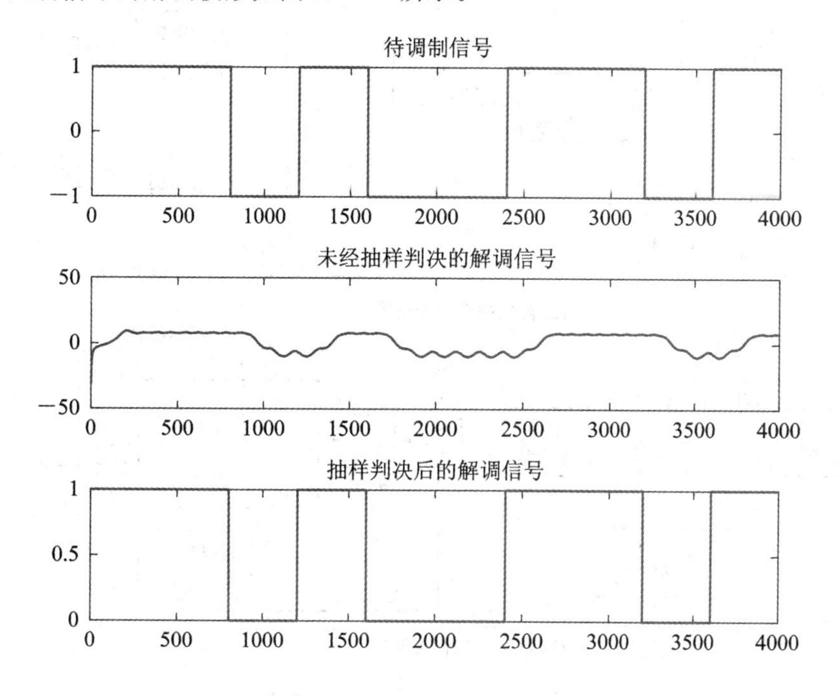


图 7.4-2　FSK 调制信号解调波形

# 7.5　接收机结构

## 7.5.1　外差式接收机

外差式接收机是非常经典的接收机结构，在外差式接收机中，射频信号先通过第一级混频器实混频变到一个中间频率——中频，然后在中频经过带通滤波、增益控制等处理后最终变频到基带。在中频后，信号一般通过正交下变频到基带，接收信号的数字化也在中频后进行。采用这种结构是为了降低对 ADC 的要求，如果一次下变的中频频率对 ADC 而言还是太高，则需要多级下变。

由于会出现镜像信号干扰问题，因此有用的射频信号及与本振信号对称的镜像频率信号同时被变换到相同的中频频带内，形成干扰。这是这种接收机所面临的主要技术难点，如图 7.2-2 所示。因此，这种接收机射频前端必须设置滤波器对镜像信号进行抑制，该滤波器是一个高 $Q$(高达 50 以上)滤波器，在高质量的应用中常需要 6 阶以上的滤波器以实现 60 dB 以上的镜像频率抑制；另外滤波器的中心频率需要与本振频率协同变换，以适应固定的中频频率。这样的滤波器通常不能集成实现，必须采用大量高品质离散元件实现。当信号变频到中频，还需进行中频滤波以获取所需信号，这个中频滤波器也是一个高 $Q$(高达 50 以上)、高阶(8～10 阶)滤波器，集成这样的中频滤波器也是很困难的。另外，中频通常选择较高的值，甚至可以高于信号的传输频率。

图 7.5-1 给出了两种外差式接收机结构。

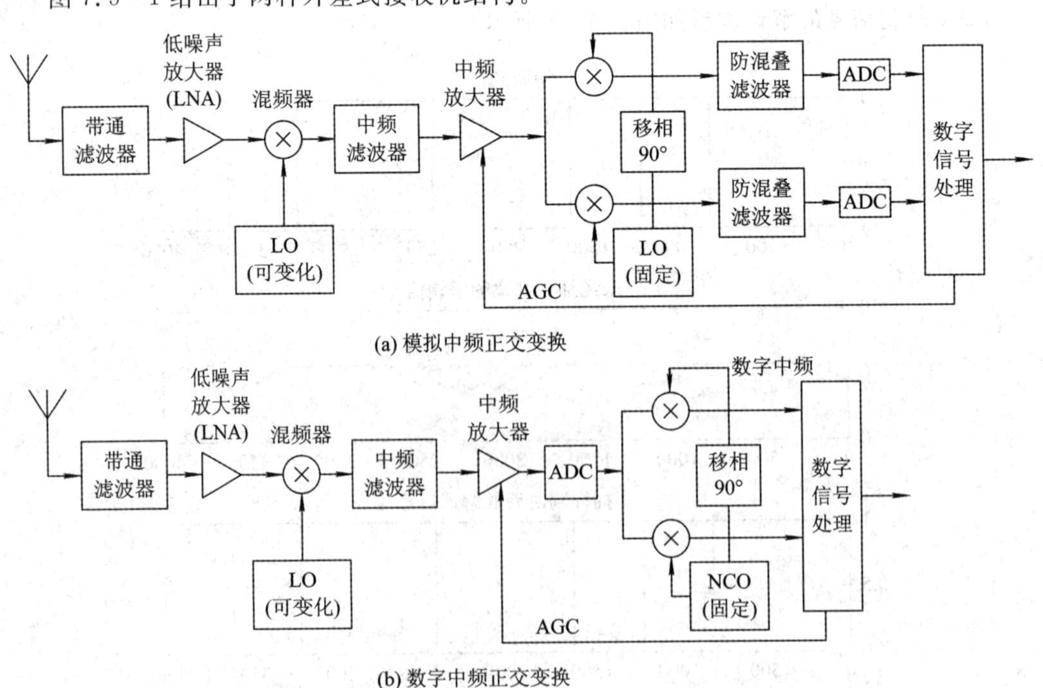


图 7.5-1　外差式接收机结构

(1) 模拟中频结构：在中频后采用模拟方式继续正交下变到基带，最后进行数字化。

这种方式输出的两路本振信号的相位正交性和幅度平衡性不易保证。

(2) 数字中频结构：在中频后直接进行数字化得到数字中频，并采用数字方式进行正交下变。采用这种结构，用数字混频正交变换可以保证输出的两路本振信号的相位正交性和幅度平衡性。

外差式接收机在基带通过数字信号处理实现功能的灵活性，在给定的处理和转换带宽内可以实现各种信号的接收和解调，但是带宽必须仔细选择，因为射频部分相对固定。外差式结构接收机的优点是：

- 有镜像抑制滤波器和中频滤波器的存在，使系统具有良好的选择性；
- 接收机增益分散在几个不同频率的放大器上；
- 接收的射频信号由实信号转换为复信号阶段采用的是固定的本地频率，因此本地振荡器仅需要在一个单一频率上实现相位正交和幅度平衡，容易实现；
- 整个系统性能良好。

其缺点是：

- 需要高中频设置；
- 由于是多变换结构，因此系统复杂度高；
- 需要多个本地振荡器；
- 需要高性能模拟滤波器，因此该结构接收机不可能单片实现。

## 7.5.2　零中频接收机

### 1. 零中频接收机结构

为了克服外差接收机所固有的缺点，减少接收机的元器件数量，降低复杂度，一种显而易见的方法是避免使用中频，通过直接下变的方式将所需的通道信号直接从射频转换到基带。这就是零中频接收机结构，也称为直接变换结构。

中频部分的完全消除使接收机结构非常简单，大部分的信道选择以及放大等工作是在基带完成的。一方面，大部分信号处理工作在较低的速率上，这样系统的功耗较低；另一方面，由于射频放大量适中，所以引入的噪声也是较低的。

在下变频时，如果采用实混频下变频，由于中频为 0，因此所需信号的镜像信号就是本身，但是这并没有消除镜像信号的问题(镜像信号只是与所需信号同频而已)。从图 7.5-2 可看出，直接下变到基带使原信号的低边带和高边带互相混合而无法区分，对于边带对称信号可能造成幅度的下降，对于边带不对称信号则产生干扰。

因此，零中频接收机必须采用复混频下变频，即采用正交的本振(复本振，仅有正频率量)信号与输入信号进行混频，这样仅有负频率轴上的信号会下变到基带，不存在镜像信号，不会产生混叠，如图 7.5-3 所示。

具体实现可分为模拟正交混频和数字正交混频两种方式，如图 7.5-4 所示。当采用模拟正交混频方式时，对 ADC 的要求较低，在这种情况下，ADC 的采样速率只要大于信号带宽(二倍于基带带宽)即可，所需位数一般为 8～10 bit。

零中频接收机的优势是非常明显的。这种接收机根本不需要分立的高 $Q$ 的可调带通滤波器，在大部分应用中，仅需要固定的宽带高频滤波器用来降低下变部分所需要的动态范围，并防止射频和本振的谐波分量的混频，而低通滤波器很容易通过模拟或数字方式集成实现。

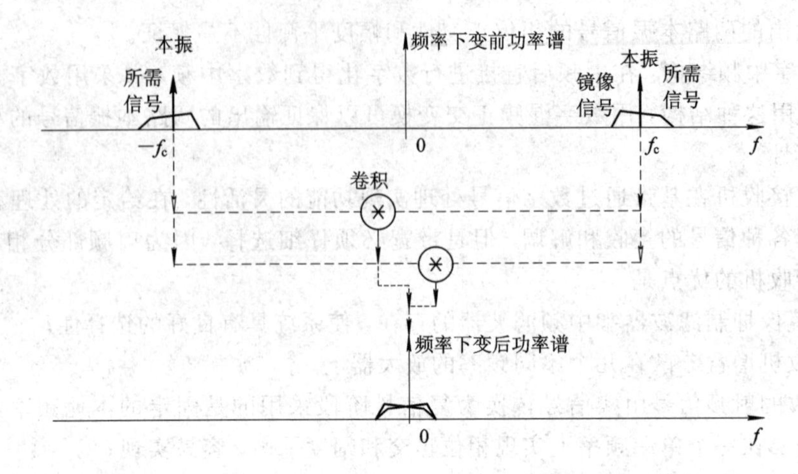


图 7.5-2　零中频造成的频谱混叠

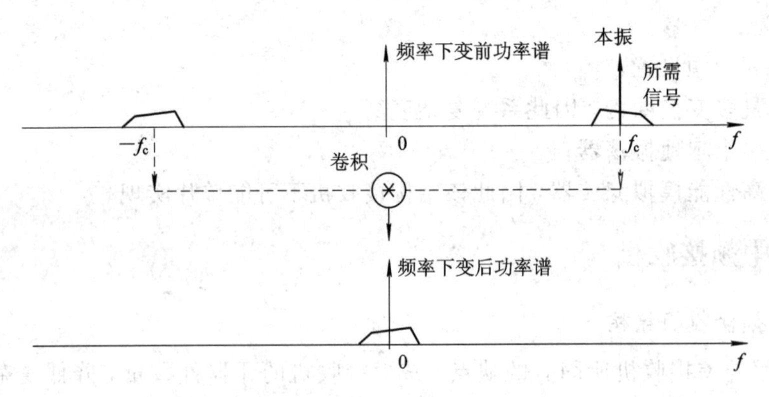


图 7.5-3　正交下变频到零中频

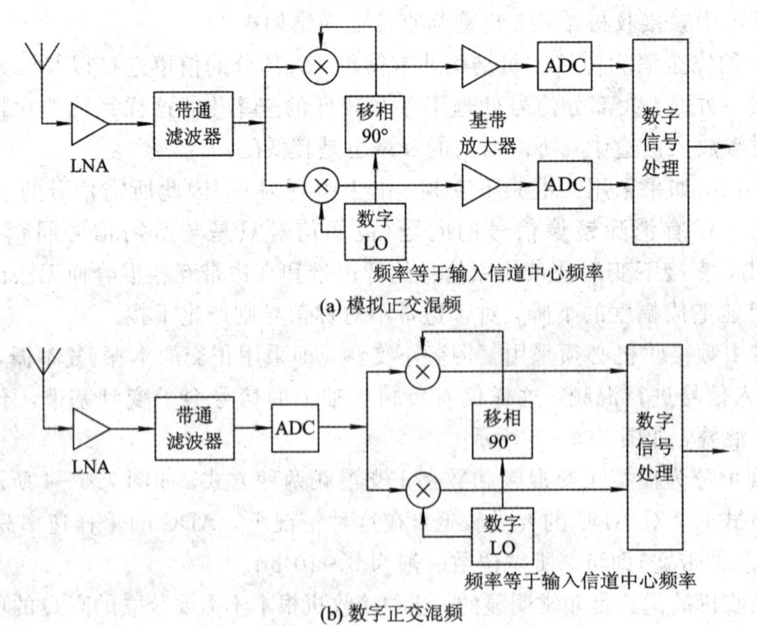


图 7.5-4　零中频接收机结构

但是零中频接收机也有一些缺点。在理论上，正交下变频对镜像信号的干扰抑制能力是无限的，其镜像信号抑制的要求不如外差接收机严格。在外差接收机中，镜像信号抑制能力必须很强，因为镜像信号有可能大于所需信号，但在零中频接收机中，40 dB 的抑制能力就可以获得相当好的效果。这样的零中频接收机对正交同相两支路的平衡非常敏感，两个下变换支路的平衡程度会使镜像信号的抑制能力受到限制，对于零中频接收机，本地振荡器需要在整个接收频率范围内实现两路相位正交、幅度平衡的本地频率的输出。

零中频接收机还存在另外一个严重的问题——直流失调，即在零中频接收机中，由于本振信号和接收端的载波信号的频率相同，本振信号可能通过混频器、低噪声放大器泄漏至天线端并反射回来，或通过其他途径泄漏，该泄漏本振信号与本振信号混频(即本振信号的自混频现象)，将产生直流失调，可能造成后级饱和淹没有用信号。

零中频接收机的优点总结如下：

• 采用数字滤波器允许实现性能较好的信道滤波，比如线性相位滤波器可使对调制信号的损伤较小；

• 镜像频率位于带内，需要实现镜像抑制，对于大部分系统，通过增益和相位平衡的正交下变换使镜像信号抑制要求不高；

• 仅需要一个本地振荡器；

• 没有中频，易于单片实现。

零中频接收机的缺点总结如下：

• 需要高精度、宽带的正交网络；

• 存在直流失调；

• 本振信号的泄漏发射；

• 大部分信号增益出现在一个频带上，具有潜在的不稳定性；

• $1/f$ 噪声或闪烁噪声的影响严重；

• 存在二阶失真。

**2. 影响性能的几个因素**

1) 直流失调

直流失调是零中频接收机所面临的一个重要问题。产生直流失调的原因很多，一个典型的原因是本地振荡器信号泄漏到低噪声放大器或混频器的输入端，也可能产生于混频器的不平衡。一旦泄漏信号出现，它们就会和自身混频而在基带放大器产生直流电压，这种现象称为自混频。同频率的干扰信号也会产生自混频现象，进而产生直流电压。

一般直流失调可以分为静态和动态两类，其中静态直流失调来源于接收机本身的本振泄漏及自混频，其产生来源如下：

(1) 接收机本振到下变频器的泄漏；

(2) 接收机本振的本地反射，本振信号通过天线泄漏发射出去并反射回来；

(3) 从本振直接泄漏到发射及输入端；

(4) 从本振直接泄漏到前级低噪声放大器输入；

(5) 从本振直接泄漏到前级低噪声放大器输出。

本振泄漏路径示意图如图 7.5－5 所示。

动态直流失调来源于接收机环境时变因素的不恰当补偿，其中也包括接收机本振的本

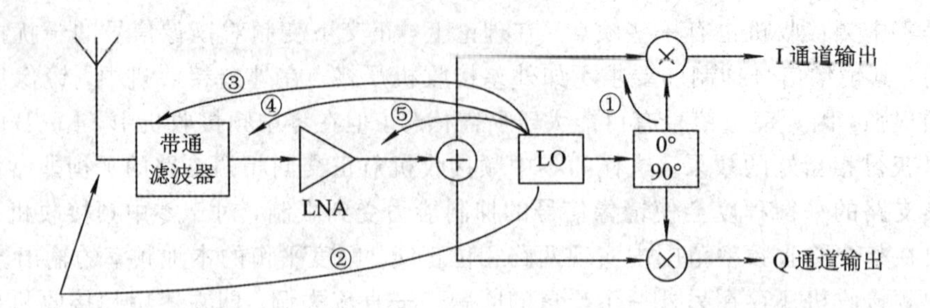


图 7.5-5　本振泄漏路径示意图

地反射信号被接收机接收并下变频；另外，信号强度快速增加也会造成直流失调，如 Rayleigh 衰落。由于 AGC 无法快速跟踪，因此造成非线性二阶或偶阶分量的产生，并产生一个直流信号。

为什么直流失调会影响性能呢？下面给出一个直观的例子，如图 7.5-6 所示。

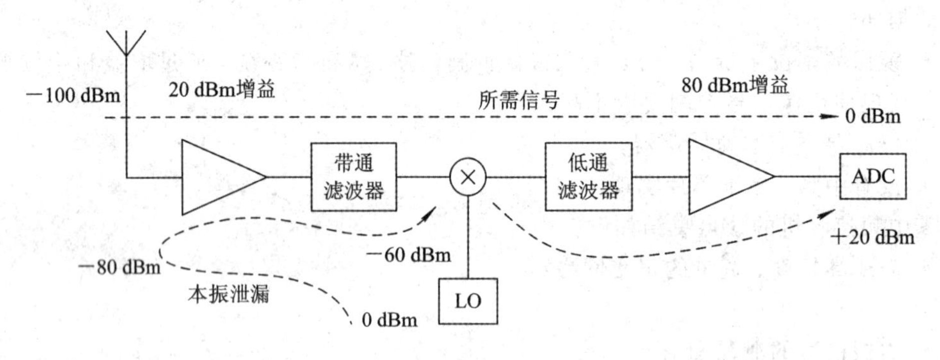


图 7.5-6　直流失调所产生的影响

假定本地振荡器的信号幅度为 0 dBm，本振到低噪声放大器输入端的隔离度为 80 dB，则输入低噪声放大器的本振信号强度为－80 dBm，而输入信号强度为－100 dBm，经过两级共 100 dB 的放大，将在 ADC 的输入端造成 20 dBm 的自混直流电压，而有用信号的强度仅为 0 dBm，即自混频信号比有用信号大 20 dB。

另外，直流失调对基带 $I$、$Q$ 信号的影响是移动了信号星座原点，如图 7.5-7 所示，这样必然造成解调时性能的下降，也会造成基带 ADC 或放大器的饱和，并降低了 ADC 的动态范围。对大部分数字信号来说，滤除直流失调（在两路分别使用高通）而不损失有用信号能量是不可能的，因此需要采用其他方式解决这个问题。

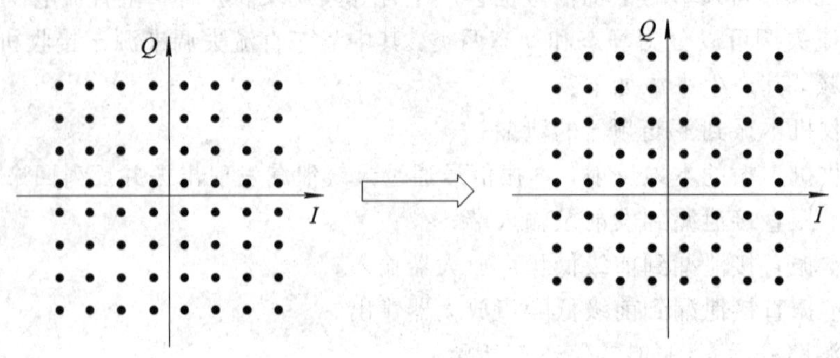


图 7.5-7　由于直流失调造成的星座图偏移

一般来看，如果直流失调是稳定的，则消除并不困难，但是由于天线所处周围环境可能是时变的，因此从天线返回的本振信号的泄漏信号也是时变的，这就意味着直流失调是时变的，消除时变的直流失调将较为困难。直流失调的补偿方法有以下几种。

(1) 频率调整。由于本振信号泄漏是直流失调产生的重要原因，因此将与所需信号同频的本振信号移开就成为解决直流失调的常用方法。该方法主要采用其他频率的"本振"信号通过倍频、分频、和频等方式合成与所需信号同频的、可用于混频的真正的本振信号，如图7.5-8所示。

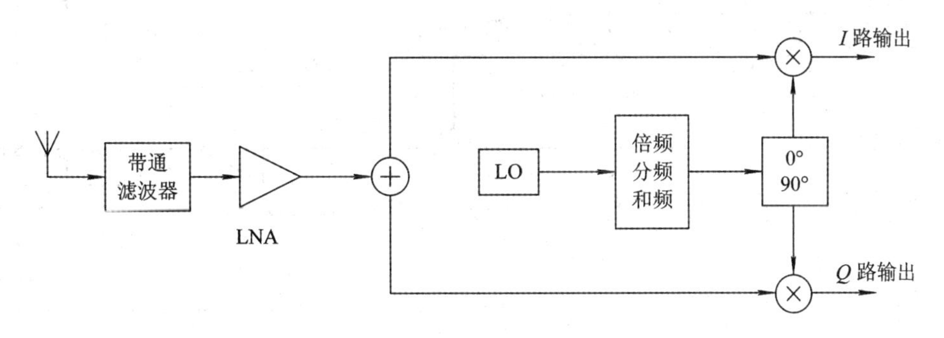


图7.5-8　频率调整示意图

(2) 电容耦合。电容耦合指通过电容或高通滤波器滤除直流成分，如图7.5-9所示。但这样会产生新的问题，一般而言，大部分调制方式能量集中在低频附近，而且某些调制方式具有直流成分，采用这种方法会造成信号失真，而且高通滤波器的使用会产生长的时延，所以这种方法并不常用。当然，也可以采用没有直流分量或低频分量较少的调制方式，但显然这样的设计方式对于软件无线电而言是不合适的。

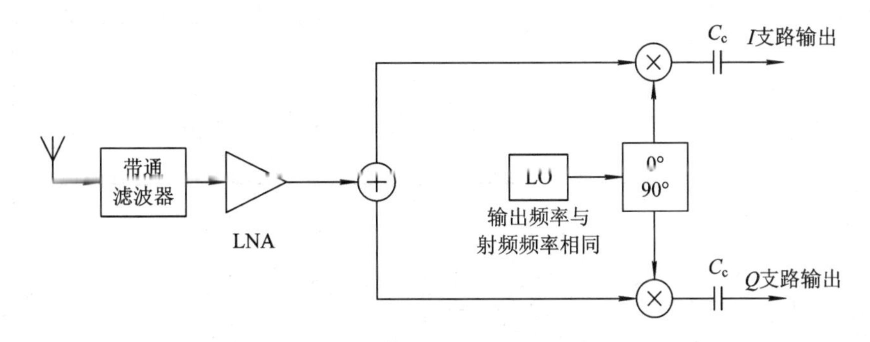


图7.5-9　直流失调的消除(电容耦合)

(3) 直流校准。在不能采用电容耦合的场合，可以采用给系统注入一个合适的直流信号的方式消除直流失调。接收机通过对输入信号进行计算获得输入信号的平均值(时间从数秒到数分钟)，这个平均值会送到前面被减去，这种计算通常采用数字方式实现，如图7.5-10所示。这种方法的缺点是不能有效地补偿动态直流失调，除非这种动态直流失调的变化慢于补偿的速度。针对这种动态的直流失调，除了可以采用电容耦合方式外，还可以采用连续时间反馈的方式，即采用伺服控制环路。

(4) 伺服控制环路。伺服控制环路如图7.5-11所示。它与直流校准方法类似，但是用积分器代替了原来的采样/保持器，这个积分器可以跟踪直流失调的方向，即输入为正则

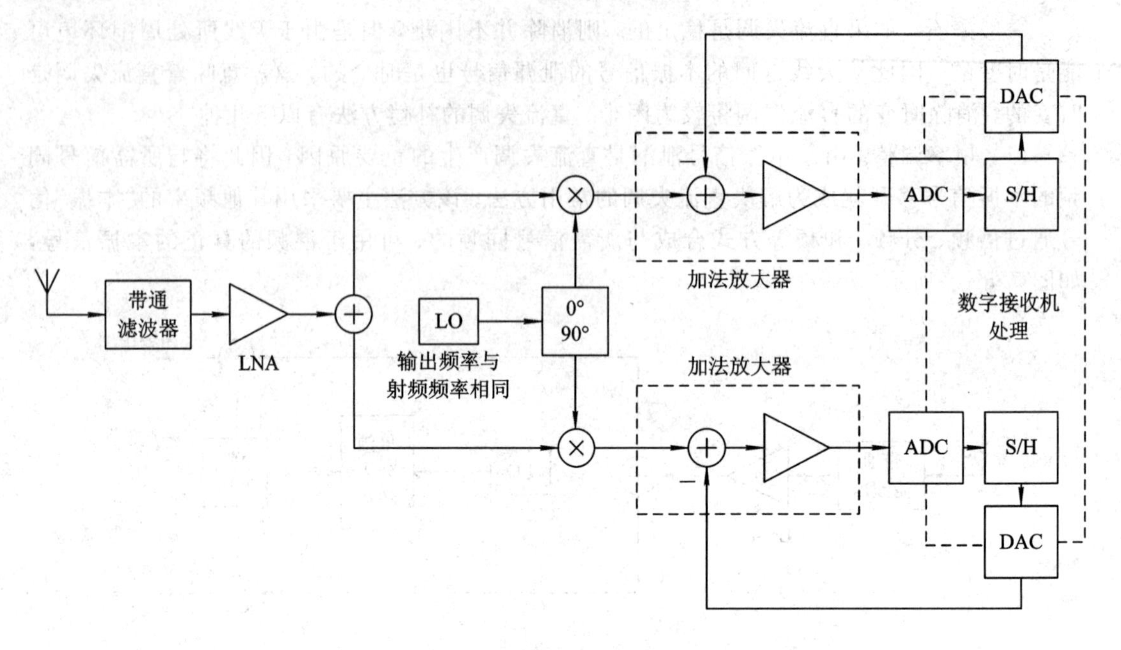


图 7.5-10　直流失调补偿(直流校准)

输出数值增加，反之亦然，积分器的输出通过 DAC，使其输出增加直到能够与直流失调相抵消。系统包括两个环路，即 $I$ 支路环路和 $Q$ 支路环路，它们各自独立工作，因为两个支路的直流失调通常也是独立的。这种方法的缺点是系统有限的环路带宽不可避免地造成接收机信噪比下降，因为直流周围的有用信号能量也会被削去，这与采用电容耦合方式的缺点相类似。

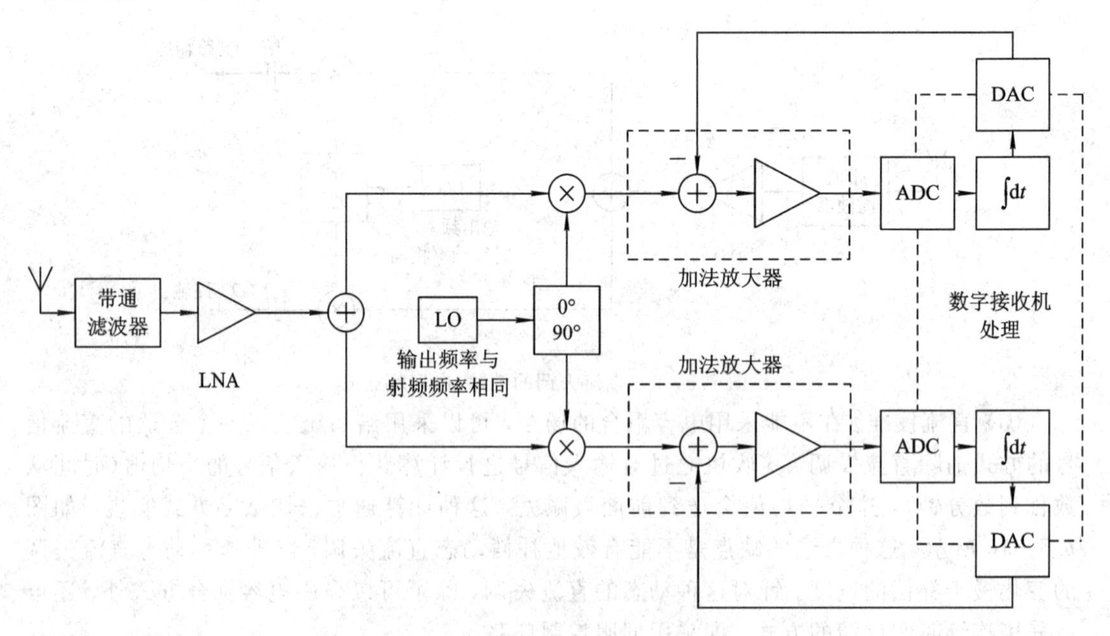


图 7.5-11　直流失调的补偿(伺服控制环路)

除了以上方法，还有其他的特殊方式，比如在 TDMA 系统中采用了一种特殊的自适应滤除直流失调的方法，系统会在突发时隙的间隙计算直流失调，随后在下一个突发信号时隙中将直流失调减去。

2) $1/f$ 噪声

对系统产生影响的两个主要噪声成分是 $1/f$ 噪声和散粒噪声。其中 $1/f$ 噪声存在于大部分半导体器件中，其影响甚至起支配作用，因而有时也称为半导体噪声或闪烁噪声。$1/f$ 噪声通常是频率低于 200 Hz 时的主要噪声源，对于零中频接收机的影响比较大。$1/f$ 噪声的功率谱密度的表达式为

$$S_n(f) = \frac{k_n}{f^\beta} \mathrm{V}^2/\mathrm{Hz} \tag{7.5-1}$$

其中，$k_n$ 是一个常数，等于 1 Hz 处的功率谱密度，$\beta$ 的取值范围为 0.8～1.4，通常取 1，则有

$$S_n(f) = \frac{k_n}{f} \mathrm{V}^2/\mathrm{Hz} \tag{7.5-2}$$

即噪声的功率谱密度和频率成反比，这也是其名称的由来。图 7.5－12 中 $f_a$ 是 $1/f$ 噪声等于热噪声时的频率，这个频率与器件工艺有关，比如 BiCMOS 器件的 $f_a$ 约为 48 kHz，MOSFET 器件的 $f_a$ 约为 1 MHz。在零中频接收机中，由于中频为零，因此 $1/f$ 噪声的影响是非常大的，对低频分量丰富的信号尤其如此。

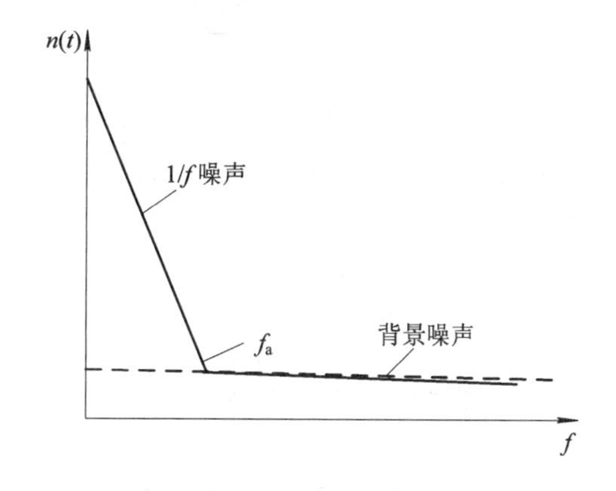


图 7.5－12　$1/f$ 噪声

3) 二阶或偶次失真

假设输入的两个单音信号频率分别为 $f_1$ 和 $f_2$，且接近系统通带，如果系统具有非线性特性，则必然会产生两个单音信号的互调成分 $mf_1 + nf_2$，这称为互调失真(IMD)，当 $k=m+n$ 时，则互调成分称为 $k$ 阶互调失真，根据其为奇数或偶数，可分别称为奇次互调失真和偶次互调失真。当两个输入信号频率相互较为接近时，可以得到其二阶和三阶互调失真，如图 7.5－13 所示。

注意，三阶失真 $2f_1 - f_2$ 和 $2f_2 - f_1$ 与原信号非常接近，可能会进入带内而引起干扰，而二阶失真距离原信号通带较远，很容易被滤掉。因此，在外差式接收机中一般仅需要考虑三阶失真。

在零中频接收机中，虽然二阶失真分量仍然处于射频通带外，但将有一个低频互调分量($f_2 - f_1$)，此失真分量位于基带频谱内，不能在后面的基带信号处理中过滤掉，通过混频器的泄漏就会对后级造成影响，如图 7.5－14 所示。当然，其他的偶次互调失真也会有

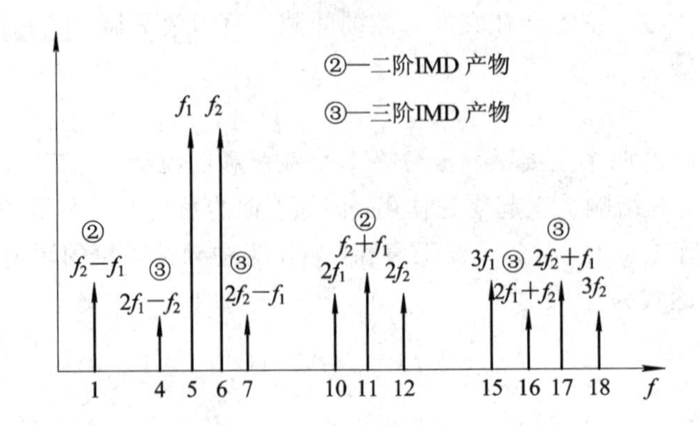


图 7.5-13　二阶和三阶互调失真示意图($f_1=5$ MHz，$f_2=6$ MHz)

类似效果，但以二次互调失真为甚。

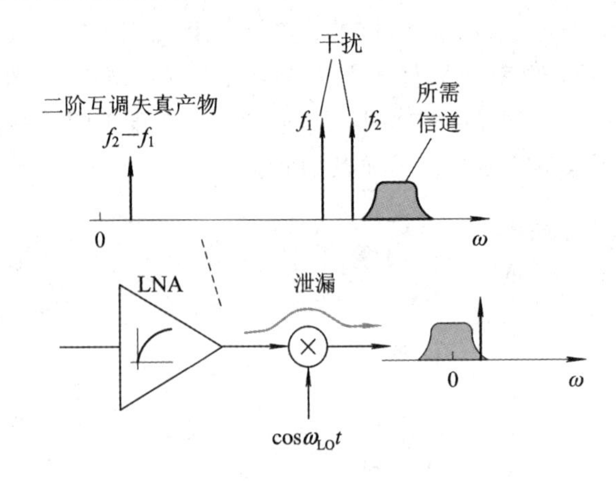


图 7.5-14　二阶互调产物直接泄漏的效果

另外，射频二次谐波(来自于射频放大器的二次失真)与本振二次谐波混频也是产生二次失真的重要源头。

二次失真将调制在信号的幅度上，幅度衰落将导致接收机输出的错误。类似于用三阶截获点 IP3 来描述三阶互调失真，可以由二阶截获点 IP2 来描述二阶互调失真。

如图 7.5-15 所示，将两个单音信号输入系统，将单音信号的输出和三阶互调产物的输出功率作为输入信号功率的函数画出。对于正常信号，输入每增加 1 dB，输出也增加 1 dB，对于二阶互调失真，输入每增加 1 dB，输出增加 2 dB，两条线的交点就是二阶截获点。在该点，信号与干扰信号输出幅度相同。但是实际的输入/输出特性不是这样，当输入达到一定的程度时，输出信号开始受到压缩，这里采用 1 dB 压缩点来描述，在这个点上输出信号与理想输入/输出特性相比被压缩了 1 dB。

因此，优秀的 IP2 是直接变换接收机具有良好性能的先决条件。解调器的混频器与 LO 信号路径不匹配可能产生带内二阶互调分量，输入 RF 信号的二阶谐波(来自 RF 放大器的二阶失真)也可能与 LO 信号的二阶谐波混合在一起产生类似的效果。因此集成解调器具有较高 IP2 对防止偶阶互调干扰基带信号相当重要，通过在 $I$ 和 $Q$ 输出端正确过滤无用高频混合分量可进一步增强此性能，这将有效防止无用混合分量耦合到解调器，产生带内二阶互调。一种便利的方法是用并联电容作为各个输出端的终结器，电容值可根据工作

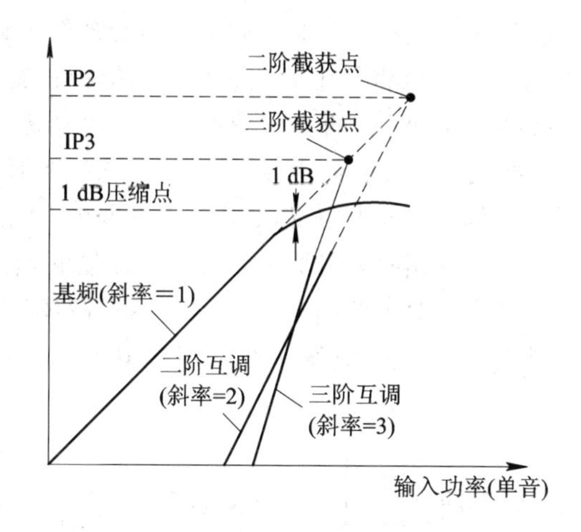


图 7.5-15　截获点和 1 dB 压缩点的定义

频率和具体的印刷电路板(PCB)布局进行优化。

4) 本振泄漏信号接收

本振信号不仅可以造成自混频现象，它还可能通过天线发射出去而对其他接收机造成影响，因为在零中频结构(直接变换结构)中，本振信号处于带内，因此它可能对邻近接收机造成干扰，如图 7.5-16 所示。

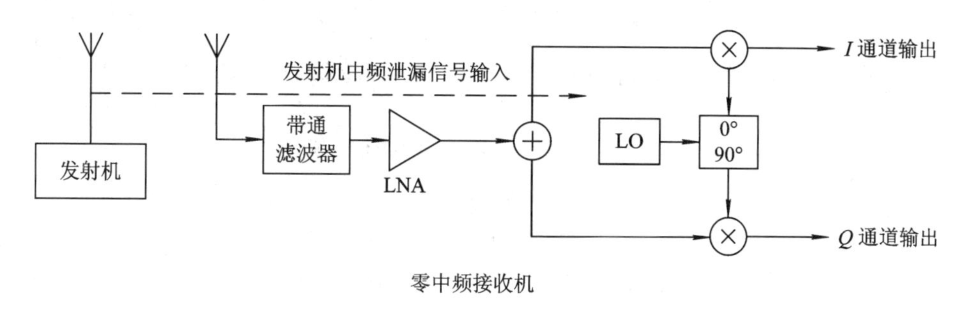


图 7.5-16　本振泄漏信号接收示意图

## 7.5.3　低中频接收机

外差接收机与零中频接收机都具有各自的优点和缺点，为了能够结合两者的优点，就出现了低中频接收机。这种接收机具有类似零中频接收机的正交下变频结构，但仍然保留一个较低中频，能够构成多级变换结构。

从镜像信号抑制的角度看，采用正交下变频方式可以完全消除射频前端对高频镜像抑制滤波器的需求。图 7.2-6 表明了在正交下变频中，混频采用略低于载波频率的本振进行工作的情况。图 7.2-6 中所需信号和镜像信号都被下变到中频，然而，这两个信号并不相互混叠，所需信号位于负频率上，镜像信号位于正频率上。这样，用来抑制镜像信号的高性能高频滤波器就不再必需，类似于零中频接收机仅需要宽带高频滤波器，对于过去为了使镜像抑制滤波器易于实现的高中频设置就没有必要了。此时，就可以采用低中频设置(比如在 1～2 倍所需信号带宽处或几百千赫兹范围左右)，中频滤波器就可以采用低 $Q$ 滤波器($Q$=1, 2)，这种带通滤波器与零中频接收机的低通滤波器一样易于集成实现。在这种结构中，镜像信号抑制通常在下变频之后，在数字信号处理器中以较低的频率完成。

根据第一级正交变换的方式可以将低中频接收机分为模拟正交变换结构和数字正交变换结构，其中模拟正交变换结构对 ADC 的要求较低。可以看到低中频接收机和零中频接收机非常类似，但两者的主要差别在于：低中频接收机并未直接下变到基带，这样就克服了零中频接收器的主要缺点。低中频信号还需要进一步下变频，同时解决由于采用中频而出现的镜像干扰问题。进一步下变频有两种方式：实混频和复混频。

若采用第一种方式，需要首先对中频信号进行滤波滤除镜像信号，而后与实二本振信号混频并采样，其结构如图 7.5－17 所示(第一级采用模拟正交混频)。其频谱变换过程如图 7.5－18 所示。

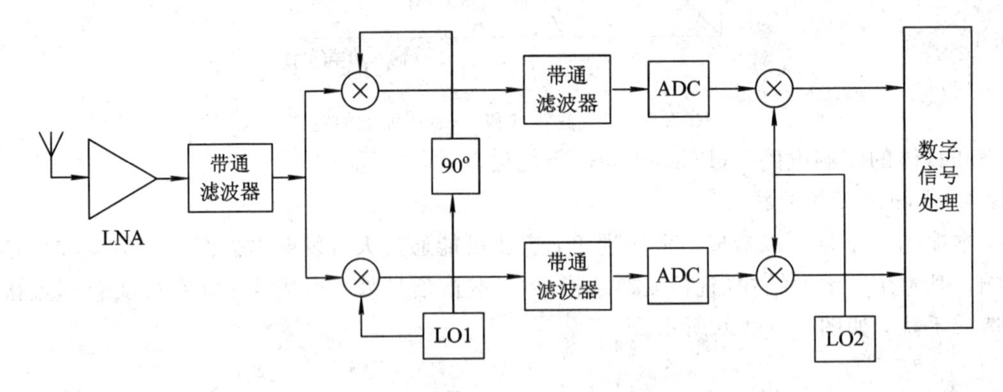


图 7.5－17　低中频接收机结构 A(第一级为模拟正交混频，第二级为实混频)

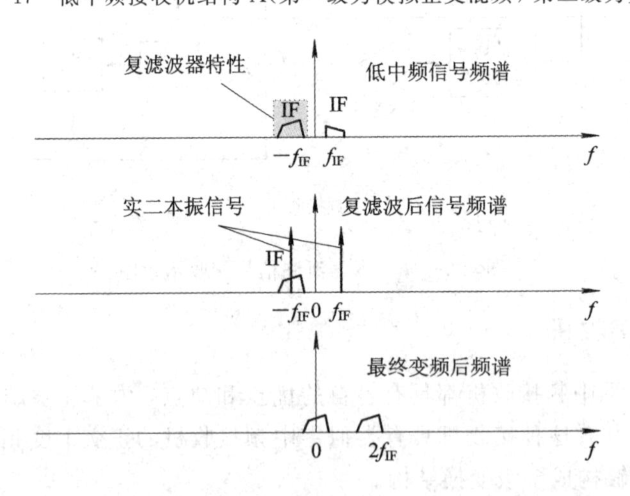


图 7.5－18　低中频接收机结构 A 的频谱变换示意图

这种结构接收机所需要的 ADC 的动态范围(或位数)与零中频接收机相同，约 8～10 bit。采样速率的选择也与零中频接收机相同，若采样频率等于中频频率，则采样就可以直接实现下变频。

采用第二种方式的接收机结构如图 7.5－19 所示(第一级采用数字正交混频)。所获得的中频信号并不需要滤除镜像信号，因此，最终的下变频需要使用复二本振信号，否则在基带会发生混叠。其频谱变换过程如图 7.5－20 所示。完成下变换后镜像信号将位于 $2f_I$，因此在完成最终下变换后，必须采用低通滤波器确保镜像信号(位于 $2f_I$)受到足够的抑制。

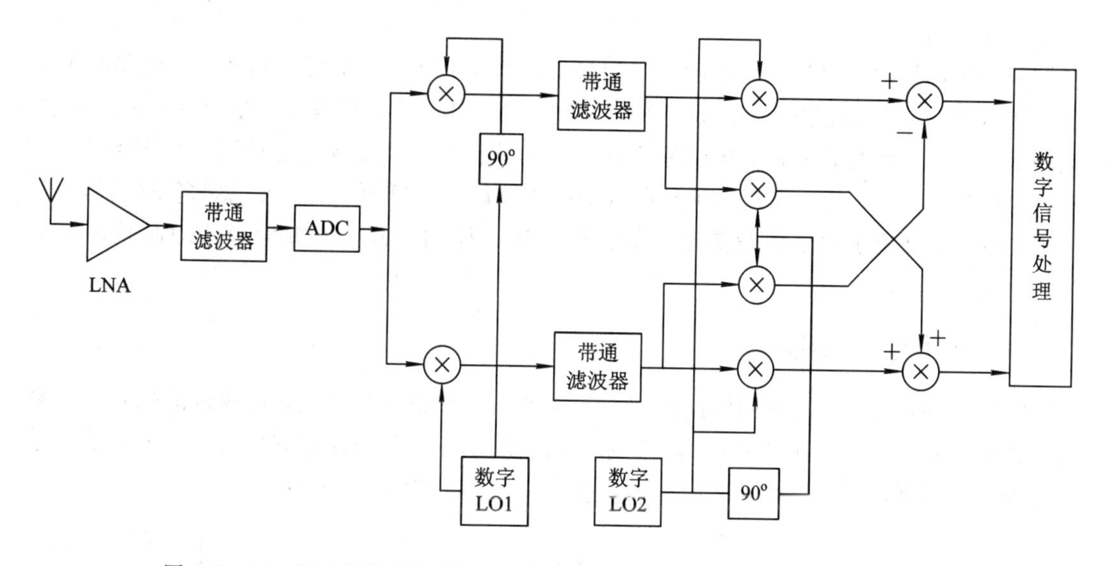


图 7.5-19　低中频接收机结构 B(第一级为数字正交混频，第二级为复混频)

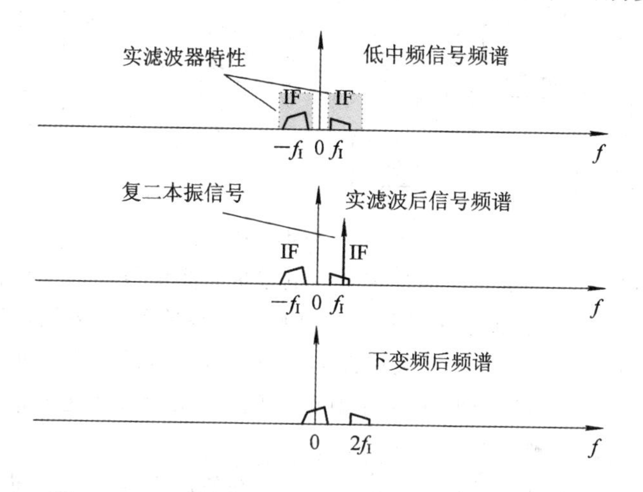


图 7.5-20　低中频接收机结构 A 的频谱变换示意图

在下变到低中频之后，信号就准备进行采样，由于镜像信号的存在，采样速率应该为 4 倍中频，这个速率是第一种结构的 2 倍，但在实现上并无困难。与前者相比最主要的差别是 ADC 所需要的位数，在本结构中，需要对同时存在的所需信号和镜像信号进行采样，考虑到镜像信号可能会高于所需信号 20～30 dB，需要额外提供 4～5 bit 精度。如果所需信号需要 10 bit 精度，则 ADC 需要 16 bit 精度，即便是一般应用场合也需要 12 bit 精度。当然，如果精心选择中频频率，使镜像信号位于频谱的空缺中，会降低这个要求。值得注意的是，由于 12～16 bit ADC 自身具有较好的防混叠滤波器，因此，实际中并不需要专门设置这个实滤波器。

低中频接收机的优点是：

(1) 解决了零中频接收机所面临的直流失调问题；

(2) 本振和射频之间泄漏少；

(3) 复杂度适中，比外差式低，比零中频高。

其缺点如下：

低中频结构接收机需要良好的镜像信号抑制能力；在零中频接收机中，镜像信号就是所需信号本身，这意味着 40 dB 的镜像抑制就可获得 40 dB 的信噪比。在低中频接收机中，镜像信号可以比所需信号高，比如是邻近信道的强信号。当镜像信号比所需信号高 30 dB 时，若要获得 40 dB 的信噪比，则需要 70 dB 的镜像信号抑制。所以镜像频率的选择是非常重要的，应该位于两个传输信道之间。若采用这样的方式，镜像信号的抑制范围应该为 50～60 dB。

## 7.5.4　宽中频接收机

在传统的接收机中，不同的用户都被下变到一个信道或频段上，接收机的选择性主要是通过模拟的信号处理手段实现的。实际上我们对尽可能采用数字信号处理手段完成全过程是非常感兴趣的，这样可以采用宽中频接收机结构，如图 7.5-21 所示。

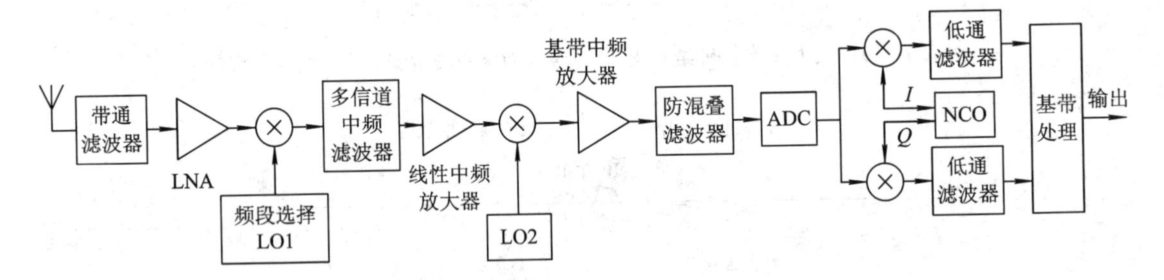


图 7.5-21　宽中频接收机

这种接收机是数字中频接收机的扩展。一组宽带射频信号作为一个整体下变到接近基带的位置，随后通过 NCO 实施数字域正交下变频，在基带 $I$、$Q$ 采用数字低通滤波器来实现信道选择。这种结构的接收机信道选择性非常好，接收机的灵活性也很好，易于多通信标准的实现。然而，由于宽带 ADC 的功耗很高，所以如果没有性能理想的 ADC，在移动端采用这种接收机结构是不现实的。

宽带中频接收机是中频信道选择接收机，前面介绍的几种接收机属于射频选择信道的接收机，相比之下，宽带中频接收机具有以下的优点：

(1) 由于将所有的信道都下变频到中频，而不使用高阶的带通滤波器抑制镜像，因此有较高的集成度；

(2) 由于第一级本振频率固定，因此可以使用低带宽的锁相环，获得低相位噪声；

(3) 本振在接收信号带外，相位噪声对接收信号影响小；

(4) 由于信道的选择在中频完成，锁相环需要的分频比降低，因此锁相环中参考晶振、相位检测器和分频电路对频率合成器的相位噪声影响减小，且较低的分频比使锁相环输出的寄生分量减少。

宽带接收机的主要缺点是第一次下变频前几乎没有滤波，使得第二次下变频不得不使用大动态范围的信号。由于要在第二次下变频时选择频段，因此增加了电路实现的难度。当输出频率是基带或者低中频时，存在着与零中频接收机或低中频接收机相似的问题。

宽带中频接收机还可以作为信道化接收机的基础，后面可以进一步了解。

### 7.5.5　信道化接收机

软件无线电系统是具有全频段、多模式工作能力的通信设备，可以同时支持多个信道。具有这种能力的接收机也称信道化接收机。这里所谓的信道化，是指将一个、几个或全部信道从一个特定频段中分离以方便后处理的过程。信道化接收机在很多方面都有应用，比如在军事领域，应用于电子战系统中的侦察接收机必须允许同时监视大量信道，且要求其设备水平应该是合理可接受的；另外，在进行民用移动通信基站设计时，信道化接收机也是具有吸引力的，因为在基站中同时会有多个信道接收。我们也可以把这种支持多信道的结构称为宽带结构，前面所涉及的支持单信道的结构则称为窄带结构。信道化过程示意图如图 7.5－22 所示。

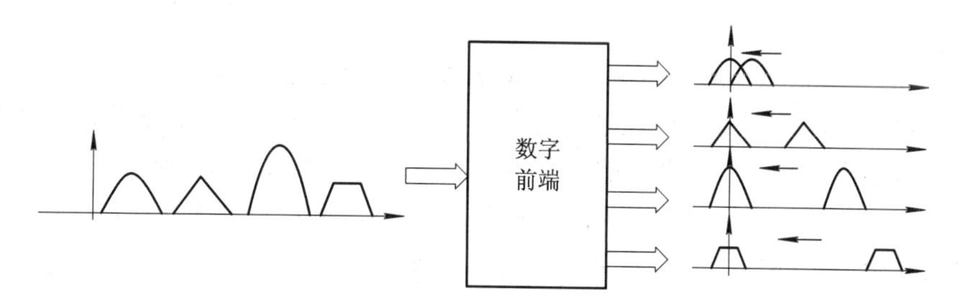


图 7.5－22　信道化的过程

信道化是通过数字方式完成的，即在 ADC 之后，根据 ADC 的使用情况，可以把接收机的前端分为中频采样和零中频变换，如图 7.5－23 所示。

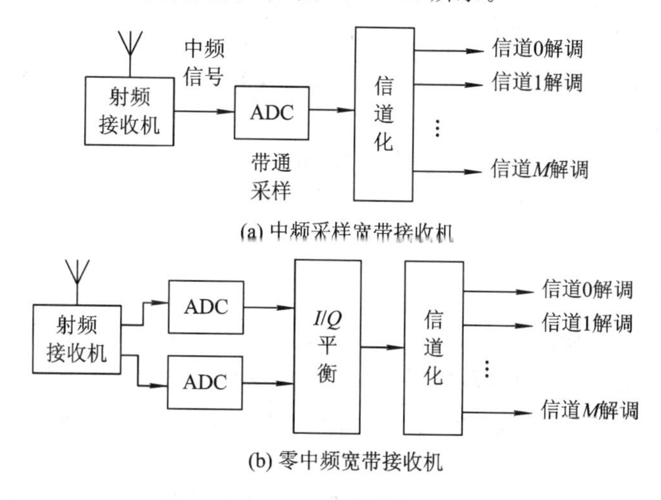


图 7.5－23　信道化接收机的前端

在中频采样系统中，宽带信道的输入/输出都是以预定义的中频为中心；在零中频系统中，宽带信号直接通过正交下变频转换为基带信号，随后完成信道化的任务。

两相对比，在给定带宽的情况下，中频采样系统对信道化处理速度的要求要高于零中频系统。比如，一个中心频率为 70 MHz，带宽为 60 MHz 的信号需要采样速率不低于 200 MSPS(参见图 7.5－22)，而同样的带宽如果是在零中频系统中需要 60MSPS 的采样速率(属于正交采样)。另外，允许后者工作在较低的速率下。其他差异我们前面已经有所对比。

具体实现信道化还需要考虑射频信道的分配情况。射频信道的分配可以分为两种情况：

一种是射频中各个信道带宽相同且间距相等。例如，GSM900 系统定义了上行链路为 890～915 MHz，下行链路为 935～960 MHz，分别包含 124 个载波或信道，间隔 200 kHz，如图 7.5-24 所示。对于这种结构的信道分配，接收机可以利用信道结构规律的特点采用非常高效的信道化方式。

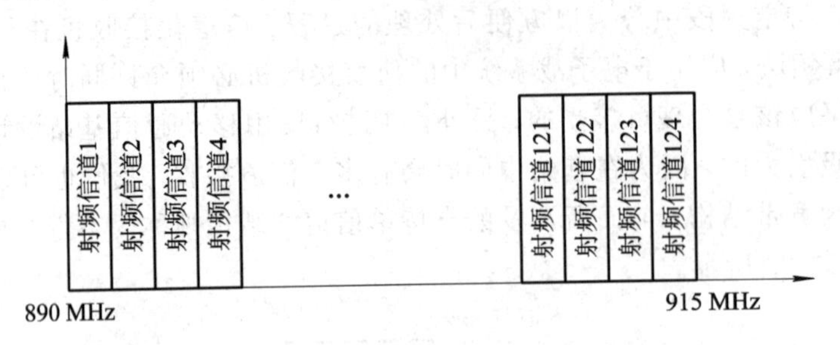


图 7.5-24　信道规则分配情况(GSM900 上行射频信道结构)

另一种则是各信道带宽及间距都没有什么规律，而且可能是动态变化的。这种结构在多模式接收机中会遇到。比如多标准的卫星通信系统，如图 7.5-25 所示。在这里，每个信道分配的带宽、间隔各不相同，采用的调制模式、速率、信号强度等各项指标均不一样，信道化接收机必须有足够的灵活度满足这些信号的分离接收。

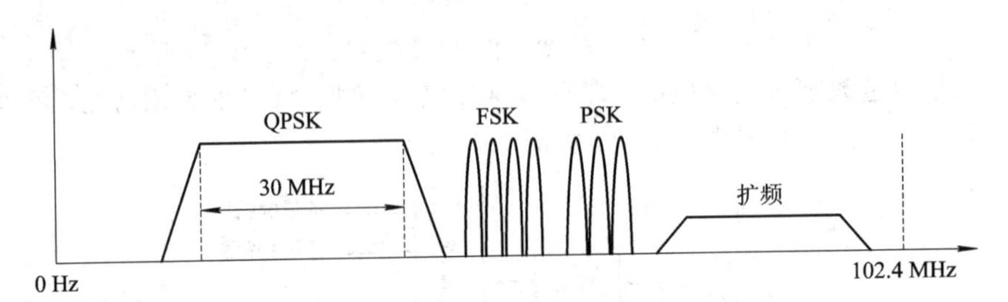


图 7.5-25　信道非规则分配情况(宽带卫星无线链路)

常见的信道化接收方法有三种：数字下变频、频域滤波、多相 FFT 滤波器组。下面分别予以论述。

**1. 数字下变频**

数字下变频方式最为常见，这种方法在 7.5.4 小节宽中频接收机中已经有所了解，但前面介绍时并没有强调多信道接收的同时性。数字下变频信道化原理框图如图 7.5-26 所示。图中共有 $M$ 个同时接收子信道，分别采用 $M$ 个本地振荡频率进行下变并滤波获得基带信号。

数字下变频信道化的具体实施结构如图 7.5-27 所示，接收机中采用了多个分离的正交下变频器，采用 NCO 实施数字域正交下变频。在基带 $I$、$Q$ 采用数字低通滤波器来实现信道选择。信道选择性非常好，接收机的灵活性也很好，易于多通信标准的实现。与多个独立的接收机相比，采用这种方法将节省大量的射频硬件。另外，分离后的信道带宽降低，需要通过抽取获得与信道带宽形式相应的数据速率。根据各带宽的不同，可以有不同的滤波和抽取方式。比如，窄带信道就需要比宽带信道高的抽取率，这可以通过多级抽取实现。图 7.5-27(b)所示的窄带应用中，通过增加 CIC 滤波器来实现进一步的抽取，后级的 FIR 滤波器是为了补偿 CIC 滤波器的特性。

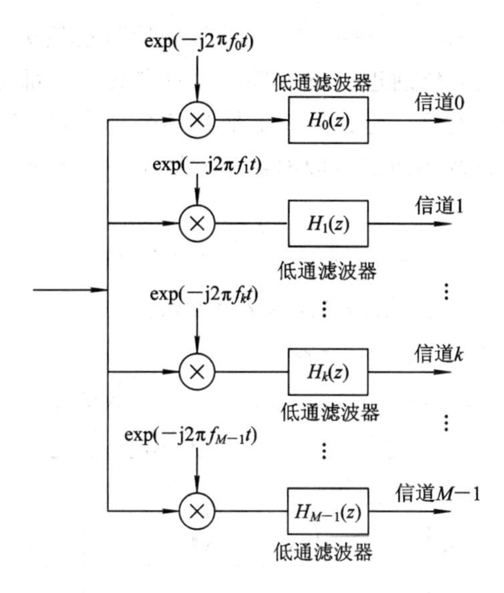


图 7.5-26　数字下变频信道化原理框图

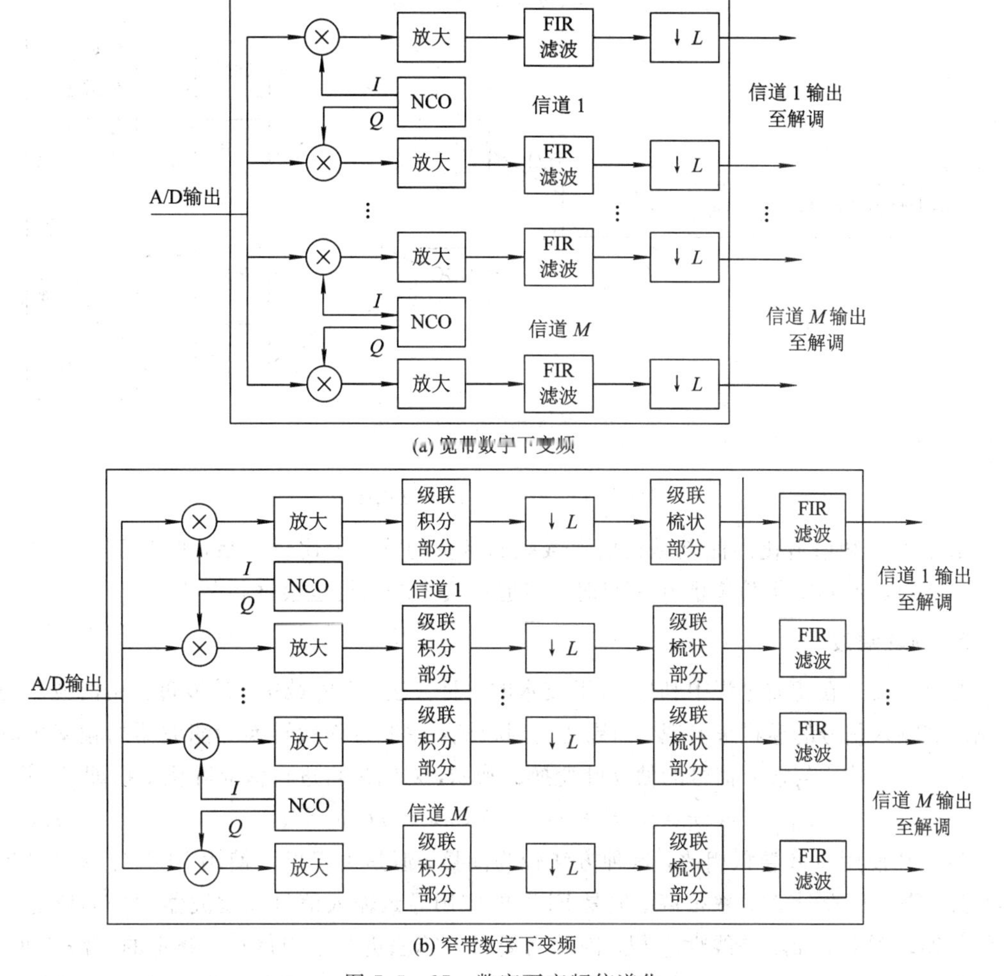


图 7.5-27　数字下变频信道化

数字下变频信道化方法还有一种结构，它不是直接将信道进行分离，而是首先将所覆盖频段分成上、下两个信道，分别进行下变频，然后在每一个部分中再一次分为上、下两个信道再进行下变频，依此类推，直到区分出最终各个分信道，这种方法称为二叉树信道化法，该方法的频谱划分以及相应的接收机结构如图 7.5-28 所示。

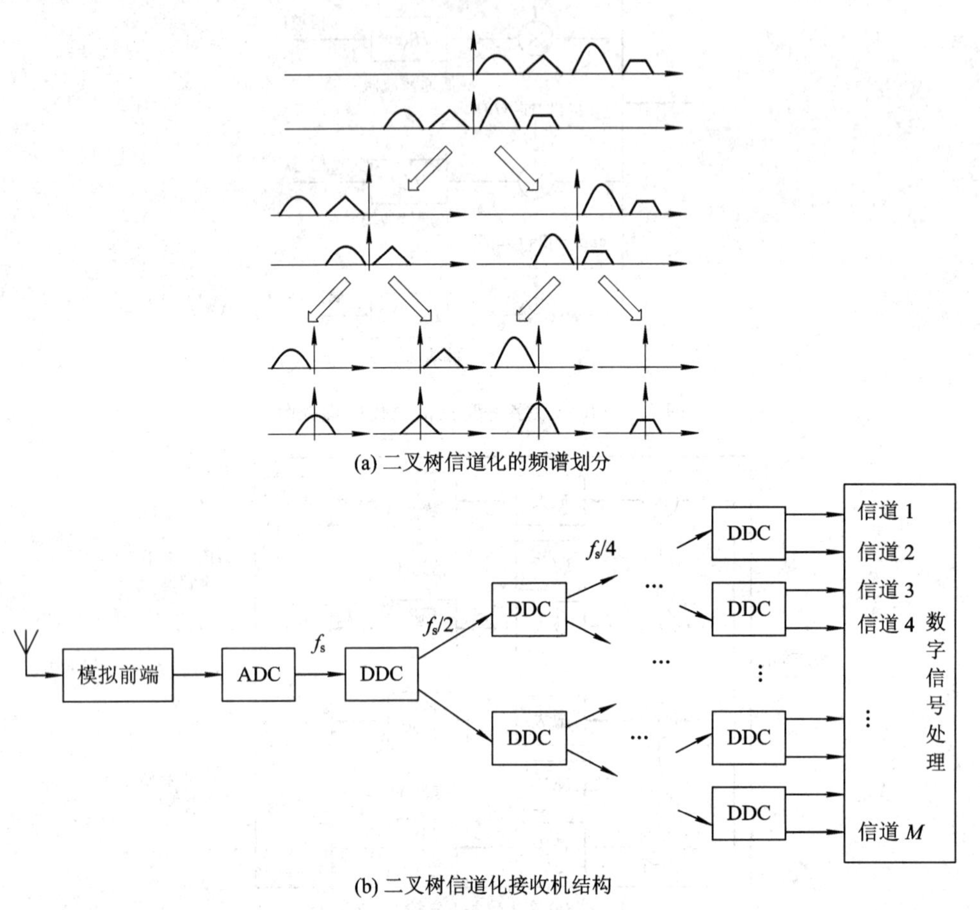


图 7.5-28　二叉树信道化法

数字下变频信道化的优点是在信道载频和带宽的选择上比较灵活，但对于复杂的信道结构，比如宽带和窄带信道混在一起时，信道接收机的结构也会变得复杂。

**2. 频域滤波**

频域滤波是在滤波过程中利用 FFT 技术的一种方法。在时域中，滤波过程由滤波器的冲击响应和输入信号的卷积来实现。如果变换到频域，滤波过程就转换为滤波器的频率响应和滤波器的频率响应与输入信号的傅立叶变换的乘积，对结果再进行傅立叶反变换即可，即

$$y(t) = h(t) * x(t) \Leftrightarrow Y(\omega) = H(\omega)X(\omega) \tag{7.5-3}$$

虽然和使用时域卷积相比，这种方法较为间接，但是由于可以使用 FFT 计算傅立叶变换和反变换，因此计算效率很高。但是 FFT 的应用导致输入信号和滤波器冲击响应之间进行的是循环卷积，而不是线性卷积，因此需要对该算法进行适当修正。修正的方法有两种：重叠保留(overlap and save)和重叠相加(overlap and add)。这两种方法的实质就是把长的

数据划分为较短的段，划分的时候段与段之间有某种形式的重叠，各段分别进行 FFT，最后合成为总的 FFT 结果。频域滤波信道化结构如图 7.5-29 所示。

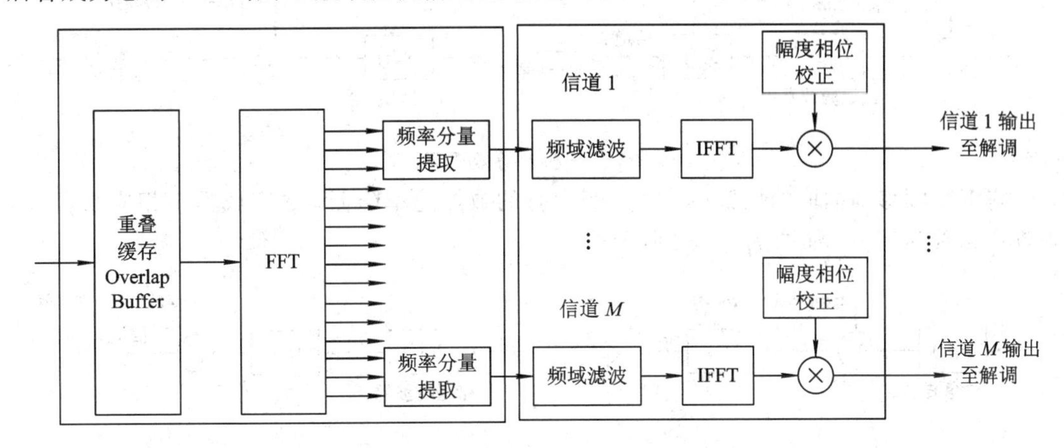


图 7.5-29　频域滤波信道化结构图

输入的数据首先进入重叠缓存划分成重叠的段，分别进行 FFT 并合成，输出的 FFT 各点的值就代表着输入数据的总的频率成分，然后分别提取所需信道的频率成分与各信道滤波器的频率响应相乘得到相应的频域输出，最后进行反 FFT 变换得到时域结果并输出。

采用频域滤波信道化使得大量无论是宽带还是窄带的信道化都可以在相同的信道化结构中共存，因此提供了非常好的灵活性和很高的信道密度。

### 3. 多相 FFT 滤波器组

如果信道划分是等间隔的，如图 7.5-24 所示，则采用多相 FFT 滤波器组是信道化最有效的选择，这种结构使用多相滤波器来分离抽取不同的信道然后采用 FFT 将每个信道转换到基带，它仅需要单 FIR 滤波器结构和一个 FFT，从而提高了效率。

为了实现对这 $M$ 个信道信号的接收，应该首先进行下变频，然后进行低通滤波，为了使速率与带宽相适应，应对滤波后结果进行抽取，如图 7.5-30 所示。

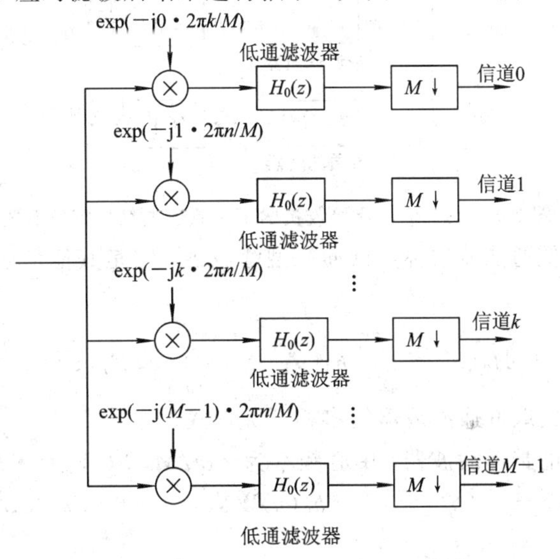


图 7.5-30　多载波下变频结构接收机(下变频＋低通滤波＋抽取)

根据等效原理，下变频后低通滤波等效于带通滤波后下变频，如图 7.5-31 所示。

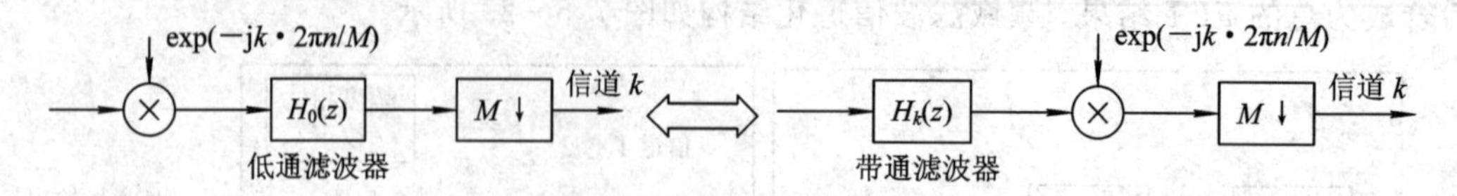


图 7.5-31　等效原理

将下变频移到抽取的位置后，则下变频时的数据速率降低，数字域频率相应乘以 $M$，则频率相乘项消去，如图 7.5-32 所示。

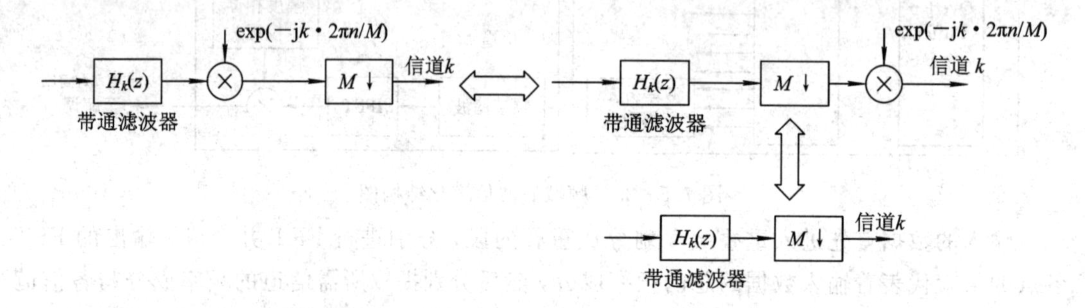


图 7.5-32　抽取与下变频位置变换的等效形式

这样，我们就得到了图 7.5-30 的等效形式，如图 7.5-33 所示。

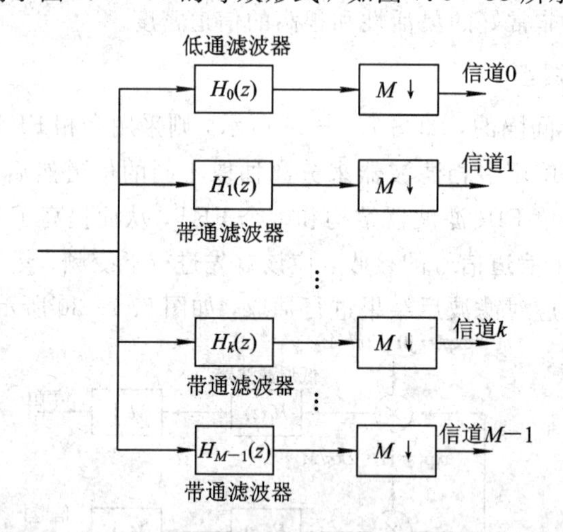


图 7.5-33　信道化接收机的下变频滤波结构等效形式

图 7.5-33 中的低通滤波器称为低通原型滤波器，它是其他带通滤波器的基础，用其 $M$ 相表示，有

$$H_0(z) = \sum_{n=-\infty}^{\infty} h_0(n) z^{-n} = \sum_{n=0}^{M-1} z^{-n} E_n(z^M) \tag{7.5-4}$$

图 7.5-34 给出抽取低通滤波器的多相开关形式。

对于第 $k$ 个信道的带通滤波器，中心频率为 $2\pi k/M$，取 $W_M = e^{-j2\pi/M}$，其响应为

$$h_k(n) = h_0(n) e^{j2\pi kn/M} = h_0(n) W_M^{-kn}, \qquad 0 \leqslant k \leqslant M-1 \tag{7.5-5}$$

其 $z$ 变换为

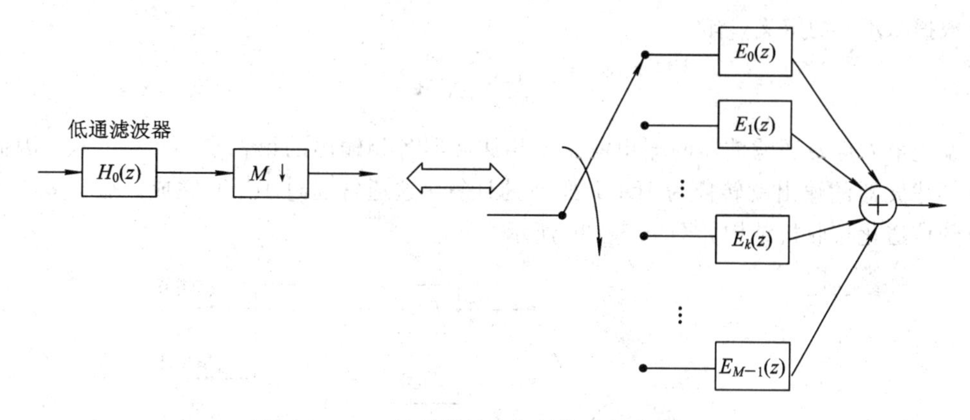


图 7.5 - 34　滤波器的多相结构及其等效形式

$$H_k(z)=\sum_{n=-\infty}^{\infty}h_k(n)z^{-n}=\sum_{n=-\infty}^{\infty}h_0(n)W_M^{-kn}z^{-n}=\sum_{n=-\infty}^{\infty}h_0(n)(zW_M^k)^{-n}\qquad(7.5-6)$$

这样，代入低通原型滤波器的多相表达式，有

$$\begin{aligned}H_k(z)&=H_0(zW_M^k)=\sum_{n=0}^{M-1}(zW_M^k)^{-n}E_n((zW_M^k)^M)\\&=\sum_{n=0}^{M-1}W_M^{-kn}(z^{-n}E_n(z^M))\end{aligned}\qquad(7.5-7)$$

写成矩阵表达式为

$$\boldsymbol{H}_k(z)=[W_M^{-0k},W_M^{-k},W_M^{-2k},\cdots,W_M^{-(M-1)k}]\begin{bmatrix}E_0(z^M)\\z^{-1}E_1(z^M)\\z^{-2}E_2(z^M)\\\vdots\\z^{-(M-1)}E_{M-1}(z^M)\end{bmatrix},\quad 0\leqslant k\leqslant M-1$$

(7.5 - 8)

这样第 $k$ 个带通滤波器的多相结构如图 7.5 - 35 所示。

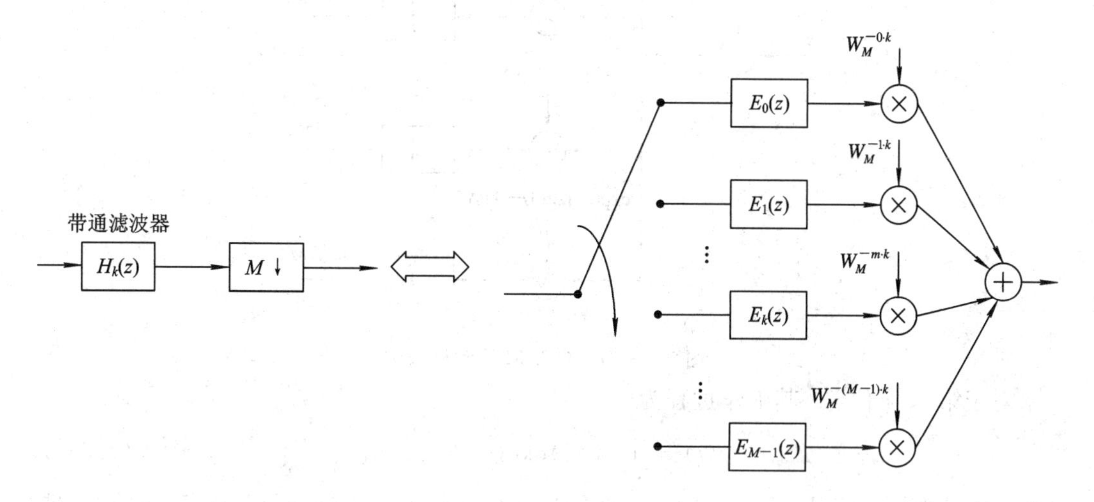


图 7.5 - 35　第 $k$ 信道的多相开关结构

根据 IDFT 的定义，有

$$x_n = \frac{1}{M}\sum_{k=0}^{M-1} X_k W^{-kn} \tag{7.5-9}$$

发现第 $k$ 个带通滤波器的输出就是多相滤波器各相输出的第 $k$ 点 IDFT 变换，因而计算全部滤波器的输出就转换为 IDFT 变换的计算，这通常通过 IFFT 完成。基于多相滤波器组的信道化接收机结构如图 7.5-36 所示。

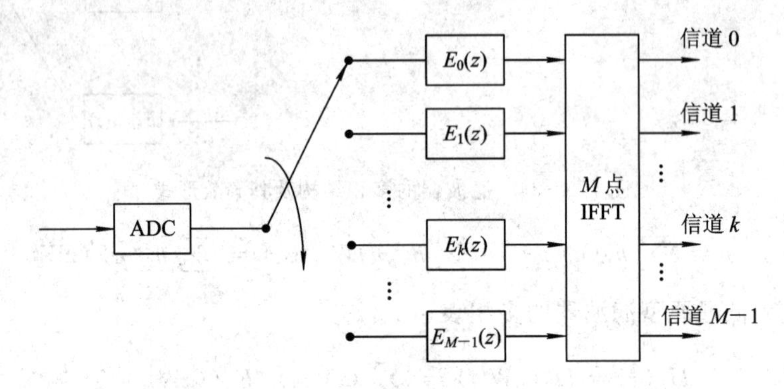


图 7.5-36 多相 FFT 滤波器组的信道化接收机结构

### 7.5.6 OFDM 接收机

针对 OFDM 调制的情况，由于允许频谱混叠，因此接收机不能采用滤波器分离信道，只能采用相关方式，如图 7.5-37 所示。

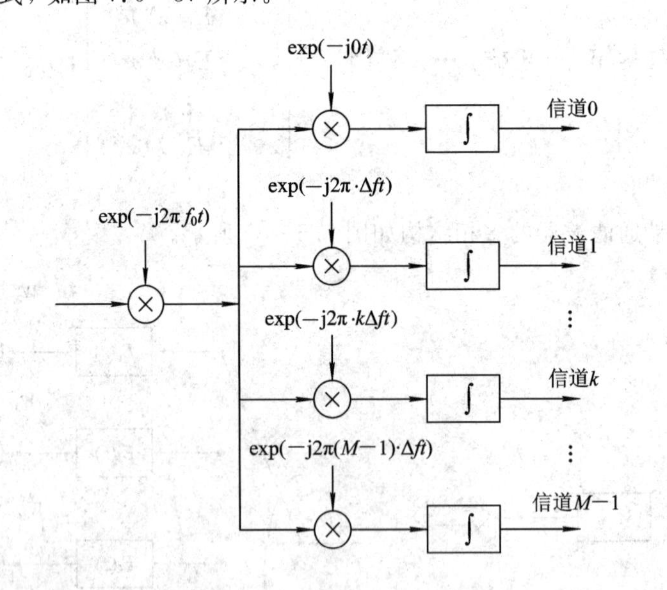


图 7.5-37 OFDM 接收机结构

对于第 $m$ 个信道，其工作过程为

$$y(t) = \int_0^{T_B} R(t)\exp(-j2\pi f_m t)\,dt \tag{7.5-10}$$

其中，$R(t)$为接收信号，积分时间为一个符号延续时间 $T_B$，为进行数字化，采用 $1/T$ 进行采样，令每个符号内有 $M$ 个样点，已知有 $\Delta f=1/T_B=1/MT$，取 $f_0=0$，不失一般性，则

第 $m$ 个信道输出为

$$
\begin{aligned}
&\sum_{k=0}^{M-1} R(kT)\exp(-\mathrm{j}2\pi \cdot m\Delta f \cdot kT) \\
=& \sum_{k=0}^{M-1} R(kT)\exp\left(-\mathrm{j}2\pi \cdot m\,\frac{1}{MT} \cdot kT\right) \\
=& \sum_{k=0}^{M-1} R(kT)\exp\left(-\mathrm{j}\,\frac{2\pi}{M} \cdot m \cdot k\right) \\
=& \sum_{k=0}^{M-1} R(kT)W_M^{mk}
\end{aligned}
\tag{7.5-11}
$$

这里，

$$
W_M = \exp\left(-\mathrm{j}\,\frac{2\pi}{M}\right) \tag{7.5-12}
$$

式(7.5-11)与 DFT 表达式相同，具体采用 FFT 实现，如图 7.5-38 所示。类似于发射环节，由于利用了子载波之间的正交性，没有滤波环节，因此结构较为简洁。

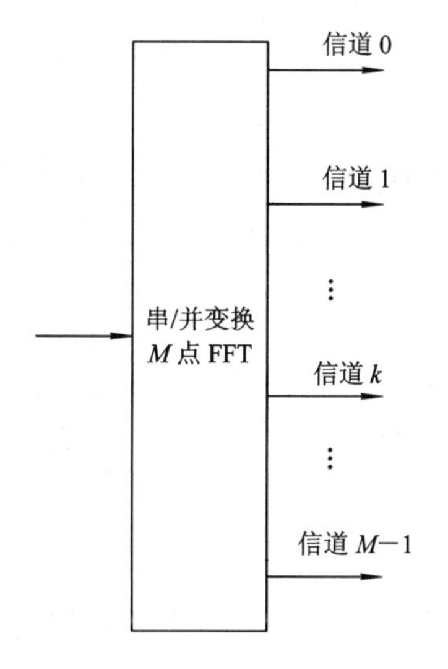


图 7.5-38　基于 FFT 的 OFDM 接收机结构

# 7.6　数字下变频器

在 6.9 节中已经了解到采用数字下变频器(DDC)的理由，采用 DDC 的软件无线电接收机结构如图 7.6-1 所示。

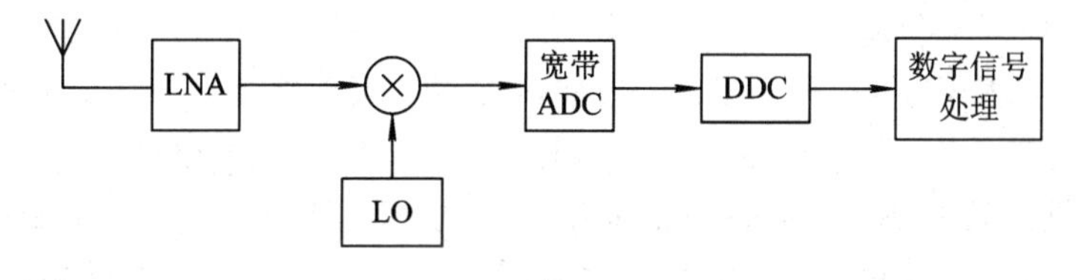


图 7.6-1　中、低频处理的软件无线电接收机结构

DDC在数字接收机中，用于滤波、下采样、解调得到基带信号，使对接收信号的后续处理可以在一个较低的速率下进行。

DDC包括数控振荡器(NCO)、数字混频器和数字滤波器三大部分；一个DDC包括一系列级联的FIR滤波器、混频器、直接数字频率合成器或数控振荡器。

进入DDC的信号将首先与载波进行混频，以去除载波信号并将信号下变为基带；混频器由$I$、$Q$正交两路乘法器构成，载波信号由DDS或NCO产生。另外，由于信号输入的采样速率一般非常高，但是接收机解调通常不需要这么高的速率，因此对输入信号进行抽取是非常重要的，这样，后续的信号处理就可以在较低的、更合理的信号速率下进行，一般是通过级联的抽取滤波器降低信号的采样频率，并进行整形。

图7.6-2给出了DDC的工作框图以及不同阶段的信号频率响应。

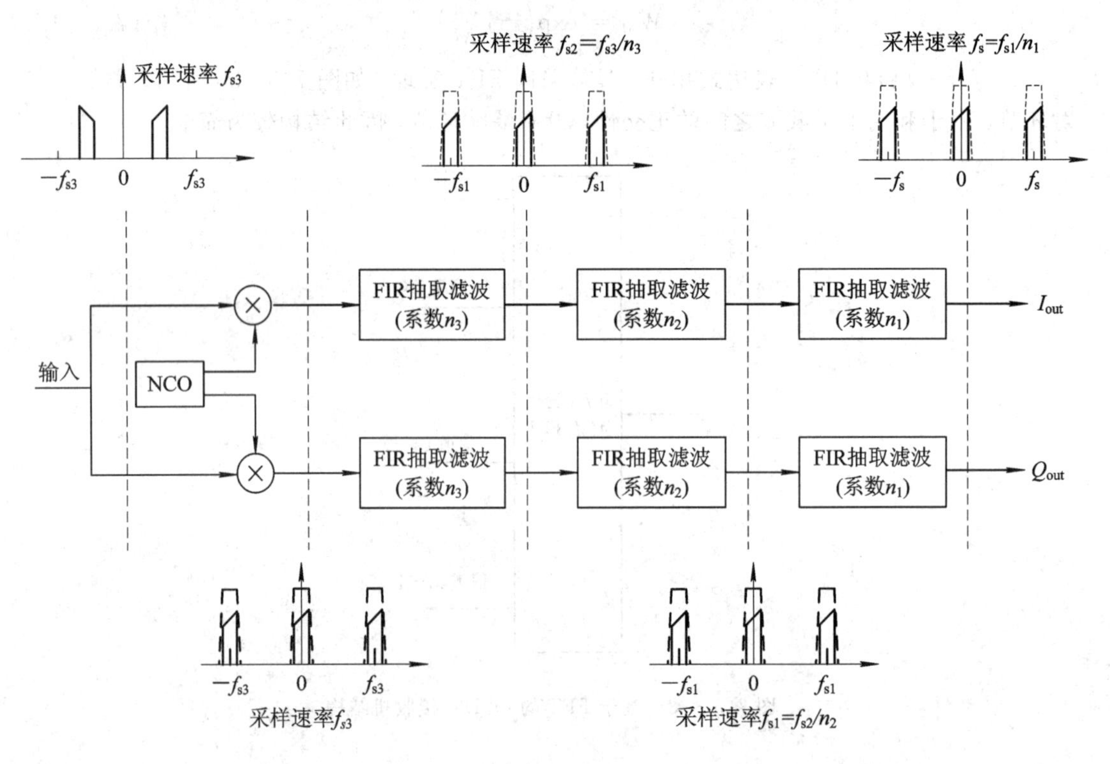


图7.6-2 数字下变频器的工作框图及不同阶段的信号频率响应

在DDC中，一般采用多级多个滤波器实现抽取。例如，一个信号采样速率为107.52MSPS，通过抽取降为3.84 MSPS，其抽取系数为28。一般不采用抽取系数为28的抽取滤波，抽取过程通过两个级联的滤波器完成，抽取系数分别为7和4，第一级通过系数为7的抽取将107.52MSPS降到15.36MSPS，第二级通过系数为4的抽取将采样速率降为3.84MSPS。当然，也可以分为三级。这样能够减少实现整个滤波功能的资源，使每个滤波器相对小而且易于实现。由于滤波器的采样速率低，因此可以通过时分方式对$I$、$Q$两路或多个信道数据进行复用。滤波器通常采用级联的FIR滤波器，在速率变换系数较大(一般超过30)的情况下，也常采用CIC滤波器，同时结合FIR滤波器进行补偿。

# 7.7 小　　结

信号的解调是无线电系统的重要功能，也是基础功能。本章讨论的均是基于$I$、$Q$正交的解调方式，主要目的是期望构建满足大部分信号类型需求的通用接收机。接收机的重要功能是同步，涉及载波同步、位同步、群同步等，没有同步的实施，很多解调类型是无法实现的。本书中把同步看作是解调后基带处理的内容，因此这里不再进行说明。

# 练习与思考七

1. 某个信号为$A(t)\cos(\omega_c t)$，拟通过实混频下变频将其变换到零频，其中本振为$\cos(\omega_c t+\varphi)$，请给出计算表达式，并观察结果。如果要有效进行下变频解调，本振信号应该满足什么条件？根据表达式绘制出下变频的系统框图。

2. 某个信号为$A(t)\cos(\omega_c t)$，拟通过复混频下变频将其变换到零频，其中本振为$\exp j(\omega_c t+\varphi)$，请给出计算表达式，并观察结果，观察其与实混频下变频有什么不同或优势，并根据表达式绘制出下变频的系统框图。

3. 某型超短波电台工作频率100～400 MHz，其接收机中频选择在1 GHz，本振如何选取？

4. 考虑一个单正频率本振信号，其存在正交失配现象，如果考虑幅度和相位失配分别为$g$和$\varphi$，信号为

$$\begin{aligned}z(t) &= \cos(2\pi f_0 t) + jg\sin(2\pi f_0 t + \varphi)\\ &= \frac{1+ge^{j\varphi}}{2}e^{j2\pi f_0 t} + \frac{1-ge^{j\varphi}}{2}e^{-j2\pi f_0 t}\\ &= K_1 e^{j2\pi f_0 t} + K_2 e^{-j2\pi f_0 t}\end{aligned}$$

试说明正交失配对系统造成的不利影响并图示之。

5. 请写出模拟调制信号AM、DSB的正交解调表达式。

6. 请写出模拟调制信号FM、PM的正交解调表达式。

7. 请写出模拟调制信号SSB的正交解调表达式。

8. 请写出数字调制信号ASK、PSK的正交解调表达式。

9. 请写出数字调制信号FSK的正交解调表达式

10. 请写出数字调制信号QAM的正交解调表达式。

11. 什么是信道化接收机？请绘出结构框图。

12. 尝试设计一个软件无线电信道化接收机，频率范围108～174 MHz，信道间隔1 MHz，采用多相滤波器组设计。

# 第 8 章 软件无线电天线

无线系统通过电磁波传输方式将信息从一点传递到另一点，天线在无线系统中起着相当关键的作用，是不可替代的硬件出口。天线是一种转换器，能够将电能量转换为电磁波，反之亦可。对于传统的无线系统，天线功能频段相对单一，相关参数是固定的，而且使用频带较窄，这显然不符合软件无线电系统的要求。

软件无线电系统中的天线通常被认为是模拟信号处理环节的一部分，但也是最希望具有灵活性的环节，因为软件无线电所面对的射频是多种多样的，不同的应用涉及不同的空中接口，使用射频信号的频段、带宽、信号强度等均不相同，但却希望使用同一个天线系统，这对所使用的天线提出了很高的要求。

软件无线电系统使用的天线应该具备以下特征：

(1) 天线应能够覆盖很宽的频段，可达数吉赫兹，且信号带宽也较宽，可达数百兆赫兹，实现射频宽带化。

(2) 天线应该具备软件可定义的特性，适应不同的协议、信道环境，实现射频灵活化。

对于射频灵活化要求，天线特性应该可用软件定义，包括工作频段、辐射方向图、极化方式、增益等，即指这些天线参数能够实现动态调整。这样在获得射频灵活性的同时也可以获得宽的频带覆盖。软件无线电系统的天线通常采用两种技术途径实现。

第一种方式是从天线自身的理论出发，改善天线的特性，以适应软件无线电的需求。在这里，一种思路是构建与频率无关的超宽带天线，在很宽的频带上适应无线系统的需求，但天线自身参数是固定不变的；一种是采用特定方式对天线的参数进行调整，实现天线特性的变化，称为可重配置天线。

第二种方式是从信号处理理论出发，采用可重配置的天线阵列。天线阵列是指在无线链路两端采用多个天线来提升系统性能；可重配置是指多天线阵列中各阵元输入/输出信号之间的关系是根据实际情况灵活可变的，而非固定的。从实际的角度看，天线部分虽然是由固定的硬件来实现的，但是由于软件无线电系统具有数字信号处理器，通过对天线阵列收发信号进行处理，就具有了可以动态配置天线特性的能力，可以达到提高信噪比、抑制信道干扰、增大系统容量的目的。

可重配置多天线阵列通常有两种主要的类型：一种是基于波束成形的智能天线技术；一种是基于空间分集及复用的多输入多输出(Multiple-Input Multiple-Output，MIMO)技术。这两种技术的着眼点不同，应用目的不同，但系统构成形式是比较类似的，即均是多天线系统(一般可以根据发射和接收两端天线的数目把系统分为 SISO、SIMO、MISO、MIMO 四类，如图 8.0-1 所示)。需要注意的是，很多地方可重配置多天线阵列往往并不加以区分，常统称为智能天线技术或 MIMO 技术，而具体的应用方向分为波束赋形、空间分集、空间复用等。本书中的分类考虑了具体原理上的差异进行了区分。

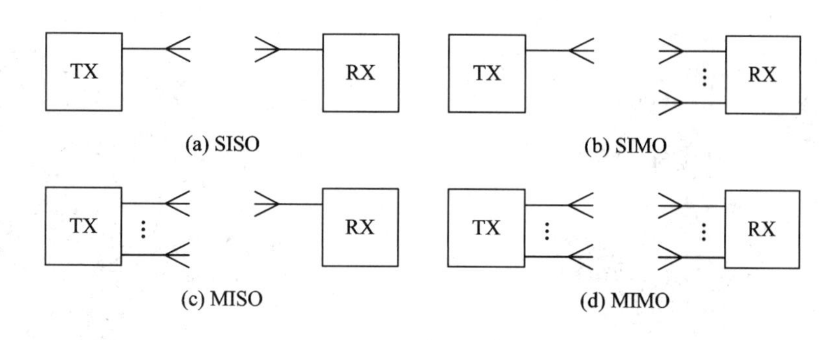


图 8.0-1　多天线系统示意图

# 8.1　超宽带天线

天线一般仅针对某个特定的频段，但是软件无线电要求能够覆盖多个传统意义的频段，如 LimeSDR 能够覆盖 10 MHz～3.5 GHz，USRP 能够覆盖 70 MHz～6 GHz。如果采用单部天线完成信号的收发，一般的窄带天线是完全不能适应的，需要采用宽带甚至超宽带天线。

超宽带天线设计相对带宽大于 20%，这类天线也称为频率无关天线，在很宽的频谱上具有良好的适应性。但是超宽带天线存在很多缺点，例如在接收时，窄带天线实际上是接收机的第一级滤波器，能够防止带外噪声的引入，降低交调互调信号的产生。所以如果无线系统仅仅是工作在几个信道，超宽带天线并不是好的选择。

超宽带天线有以下几种类型：

(1) 盘锥天线。盘锥天线由一个导体锥体和导体圆盘构成，馈源在两者之间(同轴传输线外导体连接圆锥，内导体连接圆盘)，具有宽频带和均匀的角向覆盖，且体积较小，如图 8.1-1 所示。

(2) 对数周期天线。对数周期天线是由 $N$ 个平行排列的对称阵子按照结构周期率构成的，对称阵子的长度沿线递增，且保持与顶点的构成角度不变，阵元间距增大，馈源从短阵子一端接入，在相邻阵子间作交叉馈电，这类天线工作频带理论上可以达到无穷。对数周期偶极子阵列天线如图 8.1-2 所示。

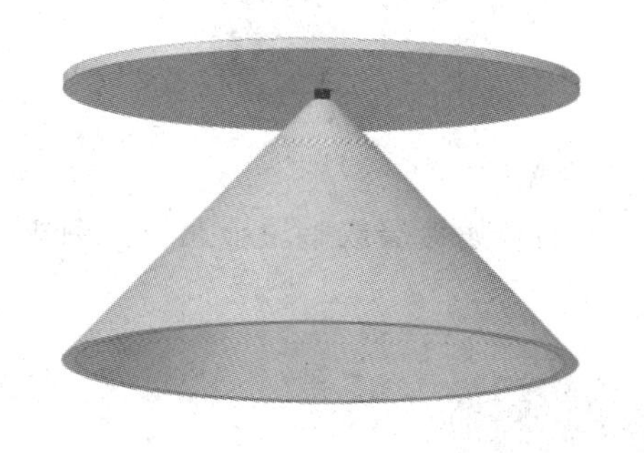

图 8.1-1　盘锥天线

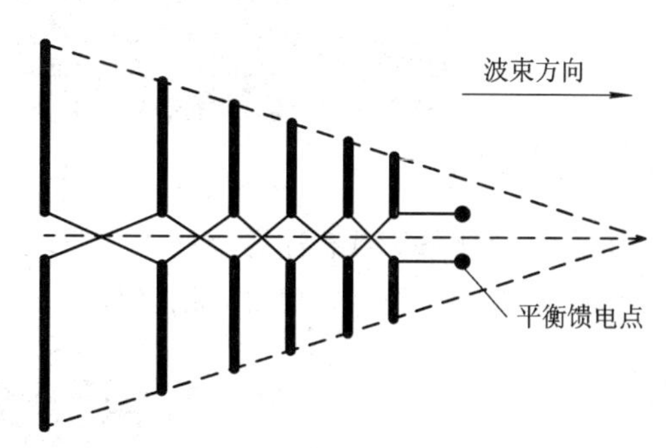


图 8.1-2　对数周期偶极子阵列天线

对数周期天线存在一些特定的类型，如齿形对数周期天线，如图 8.1-3 所示。

(3) 螺旋天线。这类天线由两个或多个分支(双臂或多臂)的螺旋导体构成，如图 8.1-4 所示。

图 8.1-3 齿形对数周期天线

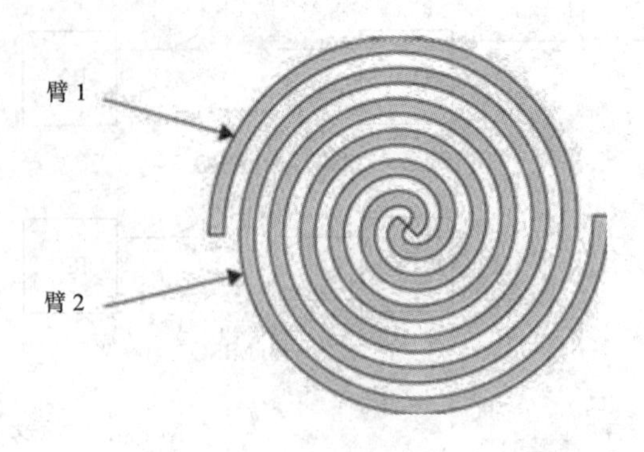


图 8.1-4 螺旋天线

(4) 喇叭天线。喇叭天线是把波导的开口面逐渐扩展形成的，如图 8.1-5 所示。若波导为加脊梁波导，则形成加脊喇叭天线，如图 8.1-6 所示。

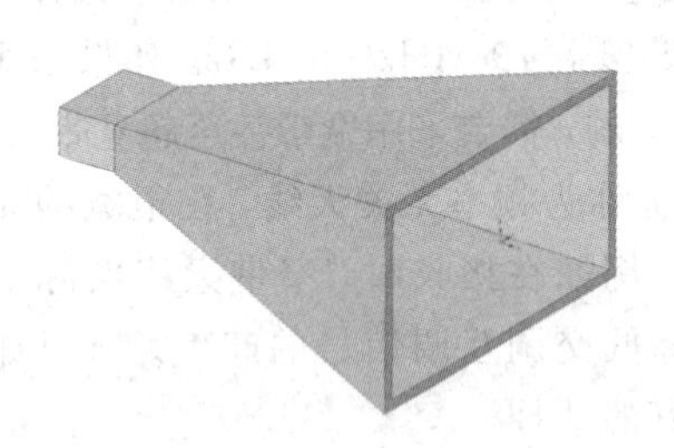

图 8.1-5 喇叭天线

图 8.1-6 加脊喇叭天线

(5) 超宽带偶极子/单极子天线。这种天线有 2D 和 3D 两种形式。在 2D 形式下，天线由在地平面上的圆形或半圆形的阵元构成，也可以是两个阵元；在 3D 形式下，天线由在地平面上的球形或半球形阵元构成，也可以是两个球形阵元，如图 8.1-7 所示。

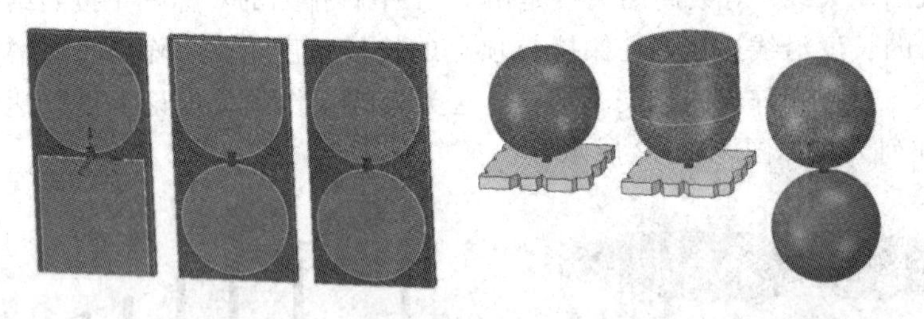

图 8.1-7 超宽带偶极子/单极子天线

(6) 渐变槽线天线。这类天线由一整块介质板上的金属镀层或整块金属板蚀刻成一定形状构成，包括开路腔、槽线和渐变线，如图 8.1-8 所示。

图 8.1-8 渐变槽线天线

# 8.2　可重配置天线

天线特性与其电参数密切相关，如果能够实现其参数受控变化，则可以实现天线特性的重配置。可重配置的类型涉及工作频率、辐射方向图、极化方式以及三者的组合形式。可重配置天线可分为可控开关天线、可变电容天线、可调谐材料天线等。

**1. 可控开关天线**

在天线中配置多个射频开关，通过断开和闭合引导电流在期望路径中流动，除了能够调整天线阻抗，还可以调整辐射方向图。当开关未施压的时候，开关呈开路状态，反之呈短路状态。

如图 8.2-1 所示，一个微带贴片天线中的缝隙可以通过开关进行短路，用以控制所需的极化方式。

图 8.2-2 所示为一个在基底上由多个金属贴片构成的二维阵列天线，相邻贴片之间通过射频开关进行连接，从而配置成为所需要的贴片天线。

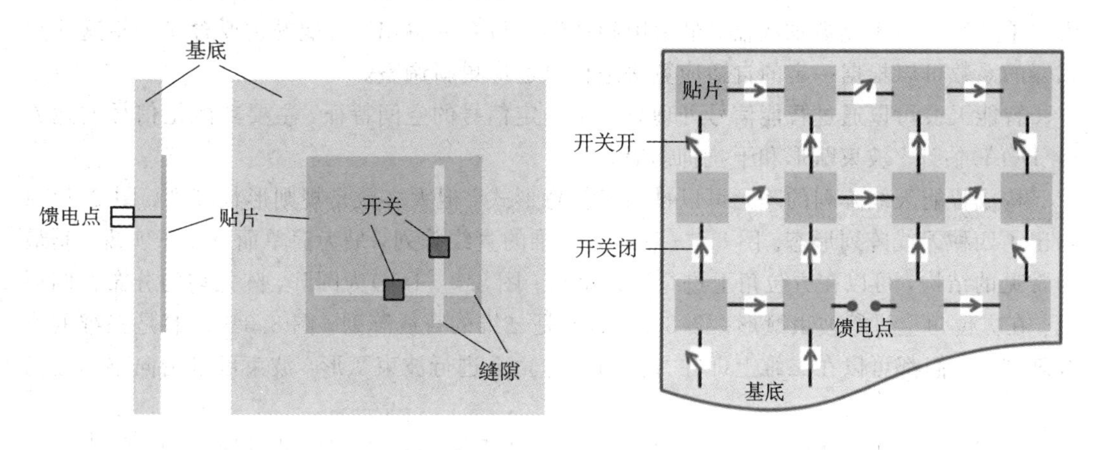


图 8.2-1　可控极化微带贴片天线示意图　　图 8.2-2　二维阵列可控天线示意图

这里的射频开关可以是半导体，如 PIN(Positive-Intrinsic-Negative，正-本征-负)二极管开关、变容二极管开关，也可以是机械开关，如 MEMS(Micro-Electro-Mechanical Systems，微机电系统)开关。

**2. 可变电容天线**

在天线谐振过程中，电容是个重要的参数。由于电容值易于调整，因此电容调谐天线在无线系统中得到了极为广泛的应用。常见的接收机几乎均使用电容调谐的方式进行接收。

**3. 可调谐材料天线**

可调谐材料天线基于可调谐材料，这类材料具有可调的电、磁或机械特性。天线射频系统的传输频率受控于介电常数和磁导率，频率变化的能力正比于介电常数和磁导率变化的范围。常见可调谐材料如表 8.2-1 所示。

表 8.2-1 可调谐材料

| 可调谐材料 | 可调能力 | 调整方式 | 频率 |
|---|---|---|---|
| 介电薄膜 | 30% | 电场调整 | 1～20 GHz |
| 介电陶瓷 | 16% | 电场调整 | 1～10 GHz |
| 磁膜 | 15% | 磁场调整 | 0.3～5 GHz |
| 磁性陶瓷 | 3.4% | 磁场调整 | 7 GHz |
| 置换微带 | 25% | 介质转换 | 3～7 GHz |
| MEMS可调电容 | 80% | 机械调整 | 0.5～4 GHz |
| 电可调电容 | 60% | 偏压调整 | 10 GHz |

# 8.3 智能天线

智能天线是由多个天线单元构成的、具有波束成形能力的一个天线阵列，其中每一个天线单元后接一个复数加权器，最后用相加器进行合并输出。智能的主要含义是指这些加权器的系数可以根据一定的自适应算法进行自适应更新调整。

智能天线可以通过智能信号处理算法来确定信号的空间特征，主要功能是信号波达方向(DOA)估计、波束赋形和干扰抑制等。

构成智能天线阵列的阵元可以排列成任意形式，但大多数是规则形状阵列，图 8.3-1 给出了四种天线阵列形态。图 8.3-1(a)为一维的直线阵列，最为简单而且易于实现，是最为常见的结构，可以在方位角上进行波束赋形；图 8.3-1(b)为圆阵，阵元均匀分布在圆周上，在方位角上进行波束赋形；图 8.3-1(c)是二维的直线阵列；图 8.3-1(d)是三维的直线阵列。它们都可以在二维上即在方位角和仰角上进行波束赋形，波束可以指向空间任何一点。

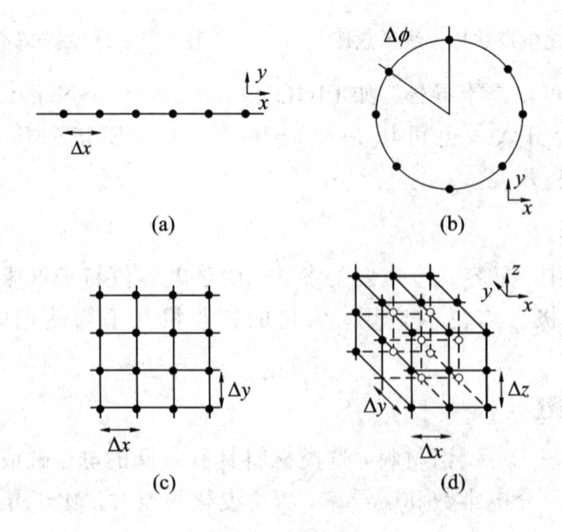


图 8.3-1 天线阵列

智能天线的概念来源于军事上雷达和声呐系统中所采用的阵列天线，如图 8.3-2 所示。20 世纪 60 年代就已出现智能天线，最初的应用是雷达天线阵，目的是取消雷达的机械扫描部件，提高雷达的性能和电子对抗的能力。

(a) 相控阵天线

(b) 智能天线

图 8.3-2　现代智能天线

现代智能天线的概念是 20 世纪 80 年代末到 90 年代初提出的。在无线通信中，信息传输需要带宽、功率等资源，通常增加传输速率需要增加功率或带宽。但是与有线通信不同，在无线通信中增加功率会分散到很大的空间范围内，仅仅只有很小的部分才会被期望用户所接收，而大部分被浪费的功率会被认为是对系统其他潜在用户的干扰，如图 8.3-3 所示。

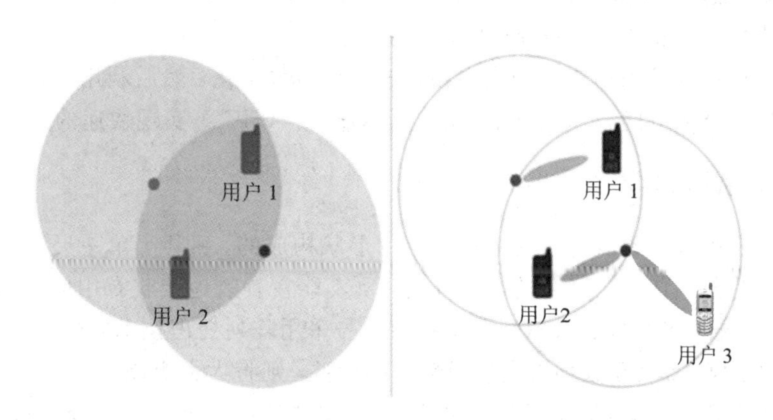


图 8.3-3　传统全向天线和智能天线的使用差异

因此，实现空间的选择性发射和接收将有效地增加系统容量、覆盖范围等，这种选择性可以用空域滤波的概念进行描述。可利用信号入射方向上的差别，将同频率、同时隙的信号区分开来，从而达到成倍扩展通信系统容量的目的。进一步地，空间维度可以用于多址接入技术中，与常见的 FDMA、TDMA、CDMA 多址接入技术相类同，利用信号的空间选择性发射/接收实现多址接入，即空分多址(SDMA)。

这种空间域的选择性发射和接收必需依赖于智能天线技术，该技术可以非常有效地调整天线的时域、频域、空域的响应，可以为每个用户提供一个很窄的定向波束，使信号在有限的方向区域发送和接收，充分利用了信号发射功率，降低了信号全向发射带来的电磁污染与相互干扰。智能天线系统可以依靠信号处理能力合并多个天线阵元接收的信号，使发射或接收天线方向图最佳化，以自适应信号环境，实现抑制噪声、自动跟踪所需信号等功能。

智能天线的优势在于：

(1) 容量增加。采用智能天线的SDMA系统允许多用户采用相同的频率和时间进行通信而互不干扰。每个用户分别分配不同的射频波束。

(2) 覆盖范围增加。采用智能天线可以获得较大的天线增益，从而实现功率不变情况下覆盖范围的增加，或者在覆盖范围不变的情况下使得系统功耗下降。

(3) 可支持高的数据速率。

(4) 有利于消除“远近效应”。

(5) 降低了同信道干扰、邻近信道干扰和多址干扰。

(6) 低的信号截获/检测概率。

(7) 能够对抗多径、衰落、噪声。

(8) 增强了用户位置估计能力。

从大的技术类别来讲，智能天线技术可分为模拟智能天线技术和数字智能天线技术。通常与软件无线电联系在一起的是数字智能天线技术，而实际上早期的相控阵天线与较新的ESPAR天线都采用了模拟智能天线技术。

模拟智能天线技术是指无需对射频或变至中频/基带的模拟信号进行模/数转换和数字处理，而直接对接收到的模拟信号进行操作，实现智能天线的技术。这类天线通常比较简单，易于实现，成本也较低。但由于没有将模拟信号数字化，因而很多数字域的信号处理方法都无用武之地，限制了信号处理的可能手段。

数字智能天线技术则指在射频或中频将模拟信号数字化，然后利用丰富的数字信号处理理论和发达的集成电路技术造就的DSP、FPGA或ASIC等实现快速的数字波束赋形。

### 8.3.1　波束赋形原理

智能天线是由多个天线阵元排列成一定的形状构成的，其中，单一天线阵元的方向图波束可以认为是全向的，在复杂的电磁环境下，不能在有效地接收有用信号的同时屏蔽其他干扰和多径干扰。如果能够针对所需的接收信号采用阵列处理技术实现来波方向的估计，并形成指向性波束，而对于其他方向形成较低的增益，则将大大提高系统性能，这种形成指向性波束的过程就称为波束赋形(BF)。波束赋形是通过阵列单元的加权合并完成的，而这一过程通常在基带部分通过数字信号处理器完成，因此也称为数字波束赋形(DBF)。

理想情况下，我们可以做到将天线方向图主瓣对准有用信号，而把副瓣或零陷对准干扰。但实际的无线通信环境很复杂，干扰信号很多，存在多径效应、自由度有限(由天线阵元数决定)、有用信号和干扰信号在入射方向上只有很小的夹角等情况，这些因素都使得实际情况达不到理想的要求。但是追求最大的信噪比仍然是系统的最终目标。

一个天线阵列由若干个空间分隔的阵元构成，其阵元输出送入一个加权网络或波束赋形单元中。天线阵列可以用于发射或接收。在对天线阵列进行分析的时候，有以下假设：

(1) 满足窄带传输条件，即信号的带宽远小于载波频率，或信号带宽的倒数远小于电磁波波前跨越整个天线阵列单元的时间，阵列中所有单元接收信号具有相关性。(关于宽带信号在此不做讨论)。

(2) 发射机以及可引起多径分量的物体位于天线阵列的远场，这样天线阵列接收的信号是若干个平面波，每个平面波即表示一个多径分量。

(3) 每个阵元均假定有相同的方向图和指向，一般是全向阵元；不考虑阵元之间的互感。

(4) 阵列各阵元相应的输出存在相位差，这些相位差由载波波长、入射角度、天线位置分布唯一确定，而与调制参数无关。

这样，给定一组加权值以及一组具有相同信号强度、相同入射角度的信号，由于它们到达天线间的相位差不同，因此合并后的输出信号强度会与该组加权有关。

这里首先通过最简单的直线阵来说明阵元与方向图之间的关系。如图 8.3-4 所示，对同一入射波 $s(t)$，各阵元输出响应之间将只有相位差异而没有幅度差异。取阵元输出幅度为 $A(t)$，第 $m$ 个阵元的相位为 $\gamma_m(t)$，$M$ 个天线按图示形成线阵，单元之间间距为 $d$，信号入射方向为 $\theta$(入射方向与线阵法线的夹角)，$c$ 为光速。

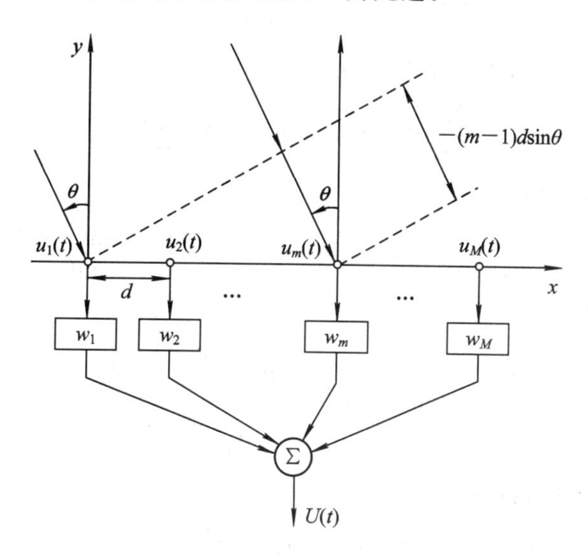


图 8.3-4 直线阵

若令第 1 个阵元为时间参考天线，则到达第 $m$ 个阵元的相对第 1 阵元的时间延迟为

$$\Delta\tau_{\mathrm{m}} = \frac{(m-1)d\ \sin\theta}{c} \tag{8.3-1}$$

相对于波长 $\lambda$ 的信号，该时间延迟所造成的相位差为

$$\Delta\gamma_m = \omega_c\Delta\tau_m = \frac{2\pi\dfrac{c}{\lambda}(m-1)d\ \sin\theta}{c} = \frac{2\pi(m-1)d\ \sin\theta}{\lambda} = (m-1)\psi_\theta \tag{8.3-2}$$

式中，$\psi_\theta$ 就是入射角为 $\theta$ 时相邻阵元相位差，$\psi_\theta=(2\pi d\ \sin\theta)/\lambda$。

在窄带情况下，信号的带宽远小于载波频率，允许我们假定不同阵元所接收到的信号之间仅存在由于路程差而产生的相移。这样，采用解析信号表示，以第 1 个阵元上信号为基准，第 $m$ 个阵元上用户的信号为

$$u_m(t) = u_1(t-\Delta\tau_m) = u_1(t)e^{j\omega_c\Delta\gamma_m} = A(t)e^{j\gamma_1(t)}e^{j(m-1)\psi} \tag{8.3-3}$$

$M$ 个阵元的信号可构成一个矩阵：

$$\boldsymbol{u}(t)=[u_1(t),\ u_2(t),\ \cdots,\ u_M(t)]^{\mathrm{T}}=A(t)\left[\mathrm{e}^{\mathrm{j}\gamma_1(t)},\ \mathrm{e}^{\mathrm{j}\gamma_2(t)},\ \cdots,\ \mathrm{e}^{\mathrm{j}\gamma_M(t)}\right]^{\mathrm{T}} \tag{8.3-4}$$

式中，$[\,]^{\mathrm{T}}$ 表示矩阵转置。

阵元权值也构成一个矩阵，即

$$\boldsymbol{w}=[w_1,\ w_2,\ \cdots,\ w_M]^{\mathrm{T}} \tag{8.3-5}$$

直线阵总的输出为

$$\begin{aligned}U(t)&=\boldsymbol{w}^{\mathrm{H}}\boldsymbol{u}(t)=\sum_{m=1}^{M}w_m^* u_m(t)=\sum_{m=1}^{M}w_m^* A(t)\mathrm{e}^{\mathrm{j}\gamma_1(t)}\mathrm{e}^{\mathrm{j}(m-1)\psi_\theta}\\&=A(t)\mathrm{e}^{\mathrm{j}\gamma_1(t)}\sum_{m=1}^{M}w_m^*\,\mathrm{e}^{\mathrm{j}(m-1)\psi_\theta}=u_1(t)\sum_{m=1}^{M}w_m^*\,\mathrm{e}^{\mathrm{j}(m-1)\psi_\theta}\end{aligned} \tag{8.3-6}$$

式中，$[\,]^{\mathrm{H}}$ 表示矩阵的共轭转置，$w_m^*$ 表示 $w_m$ 的共轭。

由式(8.3-6)可知，直线阵总输出不是全向的，只要对阵元的权值 $w_m$ 控制得当，就可以移动波束的指向。例如，令

$$w_m=\mathrm{e}^{\mathrm{j}(m-1)\psi_d} \tag{8.3-7}$$

根据式(8.3-6)，直线阵总输出为

$$U(t)=\sum_{m=1}^{M}w_m^* u_m(t)=A(t)\mathrm{e}^{\mathrm{j}\gamma_1(t)}\sum_{m=1}^{M}\mathrm{e}^{\mathrm{j}(m-1)(\psi_\theta-\psi_d)} \tag{8.3-8}$$

根据复指数级数求和公式：

$$\sum_{n=0}^{N-1}\mathrm{e}^{\mathrm{j}nx}=\frac{1-\mathrm{e}^{\mathrm{j}Nx}}{1-\mathrm{e}^{\mathrm{j}x}}=\frac{-\mathrm{e}^{\mathrm{j}Nx/2}(\mathrm{e}^{-\mathrm{j}Nx/2}-\mathrm{e}^{\mathrm{j}Nx/2})}{-\mathrm{e}^{\mathrm{j}x/2}(\mathrm{e}^{-\mathrm{j}x/2}-\mathrm{e}^{\mathrm{j}x/2})}=\frac{\sin(Nx/2)}{\sin(x/2)}\mathrm{e}^{\mathrm{j}x(N-1)/2} \tag{8.3-9}$$

则天线输出绝对值为

$$|U(t)|=A(t)\frac{\sin\left(M\dfrac{\psi_\theta-\psi_d}{2}\right)}{\sin\left(\dfrac{\psi_\theta-\psi_d}{2}\right)} \tag{8.3-10}$$

当 $\psi_\theta=\psi_d$ 时有最大的输出：

$$|\,U(t)\,|\,|_{\psi=\psi_d}=MA(t) \tag{8.3-11}$$

即天线阵波束指向了与 $\psi_d$ 相对应的信号的入射方向，由式(8.3-2)得

$$\theta_d=\arcsin\left(\frac{\psi_d\lambda}{2\pi d}\right) \tag{8.3-12}$$

这样，只要根据需要相应改变各阵元相移就可以改变天线的指向。

下面对一般情况进行简要分析。

图 8.3-5 给出了一个具有 $M$ 个阵元的阵列，其参考阵元位于原点，第 $m$ 个阵元的坐标为$(x_m,\ y_m,\ z_m)$，不同阵元所接收的信号之间仅存在一个相移。令波达方向与 $z$ 轴的夹角为$\theta$，入射波在 $xoy$ 平面上的投影与 $x$ 轴的夹角为$\varphi$，记为波达方向$(\varphi,\theta)$，则第 $m$ 个阵元与第 1 个阵元之间的相移为

$$\Delta\gamma_m=\gamma_m(t)-\gamma_1(t)=-\beta x_m\cos\varphi\sin\theta-\beta y_m\sin\varphi\sin\theta-\beta z_m\cos\theta \tag{8.3-13}$$

式中，$\beta=2\pi/\lambda$ 为自由空间传输常量，则第 $m$ 个阵元接收的窄带信号为

$$u_m(t)=A(t)\mathrm{e}^{\mathrm{j}\gamma_m(t)} \tag{8.3-14}$$

式中，$A(t)$为幅度，$\gamma_m(t)$为信号相位。$M$ 个阵元的信号可构成一个列向量：

$$\boldsymbol{u}(t)=[u_1(t),\ u_2(t),\ \cdots,\ u_M(t)]^{\mathrm{T}}=A(t)\left[\mathrm{e}^{\mathrm{j}\gamma_1(t)},\ \mathrm{e}^{\mathrm{j}\gamma_2(t)},\ \cdots,\ \mathrm{e}^{\mathrm{j}\gamma_M(t)}\right]^{\mathrm{T}} \tag{8.3-15}$$

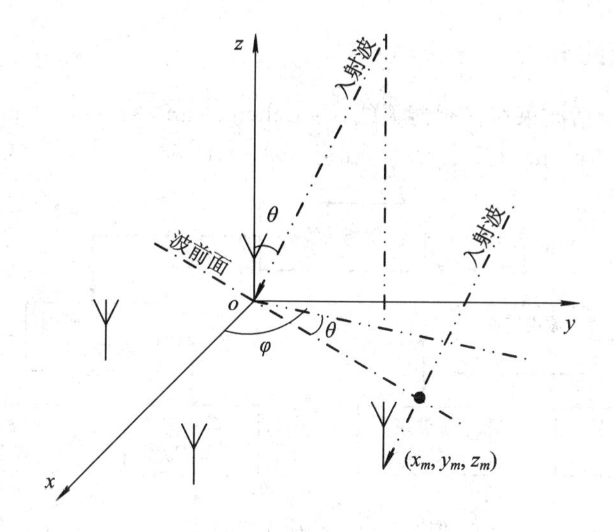


图 8.3-5　天线阵列

第 $m$ 个阵元和第 1 个阵元的接收信号之比为

$$a_m(\varphi, \theta)=\frac{u_m(t)}{u_1(t)}=\mathrm{e}^{-\mathrm{j}\beta(x_m\cos\varphi\sin\theta+y_m\sin\varphi\sin\theta+z_m\cos\theta)}=\mathrm{e}^{\mathrm{j}\Delta\gamma_m} \tag{8.3-16}$$

这样，对于一个波达方向$(\varphi, \theta)$的平面波，其天线阵列的响应可以表示为

$$\boldsymbol{a}(\varphi, \theta)=\begin{bmatrix}1\\a_2(\varphi, \theta)\\\vdots\\a_M(\varphi, \theta)\end{bmatrix}=\begin{bmatrix}1\\\mathrm{e}^{-\mathrm{j}\beta(x_2\cos\varphi\sin\theta+y_2\sin\varphi\sin\theta+z_2\cos\theta)}\\\vdots\\\mathrm{e}^{-\mathrm{j}\beta(x_M\cos\varphi\sin\theta+y_M\sin\varphi\sin\theta+z_M\cos\theta)}\end{bmatrix}=\begin{bmatrix}1\\\mathrm{e}^{\mathrm{j}\Delta\gamma_2}\\\vdots\\\mathrm{e}^{\mathrm{j}\Delta\gamma_M}\end{bmatrix} \tag{8.3-17}$$

$M$ 个阵元的信号列向量为

$$\boldsymbol{u}(t)=u_1(t)\boldsymbol{a}(\varphi, \theta) \tag{8.3-18}$$

取权系数列矩阵为

$$\boldsymbol{w}=[w_1, w_2, \cdots, w_M]^{\mathrm{T}} \tag{8.3-19}$$

每个阵元的输出与相应的复权系数相乘并相加得到阵列的输出为

$$v(t)=\boldsymbol{w}^{\mathrm{H}}\boldsymbol{u}(t)=\boldsymbol{w}^{\mathrm{H}}u_1(t)\boldsymbol{a}(\varphi, \theta)=u_1(t)\boldsymbol{w}^{\mathrm{H}}\boldsymbol{a}(\varphi, \theta)=u_1(t)AF(\varphi, \theta) \tag{8.3-20}$$

式中，$AF(\varphi, \theta)$称为阵列因子(Array Factor)。阵列因子是波达方向$(\varphi, \theta)$的函数，决定了阵列输出端的信号 $v(t)$与参考阵元处测得的信号 $u_1(t)$的比值，是参考阵元处形成的场方向图。通过调整权系数 $\boldsymbol{w}$ 可以将阵列因子的最大主瓣对准任意方向$(\varphi_d, \theta_d)$。波束合成后意味着传输功率的增加，这个增加值称为阵列增益(Array Gain)。该增益是指采用多天线发射接收技术获得的传输信号的功率增益(Power Gain)，一般可以认为等于天线阵元的数目。

由以上推导可以知道，智能天线通过对权值向量 $\boldsymbol{w}$ 的调整来实现将波束对准来波方向，这个过程就是智能天线的赋形。采用权向量进行波束赋形的过程与 FIR 滤波器的过程非常接近，只不过将过去的时间采样换为了空间采样，因此这个过程也称为空间滤波。

### 8.3.2　智能天线的分类

智能天线通常包括波束切换智能天线(Switched Beam Antenna)和自适应阵列智能天线(Adaptive Array Antenna)两个大类，如图 8.3-6 所示。

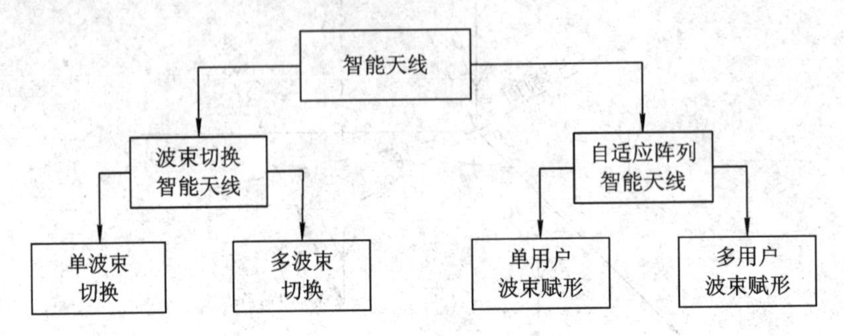


图 8.3-6　智能天线的分类

波束切换智能天线由多个固定的预波束构成，这些预波束分别指向不同的方向，如图 8.3-7(a)所示。天线阵列创建一组叠加的波束，主瓣紧密结合成花瓣形状，覆盖了所有方向。这种系统检测扫描每个波束的输出，从中间选择具有最强接收信号的波束，并根据需要实现从一个波束到另一个波束的切换。波束切换天线可以扩大覆盖的范围，同时也能使干扰远离工作波束中心。这种天线的实现运算较为简单，但是性能也比较有限。

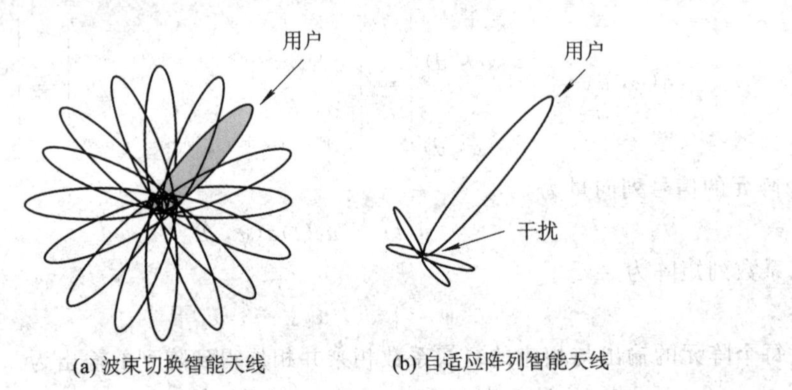


图 8.3-7　智能天线的类型

自适应阵列智能天线也称为自适应波束赋形智能天线，如图 8.3-7(b)所示。该类智能天线一般采用 4～16 天线阵元结构，采用数字信号处理技术识别用户信号到达方向，并在此方向上形成天线主波束，即对接收和发射波束进行自适应的赋形，实现动态定位或用户信号跟踪，并将零陷对准干扰方向，使接收信号信干比最大。

### 8.3.3　智能天线接收机

图 8.3-8 所示为智能天线接收机示意图。天线阵列包括 $M$ 个阵元，每个阵元后面接一个加权器，即乘以某个系数，这个系数通常为复数，既可以调节相位，也可以调节幅度，加权后的 $M$ 个信号通过相加器合并为一个信号，该信号作为后级接收机的输入。如图 8.3-8 所示，智能天线接收部分包含四个单元，除了天线本身，还包含射频接收单元、波

束赋形单元、信号处理单元。其中，在射频接收单元内完成天线接收信号的下变频和 A/D 变换。

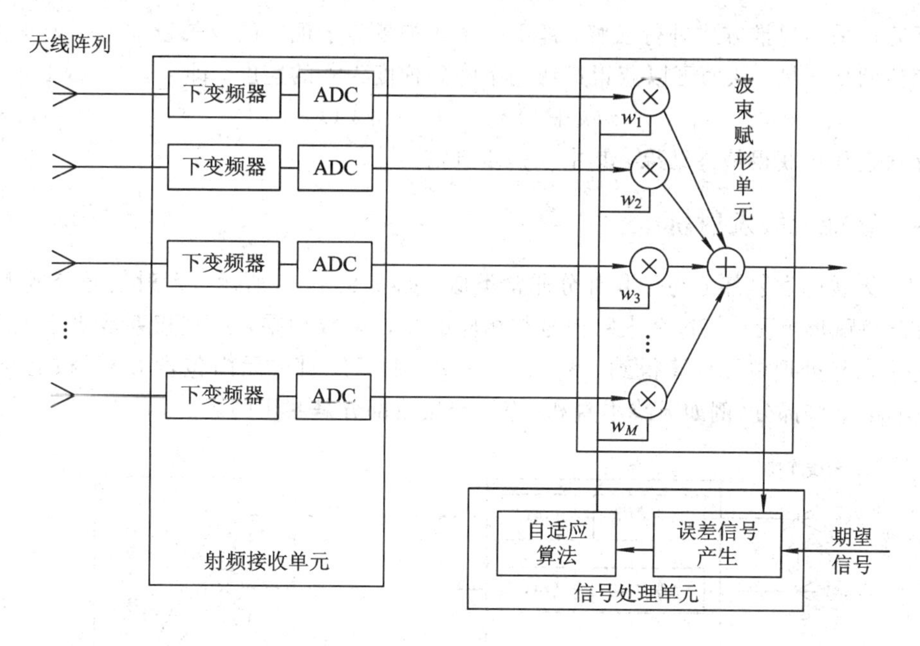


图 8.3－8　智能天线接收机

智能天线通过满足某种准则的算法调节各阵元信号的加权幅度和相位，进而调节天线阵列的方向图形状，来达到增强所需信号、抑制干扰信号的目的。在最优波束赋形技术中，要确定使代价函数取最小值的权向量。

下面对获得最佳权系数 $\boldsymbol{w}$ 的基本算法进行说明。在接收端通过给出期望信号，可获得该信号与获得的加权和信号之间的差，该差信号通过自适应算法来调整接收各天线阵元的权值，使加权和信号趋近期望信号。

已知 $k$ 时刻期望输出为 $d(k)$，则有

$$e(k) = d(k) - v(k) = d(k) - \boldsymbol{w}^{\mathrm{H}}\boldsymbol{u}(k) \tag{8.3-21}$$

求其均方值：

$$\begin{aligned} E[e^2(k)] &= E[(d(k) - \boldsymbol{w}^{\mathrm{H}}\boldsymbol{u}(k))^2] \\ &= E[d^2(k)] - 2E[d(k)\boldsymbol{w}^{\mathrm{H}}\boldsymbol{u}(k)] + \boldsymbol{w}^{\mathrm{H}}E[\boldsymbol{u}(k)\boldsymbol{u}(k)^{\mathrm{H}}]\boldsymbol{w} \\ &= E[d^2(k)] - 2\boldsymbol{w}^{\mathrm{H}}\boldsymbol{P} + \boldsymbol{w}^{\mathrm{H}}\boldsymbol{R}\boldsymbol{w} \end{aligned} \tag{8.3-22}$$

其中：$\boldsymbol{P}$ 为误差与输入信号的互相关矢量；$\boldsymbol{R}$ 为输入信号自相关矩阵，即

$$\boldsymbol{P} = E[d(k)\boldsymbol{u}(k)] \tag{8.3-23}$$

$$\boldsymbol{R} = E[\boldsymbol{u}(k)\boldsymbol{u}(k)^{\mathrm{H}}] \tag{8.3-24}$$

$E[e^2(k)]$是权矢量的二次函数，其具有唯一极小点，可以采用梯度方法调节权矢量各元素，得到 $E[e^2(k)]$的最小点，梯度表示为

$$\nabla\{E[e^2(k)]\} = \left\{\frac{\partial E[e^2(k)]}{\partial w_1}, \frac{\partial E[e^2(k)]}{\partial w_2}, \cdots, \frac{\partial E[e^2(k)]}{\partial w_M}\right\} = -2\boldsymbol{P} + 2\boldsymbol{R}\boldsymbol{w} \tag{8.3-25}$$

当梯度取 0 时，得到最佳权矢量，即

$$\begin{cases}-2\boldsymbol{P}+2\boldsymbol{R}\boldsymbol{w}_{\text{opt}}=0\\ \boldsymbol{w}_{\text{opt}}=\boldsymbol{R}^{-1}\boldsymbol{P}\end{cases} \tag{8.3-26}$$

这个运算可采用递推方式进行求解，即下一个权矢量等于现在的权矢量加上一个正比于梯度的负值的变化量，从而可以获得最快的下降到梯度为0的速度，即

$$\boldsymbol{w}(k+1)=\boldsymbol{w}(k)+\mu\nabla(k) \tag{8.3-27}$$

通过多次迭代可获得最终结果，其中$\mu$是步进值。

### 8.3.4 智能天线发射机

智能天线的发射部分与接收部分非常类似，如图8.3-9所示。发射信号分成$M$个支路，在波束赋形单元中，每个支路信号与相应的复权系数相乘，这些权系数决定了发射方向图是在信号处理单元计算得到。图8.3-9中，射频发射单元内包含DAC和上变频器。在实际中，某些部分(例如天线本身和DSP)与接收部分是共用的。

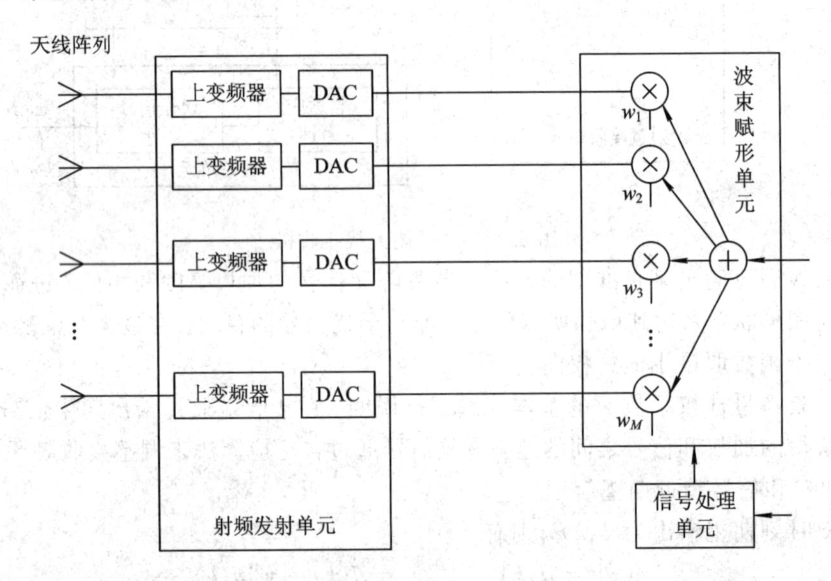


图8.3-9　智能天线发射机

发射与接收的不同之处在于：发射的时候并不知道空间信道响应，最常用的方法是通过几何方法估计来波方向。该方法假定接收时信号的方向也就是信号的发射方向。这样在使用时首先通过接收信号对来波方向进行估计，然后通过选择权系数将发射方向图指向来波方向，另外，还可将零陷指向其他非期望用户，这样可以降低这些用户所受的干扰。由于多径衰落的影响，在选择发射方向时需要在一定时间内对接收信号方向进行平均。这样，与接收情况相比，这种情况的权系数计算是次佳的。

以时分复用体制移动通信系统为例，移动终端和基站使用相同的载波频率，仅仅在时间上是分隔的。如果在基站采用智能天线，那么在这种情况下通过上行链路计算得到的权系数对于下行链路而言也是最佳的，当然其前提是在上、下行链路的转换过程中信道特性未发生变化。这样的假定有一定的限制，比如在移动终端移动速度过快的场合，信道会发生变化，不满足这一假设。如果在频分复用体制中，上、下行链路的频率不同，则上、下行链路的信道响应是相互独立的，因此最佳权系数通常是不同的。

# 8.4　MIMO

MIMO(Multiple-Input Multiple-Output)是针对衰落现象而应用的多天线阵列，用于实现空间分集或空间复用。

衰落是无线信号随时间、地域发生变化的现象。无线信道的一个重要的特性是存在着衰落，衰落可以理解为信号在通过信道时所受到的损伤。衰落的损伤是非常严重的。图 8.4-1 给出了平坦慢衰落(在一次传输中，衰落状况不变)条件下 PSK 接收机的性能情况。

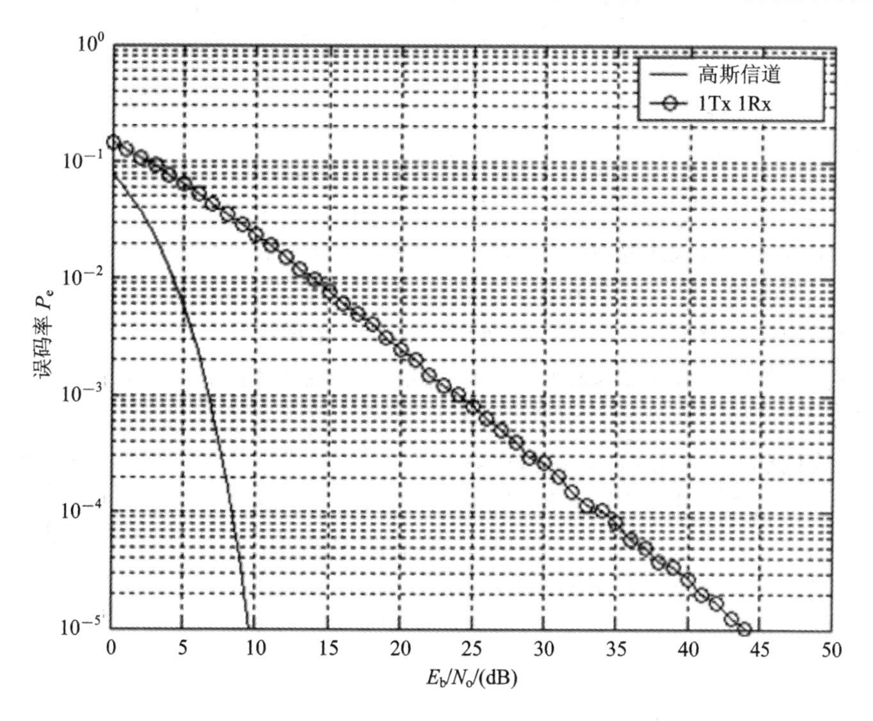


图 8.4-1　衰落的影响

从图 8.4-1 中可以清楚地看到，在平坦慢衰落信道条件下 PSK 调制的误码性能下降很多，其误码率随 $E_b/N_o$ 的升高而线性下降，以 $10^{-5}$ 误码率为准，信噪比恶化约 35 dB。显然，如果不采取措施，通信的有效性是不能保证的。

对抗衰落的重要方法是分集，分集是一种降低衰落深度或衰落时间的方法，可以采用多个接收天线接收方式(空间分集)、不同传输极化方式(极化分集)、不同的传输角度(角度分集)、不同传输频率(频率分集)、不同时间特性(时间分集)，这样，接收机能够接收多个接收信号的组合，这个组合信号的衰落被大幅度降低了，简单说就是采用多个信道传输信息。空间分集、极化分集、角度分集有时也合称天线分集。这里空间分集是说明重点，在这种分集情况下，天线阵列中的阵元之间的间隔需要大于相干距离以获得低的衰落相关性(相关系数通常小于 0.7)。图 8.4-2 为信道衰落的相关性示意图，图 8.4-2(a)为智能天线中所应用的情况，图 8.4-2(b)为本节所提到的低相关系数的情况，可以看到两者的差别。

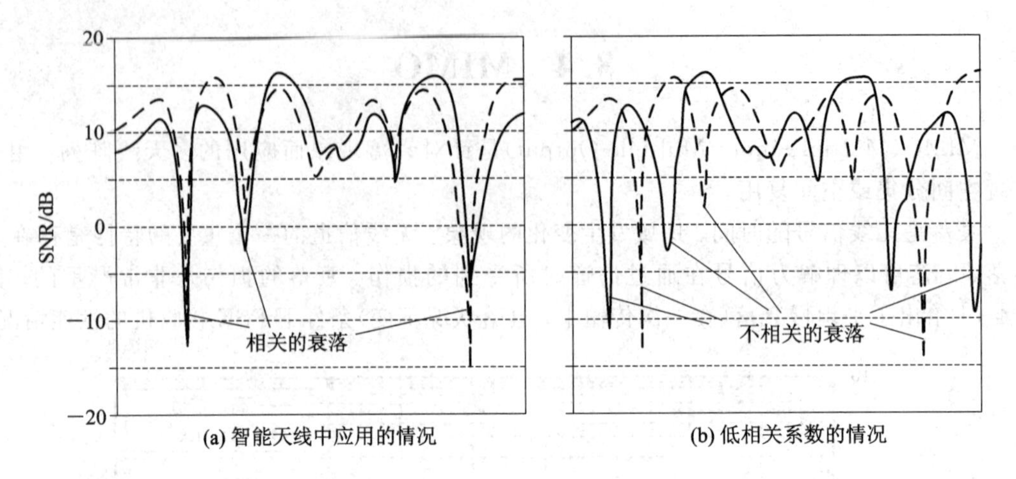


图 8.4-2　衰落的相关性示意图

而与之相对应，20 世纪 70 年代，出现了利用空间复用提升系统容量的 MIMO 技术，即指在收、发两端采用多部天线，利用多径传输增大信道容量，或是特指利用多径传输在同一无线环境中发射、接收并行多路数据。有结论明确表明：MIMO 系统的信道容量随发射天线及接收天线数目最小值的增加而线性增加。MIMO 天线如图 8.4-3 所示。MIMO 技术与智能天线有本质不同，智能天线用于提升单路数据的传输信噪比，MIMO 用于实现多路信号的并行传输，可以抗衰落及提升信道容量。

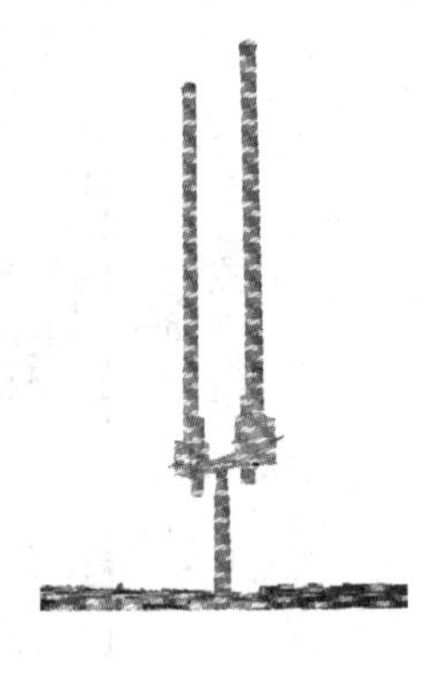

图 8.4-3　MIMO 天线

也就是说，在衰落条件下，收发两端采用多天线有空间分集和空间复用两种应用方式。下面分别从空间分集和空间复用两个方面说明 MIMO 的原理。

## 8.4.1　MIMO 原理

### 1. 空间分集原理

这里仅考虑瑞利平坦慢衰落信道时的情况，此时信道对于信号的影响就是一致的幅度和相位影响，于是接收信号可以表示为

$$y = hs + n \tag{8.4-1}$$

其中：$s$ 为发射信号，采用 PSK 调制方式；$y$ 为接收信号；$n$ 为噪声，符合均值为 0、方差为 $\sigma_n^2$ 的复高斯分布；$h$ 为信道响应，符合均值为 0、方差为 $\sigma_h^2$ 的复高斯分布，即有

$$h \sim CN(0,\ \sigma_h^2)$$
$$n \sim CN(0,\ \sigma_n^2)$$

令信号正常信噪比为

$$r = \frac{E\{|\ s\ |^2\}}{\sigma^2} \tag{8.4-2}$$

如果没有衰落，则相关检测的误码率为

$$P_e = \frac{1}{2}\mathrm{erfc}(\sqrt{r}) = Q(\sqrt{2r}) \tag{8.4-3}$$

该式表明，误码率随信噪比 $r$ 按指数规律下降。

在存在衰落的情况下，平均信噪比 $r_A$ 和瞬时信噪比 $r_I$ 分别为

$$r_A = E\{|h|^2\}\frac{E\{|s|^2\}}{\sigma_n^2} = \sigma_h^2 r \tag{8.4-4}$$

$$r_I = |h|^2\frac{E\{|s|^2\}}{\sigma_n^2} = h^2 r \tag{8.4-5}$$

其中，瞬时信噪比为随机量，呈负指数分布，即

$$r_I \sim \frac{1}{r}e^{-\frac{r_I}{r}} \tag{8.4-6}$$

根据瞬时信噪比，瞬时误码率为

$$P_{eI} = \frac{1}{2}\text{erfc}(\sqrt{r_I}) = Q(\sqrt{2r_I}) \tag{8.4-7}$$

则平均误码率为

$$P_e = E\{Q(\sqrt{2r_I})\} = \frac{1}{2}\left(1-\sqrt{\frac{r}{1+r}}\right) \tag{8.4-8}$$

由泰勒级数展开公式，有

$$\sqrt{\frac{r}{1+r}} = 1-\frac{1}{2r}+o\left(\frac{1}{r^2}\right) \tag{8.4-9}$$

其中，$o$ 表示高阶无穷小量。因此

$$P_e = \frac{1}{4r} \tag{8.4-10}$$

与式(8.4-3)对比，误码率曲线随信噪比增加呈线性下降，下降速度明显减慢，性能极大恶化，其结果如图8.4-1所示。

下面进一步讨论分集的优势。对于信道瞬时信噪比的恶化，采用中断概率参数描述。根据信道容量公式，有

$$C = B\lg(1+|h|^2 r) \tag{8.4-11}$$

定义中断概率为瞬时信道容量小于给定容量门限 $C_L$ 的概率，即

$$P_{\text{outage}} = P(C < C_L) \tag{8.4-12}$$

或者定义中断概率为瞬时信噪比小于给定信噪比门限 $r_L$ 的概率，即

$$P_{\text{outage}} = P(r_I < r_L) = \int_0^{r_L}\frac{1}{r}e^{-\frac{r_I}{r}}dr_I = 1-e^{-r_I/r} \tag{8.4-13}$$

如果能够使用 $M$ 个独立信道传输，则中断概率为

$$P_{\text{outage}} = (P(r_I < r_L))^M = \left(\int_0^{r_L}\frac{1}{r}e^{-\frac{r_I}{r}}dr_I\right)^M = (1-e^{-r_I/r})^M \tag{8.4-14}$$

如果单信道的中断概率为0.1，则采用两个独立信道的中断概率将为0.01。另外，误码率曲线也会转变为随信噪比的 $M$ 次幂线性下降，这里 $M$ 也称为分集增益(Diversity Gain)或分集阶数(Diversity Order)，采用空间分集方式，就是在收发两端采用多天线的方式构建多个独立信道实现分集。

以接收分级为例，分集是一发多收方式，假定每个发射天线到接收天线为瑞利平坦慢衰落信道，不同信道的传播时延差小于传输符号宽度，即信号之间同步，如图8.4-4所示。

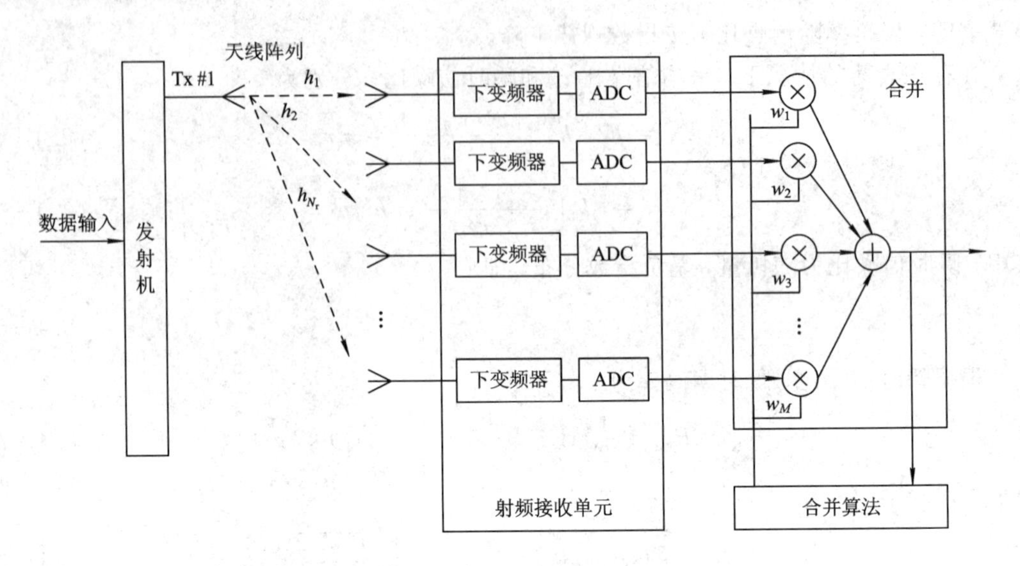


图 8.4-4 接收分集示意图

接收信号是 $N_r \times 1$ 的矢量，即

$$u(t) = [u_1(t),\ u_2(t),\ \cdots,\ u_{N_r}(t)]^T = Hs + n(t) \tag{8.4-15}$$

其中，$H=[h_1, h_2, \cdots, h_{N_r}]^T$，$n(t)=[n_1(t), n_2(t), \cdots, n_{N_r}(t)]^T$，$n_i(t)$表示高斯白噪声矢量，均值为 0，方差为 $\sigma_n^2$。

在接收端进行合并处理，每个阵元的输出与相应的复权系数相乘并相加得到阵列的输出，这与智能天线的情况类似，即有

$$v(t) = w^T u(t) \tag{8.4-16}$$

其中，$w=[w_1, w_2, \cdots, w_M]^T$。

根据权值的选择，有三种基本的合并方式：最大比合并、选择合并、等增益合并。

(1) 所谓选择合并，是指选择幅度(或信噪比)最佳的某个 $i$ 支路，而其他支路舍弃，即

$$w_i = 1;\ w_{j\neq i} = 0 \quad (若\ a_{max} = a_i) \tag{8.4-17}$$

(2) 所谓最大比合并，是指权值按照每个支路信号幅度(或信噪比)正比选择，即

$$\frac{w_i}{w_j} = \frac{a_i}{a_j} \tag{8.4-18}$$

其中，$a_i$ 表示第 $i$ 条支路信号幅度。

(3) 所谓等增益合并，是指所有支路加权系数相同，即

$$w_1 = w_2 = \cdots = w_M = 1 \tag{8.4-19}$$

如果天线间衰落是独立的，则 MIMO 用于分集的阶数为发射天线数 $N_t\times$接收天线数 $N_r$。MIMO 考虑的分集是发射及接收分集复合的情况。

**2. 空分复用原理**

令发射天线数目为 $N_t$，接收天线数目为 $N_r$，这样在某特定时刻 $t$，发射和接收之间的信道构成信道矩阵 $H$，发射的符号构成一个 $N_t\times 1$ 的矢量 $s(t)$，接收的符号构成一个 $N_r\times 1$ 的矢量 $u(t)$，关系为

$$u(t) = [u_1(t),\ u_2(t),\ \cdots,\ u_{N_r}(t)]^T = Hs(t) + n(t) \tag{8.4-20}$$

其中，$H$ 为 $N_r\times N_t$信道矩阵，即

$$\boldsymbol{H}=\begin{pmatrix} h_{11} & \cdots & h_{1N_t} \\ \vdots & & \vdots \\ h_{N_r1} & \cdots & h_{N_rN_t} \end{pmatrix} \tag{8.4-21}$$

这里，$h_{ji}$表示从发射天线 $i$ 到接收天线 $j$ 的信道系数。MIMO 信道如图 8.4－5 所示。

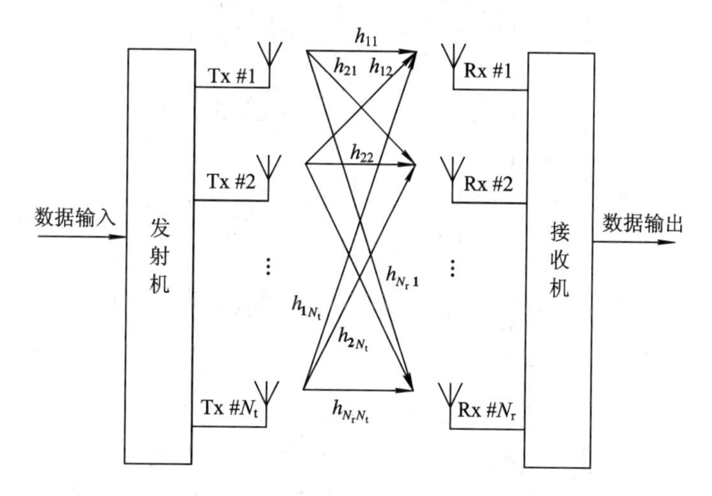


图 8.4－5　MIMO 信道

这样，式(8.4－20)可以写为

$$u_j(t)=\sum_{i=1}^{N_t}h_{ji}s_i(t)+n_j(t) \tag{8.4-22}$$

根据奇异值分解(SVD)理论，$N_r\times N_t$信道矩阵可以进行分解，得到

$$H=\lambda_1\begin{bmatrix}\boldsymbol{E} & \boldsymbol{O}\\ \boldsymbol{O} & \boldsymbol{O}\end{bmatrix}\boldsymbol{Q}^{\mathrm{H}}=\boldsymbol{PDQ}^{\mathrm{H}} \tag{8.4-23}$$

$$\boldsymbol{E}=\mathrm{diag}(\lambda_1,\lambda_2,\cdots,\lambda_m) \tag{8.4-24}$$

式中：$\lambda_i(i=1, 2, \cdots, m)$为矩阵 $\boldsymbol{H}$ 的全部非零奇异值；$\boldsymbol{P}$ 和 $\boldsymbol{Q}$ 分别是 $N_r\times N_r$和 $N_t\times N_t$的酉矩阵，满足

$$\begin{cases}\boldsymbol{PP}^{\mathrm{H}}=\boldsymbol{I}_{N_r}\\ \boldsymbol{QQ}^{\mathrm{H}}=\boldsymbol{I}_{N_t}\end{cases} \tag{8.4-25}$$

其中，$\boldsymbol{I}_{N_r}$ 和 $\boldsymbol{I}_{N_t}$ 分别为 $N_r\times N_r$和 $N_t\times N_t$的单位矩阵。于是，式(8.4－20)变为

$$\boldsymbol{u}(t)=\boldsymbol{Hs}(t)+\boldsymbol{n}(t)=\boldsymbol{PDQ}^{\mathrm{H}}\boldsymbol{s}(t)+\boldsymbol{n}(t) \tag{8.4-26}$$

对式(8.4－26)进行变换，有

$$\boldsymbol{P}^{\mathrm{H}}\boldsymbol{u}(t)=\boldsymbol{P}^{\mathrm{H}}\boldsymbol{PDQ}^{\mathrm{H}}\boldsymbol{s}(t)+\boldsymbol{P}^{\mathrm{H}}\boldsymbol{n}(t)=\boldsymbol{DQ}^{\mathrm{H}}\boldsymbol{s}(t)+\boldsymbol{P}^{\mathrm{H}}\boldsymbol{n}(t) \tag{8.4-27}$$

令

$$\begin{cases}\boldsymbol{u}'(t)=\boldsymbol{P}^{\mathrm{H}}\boldsymbol{u}(t)\\ \boldsymbol{s}'(t)=\boldsymbol{Q}^{\mathrm{H}}\boldsymbol{s}(t)\\ \boldsymbol{n}'(t)=\boldsymbol{P}^{\mathrm{H}}\boldsymbol{n}(t)\end{cases}$$

则式(8.4－27)变为

$$\boldsymbol{u}'(t)=\boldsymbol{Ds}'(t)+\boldsymbol{n}'(t) \tag{8.4-28}$$

于是我们得到了一个与 MIMO 信道等效的表达式，在这个等效的表达式中，$\boldsymbol{D}$ 为信道矩阵，原来的 MIMO 信道等效地转化为 $m$ 个并行的单信道，每个信道的系数为 $\lambda_i$，如图 8.4-6 所示。

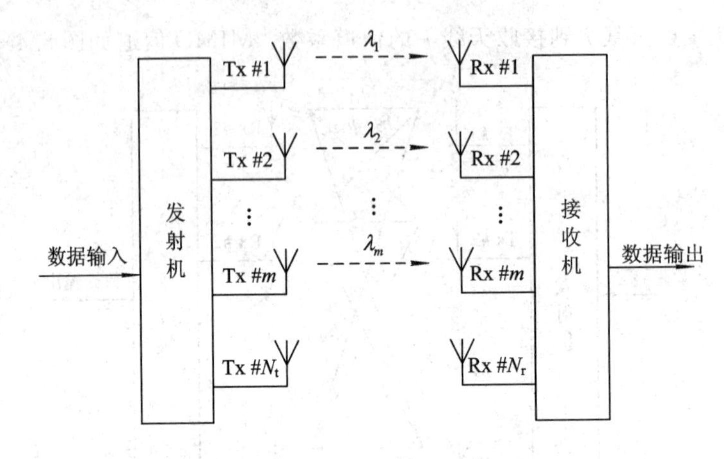


图 8.4-6 MIMO 信道转化为多条平行信道

这里的 $m$ 个并行信道可以看作是无耦合的“管道”，各个管道使用同样的频带与时间，使信道利用率大大增强。由于非零特征值的个数等于矩阵 $\boldsymbol{H}$ 的秩，秩的最大值为

$$\text{rank}(\boldsymbol{H})_{\max} = \min(N_r, N_t) \tag{8.4-29}$$

这样，在理想情况下，信道容量 $C$ 随 $\min(N_r, N_t)$ 线性增长，这个值也称为 MIMO 系统的空间自由度(Degree of Freedom)或复用增益(Mulplexing-Gain)。

## 8.4.2 空时编码

MIMO 信道展现了采用多天线在多径信道情况下提升抗衰落性能、提高信道容量的潜力，其实现的重要技术是空时编码技术。空时编码技术是一种用于多发射天线的编码技术，这种编码在多根发射天线和多个时间周期的发射信号之间形成空间域和时间域的相关性，可以使接收机克服 MIMO 信道衰落并减少误码，在不增加信道带宽的情况下起到发射分集和功率增益的作用。

空时码通常分为以下两大类：

一类是基于发射/接收分集的空时码。在分集应用情况下，传输为单个数据流，即各个天线发射的是同一组信息的拷贝，但是每个发射天线传输信号经过正交或准正交编码。分集利用了多个天线链路中存在独立衰落这一特性，追求分集增益最大化(可靠性)。这类空时码有空时分组码(STBC)、空时格型码(STTC)、酉空时码(USTC)、差分空时码(DSTBC)等。根据是否需要信道信息，可以进一步将其分为两类，前两种需要确切知道信道状态信息(CSI)，后两种编解码时发射端和接收端都不需要知道信道状态信息。

另一类是基于空分复用的空时码，即将高速数据流转为多个并行低速数据流，每个数据流用不同的发射天线使用相同的频点发射出去。如果这些信号到达接收天线阵列时具有足够的空间特性差异，且接收机可以获得精确的信道状态信息(CSI)，则数据等效分别置入多个并行独立信道。这类空时码追求数据速率最大化(有效性)，各个天线发射的信息不相同，主要是分层空时码(LSTC)。

这里简要对 STBC 和 LSTC 进行介绍。

**1. 空时分组码(STBC)**

空时分组码的具体实施方法是：将输入数据每 $k$ 个分为一组，分组空时码编码器通过传输矩阵将这 $k$ 个符号编为 $P$ 个长度为 $N_t$ 的并行符号序列，这些序列通过 $N_t$ 根天线在 $P$ 个时间内发送出去，每根天线发送 $P$ 个符号。分组空时码编码器的编码矩阵 $\boldsymbol{S}$ 是 $N_t \times P$ 矩阵，每行代表时隙，每列代表天线，其元素是 $k$ 个调制符号 $s$、$s_2$、…、$s_k$ 及其共轭的线性组合，第 $i$ 行表示的是在第 $i$ 个传输周期内传输的符号，第 $j$ 列表示的是第 $j$ 部天线传输的符号，则 $s_{ij}$ 表示在第 $i$ 个传输周期中第 $j$ 部天线上传输的符号。通常，分组码的长度就称为 $P$。

$$\boldsymbol{S} = \underset{\downarrow}{\text{时间}} \overset{\text{空间(天线)}\rightarrow}{\begin{bmatrix} s_{11} & s_{12} & \cdots & s_{1N_t} \\ s_{21} & s_{22} & \cdots & s_{2N_t} \\ \vdots & \vdots & & \vdots \\ s_{P1} & s_{P2} & \cdots & s_{PN_t} \end{bmatrix}} \tag{8.4-30}$$

通常，在传输的完整的时间段(包含 $P$ 个时隙)上，信道特性保持不变，在这个时间段，需要保证每根天线均发射了相同信号的不同形式，以构成分集的效果。这样，天线的数目通常与时隙数目一致，而且每个天线辐射符号应该正交。这样编码矩阵是正交矩阵，即若取 $P=N_t$，有

$$S^{H}S = (|s_{11}|^2 + |s_{22}|^2 + \cdots + |s_{N_tN_t}|^2) I_{N_t} \tag{8.4-31}$$

其中，$\boldsymbol{I}_{N_t}$ 为 $N_t$ 阶单位矩阵。采用这样的设计，接收端可以通过非常简单的线性合并算法实现最大似然检测。空时分组码较为简单，仅具有分集增益，无编码增益。下面对最简单的 Alamouti 空时分组编码方案进行分析。

输入信息首先分成两个符号一组[$s_0$，$s_1$]。根据下面的编码矩阵进行编码：

$$\boldsymbol{S} = \begin{bmatrix} s_0 & s_1 \\ -s_1^* & s_0^* \end{bmatrix} \tag{8.4-32}$$

经过空时分组编码后，在两个符号周期内，两根天线同时发射两个符号。在第 1 周期内，天线 1 发送 $s_0$，天线 2 发送 $s_1$；在第 2 周期内，天线 1 发送 $-s_1^*$，天线 2 发送 $s_0^*$（上标 * 表示取复共轭），满足正交条件，即

$$\boldsymbol{S}^{H}\boldsymbol{S} = \begin{vmatrix} |s_0|^2 + |s_1|^2 & 0 \\ 0 & |s_0|^2 + |s_1|^2 \end{vmatrix} \tag{8.4-33}$$

在接收端采用一根天线以图 8.4-7 所示方式进行接收，在两个连续符号周期中接收的信号分别为

$$\begin{cases} r_0 = h_0 s_0 + h_1 s_1 + n_0 \\ r_1 = -h_0 s_1^* + h_1 s_0^* + n_1 \end{cases} \tag{8.4-34}$$

采用最大似然算法检测，对于接收到的

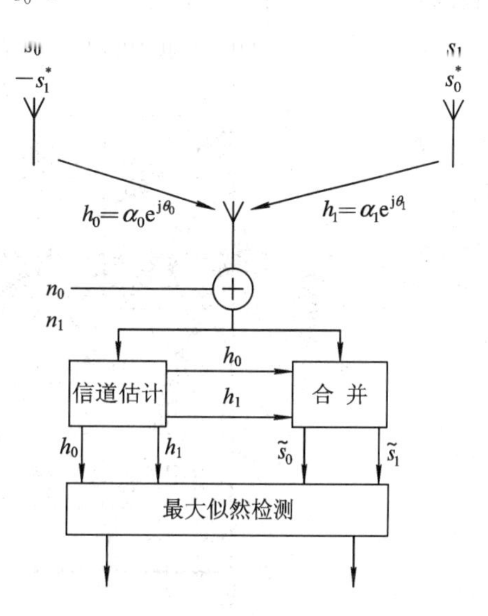

图 8.4-7 Alamouti 空时分组码接收机示意图

$r_0$和$r_1$，寻找使下面的距离量度最小的符号对$(\hat{s}_0, \hat{s}_1)$，即

$$
\begin{aligned}
(\hat{s}_0, \hat{s}_1) &= \underset{s_0, s_1}{\operatorname{argmin}}[d^2(r_0, h_0 s_0 + h_1 s_1) + d^2(r_1, -h_0 s_1^* + h_1 s_0^*)] \\
&= \underset{s_0, s_1}{\operatorname{argmin}}[|r_0 - h_0 s_0 - h_1 s_1|^2 + |r_1 + h_0 s_1^* - h_1 s_0^*|^2]
\end{aligned} \tag{8.4-35}
$$

其中，$d(x_1, x_2)=|x_1-x_2|$。但是该式求解不易开展，考虑无噪声时的情况，两个连续周期理想接收信号为

$$
\begin{cases}
r_0 = h_0 s_0 + h_1 s_1 \\
r_1 = -h_0 s_1^* + h_1 s_0^*
\end{cases} \tag{8.4-36}
$$

可以得到

$$
\begin{cases}
s_0 = \dfrac{h_0^* r_0 + h_1 r_1^*}{|h_0|^2 + |h_1|^2} \\
s_1 = \dfrac{h_1^* r_0 - h_0 r_1^*}{|h_0|^2 + |h_1|^2}
\end{cases} \tag{8.4-37}
$$

据此，不考虑分母常量，可以定义检测量为

$$
\begin{cases}
\tilde{s}_0 = h_0^* r_0 + h_1 r_1^* = (|h_0|^2 + |h_1|^2) s_0 + h_0^* n_0 + h_1 n_1^* \\
\tilde{s}_1 = h_1^* r_0 - h_0 r_1^* = (|h_0|^2 + |h_1|^2) s_1 - h_0 n_1^* + h_1^* n_0
\end{cases} \tag{8.4-38}
$$

这样，式(8.4-35)表示的两维的最大似然检测可以分为两个独立的似然检测，即

$$
\begin{cases}
\hat{s}_0 = \underset{s_0}{\operatorname{argmin}}[d^2(\tilde{s}_0, s_0)] \\
\hat{s}_1 = \underset{s_1}{\operatorname{argmin}}[d^2(\tilde{s}_1, s_1)]
\end{cases} \tag{8.4-39}
$$

由式(8.4-38)也可以清楚地看到，接收端获得检测量的合并算法与常规的接收分集是一样的，这样，最大似然译码算法就转变为非常简单的合并。图 8.4-8 给出了采用空时编码的系统性能，同时也给出了与其他分集的效果对比。

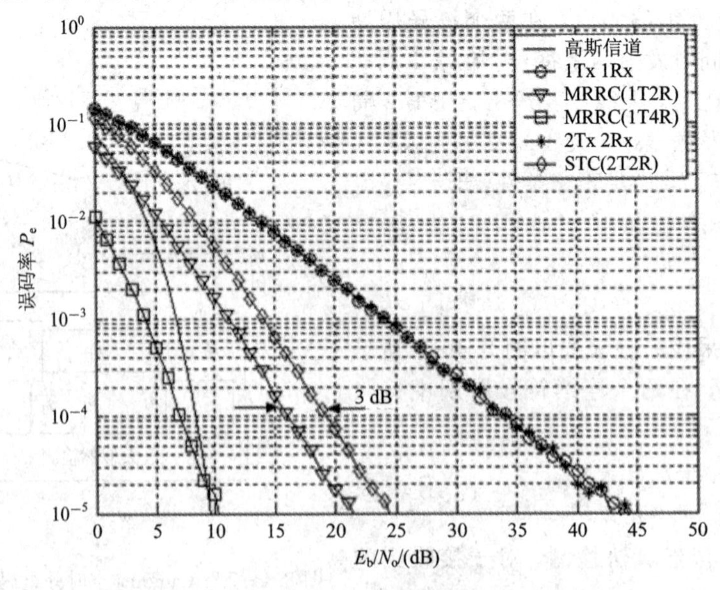


图 8.4-8　Alamouti 空时分组码接收性能

从图 8.4-8 中可以看出，如果采用接收分集(1T2R、1T4R)，传输性能将有很大的改善；如果仅仅简单采用发射分集(2T1R，两部发射天线同时发送相同符号)，系统性能不会有任何改善；采用 STBC 方式后性能有很大改善，使用 2T1R 模式时性能与常规接收分集(1T2R)类似，仅相差 3 dB，这是因为两者总发射功率相同，这样每个天线的发射功率为原来的 0.5 倍，差 3 dB，如果考虑这个因素，两者性能相同。

虽然这种空时码应用非常简单，但需要确知信道条件，这在应用中会引起诸多问题。因此出现了不需要信道条件的其他空时编码方案，如酉空时码(USTC)、差分空时码(DSTBC)等，这里不再进一步说明。

**2. 分层空时码(LSTC)**

分层空时码(Layered Space Time Code，LSTC)最初由 Bell 实验室的 Foschini 提出，称为 Bell 实验室分层空时码(Bell Labs Layered Space Time，BLAST)。这类空时码基于空间复用技术。空间复用技术是指在发射端发射相互独立的信号，在接收端采用干扰抑制的方法进行解码，主要是为了提高系统的传输速率。如图 8.4-9 所示，在发射端，数据流通过串并变换被分为 $M$ 个子数据流，每个子数据流就称为层，它们分别进行调制等处理并同时从 $M$ 个不相关的发射天线发射出去，这些信号经过独立路径传播到达接收端，接收端天线会同时接收到这些信号，这些信号互为干扰。若能有效地消除这些干扰，则可以实现高效率的通信。这就是 LSTC 的基本原理。

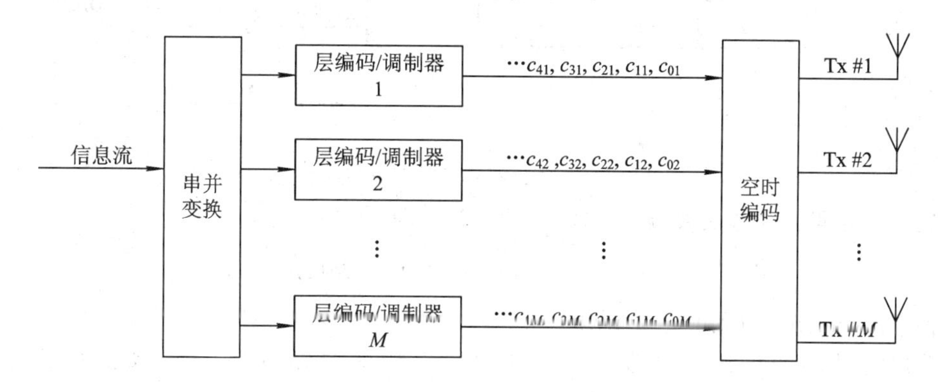


图 8.4-9　分层空时码(LSTC)发射端

根据发射端码组分路的方式，分层空时码分为水平分层空时码(Horizontal LST，HLST)、垂直分层空时码(Vertical LST，VLST)和对角线分层空时码(Diagonal LST，DLST)，如图 8.4-10 所示。垂直分层空时码中，层编码器输出码组按垂直(空间)方向进行空间编码，即第 1 个层编码器输出的 $M$ 个码组排在第 1 列，第 2 个层编码器输出的 $M$ 个码组排在第 2 列，依此类推，经 $M$ 根天线发送出去；水平分层空时码中，层编码器输出码组按水平(时间)方向进行空间编码，即编码器与天线一一对应，直接输出至对应天线；在对角线分层空时码中，层编码器输出码组按对角线(时间、空间)方向进行空间编码，即第 1 个层编码器输出的 $M$ 个码组排在第 1 对角线上，第 2 个层编码器输出的 $M$ 个码组排在第 2 对角线上，依此类推，经 $M$ 根天线发送出去。

发射信号向量定义为 $\boldsymbol{c}(t)$，这样，在接收端，取某时刻接收信号向量为

$$\boldsymbol{u}(t)=[u_1(t),\ u_2(t),\ \cdots,\ u_{N_r}(t)]^{\mathrm{T}}=\boldsymbol{H}\boldsymbol{c}(t)+\boldsymbol{n}(t) \tag{8.4-40}$$

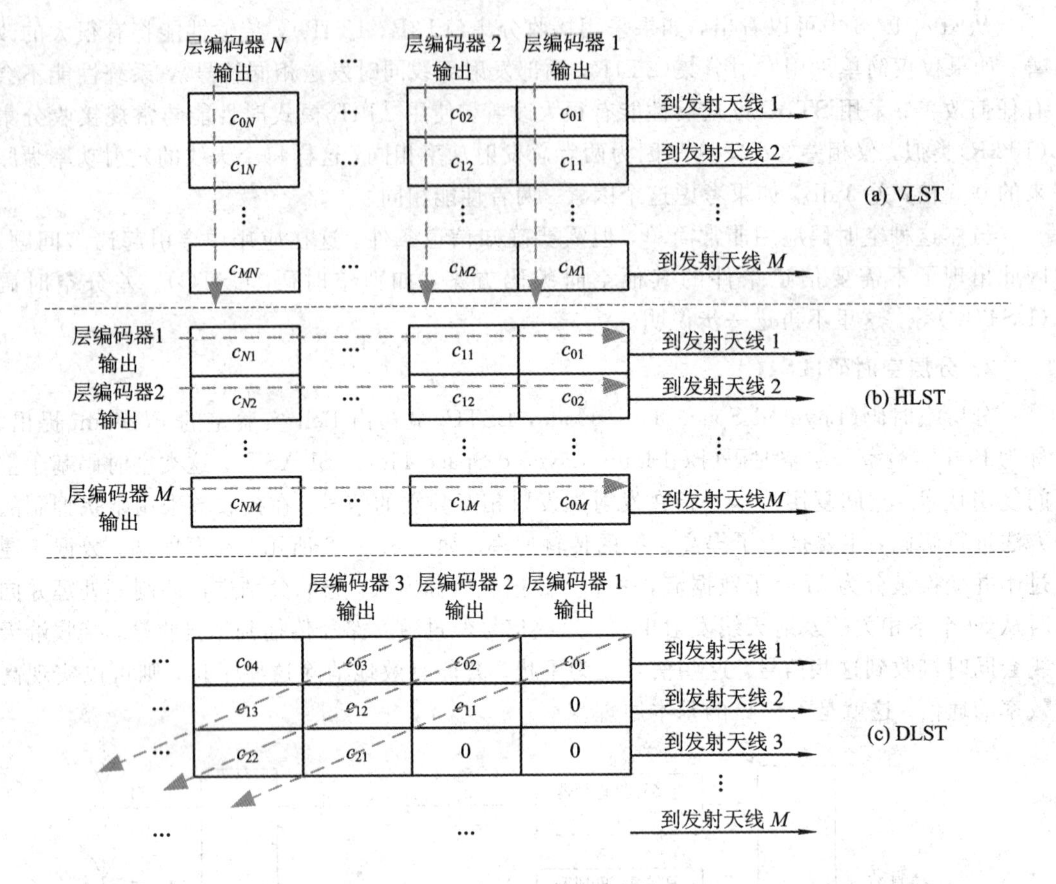


图 8.4-10　分层空时分组码分类

最优的译码方式是最大似然(ML)译码方法，即

$$(\hat{\boldsymbol{c}}(t)) = \underset{c(t)}{\operatorname{argmin}}[\boldsymbol{u}(t) - \boldsymbol{H}\boldsymbol{c}(t)] \tag{8.4-41}$$

但这种方法很复杂，实际中并不采用。

分层空时码的译码较为复杂，常见的有次优的迫零算法(ZF)和最小均方误差(MMSE)算法等。

分层空时码(LSTC)在最大程度上发掘了频谱效率，但是一般需要接收天线数目大于或等于传输天线数目，而这一点在下行链路难以实现。另外，由于使用不同的链路传输独立的信号，如果一条链路被损坏，那么将导致不可挽回的错误。

# 8.5　智能天线与 MIMO 的对比

下面对智能天线和 MIMO 这两种多天线阵列技术做个简单的对比总结。

简单地说，智能天线和 MIMO 的差异在于天线各阵元接收信号的相关性上。从前文的叙述中可以看到，智能天线要求各阵元的信号是相关的，信号之间仅有相位差异。若各阵元信号相互独立，就是多天线的空间分集 MIMO，这两种可以都归类为信号的合并技术。这里将通信中可用的合并技术列出，如图 8.5-1 所示。

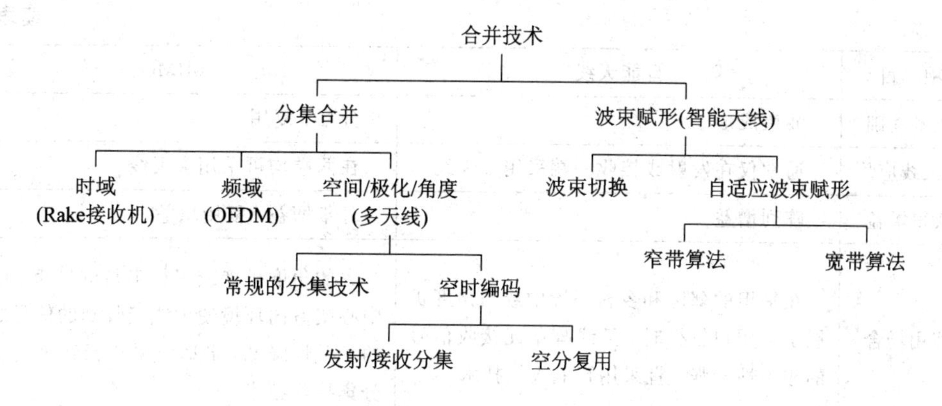


图 8.5-1　通信中的合并技术

智能天线和 MIMO 技术本质上还是有很多不同，这里把主要差异列于表 8.5-1 中。

**表 8.5-1　智能天线和 MIMO 的对比**

| 项　目 | 智能天线 | MIMO |
| --- | --- | --- |
| 基本原理 | 利用信号之间相关性 | 利用信号之间不相关性(相关系数不大于 0.7) |
| 假设条件 | 不同阵元信号之间存在相位差 | 不同阵元信号同步，但经历不同的衰落 |
| 阵列结构 | 天线阵元必须相距 $\lambda/2$ 以内，以获得信号相关性 | 天线阵元之间的间隔必须为多个波长，以确保到达天线阵各个单元的信号是互不相关的 |
| 抑制干扰的方式 | 根据用户信号的不同空间传播方向，提供不同的空间信道。在有限的方向区域内接收信号，可以有效地减少接收到的多址干扰以及理想用户和其他用户的多径信号数量，本质上增加了接收机的输入信干噪比(SINR)，从而提高了系统容量和接收质量 | 不能减少多址干扰的数目，它只是在空间上合并多个不相关的信号副本，利用各种合并准则确定加权系数，使接收端的 SINR 最大或均方误差最小，从总体上抑制多址干扰 |
| 抑制干扰的数目 | $M$ 个天线阵元能够形成 $M-1$ 个零陷，最多可以消除 $M-1$ 个干扰信号。并且当干扰数目远远超过天线数目时，天线阵无法有效形成波束对准有用信号 | 通过分集合并技术从总体上抑制多径干扰和多址干扰，使系统的输出 SINR 最大。所以当干扰数目远大于天线数目时，也可以达到较好效果 |
| 波达方向(DOA) | 需要 DOA 估计 | 不需要 DOA 估计 |
| 特点 | 可以获得分集合并的所有优点(比如形成多波束分集合并或波束复用) | 减轻衰落、增加增益 |
| 智能的体现 | 权系数的选择 | 编码方式 |

续表

| 项　目 | 智能天线 | MIMO |
| --- | --- | --- |
| 技术基础 | 波束成形 | 分集、复用 |
| 多天线应用 | 通常仅在发射或接收一端采用多天线 | 在两端均可采用多天线 |
| 获得增益 | 阵列增益 | 分集增益、复用增益 |
| 使用场合 | 在平坦的郊区和乡村环境中或当角度扩展小且用户较少时，天线阵单元接收信号的相关性较强，宜采用智能天线技术 | 大的角度扩展或多径丰富的城市、购物中心或室内环境使天线接收到的信号之间的相关性降低，此时宜采用天线阵的空间分集接收技术 |

当然，智能天线和MIMO技术也不是截然分开的，当前也有一些技术将二者结合在一起，这里不再论述。

## 8.6　小　　结

天线是任何无线系统不能够回避的重要部分，对于软件无线电系统尤其如此。由于天线本身所受到的物理限制，软件定义概念的应用尤为困难。为了描述这个问题，本章从天线本身性能的改进和天线后端信号处理手段两个视角说明了软件无线电天线发展的不同方面，在天线本身性能提升上主要涉及天线带宽的增加以及调谐方式，目的是获得天线本身的灵活性；在后端信号处理上主要涉及多天线信号的综合利用，目的是获得更大的信号处理增益，包括阵列增益、复用增益以及分级增益等。在软件无线电系统中需要综合考虑多方面因素以获得所需要的性能。

## 练习与思考八

1. 简述软件无线电系统使用的天线应该具备的特征以及实现的技术途径。

2. 超宽带天线的主要类型有哪些？

3. 可重配置天线的类型有哪些？

4. 可重配置多天线阵列可以分为几类？智能天线的原理及作用是什么？MIMO的原理及作用是什么？

5. 简述智能天线与MIMO之间的主要差别。

6. 某GSM系统拟采用多天线阵列，其工作频率为900 MHz，工作带宽为200 kHz，多天线阵列选择为直线阵列，阵元数为10，阵元间隔为半波长，请考察该天线阵列是否满足窄带条件。

7. 某天线阵列有两个阵元，如图T8-1所示。对同一入射波$s(t)$，各阵元输出响应之间将只有相位差异而没有幅度差异。取幅度为$S$，第$m$个阵元的相位为$\varphi_m$，两个天线按图T8-1所示形成线阵，单元之间间距为$d$，信号入射方向为$\theta$(入射方向与线阵法线的夹角)，$c$为光速。

(1) 两个天线阵元之间的信号相位差是多少?

(2) 推导出两部天线输出直接相加时的值，并求出最大方向。

(3) 如果令当前信号方向 $\theta$ 为最大入射方向，加权值的选择是怎样的?

8. 某天线阵列有两个阵元，如图 T8-2 所示，其中，对有用信号入射波为 $s(t)$、入射角为 30°，对干扰信号入射波为 $I(t)$、入射角为 −60°，各阵元输出响应之间将只有相位差异而没有幅度差异。取幅度为 $S$，第 $m$ 个阵元的相位为 $\varphi_m$，两个天线按图 T8-2 所示形成线阵，单元之间间距为 $d$，载波波长为 1/2。为了实现对有用信号的正常接收，并抑制干扰信号，请设计两个天线阵元的加权值。

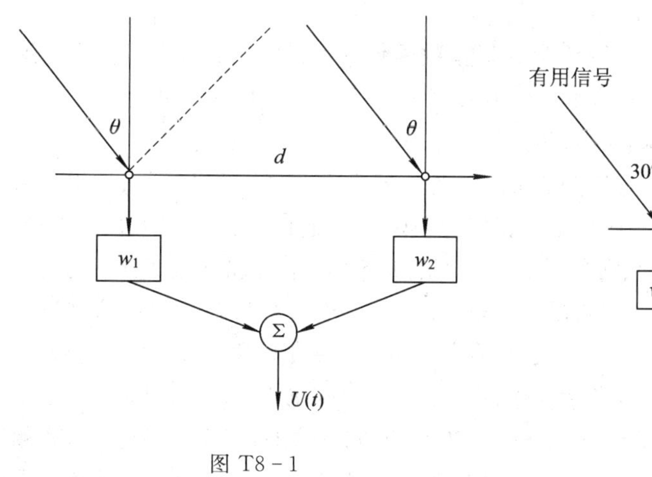


图 T8-1

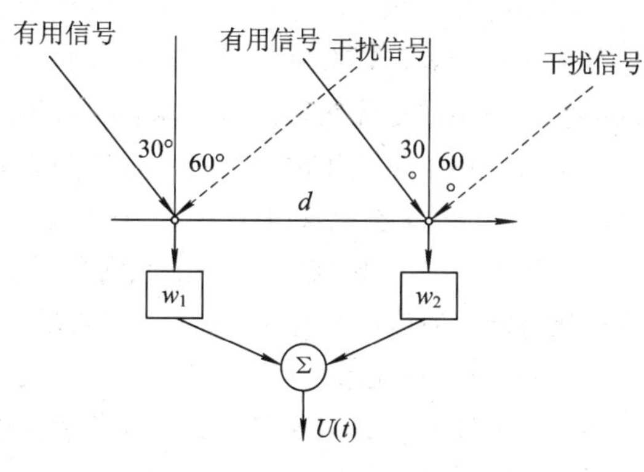


图 T8-2

9. 简述空间分集与空间复用的差异。

10. 简述空时码的类型和基本原理。

# 第9章　认知无线电

## 9.1　背　　景

一个时域信号可以分解为一组正弦函数或复指数函数的和，其频率组合就构成了这个信号在频域的表示，称为信号的频谱，即一个信号可以表示为频域的一段占用。这样可以认为整个频率域是无线使用的资源，称为频谱资源。

无线应用可以使用的频谱资源范围较大，一般为 3 kHz～300 GHz，资源的使用是通过统一管理实现的，频谱管理就是将频谱划分为相应的频段并分配给特定应用的过程。目前采用的是基于静态(固定)频谱的分配原则和方案，一般通过相关频谱管理机构划分特定的授权频段供特定的通信业务使用。还有一些非授权频段，如 20 世纪 80 年代后期美国联邦通信委员会(FCC)对使用无线电的计算机通信开放了无需申请就可以使用的 ISM 2.4 GHz 频段。中国也先后开放了 2.4 GHz 和 5.8 GHz 作为 ISM 频段。对于 ISM 波段的通信机来说，只要功率谱及带外辐射满足要求，使用者无需向无线电管理部门申请使用许可证。但是，ISM 频段的资源非常有限，如 2.4 GHz 频段的带宽不足 100 MHz。由于授权频段的独享性和非授权频段的饱和，频谱资源的紧张已经成为制约无线业务发展的瓶颈。图 9.1－1 为美国 3 kHz～300 GHz 频谱使用划分情况示意图。

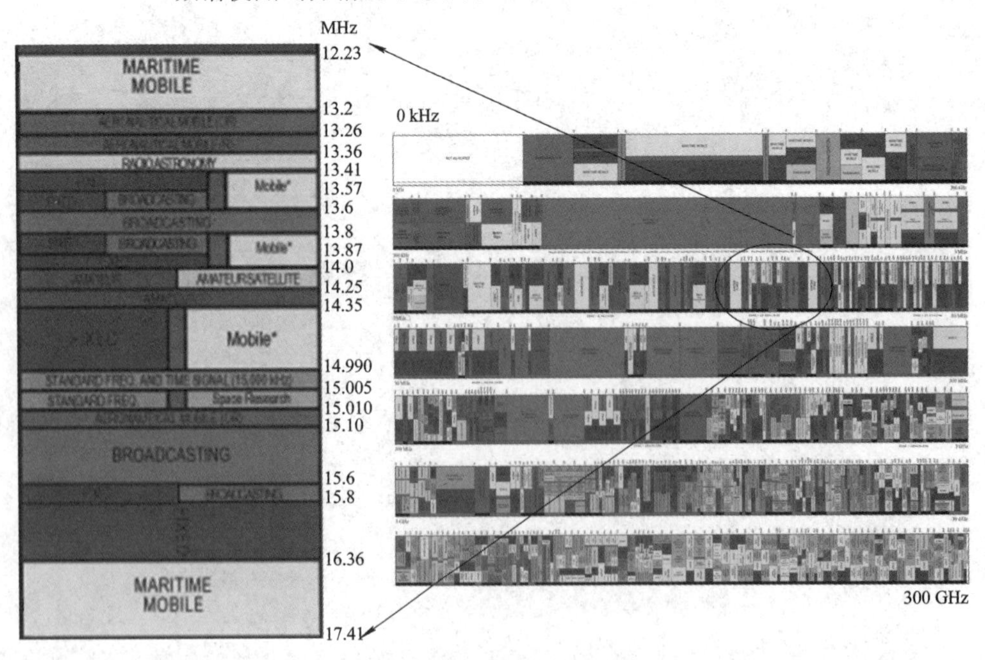


图 9.1－1　频谱授权情况

尤其重要的是，由于目前发展速度最快的移动应用一般局限于使用1～5 GHz左右的频段，因此资源的紧张程度更为严重。但与此同时，还存在另外一个严重问题，即频谱资源使用效率不高，且不均衡。研究表明：虽然大部分频谱已经被分配给不同的用户，但是在某段时间、某处地点频谱的使用却非常有限，常常是相当多已授权频点未被使用，而某些热点频率又处于超负荷运行。美国联邦通信委员会(FCC)于2002年11月发表了频谱政策任务组撰写的一份报告，该报告指出，当前分配的绝大多数频谱的利用率是很低的，大约在15%～85%之间。2005年美国对芝加哥地区长期频谱占用情况进行了测量和分析，结果表明在3 GHz以下平均利用率仅为5.2%，如图9.1-2所示。

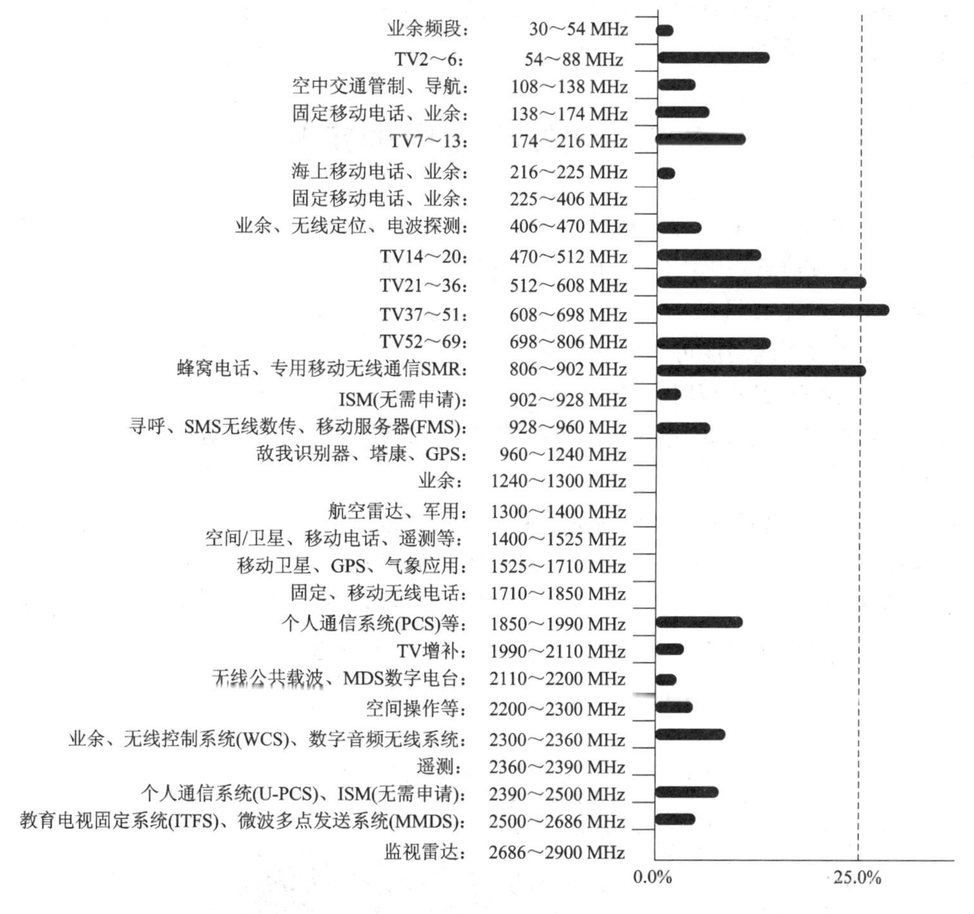


图9.1-2 频谱占用以及利用率一览

根据FCC的报告，频谱使用可以分为三种情况：

(1) 部分频段长期几乎未被使用；

(2) 部分频段被部分使用；

(3) 部分频段被重度使用。

因此，当前存在的最主要问题并不是没有频谱可用，而是现有的频谱分配方式导致资源没有被充分利用。只有彻底改变当前固定频谱分配政策，部分甚至全部采用动态频谱划分或分配方式，将那些已经分配但是没有有效利用的频段使用起来，构成频谱池(Spectrum Pooling)，才能彻底改变频谱缺乏的问题。这样就引入了一种新的无线电形式，即认知无线电(Cognitive Radio, CR)，这种无线电具有对环境的智能分析能力以及频域的敏捷机动能力，可以实现动态频谱的接入。认知无线电与固定频谱分配的传统无线系统形成鲜明对比。关于频谱分配有几个类似的概念需要明确，根据国际电联的规则，对无线电频率按业务、部门用户、使用设备分别进行的是频率划分(Allocation)、频率分配(Allotment)和频率指配(Assignment)。第一层面的频率划分针对不同的业务或者服务(如通信、导航业务)划分不同的资源，划分在世界层面通过世界无线通信委员会(World Radiocommunication Conferences)完成，在国家层面通过无线电频谱管理机构完成；第二层面的频率分配是指把某个无线业务分配给不同的部门使用，如移动通信业务分配给不同的公司使用；第三层面的频率指配是指将频率或者信道授权给无线电设备在规定条件下使用。在很多资料中大多对此没有区分，统称分配。

## 9.2 认知无线电的定义

所谓认知无线电，是一种智能无线电系统，它可以感知周围电磁环境并进行分析学习，利用结果实时动态调整无线工作参数，完成无线传输。

认知无线电的主要目标是：

(1) 实现随时随地高度可靠的通信能力。

(2) 提高无线频谱的利用率。

具有认知功能的无线通信设备可以按照某种“伺机(Opportunistic Way)”的方式工作在已授权的频段内。

这里，得到正常频谱使用授权的用户称为主用户或既有用户，通常简写为PU(Primary User)；而未得到正式授权的可以使用主用户频段的用户称为次用户或认知用户，通常简写为SU(Second User)。次用户可以使用主用户未使用的频段，这些频段称为“频谱空洞(Spectrum Hole)”，如图9.2-1所示。这是频谱使用上的重大革命。

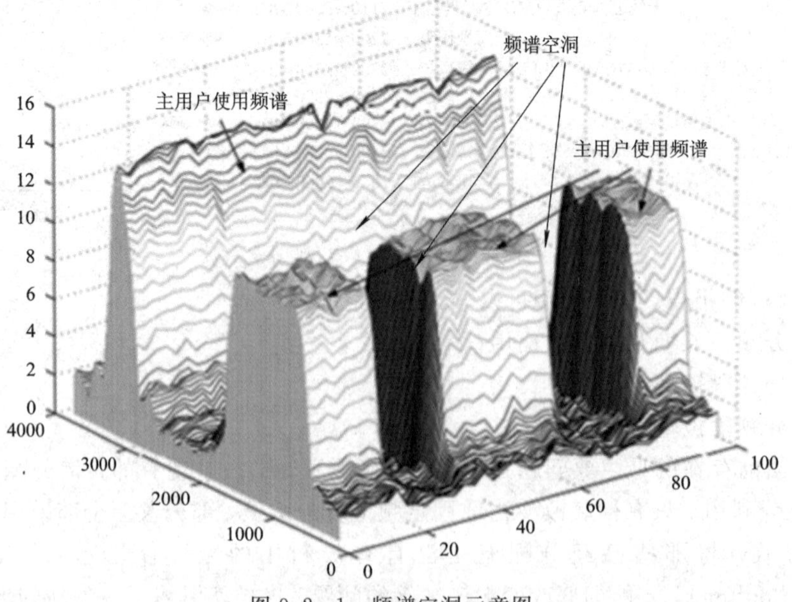


图9.2-1 频谱空洞示意图

为了描述待查的频率空洞区间的可用程度，可以将待查频段分为图 9.2-2 所示的三种情况：

(1) 黑空：被主用户业务占据，存在高功率的主用户信号，不能被认知用户使用。

(2) 灰空：较少被主用户占用，存在一定功率的主用户信号，基本不被认知用户使用。

(3) 白空：未被主用户占用，仅存在环境噪声、人为噪声以及接收机自身噪声，可以被认知用户非授权地使用。

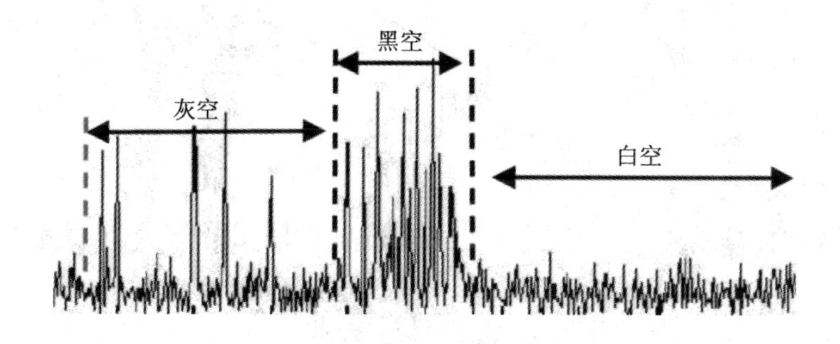


图 9.2-2　黑空、灰空、白空示意图

进一步，还需考虑时域、空域使用情况，如图 9.2-3 所示，有：

(1) 时间频谱空洞：指主用户未使用该频段进行发射的时段。

(2) 空间频谱空洞：指主用户仅在特定空间范围内辐射信号，而在此空间外形成的空洞。

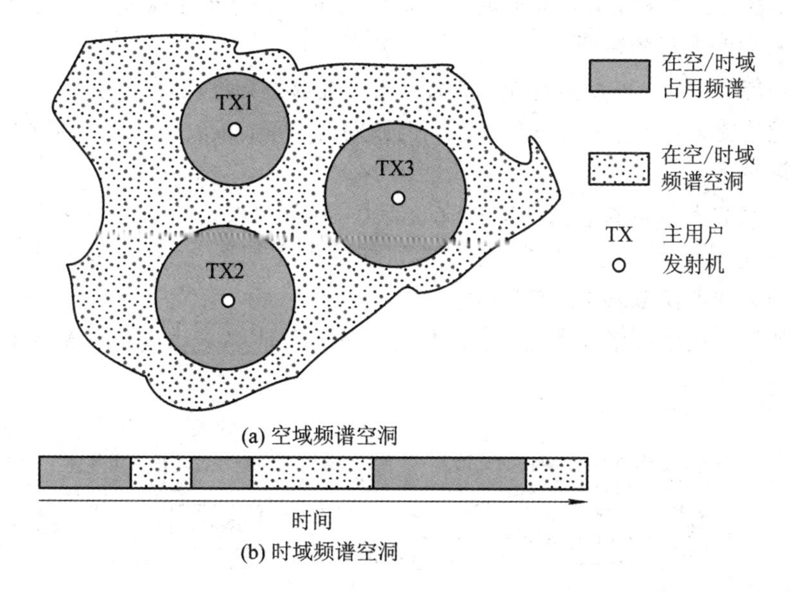


图 9.2-3　频谱空洞示意图

"伺机"接入频谱，是指认知用户选择合适的时机接入主用户未使用的频谱空洞，对比图 9.2-1，"伺机"接入频谱如图 9.2-4 所示。

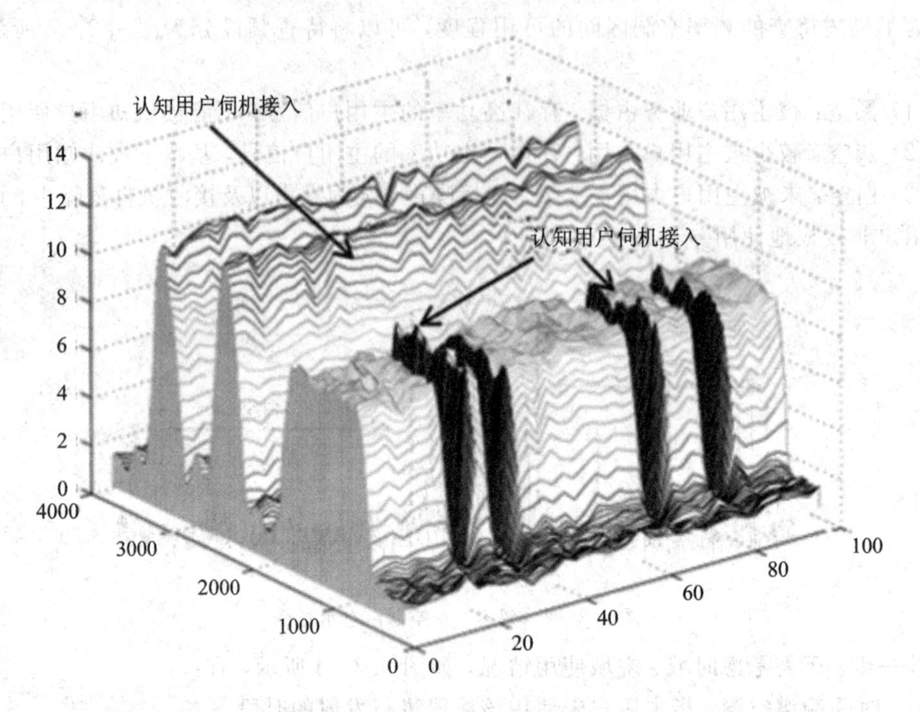


图 9.2-4　认知用户伺机接入示意图

综上所述，认知无线电就需要对无线环境进行分析，检测频谱空洞，确定主用户是否存在，并伺机接入共享频谱，与此同时，认知无线电需要保证主次用户之间互不干扰。认知无线电具有两个明显的特征：

(1) 认知能力：也可以称为智能感知能力，即能够感知周围环境。

(2) 重配置能力：实时改变操作参数，例如发射功率、接收灵敏度、传输频率、调制方式、通信协议等。

根据对环境以及传输参数的认知及改变能力，认知无线电可以分为两类，一类称为完全的认知无线电，这类认知无线电考虑所有可能的传输参数；另一类是频谱感知认知无线电，这类认知无线电仅考虑频谱参数。

因此，认知无线电可以看作是具有环境感知能力并能够主动学习的智能化的软件无线电，如图 9.2-5 所示。

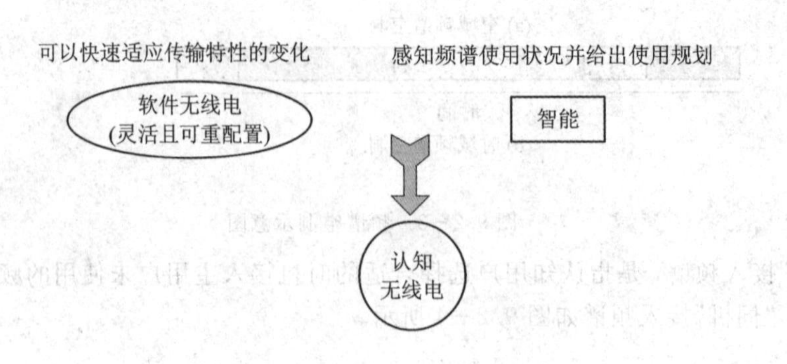


图 9.2-5　从软件无线电到认知无线电

# 9.3　认知无线电发展简介

认知无线电是无线电领域的新概念，它在提高无线频谱利用效率上提出了全新的思路。

智能化频谱重用的思想在一些无线系统中已经有所应用。比如：蓝牙通过采用自适应跳频的方式来防止干扰；蜂窝移动电话能够进行自适应的功率控制；Wi-Fi可以根据信道情况调整其带宽等。但是这些无线电技术所使用的频段通常限制在单一频段上，所以其智能以及灵活性体现在基带处理和MAC层上，而认知无线电却不是这样。认知无线电不仅能够为了最佳使用而改变自身参数，控制干扰，而且其工作频段可以为授权频段，也可以为非授权频段，频率覆盖范围很宽，包括电视、蓝牙、UWB、WLAN、WiMax、移动电话等系统频段。这是理解认知无线电重要的一点。由于具有这样的特点，因此认知无线电的实现具有其特殊性。比如，在认知无线电的实现中需要高度灵活的射频前端以及混合信号器件，这样才能够适应多频带工作的需要。另外，在较低的功率水平下对一个很宽的频谱范围(几兆赫兹到几吉赫兹)进行处理需要在天线、滤波器设计、上下变频、数字转换等方面进行技术探索。最为重要的是，认知无线电需要能够动态地实时调整射频特性和性能，以快速适应本地无线环境的变化。如果能够对无线环境进行精确的确定，甚至可以做到与既有设备共同使用同一个频段，当然，为简单起见，通常发现有既有设备工作时，认知无线电系统会离开这个频段另外寻找空闲频段。

现在所使用的“认知无线电”一词源自软件无线电的提出者Joseph Mitola Ⅲ，1999年Joseph Mitola Ⅲ首度发表文章对认知无线电进行了说明，并描述了认知无线电如何通过一种新的无线知识描述语言(RKRL)来增强个人无线业务的灵活性。这一RKRL语言的思想被进一步扩展，并于2000年5月发表于瑞典皇家科学院他本人的博士论文中。该论文给出了认知无线电概念综述。

2002年，FCC发表了旨在改变频谱政策的技术和影响的报告。这个报告筹备了认知无线电工作组，并于2003年5月在华盛顿成立。

2003年12月，FCC发布了修正案，明确只要具备认知无线电功能，即使是其用途未获许可的无线终端，也能使用需要无线许可的现有无线频带。

2004年5月，FCC发布了规则制定通告(NPRM)，允许未授权用户在不影响授权用户(如电视接收者)业务的前提下，通过基于认知无线电的技术使用电视广播频段中的空闲无线资源。

IEEE于2004年10月正式成立IEEE 802.22工作组——无线区域网络(Wireless Regional Area Network，WRAN)工作组，计划2007年下半年完成标准化工作。其目的是研究基于认知无线电的物理层、媒体访问控制(MAC)层和空中接口，以无干扰的方式使用已分配给电视广播的频段，将分配给电视广播的甚高频/超高频(VHF/UHF)频带(北美为54～862 MHz)的频率作为宽带接入频段。

值得注意的是，基于认知无线电技术，美国国防部高级研究计划署(DARPA)开展了下一代(neXt Generation，XG)无线通信项目的研发，该项目将研制和开发频谱捷变无线电(Spectrum Agile Radios)，这些无线电台在使用法规的范围内可以动态自适应变化的无线环境，在不干扰其他正常工作无线电台的前提下，可以使接入的频谱范围扩大近 10 倍。XG 技术将提供一种可以快速而有效地使用正在减少的军用带宽的机制，目标是使频谱的利用率增加 10 倍，缓解国防部在军用系统可用频谱上的潜在危机，并且为需要额外频谱的商业载波提供了一种可行的解决方案。

# 9.4　认知无线电系统构成

## 9.4.1　认知无线电网络

认知无线电的实现需要复杂的协调机制，多个认知用户之间以及与主用户之间需要协调来完成动态频谱接入的功能，因此将构成一个网络系统，即认知无线电网络。认知无线电网络结构如图 9.4 - 1 所示。

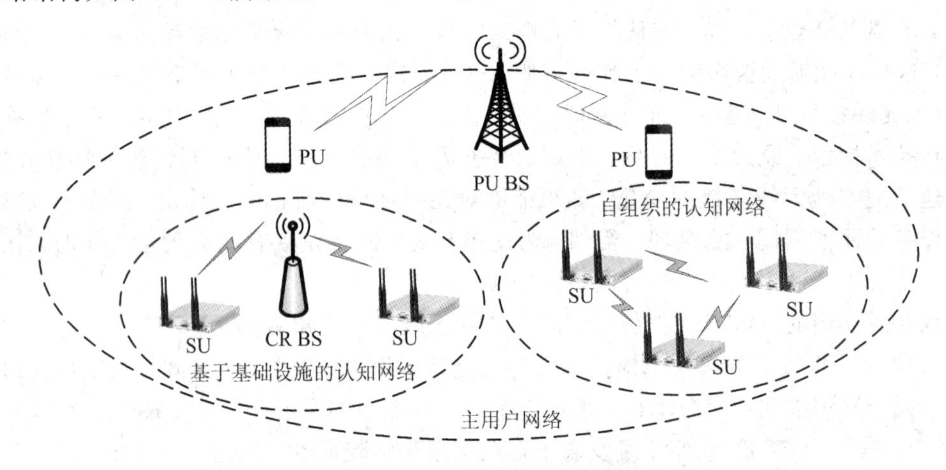


图 9.4 - 1　认知无线电网络示意图

认知无线电网络的成员包括认知用户和主用户，这两种用户分别构成认知用户网络和主用户网络。认知用户网络由一组认知用户构成，包含或不包含认知用户基站，每一位成员都具有认知无线电功能；主用户网络由主用户及其基站构成，其成员不具备认知功能。

包含基站的认知用户网络称为基于基础设施的认知网络。基站的作用是搜集每一位认知用户频谱感知的结果，并决定如何避免对主用户网络的干扰，当决策做出后，每一个认知用户将改变其无线参数。此类认知网络中较为典型的有 802.22 WRAN 网络。

没有基站的认知用户网络称为自组织的认知网络。在这种网络中，认知用户通过协作方式交换自己获得的信息，实现对整个网络信息的掌握，并在这个知识的基础上决定自己的行为，因此，当认知用户网络需要使用主用户网络的频段时，认知用户网络需要能够发现主用户存在的位置，并指导认知用户工作在其他可以工作的频段。另外，自组织的认知网络用户之间通信需要多跳完成。此类认知网络中较为典型的有 CRAHN 网络。

## 9.4.2　认知无线电端机

认知无线电系统是以软件无线电为基础构成的能够自适应环境的无线系统。其功能框图如图 9.4-2 所示。

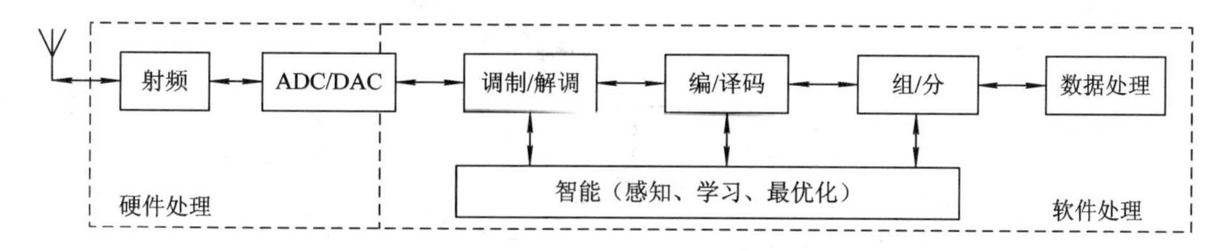


图 9.4-2　认知无线电端机示意图

系统分为两大部分，即硬件的射频转换部分和软件的信号及信息处理部分。在射频转换部分，完成射频放大、功放、A/D 和 D/A 变换；在信号信息处理部分，完成调制/解调和编/译码等处理。

认知无线电与软件无线电的主要区别如下：

(1) 增加了智能部分，该部分完成对环境的感知、学习，并对参数进行最优化。

(2) 射频前端具有宽带感知能力，这个功能和射频硬件技术有关，比如宽带天线、功放、自适应滤波器。认知无线电的硬件应该能够调谐到频谱的任意部分。这样的频谱感知能力使对外部射频环境频谱信息的测量成为可能。

# 9.5　认知无线电的功能

认知无线电的简单工作过程如图 9.5-1 所示。

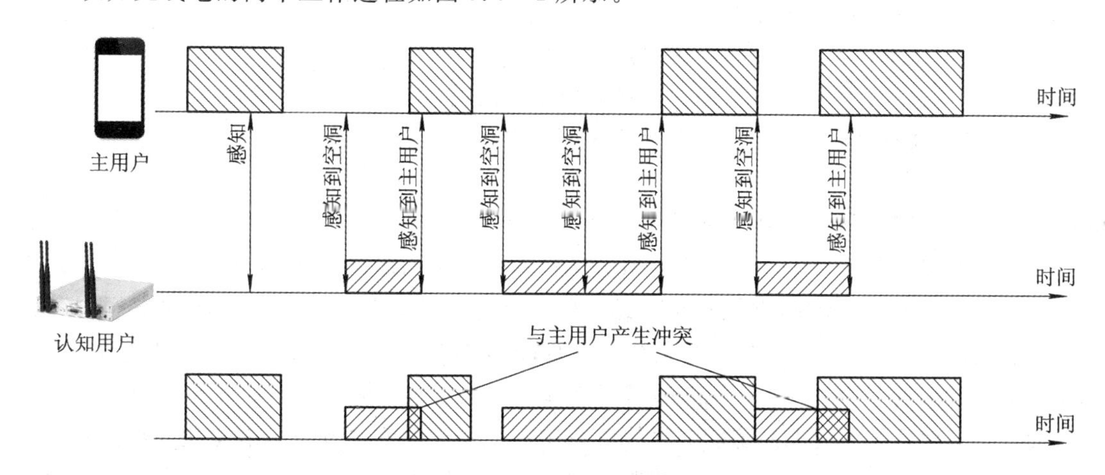


图 9.5-1　认知无线电工作过程示意图

认知无线电首先完成对主用户的感知或认知，在确定主用户空闲的情况下，接入信道；然后随时观察信道情况，当发现主用户再次出现时，立刻释放原信道，避免形成对主信道的干扰。

认知无线电与传统无线电的主要区别就是可以完成认知任务，即它是能够感知外界通信环境的智能通信系统，并自适应地调整其自身内部的通信机理来适应环境变化。整个认知过程称为认知环，如图 9.5-2 所示。

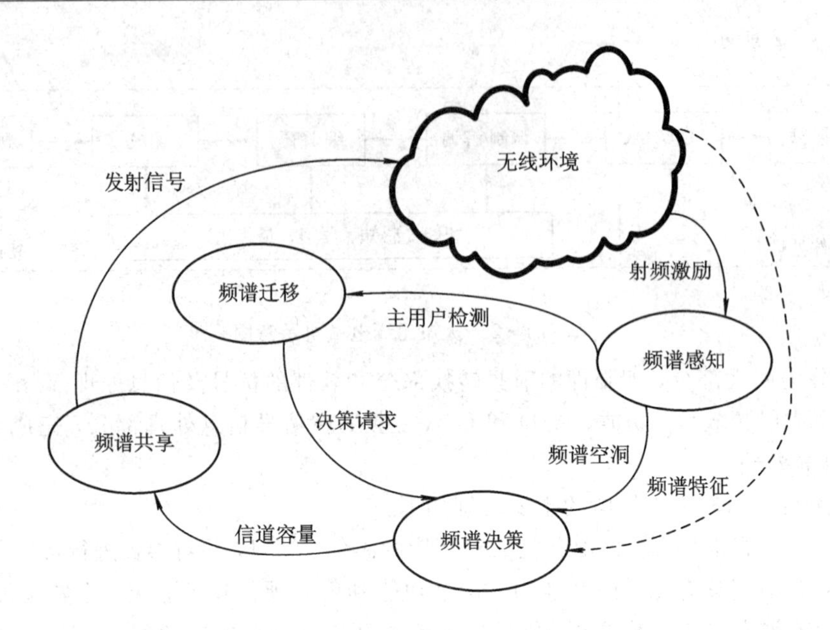


图 9.5-2 认知环

认知环分为四个主要过程，即：频谱感知(Spectrum Sensing)、频谱决策(Spectrum Decision)、频谱迁移(Spectrum Mobility)及频谱共享(Spectrum Sharing)。这也是认知无线电的四个功能，这四个功能具体实现了动态频谱接入。

- 频谱感知：完成对外界无线环境的探测，确定频谱中可用的部分，在认知用户工作的情况下检测主用户出现的情况。
- 频谱决策：选择最佳的可用频段或信道。
- 频谱迁移：当检测出主用户时释放原使用信道，切换至新的信道。
- 频谱共享：与其他主用户以及认知用户协调使用信道。

## 9.5.1 频谱感知

频谱感知是认知环的主要任务，频谱感知就是测量无线信号特征的行为，其目的是通过周期性检测目标频段确定该段频谱的状态以及主用户活动情况，发现频谱空洞(频域、时域、空域)，在保证不对主用户造成干扰的情况下确定认知用户接入的方法和时机；除此以外，在系统的通信过程中，频谱感知还负责频谱状态的实时监测，准确地判定射频信号碰撞事件，使认知无线电系统能够尽快进行主动退避，避免过多地影响主用户的通信。一般情况下，白空和某些灰空可被等待服务的认知用户使用，而在黑空处要绝对避免。但是，黑空、灰空、白空是可以相互转化的。

频谱感知基于二元假设检验，即：$H_0$代表主用户不存在；$H_1$代表主用户存在。

若简单考虑使用场景中仅存在噪声的影响，取 $y(k)$为时刻 $k$ 接收机的采样值，$n(k)$为噪声采样值，$s(k)$为主用户信号采样值，$\beta$ 为传输常数，则有

$$\begin{cases} H_0: y(k) = n(k) \\ H_1: y(k) = \beta s(k) + n(k) \end{cases} \tag{9.5-1}$$

频谱感知的性能指标由检测概率 $P_d$、虚警概率 $P_f$、漏警概率 $P_m$ 来描述，即

$$\begin{cases} P_d = P(H_1 \mid H_1) \\ P_f = P(H_1 \mid H_0) \\ P_m = P(H_0 \mid H_1) \end{cases} \tag{9.5-2}$$

要求有较高的检测概率、较低的虚警概率和漏警概率。

频谱感知主要通过对主用户信号的调制方式、调制频率、信号功率以及其他参数的检测来实现。频谱感知的主要实现方式如图 9.5-3 所示。

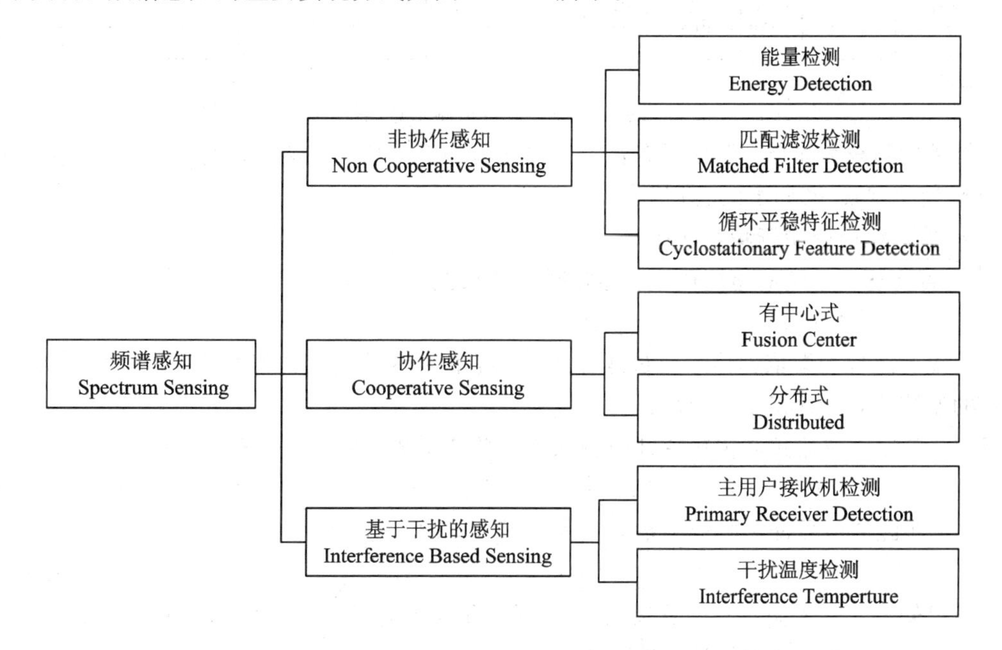


图 9.5-3 频谱感知技术示意图

频谱感知技术大体分为三大类，即非协作感知、协作感知以及基于干扰的感知。其中，非协作感知(也称为基于发射机的感知)是较为常见的，由单个认知无线电端机实施，通过自身检测，独立确定主用户发射信号是否存在。非协作感知虽然较容易实施，但是检测结果与信道特性密切相关，同时还存在隐藏主用户问题，为此采用多个认知无线电终端协作完成感知就成为一种好的选择。基于干扰的感知与前两种不同，是针对接收机所承受的干扰开展的。

**1. 非协作感知**

1) 能量检测

能量检测即对期望频段中所接收信号的能量进行计算，通过门限判别来确定期望频段中是否存在主用户信号，这个门限值根据信道情况为确定量或变量。

采样后一定时间内信号能量 $P$ 为

$$P = \int_0^T y^2(t)\,\mathrm{d}t \tag{9.5-3}$$

由于信号的时域采样并不能区分频域差异，为了实现对期望频段内不同频谱分量功率特性的描述，应用帕色瓦尔定理(能量守恒定理)进行能量计算，即

$$\sum_{k=0}^{N-1} y^2(k) = \frac{1}{N}\sum_{m=0}^{N-1} |Y(m)|^2 \tag{9.5-4}$$

其中 $Y(m)$ 为 $y(k)$ 的 FFT，可以通过对 $Y(m)$ 进行加窗选择计算能量，并依据是否超越门

限 $\eta$ 判定一定频段内是否存在主用户信号，即

$$\sum_{m=P}^{Q} |Y(m)|^2 = \begin{cases} < \eta, & H_0 \\ \geqslant \eta, & H_1 \end{cases}, \quad 0 \leqslant P < Q \leqslant N-1 \tag{9.5-5}$$

为了保证准确性，能量计算最终可以通过多次平均获得。能量检测示意图如图 9.5-4 所示。

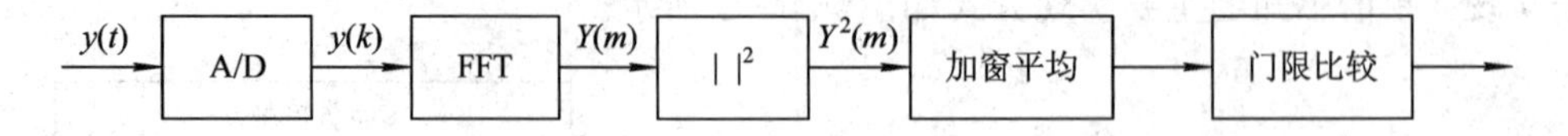


图 9.5-4 能量检测示意图

能量检测较为简单，而且不需要主用户先验知识，但存在以下缺点：

- 能量检测不适用于扩频信号；
- 检测性能受制于噪声功率；
- 若要达到预定的检测概率，感知时间较长。

2）匹配滤波检测

匹配滤波检测即依据信号通过匹配滤波器后的结果进行门限判别。匹配滤波器是一种特殊的滤波器，其具有以下特性：

（1）匹配滤波器频域传输特性与输入信号频谱共轭（用上标 * 表示），即

$$H(\mathrm{j}\omega) = cS^*(\mathrm{j}\omega)\mathrm{e}^{-\mathrm{j}\omega t_0} \tag{9.5-6}$$

（2）匹配滤波器冲激响应为输入信号的镜像，即

$$h(t) = cs(t_0 - t) \tag{9.5-7}$$

若已知有用信号 $s(k)$，以及接收信号 $y(k)$ 和噪声信号 $n(k)$，有 $y(k)=s(k)+n(k)$，$N$ 为信号长度，其匹配滤波器冲激响应为

$$h(k) = s(N-k) \tag{9.5-8}$$

匹配滤波器的输出为

$$\begin{aligned} z(k) &= y(k) * h(k) = \sum_{m=0}^{N-1} y(m)h(k-m) \\ &= \sum_{m=0}^{N-1} s(m)s(k+m-N) + \sum_{m=0}^{N-1} n(m)s(k+m-N) \end{aligned} \tag{9.5-9}$$

显然，当 $k=N$ 时，第一项获得信号的自相关，第二项为信号与噪声的互相关，此时输出的信噪比最大，如果没有信号，则只能获得信号与噪声的互相关，这样判别方式为

$$z(k)\big|_{k=N} = y(k) * h(k)\big|_{k=N} = \begin{cases} < \eta, & H_0 \\ \geqslant \eta, & H_1 \end{cases} \tag{9.5-10}$$

匹配滤波检测示意图如图 9.5-5 所示。

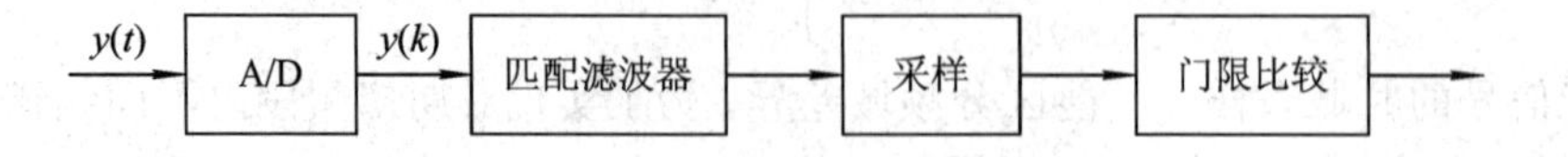


图 9.5-5 匹配滤波检测示意图

显然，若主用户信号是已知的，则匹配检测是非常适用的，其检测时间较短，若噪声是平稳高斯过程，则匹配滤波检测是最佳的。

匹配滤波检测的缺点是需要主用户先验知识。

3）循环平稳特征检测

随机信号可以根据其统计量是否随时间变化分为平稳信号和非平稳信号，其中，平稳信号较为简单，其均值为常量，自相关函数仅与时间差 $\tau$ 有关，与时间 $t$ 无关，具有各态历经性。但是通信中使用的调制信号一般都不满足上述特性，属于非平稳信号，而且通常其统计量随时间按周期或多周期变化，这类信号称为循环平稳信号。若信号从一阶到 $N$ 阶的各阶统计量都存在，且是时间的周期函数，则称该信号为 $N$ 阶循环平稳信号。由于不同的信号通常具有特定的循环平稳特征，所以该类方法不仅可在噪声环境中分辨调制信号的存在，也作为对信号种类识别的依据。

首先讨论一阶循环平稳信号，若信号 $s(t)$ 的均值满足：

$$M_s(t) = E[s(t)] = E[s(t+T_0)] \tag{9.5-11}$$

则 $s(t)$ 为一阶循环平稳信号。

由于 $M_s(t)$ 为周期 $T_0$ 的函数，这样可以把 $M_s(t)$ 展开为频率为 $n/T_0$ 的一组傅立叶级数，即

$$M_s(t) = \sum_{m=-\infty}^{+\infty} M_s^{\alpha} \mathrm{e}^{\mathrm{j}2\pi\alpha t},\ \alpha = \frac{n}{T_0}$$

$$M_s^{\alpha} = \frac{1}{T_0}\int_{-T_0/2}^{T_0/2} M_s(t)\mathrm{e}^{-\mathrm{j}2\pi\alpha t}\mathrm{d}t,\ \alpha = \frac{n}{T_0} \tag{9.3-12}$$

其中，$M_s{}^{\alpha}$ 为傅立叶级数系数，称为循环均值，$\alpha$ 为循环频率。

**例 9.1** 讨论信号 $s(t)=A\cos(2\pi f_c t+\theta)+n(t)$ 是否为一阶循环平稳信号。

**解** 根据已知条件，有

$$M_s(t) = E[s(t)] = E[A\cos(2\pi f_c t+\theta)+n(t)] = A\cos(2\pi f_c t+\theta)$$

可知

$$m_s(t) = m_s\left(t+\frac{1}{f_c}\right)$$

可见 $s(t)$ 是一个一阶循环平稳信号，当 $\alpha=f_c$ 时，有

$$M_s^{\alpha} = \frac{1}{T_0}\int_{-T_0/2}^{T_0/2} m_s(t)\mathrm{e}^{-\mathrm{j}2\pi\alpha t}\mathrm{d}t = A\mathrm{e}^{\mathrm{j}\theta},\ \alpha = f_c$$

讨论结束。

对于给定的 $M_s(t)$，可通过常规的傅立叶级数系数进行计算得到循环均值，即

$$M_s^{\alpha} = \lim_{T\to\infty}\frac{1}{T}\int_{-T/2}^{T/2} M_s(t)\mathrm{e}^{-\mathrm{j}2\pi\alpha t}\mathrm{d}t \tag{9.3-13}$$

下面讨论二阶循环平稳信号。

对于信号 $s(t)$，其自相关函数一般具有与本身相同的周期特征，自相关函数为

$$R_s(t,\ \tau) = E\left[s\left(t+\frac{\tau}{2}\right)s^*\left(t-\frac{\tau}{2}\right)\right] \tag{9.5-14}$$

非平稳信号自相关函数不仅依赖于时间差 $\tau$，而且与 $t$ 相关，若满足：

$$R_s(t+T_0,\ \tau) = R_s(t,\ \tau) \tag{9.5-15}$$

则 $s(t)$ 为二阶循环平稳信号。由于 $R_s(t,\ \tau)$ 为周期 $T_0$ 的函数，因此可以把 $R_s(t,\ \tau)$ 展开为傅立叶级数表达，即

$$R_s(t,\tau)=\sum_{m=-\infty}^{\infty}R_s^{\alpha}(\tau)e^{j2\pi\alpha t},\ \alpha=\frac{m}{T_0}$$

$$R_s^{\alpha}(\tau)=\frac{1}{T_0}\int_{-T_0/2}^{T_0/2}R_s(t,\tau)e^{-j2\pi\alpha t}dt,\ \alpha=\frac{m}{T_0} \tag{9.5-16}$$

式中，$R_s^{\alpha}(\tau)$为傅立叶级数系数，称为循环自相关函数(Cyclic Autocorrelation Function, CAF)，$\alpha$ 为循环频率。当 $\alpha=0$ 时，循环自相关函数就是自相关函数。

对于给定的 $R_s(t)$，可通过常规的傅立叶级数系数计算，即

$$R_s^{\alpha}(\tau)=\lim_{T\to\infty}\frac{1}{T}\int_{-T/2}^{T/2}R_s(t,\tau)e^{-j2\pi\alpha t}dt \tag{9.5-17}$$

或者可以直接通过信号 $s(t)$求出，即

$$R_s^{\alpha}(\tau)=\lim_{T\to\infty}\frac{1}{T}\int_{-T/2}^{T/2}s\left(t+\frac{\tau}{2}\right)s^*\left(t-\frac{\tau}{2}\right)e^{-j2\pi\alpha t}dt \tag{9.5-18}$$

或

$$R_s^{\alpha}(\tau)=\int_{-\infty}^{+\infty}s\left(t+\frac{\tau}{2}\right)s^*\left(t-\frac{\tau}{2}\right)e^{-j2\pi\alpha t}dt \tag{9.5-19}$$

在实际检测中使用二阶循环平稳特性是较为常见的，但还有不足，比如有些信号(双二进制调制信号)没有二阶循环平稳特性，某类信号(如 QPSK、π/4-DQPSK、8PSK、16QAM、256QAM)具有相同的二阶循环平稳特征，需要考虑高阶循环平稳特性。

另外，由于常规的功率谱密度是自相关函数的傅立叶变换，依此扩展，循环自相关函数的傅立叶变换称为循环谱密度(Cyclic Spectral Density, CSD)，也称为谱相关函数(Spectral Correlation Function, SCF)，即

$$S_s^{\alpha}(f)=\int_{-\infty}^{+\infty}R_s^{\alpha}(\tau)e^{-j2\pi f\tau}d\tau \tag{9.5-20}$$

循环谱密度能够为主用户检测提供更多的信息，其循环频率标示着载频、码元速率、码片速率等信息。一般情况下，在主用户存在的情况下($H_1$)，CSD 函数在循环频率处存在峰值；在主用户不存在的情况下($H_0$)，CSD 函数仅仅在 $\alpha$ 等于 0 时才存在峰值，因为噪声一般是非循环平稳的，即

$$S_s^{\alpha}(f)\big|_{\alpha\neq 0}\begin{cases}\geq\eta, & H_1\\ <\eta, & H_0\end{cases} \tag{9.5-21}$$

依据式(9.5-19)和式(9.5-20)，基于循环谱密度的循环平稳特征检测结构图如图 9.5-6 所示。

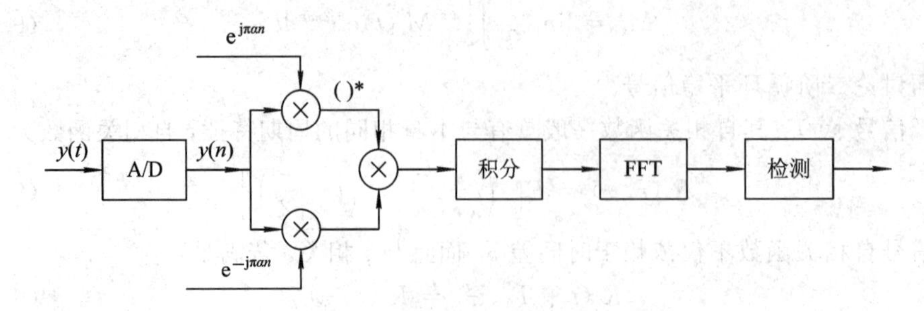


图 9.5-6　循环平稳特征检测示意图

循环平稳特征检测方法性能好、抗噪声性能强，不仅能够实现主信号有无的检测，还可以完成信号种类的检测，信息量大。缺点是较为复杂。

**2. 协作感知**

非协作感知由单个端机实施，但是由于路径损耗或阴影衰落对无线电信号的影响，在某个地点实施的检测只能表示该点附近一定区域范围内的频谱占用情况，不能表示整个区域的情况。如图 9.5－7 所示，由于路径传输等因素的影响，认知用户的检测节点并未检测出主用户(TX)节点的发射行为，认为存在频谱空洞，主用户对于认知用户构成隐藏节点。认知用户据此占用主用户频段进行发射，这样发射就对主用户(RX)节点构成了干扰。

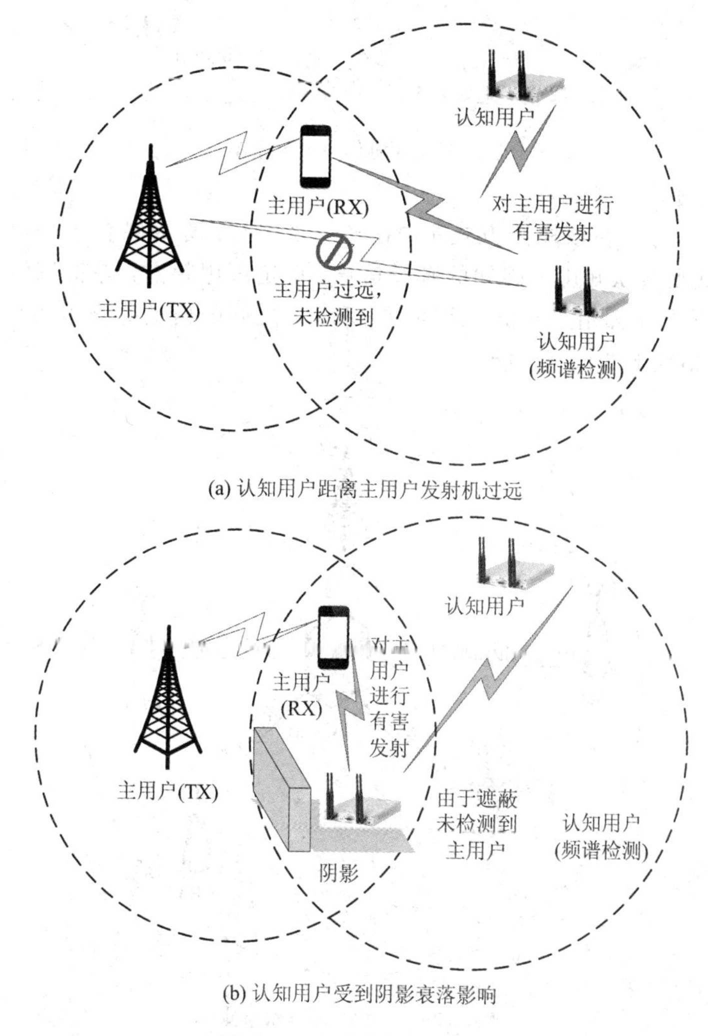


(a) 认知用户距离主用户发射机过远

(b) 认知用户受到阴影衰落影响

图 9.5－7　隐藏终端示意图

如果增加协作检测的节点，显然会极大地减少此类干扰发生的概率，如图 9.5－8 所示。

多点协作检测可以分为有中心式协作检测和分布式协作检测方式。

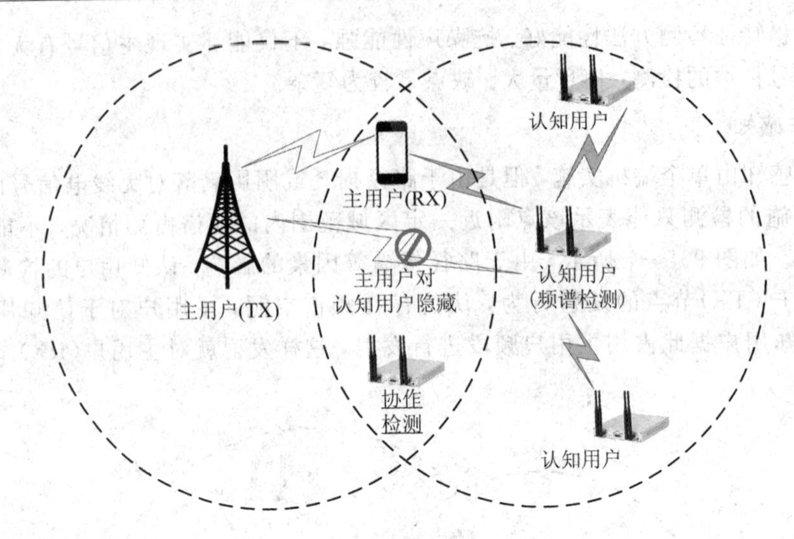


图 9.5-8 协作检测示意图

1）有中心式协作检测

如图 9.5-9 所示，在该检测方式中，存在一个中心，称为融合中心(Fusion Center，FC)，该中心搜集所有认知用户感知的频谱信息，确定可用频谱，并将该信息广播给认知用户，或者直接控制认知用户通信，认知用户和 FC 之间的信道称为报告信道。这种方法提升了衰落信道情况下的检测性能。

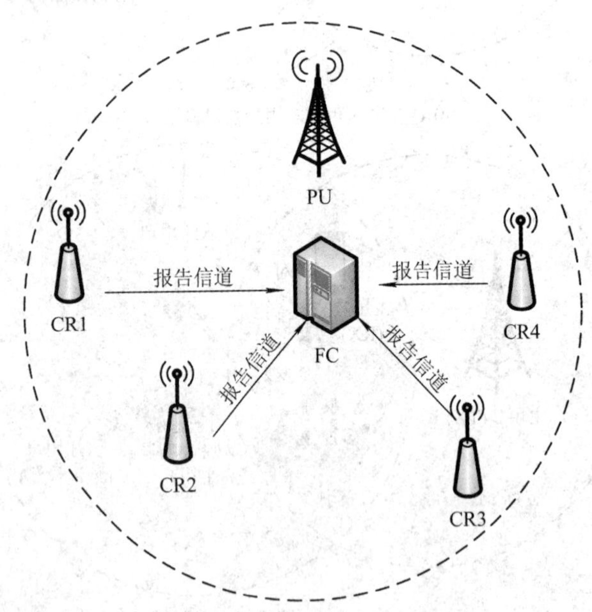


图 9.5-9 中心式协作检测

2）分布式协作检测

如图 9.5-10 所示，在分布式检测方法中，认知用户互相分享信息，没有中心控制节点，每个认知用户给其他认知用户发送特定的数据，各个认知用户通过接收数据的融合决定主用户是否存在。

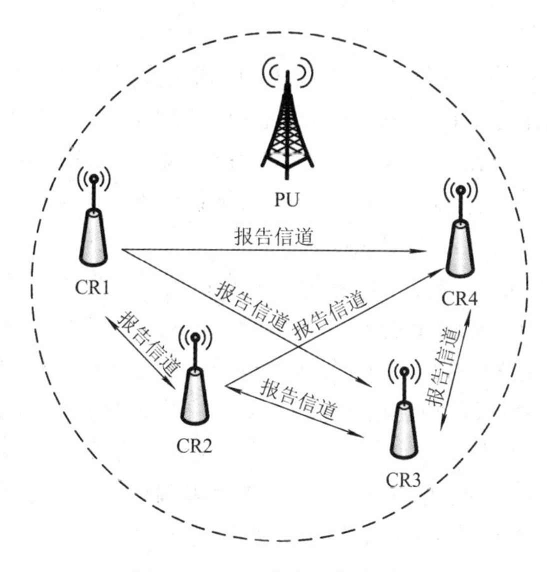


图 9.5-10　分布式协作检测

**3. 基于干扰的感知**

前面描述的检测方式是围绕对主用户发射机的检测展开的，是有局限的。因为实际上认知用户形成干扰对于主用户发射端是没有影响的，干扰是对主用户接收端起作用；其次，由于路径损耗或阴影衰落对信道造成的影响，认知用户可能无法检测到主用户发射机的存在，造成隐藏终端问题，但认知用户的辐射却有可能对主用户接收机造成影响，如图 9.5-7 所示。因此针对主用户接收机造成的影响开展频谱感知是很重要的。这类感知称为基于干扰的感知，一般有两种方式，即主用户接收机检测和干扰温度检测。

1）主用户接收机检测

主用户接收机检测的目的是检测主用户接收机是否存在。如图 9.5-11 所示，对主用户接收机的检测是通过检测接收机本振泄漏进行的。当从主用户接收机接收数据时，接收机射频前端本振信号会产生泄漏，可以通过这个泄漏功率检测到主用户信号，具体可以通过一个接近主用户接收机的传感器实施。检测器根据检测接收机的构成可以分为超外差式结构、直接变换结构等类型。

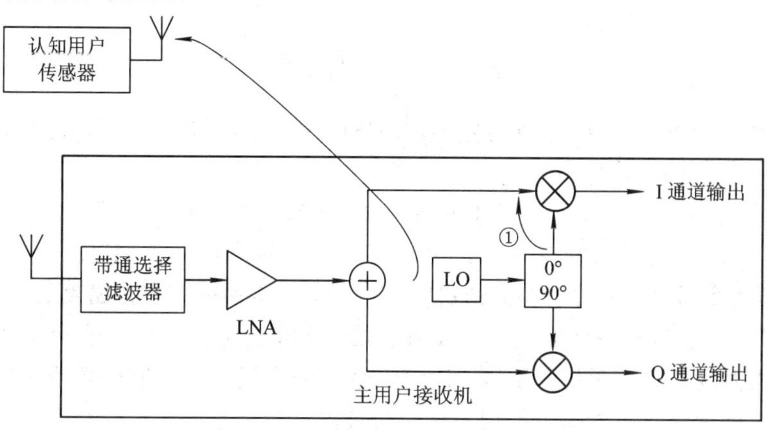


图 9.5-11　主用户接收机检测示意图

2) 干扰温度度量

对于主用户接收机，其他有许可的主用户、认知用户及背景噪声形成的干扰均会对其接收造成不利影响。采用信干比(SIR)来描述主用户接收信号与整个干扰信号的强度关系，干扰较大时，则 SIR 较小，信道的容量也较小。那么，如果事先确定某个时间、某个地域主用户接收机能够承受的最大干扰，并根据当前的干扰情况，就可以对确定是否有认知用户的接入机会，并确定能够接入的功率大小。

如图 9.5-12 所示，随着与主用户发射机距离的增加，主用户接收机处接收到的信号在衰减，信号受到背景噪声以及其他干扰的影响，其通信范围内要求保证主用户信号高于原始背景噪声或高于设定的可以忍受的全部噪声干扰的总和(干扰上限)。根据主用户信号功率和噪声或噪声干扰功率要求的比较，可以得到主用户使用的范围(考虑干扰上限时通信范围明显减小)，在这个范围内如果有认知用户接入时需要对主用户信号进行保护。其原则是：当主用户接收机处干扰总功率未达到最大限制要求时，就可以为认知用户提供频谱接入的新机会，同时确保对主用户的影响在受控范围内。

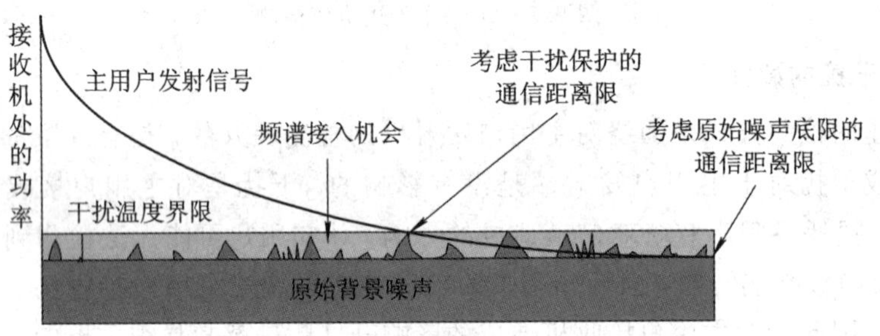


图 9.5-12　干扰温度模式示意图

这里，将噪声干扰等影响统一采用干扰温度(Interference Temperature，IT)来描述。

干扰温度是指由其他辐射源或噪声源产生的、由接收天线接收并输送给接收机的射频功率的度量，是 FCC 提出的用于干扰分析的一种度量方式，这种度量方式将干扰和噪声统一考虑，既直观又具有客观性，是噪声温度(Noise Temperature)概念的延伸。干扰温度等效于在接收天线处单位带宽接收的射频功率，单位为“开尔文度”，单位符号为 K，表达式如下：

$$IT(f_c, B) = \frac{P(f_c, B)}{B} \cdot \frac{1}{k_B} \tag{9.5-22}$$

其中 $P(f_c, B)$ 指在中心频率 $f_c$ 处带宽为 $B$(Hz)的频段内所获得的平均功率，单位为瓦特(W)，$k_B$ 为 Boltzmann 常数，有

$$k_B = 1.38 \times 10^{-23}\,\mathrm{J/K} = 1.38 \times 10^{-23}\,\mathrm{W \cdot Hz^{-1} \cdot K^{-1}}$$

这样，$IT(f_c, B)$ 表示中心频率 $f_c$ 处带宽为 $B$ 的频段内的干扰温度。显然，干扰温度正比于干扰功率谱密度。例如，在高斯白噪声信道，热噪声的功率谱密度为－14 dBm/Hz，干扰温度为 288 K。对于一个给定的地域和频段，能够确定主用户所能承受的最大干扰功率对应的干扰温度就称为干扰温度限，任何一个使用该频段的发射机必须保证其辐射噪声的干扰温度的增加绝对不能超过主用户接收机处的干扰温度限。

干扰温度限的设定有两种方式：独立设置和统一设置。

(1) 独立设置的干扰温度限。

在这种模式下，针对每个主用户信号分别设定干扰温度限。假定认知用户发射机功率为 $P_{SU}$，其中心频率为 $f_{SU}$，带宽为 $B_{SU}$，在该带宽内存在 $N$ 个主用户信号，第 $i$ 个主用户的中心频率和带宽分别为 $f_{PUi}$ 和 $B_{PUi}$，其原有的干扰温度为 $IT(f_{PUi}, B_{PUi})$，则要求认知用户的发射信号造成的干扰温度的上升不超过第 $i$ 个信号接收机要求的干扰温度限，如图 9.5-13 所示，即

$$IT(f_{PUi}, B_{PUi}) + \frac{M_i P_{SU}}{k_B B_{SU}} \leqslant IT_L(f_{PUi}), 1 \leqslant i \leqslant N \tag{9.5-23}$$

其中，$M_i$ 表示认知用户发射机到第 $i$ 个主用户接收机之间产生的路径损耗因子。

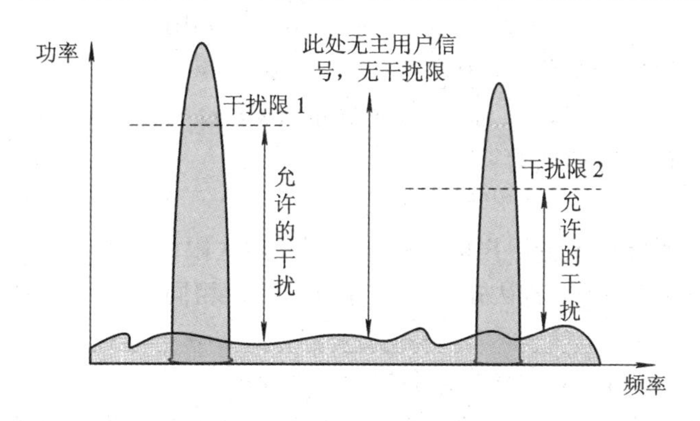


图 9.5-13　独立设置干扰温度限

每个受到认知用户发射影响的主用户信号设定了一个功率限制，每个主用户信号的限制不同，对于一个认知用户发射机必须保证没有任何一个主用户接收机的干扰限制被突破(一个认知用户发射信号可能会影响多个主用户接收)。

(2) 统一设置的干扰温度限。

独立设置的干扰温度限考虑了不同主用户信号的情况，显然具有最佳的性能，但是如果缺乏对射频环境的先验知识，上述要求就难以达到。较为简单的方式是统一设置干扰温度限，在整个频率范围是统一的，即使没有主用户信号也是如此，如图 9.5-14 所示，即

$$IT(f_{PUi}, B_{PUi}) + \frac{M_i P_{SU}}{k_B B_{SU}} \leqslant IT_L, 1 \leqslant i \leqslant N \tag{9.5-24}$$

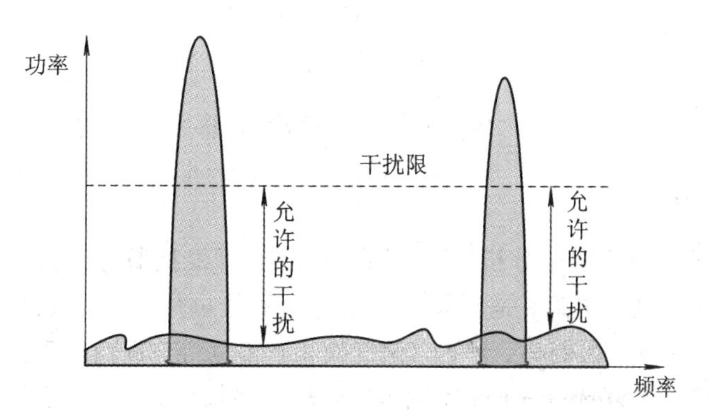


图 9.5-14　统一设置干扰温度限

**例 9.2**　某主用户系统带宽为 20 MHz，发射功率为 20 dBm，主用户接收机灵敏度为 −80 dBm，讨论其干扰温度限以及具有干扰上限的最小服务范围。假定主用户接收机端需要的信噪比为 10 dB，背景噪声干扰温度设为 290 K。

**解**　根据已知条件，极限情况下主用户接收机所能承受的最大干扰为

$$-80-10=-90\ \text{dBm}$$

根据式(9.5-22)，干扰温度限为

$$IT_{\text{L}}=\frac{P(f_c,B)}{B}\cdot\frac{1}{k_B}=\frac{10^{-90/10}/1000}{20\times10^{6}}\cdot\frac{1}{1.38\times10^{-23}}=3623\ \text{K}$$

信号可承受的最大衰减为

$$L_p=20-(-80)=100\ \text{dB}$$

根据自由空间路径衰减公式，有

$$L_p(\text{dB})=32.45(\text{dB})+20\lg f(\text{MHz})+20\lg d(\text{km})$$

具有干扰上限的服务范围为

$$d=10^{(L_p-32.45-20\lg f)/20}=10^{(100-32.45-20\lg(2.4\times10^{3}))/20}=0.994\ \text{km}$$

理想情况下，假定原先主用户接收机仅受到噪声底限的影响，则在干扰温度限和噪声底限之间有 3333 K 的差值，若认知用户具有与主用户相同的信号带宽，所对应的干扰功率为

$$P=k_B\cdot IT\cdot B=1.38\times10^{-23}\times3333\times20\times10^{6}=9.2\times10^{-13}\ \text{W}=-90.4\ \text{dBm}$$

即在相同带宽情况下，认知用户的发射信号到达主用户接收机处不能高于 −90 dBm。可以看到，要保证主用户不受到影响，可允许接入的功率很小。如果认知用户的发射机功率也为 20 dBm，则路径衰减为 110.4 dB，认知用户发射机距离主用户接收机大于 3.143 km 时，认知用户允许工作，如图 9.5-15 所示。

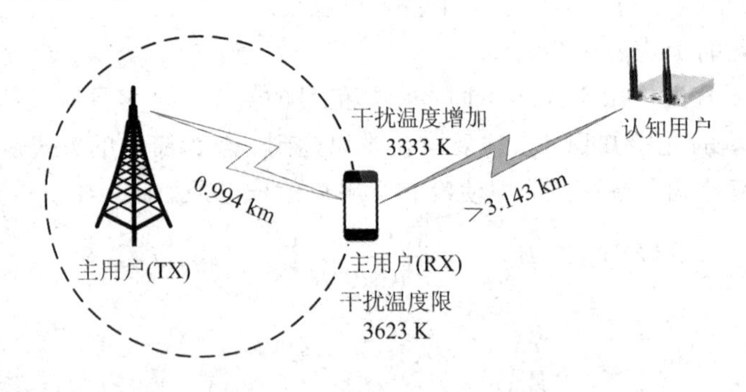


图 9.5-15　干扰温度测量

## 9.5.2　频谱决策

当所有可用频段完成定量分析后，认知用户就需要根据服务质量(QoS)的要求选择所使用的频段，这称为频谱决策，是认知无线电选择最佳可用频谱的能力。QoS 的要求包括信噪比、数据传输速率、误码率、延迟、调制模式、带宽等。频谱决策即根据前述要求，依据一定的判决准则，决策选择一段拟使用的频段，并同时保证不对主用户造成干扰。在决策过程中，还可以考虑主用户的活动特性，以确定该频段内频谱切换的频率。

频谱决策包含三个功能：频谱特性描述、频谱选择、系统重构。在确定可用频谱后，首

先是基于当前无线环境以及主用户工作情况对频谱特性进行描述；第二步是选择最佳实用频段；最后认知无线电能够调整自身的传输参数以适应所选择的频段。

频谱接入需要一个决策模型，模型复杂度取决于频谱分析所考虑的参数。当认知用户需要实现多个目标时，决策模型就会变得很复杂。例如，认知用户要求在最小化主用户干扰的情况下性能最佳，就需要采用统计最佳方法来建模；当很多用户都在一个系统中时，优先级就会影响到频谱接入的判决，这些用户需要通过协作或者非协作的方式实现频谱接入。协作的方式下，所有用户需要协调工作在共同的约束情况下共同达成目标；非协作方式下，每个用户仅需要自行达成自己的目标。

**1. 频谱特性描述**

1）无线环境特性

认知无线电需要在频域、时域、空域连续描述无线环境，无线频域环境的描述涉及以下参数：主用户信道种类、信道切换延迟、信道容量、信道干扰、信道保持时间、信道差错率、用户位置、路径衰减。

（1）主用户信道种类。认知用户需要首先对主用户信道进行识别，主用户应用不同，则具有不同的信道应用模式。主用户信道主要分为两大类：确定流量信道、随机流量信道。在确定流量信道中，主用户使用确定的时隙或频率通信，例如广播电视信号或雷达信号等，这类信号具有固定的或者是可预测的信道使用时间，可以通过数学表达式、规则或者图表等方式描述，可以根据过去接收信号的情况确定未来主用户空闲情况。一旦主用户停止通信，则频段就可以用于认知用户。随机流量信道只能通过概率或者统计的方式描述主用户的使用情况，例如蜂窝移动系统。通过主用户信道辨识，认知用户可以区分主用户的信道流量类型，以采用合适的频谱决策方法。

（2）信道切换延迟。认知无线电采用动态频谱接入，使用不同的信道以不对主用户造成干扰，信道之间的变换称为动态信道切换(Dynamic Channel Switching，DCS)。通常，在认知无线网络中，当主用户被检测到时，信道切换就开始，在信道切换过程中，认知用户从现有信道切换至另外一个空闲信道，在此过程中，认知用户的传输将暂时停止。这个切换过程将引入额外的延迟，称为切换延迟。切换延迟随节点不同而不同，其与硬件使用技术(比如系统重构的时间)以及频谱决策算法密切相关。切换延迟也包括寻找可用频段的感知时间。

（3）信道容量。信道容量是用于描述信道质量的指标，该指标将给出认知用户是否可以使用信道的指导性依据，在带宽确定的情况下，传统上通过信噪比 SNR 就可以确定信道容量，但是很显然，传统的信道容量方法并没有考虑到认知用户使用的信道是动态变化的，简单地以此作为依据来完成频谱决策不会产生最佳结果，需要有所变化，如下式所示。

$$C_i = \frac{T_i}{T_i + \tau} \cdot \gamma_i \cdot c_i \tag{9.5-25}$$

$$c_i = B_i \lg(1 + \mathrm{SNR}) \tag{9.5-26}$$

式中 $C_i$ 表示频段 $i$ 单位带宽的实际信道容量；$c_i$ 表示频段 $i$ 单位带宽香农信道容量，单位为 $\mathrm{bits/s \cdot Hz^{-1}}$；$\tau$ 表示频段切换延迟；$\gamma_i$ 表示频谱感知效率，由于认知用户传输之前需要进行频谱感知，因此频谱感知效率可以认为是可用于传输的时间与频谱空洞时间的比值；$T_i$ 表示在频段 $i$ 上的期望传输时间。

（4）信道干扰。在认知无线电网络环境中，认知用户与主用户是共存关系，有时会存在多个认知无线网络与多个主用户网络共存的情况，在这样复杂的共存情况下，如果不进行相应的控制会对主用户造成有害的干扰，因此对认知用户造成的干扰进行精确的估计和建模是非常重要的。

(5) 信道保持时间。信道保持时间是指认知用户占用信道直至中断前的期望时间，保持时间越长，QoS越好。信道保持时间可由认知网络开展的认知服务的类型所确定，也可由监管者确定。

(6) 信道差错率。在通信链路中，差错率定义为一定时间内所接收到的错误数据数量与总传输数据数量的比值，平均信道差错率是非常有用的指标，该指标与主用户或其他认知用户造成的干扰水平、可用带宽、所在频带、调制方式等有关。信道差错率通常采用误比特率(Bit Error Rate，BER)和误帧率(Frame Error Rate，FER)描述。

(7) 用户位置。用户所在位置对于描述无线环境是非常重要的，通常认知用户可以通过嵌入式的传感器(如 GPS)确定所在位置，并且通过节点之间或与中心服务器之间的包交换进行交互和更新，构成无线环境地图(Radio Environment Map，REM)。依靠这个位置信息，认知用户就可以依据位置和时间记录相关事件，以方便对频谱空洞的预测以及对无线环境特性的描述。

(8) 路径衰减。路径衰减是最为常见的描述无线传输的指标，描述了发射机与接收机之间信号功率随路径变化的情况。其功率的衰减来自于信号功率随路径增加而出现的扩散，传输过程中由于障碍物出现而产生的阴影以及多径现象造成的衰落。一般来讲，路径衰减是随机变量，但平均路径衰减随距离的增加按其 $\alpha$ 次幂的形式衰减，在自由空间中，$\alpha$ 等于 2。

*2) 主用户活动建模*

认知用户具有较低的优先级，在其工作过程中，无法保证频谱是完全可用的，因此，必须考虑主用户出现在频谱中的特点，如频率、时长等。借助认知无线电的学习能力，频谱的历史使用情况可以用来预测未来主用户频谱的使用情况，这通过主用户活动建模来实现。通过考虑主用户活动情况，认知用户能够确定在最好的频段上完成其传输。例如，如果认知用户确定主用户在某一个信道上长期工作，就可以确认该信道并不适合占用，从而可以减少在该信道上进行感知的工作。

主用户活动建模的常见方式包括：

(1) 泊松建模，即主用户活动具有泊松分布特性，其间隔符合指数分布。

(2) 统计建模，即通过对主用户活动情况的统计，将主用户信道分为确定性信道和随机性信道，并据此对主用户活动情况进行预测。

**2. 频谱选择**

当对频谱空洞特性进行分析之后，就可以针对认知用户的 QoS 来选择合适的可用频段。由于认知网络的拓扑结构是动态变化的，无线环境也是动态变化的，可用频段的集合是动态变化的，因此频谱选择是个较为复杂的问题，需要考虑认知用户之间的网络路由。频谱选择通常可以分为两种场景：有中心的认知网络中的频谱选择和分布式认知网络中的频谱选择。

(1) 有中心的频谱选择。在有中心的认知无线网络如 IEEE 802.22 WRAN 网络中，频谱选择通过基站(BS)或接入点(AP)实现。这种方式对 BS 可靠性要求高，最大的挑战是可用频谱的分裂，每一块包括一个信道或多个信道，依赖于主用户发射机的密度。

(2) 分布式频谱选择。分布式认知网络如CRAHN中，频谱的选择需要认知用户协作完成。特别关键的是，完整的通信需要多跳才能实现，每一跳均涉及快速的信道特性改变以及信道之间的切换。在这样的网络中，频谱选择的同时还需要考虑路由的选择。最佳的思路当然是频谱选择和路由选择联合，这种方式具有很好的频谱使用效率，但是复杂度很高，因为信道发射切换路由也可能变化；最简单的方式是分别考虑频谱选择和路由选择，但这种方式性能不佳，且由于频谱变化会造成路由选择不可靠。

**3. 系统重构**

在传统的无线网络中，无线端机一般采用预定义的参数完成静态配置工作，进一步地，无线端机可以采用自适应技术动态调整传输参数，诸如功率、调制方式、编码方式等，但是硬件结构会限制其灵活性。认知无线电能够针对外界无线环境、政策、QoS的需求、所选频谱、当前信道特性以及用户需求等的不同，灵活调整参数完成传输，这个调整过程就是认知系统重构。重构包括认知无线电端机参数的重构，还涉及网络重构。

1) 端机参数重构

(1) 调制及编码方式。认知无线电应该能够重配置调制和编码方式来适应用户需求的改变，以及信道特性的变化。其目标是实现在现有信道情况下最大的传输能力。

(2) 发射功率。发射功率控制用于调整节点的发射功率，以实现降低同信道干扰、最大化网络容量、最小化能量消耗的目的。良好的发射功率控制方案能够在干扰限不被超越的情况下，实现最佳的认知用户的传输服务支持。

发射功率的大小对认知用户的覆盖范围以及无线环境的观察频度有影响。若认知用户发射功率较大，则其必须等待较长的时间以获得范围较大允许较大功率的频谱接入机会；若认知用户发射功率较小，则认知用户的传输可能需要多跳协作完成。

在多用户传输的认知无线电系统中，除了协作还具有竞争现象。多用户认知无线电系统的发射功率控制必须考虑两种网络资源限制，一是给定的干扰温度限，二是存在的可用频谱空洞数量。通常采用博弈论和信息论的思想，调配每个认知用户的发射功率，在整体上充分利用现有的资源，达到最大化的传输容量。

(3) 工作频率。认知用户具备调整中心频率的能力以适应无线环境的变化。

(4) 信道带宽。信道带宽是指认知用户端机用于携载信号所使用的频谱宽度，根据环境情况可以选择宽带信道或窄带信道。若传输数据率较低、传输距离较远或发射功率较小，则带宽要求较窄。例如，信道带宽自适应已经有较为成熟的应用，在Wi-Fi应用中，节点能够根据信道情况选择5、10、20、40 MHz信道带宽。

(5) 通信技术。认知无线电网络也是由不同的通信技术和网络协议构成的，认知无线电具备不同无线标准的接入能力，允许不同通信系统(GSM、LTE、Wi-Fi、WiMAX等)之间的互操作，且不需要人为干预。

2) 网络重构

重构除了涉及无线接入技术外，还涉及全部或者大部分协议层，包括物理层(PHY)、MAC、链路层、网络层等。另外，网络拓扑、路由等均需要进行考虑。

### 9.5.3 频谱迁移

认知用户是网络环境的临时使用者，当认知用户正在使用某个无线信道时，若主用户开始接入该信道，认知用户将立即停止在该信道的传输，改变频率参数进行频谱切换。认知用户依靠无线端机工作在最好的可用频段上，采用动态方式使用频段，在频段转换过程中保持无缝通信。频谱迁移是认知用户改变其信道的过程，信道的改变主要通过信道核心参数的改变实现，包括频率、时隙、扩频码等或其组合。频谱迁移也称为频谱切换，在切换过程中其传输协议的各层也需要做相应的改变以适应新的工作频段。频谱的迁移应该尽可能保证认知用户的数据传输在频段转换过程中是连续的，认知用户依靠信道之间的切换实现连续的服务。

对于切换，认知用户有三种选择：① 认知用户保持原信道不变，但暂停传输，直至主用户完成其传输后认知用户恢复传输；② 认知用户从预先感知的信道中选取一个信道进行切换，称为预定信道切换；③ 认知用户通过即时的感知选取信道进行切换，称为即时感知切换。前一种可称为同信道切换，后两种可称为异信道切换。

如图 9.5-16 所示，在信道 CH1 上认知用户 SU1 与 SU2 正在传输期间，若主用户 PU1 出现，则 SU1、SU2 终止其传输。图 9.5-16(a)表示 SU1、SU2 保持在原信道 CH1 处，但暂停传输，直到主用户 PU1 完成传输后，SU1、SU2 进行同信道切换恢复传输；图 9.5-16(b)表示 SU1、SU2 通过预选或即时感知选择信道 CH2，完成异信道切换并继续进行传输。

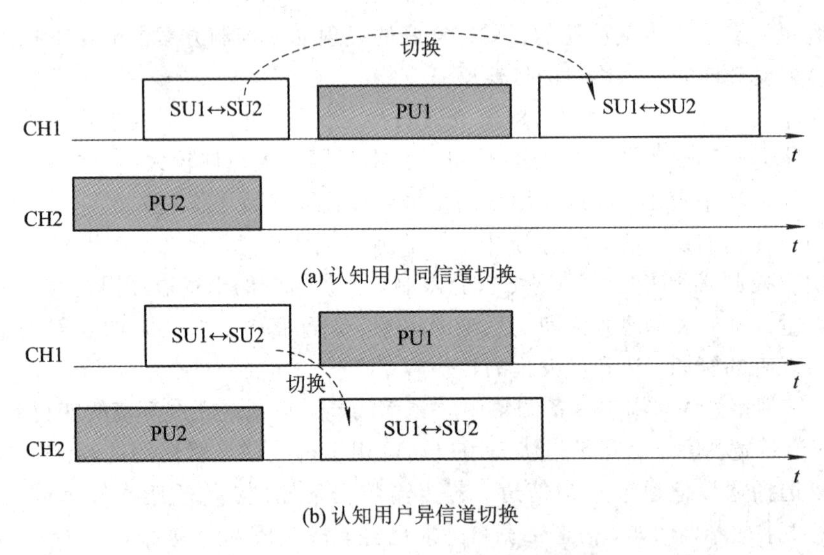


图 9.5-16　频谱迁移示意图

### 9.5.4　频谱共享

频谱的使用者包括主用户和认知用户，这就是频谱共享。由于主用户相对于认知用户一直具有更高的优先级，因此多个认知用户对频谱的共享是需要考虑的问题。

在实践中，认知用户是通过构成网络完成无线传输的，在主用户使用的频段中将存在多个认知用户，即多个认知用户需要共享使用同一个频段。这样在保证最小化对主用户的干扰的前提下，就存在以下问题：

(1) 频谱使用公平化，实现多个认知用户的频谱接入共享；

(2) 频谱使用高效化，最优化认知无线电系统的性能。

### 1. MAC协议

频谱共享是解决多个认知用户在开放的主要主用户频段中的应用问题，认知用户需要一个规则来确定自己在无线环境中的行为，以达成公平的频谱使用，这类似媒体接入控制(MAC)问题，传统的MAC协议有CDMA、FDMA、TDMA等。认知无线电系统的MAC协议根据接入的方式通常可分为以下几类：

• 时隙MAC协议：通过全网同步，将时间分解为时隙，认知用户通过分配时隙完成传输。

• 随机MAC协议：通过认知用户对信道的监听，自行确定信道空闲状况完成传输，不需要进行网络同步。

• 混合MAC协议：控制信令采用同步的时隙进行传输，而信息数据传输通过随机接入方式进行；或者预先确定进行控制/数据帧传输的时间段，但是在每个时间段内接入信道是随机的。

根据接入是否有中心控制MAC协议可以分为：

• 有中心式：认知用户的接入是通过中心基站统一控制的。

• 分布式：认知用户接入是依据自己对无线环境的判断自行控制的。

### 2. 传输性能优化

性能优化是指在一定的限制条件下实现最佳的性能，如在总功率或功耗限制条件下，实现网络总吞吐量、传输时延、误码率等性能最优；或是实现网络用户之间频谱使用的公平性，即实现频谱使用高效和公平性。

具体实现是通过信道测算，根据网络内每个认知用户的不同情况分配不同的资源，以达到特定的性能要求。举个简单的例子，如果追求频谱使用公平，则平均分配使用频谱，但是在网络吞吐量上不会是最佳的。

### 3. 无线电礼仪

上面所述只是说明了频谱共享的局部问题，实际上频谱共享有一定的复杂性，存在着主用户和认知用户以及认知用户之间的频谱使用协调问题，由于具有很强的感知智能能力，它们构成了一个“天线社会”。借鉴人与人之间的协调礼仪的概念，认知无线电提出了无线电礼仪概念，用以全面描述认知无线电所涉及的频谱共享所需要的规范。所谓无线电礼仪(Radio Etiquettes)或频谱礼仪(Spectrum Etiquettes)是关于频谱共享使用的概念，是指用于平衡无线频谱使用的射频频段、空中接口、协议以及空间时间分布的一组集合。

## 9.6 动态频谱接入

通过认知环的四个功能即频谱感知、频谱决策、频谱迁移以及频谱共享，认知无线电形成了新型的频谱使用策略即动态频谱接入(Dynamic Spectrum Access，DSA)。动态频谱接入与固定频谱使用是相对的，指无线设备识别频谱空洞(或白空)，并使用它们完成传输，如图9.6-1所示。动态频谱接入是认知无线电的核心应用，主用户频段可以被认知用户伺机接入，同时保证不对主用户造成干扰。

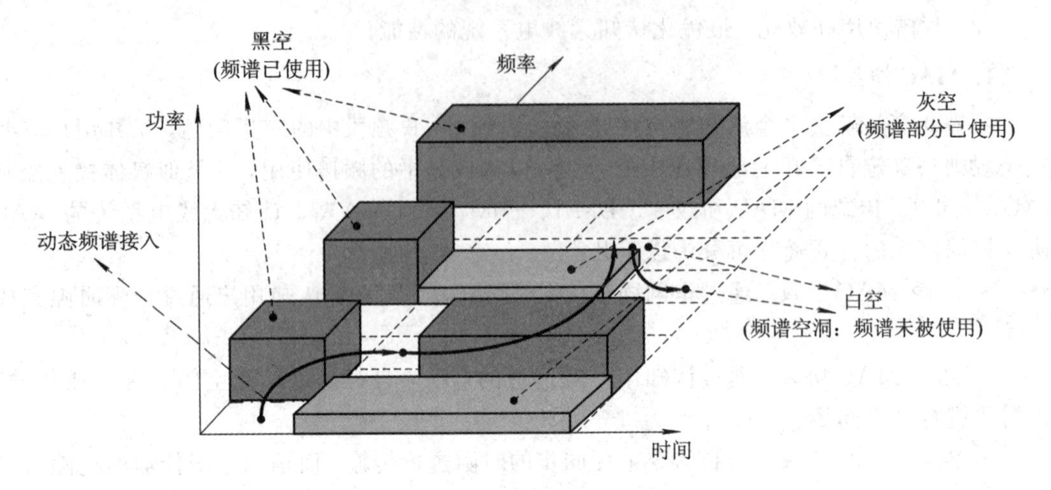


图 9.6-1 动态频谱接入示意图

动态频谱接入策略有多种分类，如图 9.6-2 所示。可以分为动态专用模式(Dynamic Exclusive Use Model)、开放共享模式(Open Sharing Model)、等级接入模式(Hierarchical Access Model)。

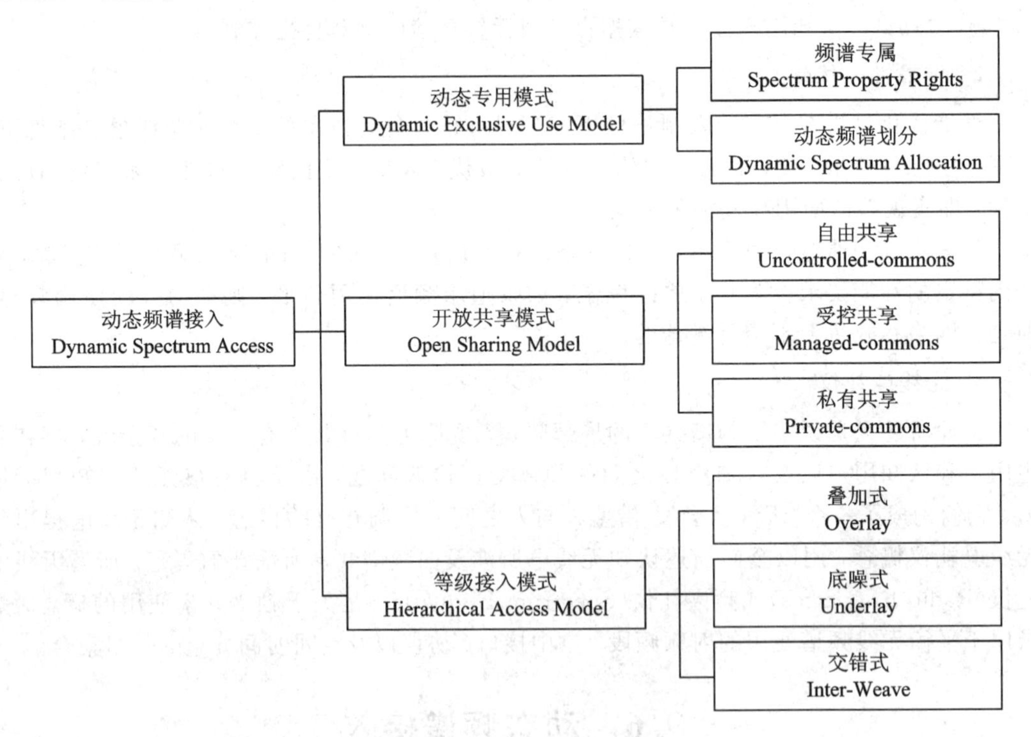


图 9.6-2 动态频谱接入策略

**1. 动态专用模式**

在动态专用模式中，沿用了传统的频谱管理策略，即将某一频段授权专用于某个服务，只不过引入了授权灵活性来提高频谱使用效率。在这种模式下，有两种具体类型：频谱专属(Spectrum Property Rights)、动态频谱划分(Dynamic Spectrum Allocation)。

(1) 频谱专属：该方法允许对频谱使用权进行交易或拍卖，按照最大获利的原则对频谱进行使用，即采用市场或者经济的方式对有限的频谱资源进行分配，频谱使用权获得者可以在该段频谱中自由使用所需要的传输技术。

(2) 动态频谱划分：该方法是通过对空间及时间上不同业务量的统计，对频谱进行动态的安排，即将频谱在一定的时间和地域内分配给某个业务专用。

**2. 开放共享模式**

开放共享模式也称为频谱共有模式，在这个模式中，每个用户拥有等同的使用频谱的权力。这种模式已经成功应用于ISM频段的无线应用中，常见的Wi-Fi就是这种频谱使用模式的范例。有三种频谱共有类型：自由共享(Uncontrolled-commons)、受控共享(Managed-commons)、私有共享(Private-commons)。

(1) 自由共享：在这种类型中，没有任何实体拥有独占频谱的权力；但是如果用户较多，可能会造成频谱使用效率的下降。

(2) 受控共享：为了解决自由共享存在的问题，增加有限的控制机制，用特定的一组实体决定资源在何时使用及如何使用，比如设置等级权限等。

(3) 私有共享：即认知用户对频谱的共享是受到主用户约束的，频谱所有者要求认知用户采用指定的技术和协议接入，认知用户能够接收到频谱所有者的关于传输参数的指令，感知频谱并接入。

**3. 等级接入模式**

在等级接入模式中，以主用户为最高等级，认知用户能够使用主用户资源，但需要确保对主用户的干扰是受控的。这种模式有三种类型：交错式(Inter-Weave)接入、叠加式(Overlay)接入、底噪式(Underlay)接入。

1) 交错式接入

交错式接入基于机会重用频谱的思想，认知用户在确定主用户不存在的情况下，可以进行频谱的使用，但主用户出现时，必须跳到其他频段，如图9.6-3所示。

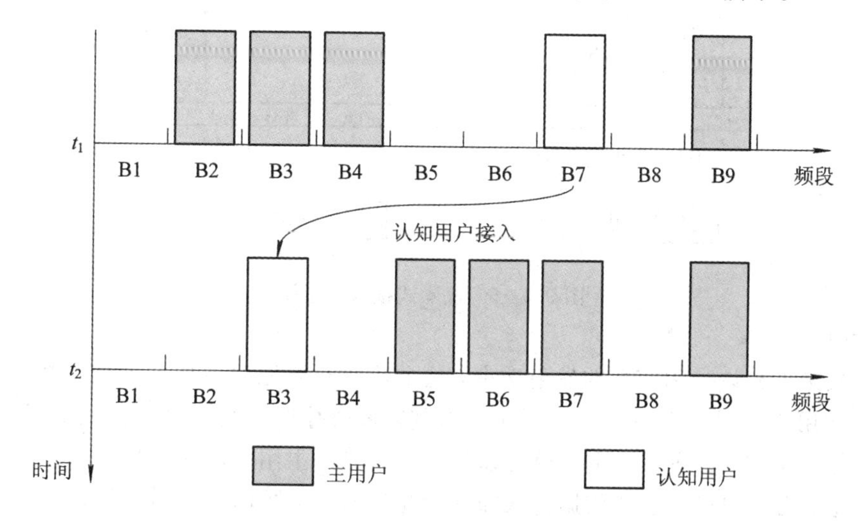


图9.6-3 交错式接入示意图

在具体实践中，频谱的使用由于存在信道衰减，因此频谱空洞是需要考虑地理特征的，是空间频谱空洞，即考虑的是某一地域是否存在主用户，如图 9.6－4 所示。认知用户(CR)覆盖范围在主用户 PU1 和 PU2 频谱覆盖范围之外。

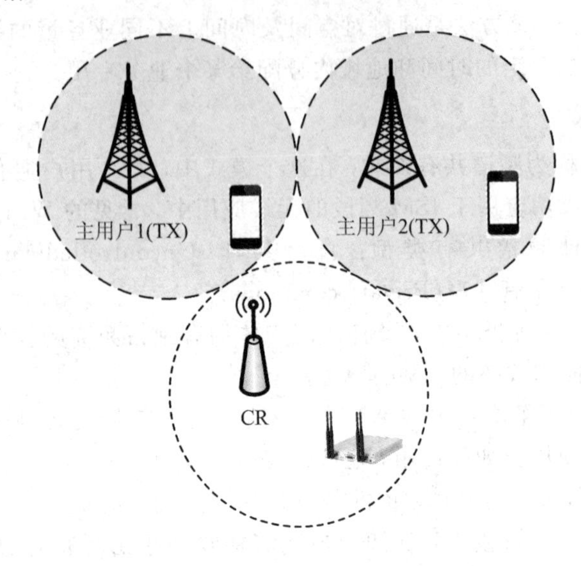


图 9.6－4　空间交错式接入

2）底噪式接入

采用底噪式接入方式，认知用户在保证不超过主用户预先定义的干扰门限的前提下，可以与主用户同时使用频谱，如图 9.6－5 所示。比较典型的是采用扩展频谱、超宽带(UWB)等技术。这类技术传输功率较低，传输带宽很大，将确保信号功率谱密度不超过干扰门限，使认知用户辐射信号可被主用户看作噪声。底噪式接入方式可以不需要许可，但是由于对信号功率谱密度的限制，系统通信范围受到很大影响，如 UWB 系统的通信范围在 10 m 左右量级。

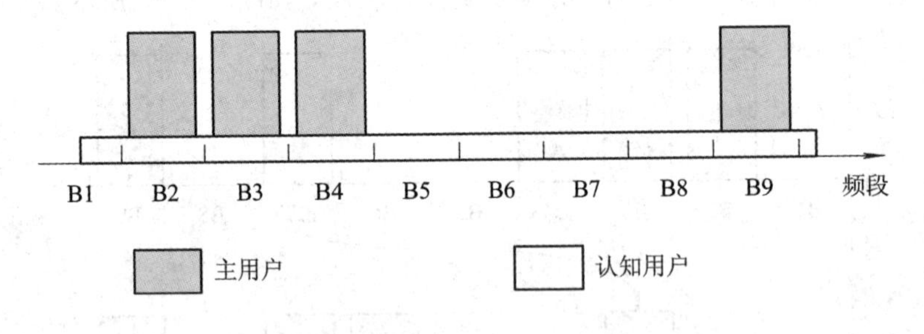


图 9.6－5　底噪式接入示意图

3）叠加式接入

叠加式接入允许采用较高的发射功率，这个功率有可能对主用户造成干扰。这种干扰与限制认知用户发射功率所造成的干扰有差别，采用叠加式接入要求保证主用户的性能，即只要能够使主用户性能不下降，就可以让认知用户与主用户同时工作。

特殊地，当主用户发射的数据包认知用户知道时，认知用户发射机可以将发射功率分为两部分，一个用于自身的数据包，另一个用于主用户数据包，从而增强了主用户接收机的接收功率，这样主用户接收信噪比并没有下降。另外，认知用户发射机可以采用编码(脏纸编码)对数据包进行预编码，也能够消除主用户对认知用户造成的干扰。

也可以采用网络编码方法。例如，一个认知用户可以作为主用户之间的中继节点，当中继主用户数据包时，认知用户将自身数据包编码在主用户数据包中。

叠加式接入的重要特性就是实现了主用户协作通信。采用前述方法，主用户的信噪比是有可能提高的，进而也提升了主用户性能。采用网络编码的方式可以提高传输速率，获得高的流量。叠加式接入对主用户和认知用户而言是一种双赢的方式。

叠加式接入示意图如图9.6-6所示。

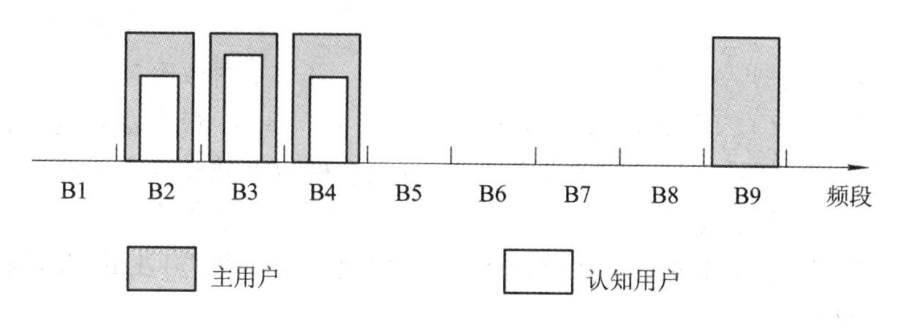


图9.6-6 叠加式接入示意图

# 9.7 基于认知无线电技术的IEEE 802.22 WRAN

## 9.7.1 WRAN背景

目前，基于认知无线电技术的无线技术已经进入实用，这就是无线区域网络(WRAN)。2004年5月，FCC针对电视频段存在较大频谱空闲资源的情况，发布了规则制定通告(Notice of Proposed Rule Making，NPRM)，提出在不对授权用户造成有害干扰的前提下，允许非授权系统利用电视频段开展工作。同年11月，成立了IEEE 802.22工作组，该工作组的目标就是设计世界上第一个基于认知无线电技术的无线区域网络(WRAN)，该网络工作在电视频段，通过频谱探测、设备检测、干扰避免和频谱管理等技术来实现高效的系统共存和频谱资源共享。工作组提出了IEEE 802.22标准，规范了WRAN的空中接口，包括MAC层和PHY层。

基于IEEE 802.22的WRAN系统的目标在于，在不产生干扰的条件下，利用那些未被使用的广播电视频段，为人口密度低的偏远地区提供宽带接入服务，其性能要能和在城市和城郊地区使用的固定宽带接入技术(如不对称数字用户线(ADSL)和有线调制解调器)相媲美。

选择广播电视频段提供宽带接入服务的主要原因有两个：

(1) 广播电视频段频率较低，其传输特性适合远距离应用，并适于提供无线互联网服务。

(2) 许多电视频道利用率不高，而且逐年降低。在农村或是边远地区，人们也开始大量使用有线或卫星电视。

当然，FCC开放广播电视频段作为非授权频段将有利于降低使用成本。

### 9.7.2　IEEE 802.22 系统的基本特点

下面对 IEEE 802.22 的基本特点进行简要说明。

(1) 服务对象。IEEE 802.22 的应用范围和市场是农村和偏远地区，也包括个人家庭住户、多聚居单元、SOHO(小型/家庭办公室)、小商业用户、多用途写字楼以及工作场所和校园，为上述区域用户提供宽带接入，数据通信速率为数兆比特每秒至数十兆比特每秒。

(2) 提供业务类型。IEEE 802.22 可以提供数据、语言、图像服务。

(3) 业务覆盖范围。IEEE 802.22 典型覆盖范围为 33 km，最大覆盖范围为 100 km。

(4) IEEE 802.22 需要保护的主业务为电视(包含模拟电视和数字电视)以及其他低功率授权设备(如无线麦克风)。

(5) 频率范围。系统主要目标在于使用甚高频/超高频(VHF/UHF)广播电视频段，范围为 54～862 MHz。

(6) 网络成员。IEEE 802.22 网络成员包括基站(Base Station，BS)和用户终端设备(Customer Premise Equipment，CPE)。

(7) 网络拓扑。IEEE 802.22 采用点对多点网络结构，一个 BS 能够支持 512 个 CPE；或者采用点对点主从结构。

### 9.7.3　IEEE 802.22 网络拓扑

图 9.7-1 为 WRAN 的网络拓扑结构示意图。一个 IEEE 802.22 网络或者小区包含一个基站(BS)和若干用户站或称用户终端设备(CPE)，多个 BS 通过路由器和 IP 网络连接在一起，形成完整的 WRAN，实现人口稀疏或偏远地区的宽带接入。每个基站能够支持的 CPE 数目可达 512 个。

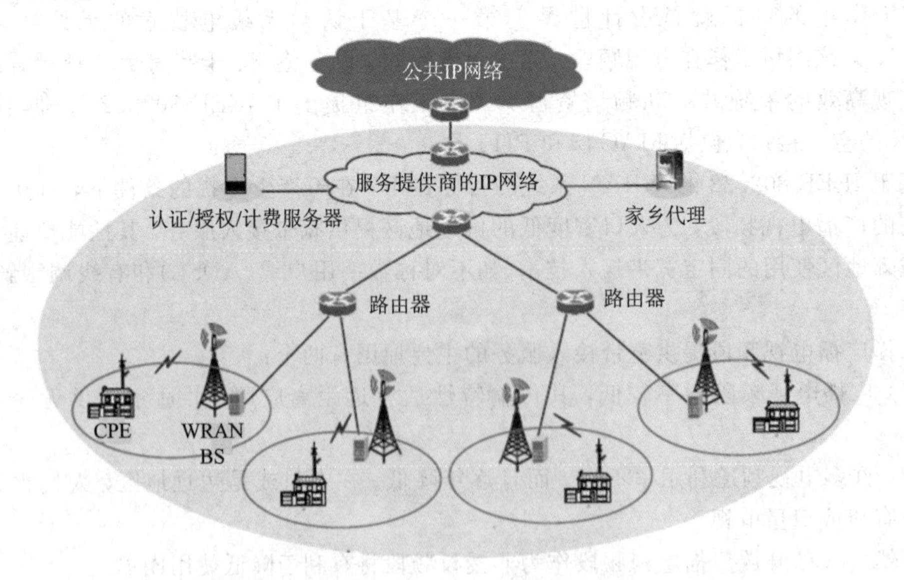


图 9.7-1　WRAN 网络拓扑结构

图 9.7-2 为基于 802.22 的 WRAN 系统部署具体结构示意图。在完整的 WRAN 覆盖

地域中，存在已经授权的用户、多个BS和大量的CPE，多个BS构成的小区会产生交叠，这样需要考虑的频谱的共享不仅是与已经授权的用户，还包括与其他的WRAN小区设备，这也称为自共存。为了实现共存，IEEE 802.22必须包含相应的物理层和MAC层控制机制，允许BS基于对授权用户的频谱感知来动态改变网络的功率或者频率，以避免干扰。为了解决自共存问题，更好地实现频谱共享，系统还必须包含各基站之间的协调机制。

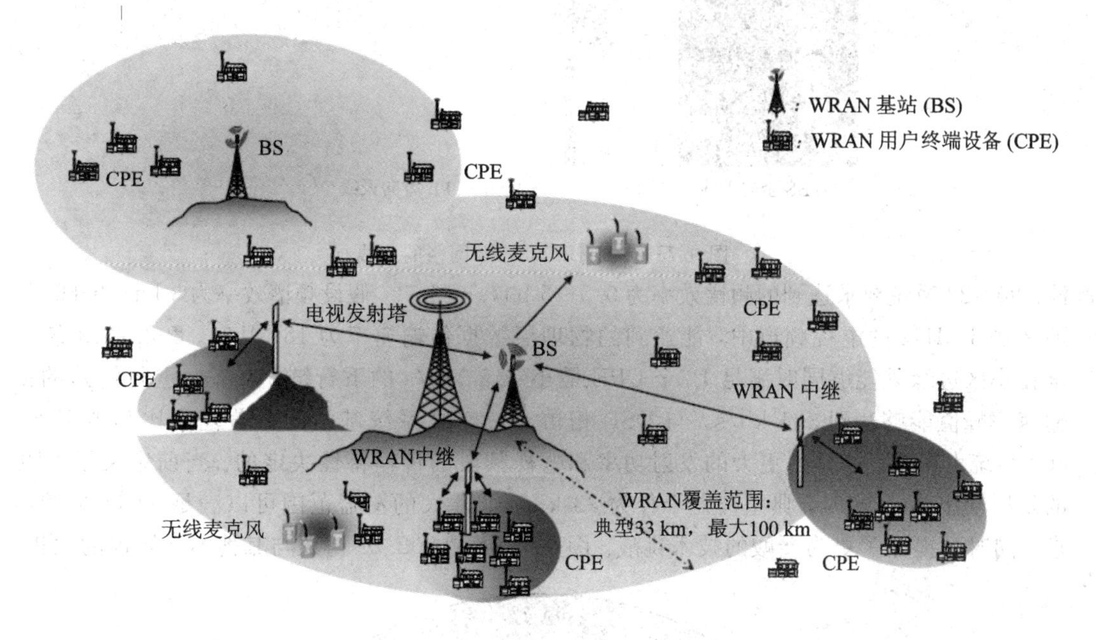


图9.7-2 802.22系统构成示意图

IEEE 802.22感知的主用户包括模拟电视、数字电视和无线麦克风。模拟和数字电视的制式根据地域的不同而有所不同，例如，在美国模拟电视制式为NTSC(National Television System Committee)，数字电视制式为ATSC(Advanced Television System Committee)，中国的模拟电视制式为PAL(Phase Alteration Line)，数字电视制式为DVB-C/S/T(Digital Video Broadcasting)；无线麦克风没有标准，一般为带宽不超过200 kHz的FM信号。

802.22对上述三种信号的检测时间为2 s，定义感知灵敏度为检测概率达到0.9时的功率水平，此时虚警概率为0.1。BS控制感知处理的起止时间，并接收感知的结果。电视信道启用的最终决定由BS作出，BS依赖感知结果、地理信息以及其他网络管理者提供的辅助信息进行决策。BS是小区本身和小区内CPE的管理者。

IEEE 802.22中定义了一种点对多点(P-MP)的无线空中接口，其中，BS控制蜂窝小区中的媒体接入，使用全向天线、一个扇区天线或自适应天线阵列通过下行链路向CPE传输数据，如图9.7-3(a)所示；CPE使用方向天线通过上行链路向BS作出应答并进行数据传输，如图9.7-3(b)所示，另外CPE还采用全向感知天线和GPS天线实施频谱感知和自身定位。

为了保护电视业务，所有的CPE只有获得BS的授权后方能进行通信传输，并且各CPE采用的传输模式(包括调制制式、编码和传输频段等)也都由BS控制。除此之外，BS还具有分布式探测功能，该功能能够有效地保护电视业务，并控制CPE进行分布式的频谱探

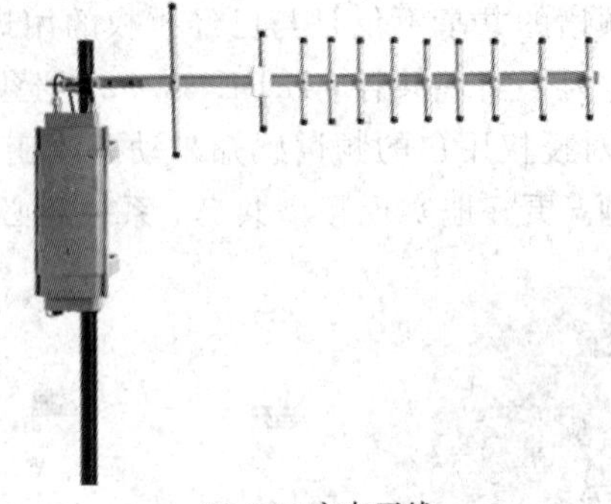

(a) BS 全向天线　　　　　　(b) CPE 方向天线

图 9.7-3　IEEE 802.22 网络的天线

测。802.22 系统要求达到的频谱效率为 0.5～5 bit/s · $Hz^{-1}$，假设频谱效率为 3 bit/s · $Hz^{-1}$，那么在 6 MHz 的电视频道中，能达到的物理层数据传输速率为 18 Mb/s。802.22 系统要求在小区边缘处能够同时满足 12 个 CPE 最小 1.5 Mb/s 的下行链路传输，上行链路的传输速率峰值能够达到 384 kb/s，与 DSL 相仿。802.22 系统基站的覆盖范围比其他 IEEE 802 系统大得多，这是由更大的发射功率和电视频段的传输特性决定的。当前定义了 CPE 的发射功率为 4 W 时，典型覆盖半径为 33 km。如此大的覆盖范围可以满足 WRAN 的需求，同时也提出了更为严峻的技术挑战。图 9.7-4 是 802.22 协议与其他 802 协议的比较。

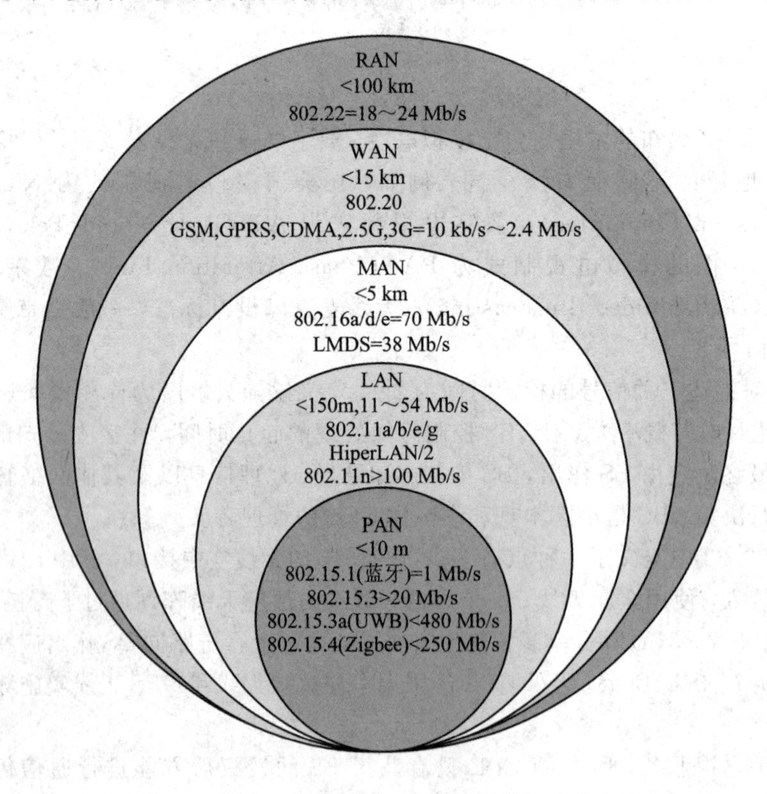


图 9.7-4　802.22 WRAN 与其他无线标准的比较

## 9.7.4 IEEE 802.22 的空中接口

IEEE 802.22 空中接口的特点是具备良好的灵活性和适应性，以保证主业务的正常进行。空中接口包含物理层和媒体接入控制(MAC)层。其中，物理层主要负责电信号的传输以及硬件部分，这里主要完成自适应调制；媒介接入控制层主要负责让不同的设备接入传输媒介的管理，对传输延时进行控制，如图 9.7-5 所示。

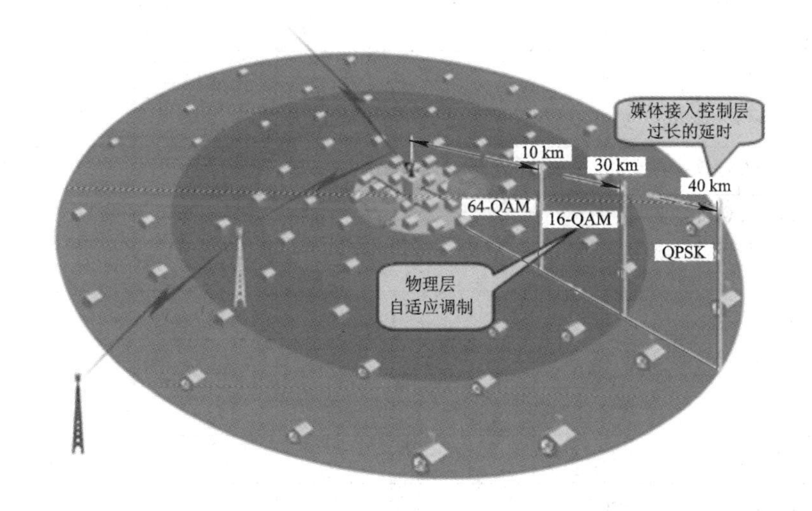


图 9.7-5 802.22 物理层和 MAC 层的特点

### 1. 物理层

IEEE 802.22 所面对的信道是个多径信道，具有以下特点，一是频率范围较低，使用距离长，为 VHF/UHF 频段的 TV 广播电视频段(54～862 MHz)，具体依赖于所处的国家或者地域，距离最大可达 100 km；二是具有大的延迟，一般大于 60 μs，延迟扩展(首径与末径信号时间差)为 25～50 μs；三是较小的多普勒扩展，为数赫兹。

鉴于以上特点以及频谱空洞出现的随机性，物理层的设计需要低复杂度而高性能，IEEE 802.22 物理层采用 OFDMA(正交频分多址)方式，其中子载波数为 2048。

由于认知用户的自身属性，其不一定能够获得成对的信道，则其双工方式为 TDD。

TV 信道带宽为 6 MHz、7 MHz、8 MIIz 三种，物理层要求的采样率、载波间隔、符号持续时间、信号带宽以及数据速率等均与 TV 的信道带宽相适应。

IEEE 802.22 规范了不同的循环前缀的长度，分别为 1/4、1/8、1/16 以及 1/32，以此适应不同的信道延迟扩展，典型长度为 40 μs。

IEEE 802.22 的调制方式有三种，分别为 QPSK、16QAM 和 64QAM；编码方式采用约束长度为 7 的卷积码，码率 1/2，通过删余操作可以获得其他不同的码率，分别为 2/3、3/4 和 5/6；通过上述组合可以构成 14 种物理层模式，如表 9.7-1 所示。调制方式的选择随信道状况变化，信道状况越佳，采用频谱效率越高的调制、编码方式。

表 9.7-1　WRAN 物理层模式

| 物理层模式 | 调制方式 | 编码方式 | 6 MHz 峰值传输速率(Mb/s) | 频谱效率 Mb/s/MHz | 使用范围(BS 与 CPE 的距离) |
|---|---|---|---|---|---|
| 1 | BPSK | 不编码 | 4.54 | 0.76 | ≥40 km |
| 2 | QPSK | 1/2(重复 3 次) | 1.51 | 0.25 | 30～40 km |
| 3 | QPSK | 1/2 | 4.54 | 0.76 | |
| 4 | QPSK | 2/3 | 6.05 | 1.01 | |
| 5 | QPSK | 3/4 | 6.81 | 1.13 | |
| 6 | QPSK | 5/6 | 7.56 | 1.26 | |
| 7 | 16QAM | 1/2 | 9.08 | 1.51 | 20～30 km |
| 8 | 16QAM | 2/3 | 12.10 | 2.02 | |
| 9 | 16QAM | 3/4 | 13.61 | 2.27 | |
| 10 | 16QAM | 5/6 | 15.13 | 2.52 | |
| 11 | 64QAM | 1/2 | 13.61 | 2.27 | ≤20 km |
| 12 | 64QAM | 2/3 | 18.15 | 3.03 | |
| 13 | 64QAM | 3/4 | 20.42 | 3.40 | |
| 14 | 64QAM | 5/6 | 22.69 | 3.78 | |

IEEE 802.22 采用了信道捆绑(Channel Bonding)技术，以保证在远距离应用的情况下可以获得较高的传输速率(大于 10 Mb/s)，即使用的 TV 信道可以多于 1 个。根据被捆绑信道是否相连，捆绑有两种方式：连续信道捆绑和非连续信道捆绑。最多可以连续捆绑 3 个信道，这样对于 6MHz 的 TV 信道，系统使用的射频带宽可以达到 18MHz。

为了降低对既有设备的干扰以及自干扰，有效的发射功率控制是非常重要的。为了实现这个目标，802.22 规定了发射功率控制的动态范围不低于 30dB，调整步进为 1dB。频率捷变也是 802.22 共存机制一部分，物理层应该能够在很短的时间内调整工作频率而且可以频繁调整。

**2. MAC 层**

在 IEEE 802.22 的 MAC 层中对帧结构、主用户检测、多信道操作、自共存和 QoS 支持等进行了规范，下面进行简要说明。

1）帧结构

在 IEEE 802.22 中，MAC 采用了同步定时，并采用了超帧结构，如图 9.7-6 所示。在该结构中，将传输时间用超帧(Superframe)来表示；每个超帧包含 16 个帧(Frame)，帧的持续时间为 10 ms。超帧中包含超帧前导(Superframe Preamble)、帧前导(Frame Preamble)以及超帧控制头(Superframe Control Header)，其中，超帧前导用于时间同步，帧前导用于信道估计，超帧控制头携载 BS 的 MAC 地址、用于频谱感知的静默周期的时间表以及其他的小区信息。每个帧由两部分构成，支持时分双工 TDD(Time Division Duplex)工作模式，即上行子帧(Uplink Subframe，US)和下行子帧(Downlink Subframe，DS)，下行子帧用于

BS向CPE的传输，采用TDM方式；上行子帧用于CPE向BS的传输，采用DAMA/OFDMA方式。在帧尾部有自共存窗(Self Coexistence Window，SCW)，用于共存信标协议(Coexistence Beacon Protocol，CBP)的执行，即CBP数据包的传输，该数据包携载了小区以及规定的共存机制的信息(备份信道集、感知时间、地理位置等)。

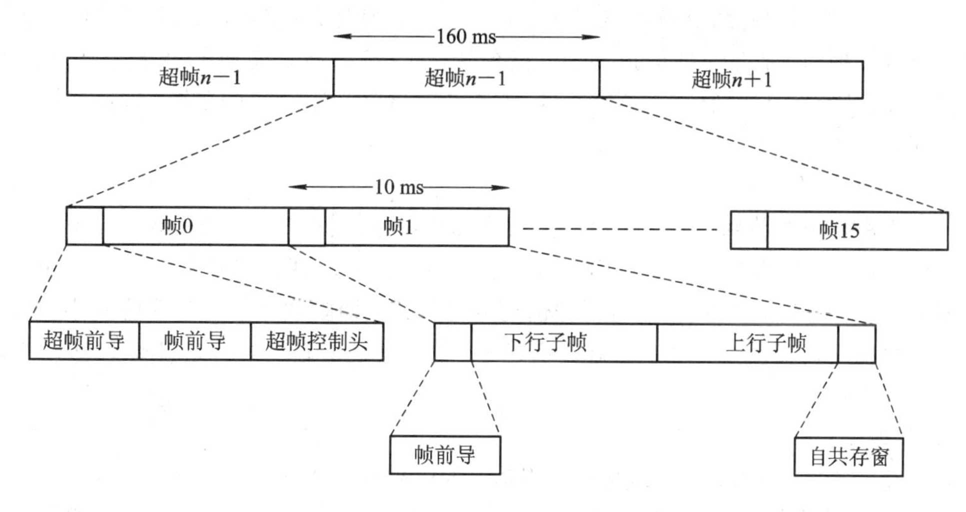


图9.7-6 IEEE 802.22帧结构示意图

2）主用户检测

BS和CPE均有检测信道内主用户是否存在的能力，但是信道管理决策只能由BS做出。主用户检测采用三种技术：地理位置配置、主用户数据库以及频谱感知。即一要掌握BS和CPE所在的地理位置(由GPS获得)，二要保存有任何地域内授权TV用户工作的相关信息，该信息由监管部门维护保持，与地理位置信息结合可以确定给定地域内可允许使用的信道；三要采用频谱感知机制来检测主用户是否存在。

其中，频谱感知的主体是BS和CPE，根据感知的频带是否是当前CPE与BS通信的频段，分为带内与带外。如果在带内，则在BS指定的静默周期(Quiet Period)内进行，首先进行快感知(Fast Sensing)，持续时间短(不大于1ms/信道)，由全体BS和CPE执行，采用较为简单的快速算法(比如能量检测)。如果发现信道主用户信号超越门限，则由BS决定进入精感知(Fine Sensing)，该阶段感知时间长，且感知精细。CPE和BS要求能够在较低的SNR条件下检测到TV信号，如表9.7-2所示。

**表9.7-2 BS与CPE对主用户信号检测的要求**

| | 模拟TV | 数字TV | 无线麦克风 |
|---|---|---|---|
| 灵敏度 | −94 dBm | −116 dBm | −107 dBm |
| SNR | 1 dB | −21 dB | −12 dB |
| 检测时间 | 2 s | 2 s | 2 s |
| 检测概率/虚警概率 | 0.9/0.1 | 0.9/0.1 | 0.9/0.1 |

IEEE 802.22的频谱管理功能由BS实施，BS根据CPE的感知检测报告(包括信道状态、主用户状态以及共存信息等)来管理信道。信道可以分为非可用和可用两种，TV发射机占用的信道定为非可用信道；可用信道又可以分为工作信道(BS正在使用的信道)、备份

工作信道(工作信道的备份)、保护信道(本地禁止使用的信道)、候选信道(备份工作信道的候选信道)、已占用信道(被其他 WRAN 网络占用的信道)以及其他信道。可用信道将构成一个集合，BS 将维护所有可用信道集，每个 CPE 仅维护前三个信道集，这些信道集将周期性更新。

一旦 CPE 检测到主用户信号出现在工作信道中，则向 BS 报告，根据 CPE 的报告，BS 将进行信道管理的工作，包括信道切换、指令特定 CPE 进行信道感知或者等待其他 CPE 的报告。如果 BS 决定切换信道，它将广播信道切换指令，则整个小区将工作信道切换到第一备份信道上。

3) 多信道操作

一旦主用户被检测到，则认知用户需要在信道移动时间(Channel Move Time，CMT)内释放信道，在 IEEE 802.22 中，CMT 时间为 2 s。为了实现无缝切换到备份信道，且不造成服务质量的下降，802.22 支持两种信道管理模式，即隐式和显式。在隐式中，信道管理消息在每帧中广播发给 CPE，在显式模式中，信道管理消息发给特定 CPE，BS 动态明确地管理信道工作。

4) 自共存

自共存是指多个 802.22 系统之间的共存，同时确保频谱使用的效率和公平性，这在主用户保护中起到了非常重要的作用，如图 9.7-7 所示。自共存采用以下方式实现，即相邻网络发现以及协作、使用共存信标协议(Coexistence Beacon Protocol，CBP)以及使用资源共享机制。

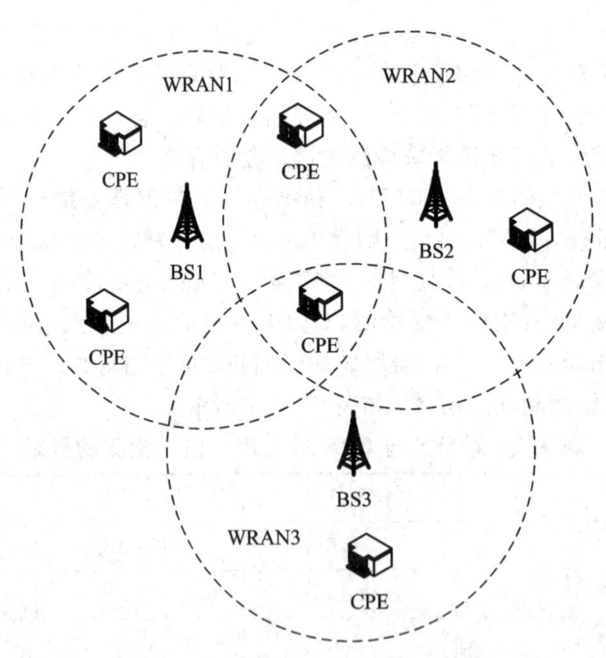


图 9.7-7　IEEE 802.22 自共存示意图

CBP 用于相邻小区发现、WRAN 小区/小区内通信控制信息交互。共存信标在自共存窗口发射，包含信道信息和规定时间表，如果 CPE 接收到其他 WRAN 小区的功能共存信标，CPE 就将其报告给 BS，BS 接收到报告后，则将工作模式由正常模式改为共存模式，交叠的 WRAN 小区可以通过按需帧争用协议(On-Demand Frame Contention Protocol)共用帧，WRAN 小区可以通过该协议向其他小区请求已经被占用的帧，这个请求在 SCW 中与共存信标一同发送。

在多个小区存在的情况下，信道选择遵从无线电礼仪规则以保证不产生干扰，也保证每个小区尽可能拥有可用信道。比如，图 9.7-7 所示地域有三个小区，对于每个基站，可用信道集合为 BS1{CH1、CH2、CH3}、BS2{CH1、CH2、CH3}、BS3{CH1、CH3}，很显然，每个小区都应该可以分配到信道资源，但是如果不加以协调，BS1 选择 CH1，BS2 选择 CH3，则会出现 BS3 没有信道可供选择。在 IEEE 802.22 中，对使用的频谱礼仪进行了规范。

5) QoS 支持

本部分规范了空中接口传输等级以及调度方式，传输等级有主动授权服务(Unsolicited Grant Service，UGS)、实时轮询服务(Real Time Polling Service，RTPS)、非实时轮询服务(Non Real Time Polling Service，NRTPS)、尽力服务(Best Effort，BE)，其中 UGS 为支持周期发送固定长度的实时数据流，如 VoIP；RTPS 为支持实时周期发送可变长度数据流，如 MPEG 视频；NRTPS 为支持能够容忍延迟但有最小数据速率要求的可变长度数据流，如 FTP；BE 为非实时要求的数据流，如 E-mail。

## 9.8 小　结

认知无线电是在软件无线电基础上发展的一种新的无线技术概念，在理解上需要把握以下主线：认知无线电在频谱使用模式方面有重大的创新，其采用的是动态频谱接入策略，与传统静态频谱接入策略是完全不同的；为了实现动态频谱接入，认知无线电具有特有的功能，包括频谱感知、频谱决策、频谱迁移和频谱共享。认知无线电涉及新概念众多，本章的重点在于理清相关概念及其之间的关系。

## 练习与思考九

1. 了解 5G 频率分配情况，理解当前频谱政策。
2. 深入理解频率划分、频率分配和频率指配之间的差异和联系，试举例。
3. 深入理解白空、黑空以及灰空的差异。
4. 简述认知无线电网络的类型及其工作过程。
5. 简述认知无线电的工作过程。
6. 试说明认知无线电与软件无线电的联系和差异。
7. 试说明构成认知环的几个过程以及其完成的主要工作。
8. 什么是频谱感知？简述三大频谱感知技术的特点。
9. 什么是频谱决策？简述频谱决策的三个功能。
10. 什么是频谱迁移？简述频谱迁移的三种模式。
11. 什么是频谱共享？简述频谱共享着重解决的问题。
12. 什么是动态频谱接入？动态频谱接入的策略有哪些？

13. 试说明能量检测信号为什么不适用于扩频信号。

14. 两个不同频率正弦信号的组合是否是循环平稳的？请证明。

15. 802.11b 工作在 2402～2483 MHz 频段，共有 14 个信道，其中第 1 信道中心频率为 2412 MHz，频率范围为 2401～2423 MHz。每个信道的有效宽度是 20 MHz，发射功率为 20 dBm，接收机灵敏度在 11 Mb/s 为 －76 dBm，在 5.5 Mb/s 时为 －78 dBm，在 2 Mb/s 时为 －80 dBm，在 1 Mb/s 为－82 dBm。讨论其干扰温度限以及具有干扰上限的最大服务范围。假定主用户接收机端需要的信噪比为 10 dB，背景噪声干扰温度设为 290K。

16. IEEE 802.22 系统使用的频段是如何规定的？其主用户是什么？简述系统组成。

# 附　录

## 附录 A　常见符号含义一览

$t$：时间

$f$：频率

$\omega$：角频率

$T_s$：采样间隔，$T_s=1/f_s$

$f_s$：采样速率

$f_c$：载波频率

$\omega_c$：载波角频率

$f_{LO}$：本振频率

$\omega_{LO}$：本振角频率

$f_{IF}$：中频频率

$\omega_{IF}$：中频角频率

$f_U$：信号最高频率

$f_L$：信号最低频率

$T_B$：单个符号时间长度，$T_B=1/f_B$

$f_B$：符号速率

$B_{\square}$：信号带宽

$C_{\square}$、$c_{\square}$：信道容量

$k_B$：Boltzmann 常数

$P_{\square}$：功率或概率

$m$、$n$、$k$：采样点标识

$s(t)$：信号

$s_c(t)$：载波信号

$s_M(t)$：已调实信号

$s_A(t)$：调制信号的解析信号

$s_B(t)$：调制信号的基带信号

$A$：幅度

$\theta$：相位

$a(t)$：未调制信号

$\hat{s}(t)$：$s(t)$的 Hilbert 变换

$x(t)$：系统输入信号

$x_s(t)$：$x(t)$的采样信号

$x_n$：$x(t)$的采样信号的样点值，$x_n = x(nT_s)$

$h(t)$：系统的冲激响应

$H(\omega)$：系统的频谱函数

$H(f)$：系统的频谱函数

$X(\omega)$：$x(t)$的频谱

# 附录 B　英文缩略语

1G：First Generation，第一代移动通信技术

2G：Second Generation，第二代移动通信技术

3G：Third Generation，第三代移动通信技术

3GPP：Third Generation Partnership，第三代合作伙伴计划

4G：Forth Generation，第四代移动通信技术

5G：Fifth Generation，第五代移动通信技术

## A

ACTS：Advanced Communications Technologies and Services，先进通信技术和服务

ADARS：Adaptive Antenna Receive System，自适应天线接收系统

ADC：Analog-to-Digital Converter，模数转换器

ADI：Analog Devices，Inc，美国模拟器件公司

ADM：Add/Drop Multiplexer，分插复用器

ADM：Advanced Development Model，先进开发模型

AGC：Automatic Gain Control，自动增益控制

ALE：Automatic Link Establishment，自动链路建立

ALU：Arithmetic Logic Unit，算术逻辑单元

AM：Amplitude Modulation，幅度调制

AMD：Advanced Micro Devices，美国超威半导体公司

AMPS：Advanced Mobile Phone System，先进移动电话系统

ANSI：American National Standards Institute，美国国家标准学会

AOA：Angle of Arrival，到达角

AP：Access Point，接入点

APC：Automatic Power Control，自动功率控制

API：Application Program Interface，应用程序接口

ASIC：Application Specific Intergrated Circuits，专用集成电路

ASSP：Application Specific Standard Part，专用标准产品

ATF：Advanced Tactical Fighter，先进战术飞机

ATM：Asynchronous Transfer Mode，异步传输模式

ATSC：Advanced Television System Committee，数字电视制式

AT&T：American Telephone & Telegraph，美国电话电报公司

## B

BE：Best Effort，尽力服务
BER：Bit Error Rate，误比特率
bit：Binary Digit，比特(二进制数字中的位，衡量二进制码流的基本单位)
BIT：Build In Test，机内测试
BLAST：Bell Laboratories Layered Space Time Coding，贝尔实验室分层空时码
BOPS：Billion Operations Per Second，十亿次操作每秒
bps：bit per second，每秒 bit 速率
BPSK：Binary Phase Shift Keying，二进制相移键控
BS：Base Station，基站
BTI：Balanced Technology Initiative，平衡技术计划

## C

CCS：Code Composer Studio，TI 公司 DSP 软件开发环境
CBP：Coexistence Beacon Protocol，共存信标协议
CDMA：Code Division Multiple Access，码分多址
CF：Core Frame，核心框架
CHARIOT：CHangeable Advanced Radio for Inter-Operable Telecommunications，可调整先进无线电互操作通信
CIC：Cascaded Integrator-Comb (CIC) Filter，级联积分梳状滤波器
CISC：Complex Instruction Set Computer，复杂指令集计算机
CMA：Constant Modulus Algorithm，恒模算法
CMT：Channel Move Time，信道移动时间
CNI：Communications，Navigation and Identification，通信、导航、识别
CNTLCS：CoNToL Computer Software，控制计算机软件
CORBA：Common Object Request Broker Architecture，公共对象请求代理体系结构
CORDIC：Coordinate Rotation Digital Computer，旋转数字式计算
COMSEC：Communication Security，通信保密
CPCS：Crypto Processing Computer Software，保密处理计算机软件
CPE：Consumer Premise Equipment，用户终端设备
CPU：Central Processing Unit，中心处理单元
CR：Cognitive Radio，认知无线电
CRAHN：Cognitive Radio Ad HocNetwork，认知无线电自组织网络
CRN：Cognitive Radio Network，认知无线电网络
CSD：Cyclic Spectrum Density，循环功率谱密度
CSMA：Carrier sense Multiple Access，载波侦听多址
CVSD：Continuously Variable Slope Delta Modulation，连续可变斜率增量调制

CYPRIS：CrYptograPhic RISC Microprocessor，加密精简指令集微处理器

## D

DAC：Digital to Analog Converter，数模转换器

DAMA：Demand Assignment Multiple Access，按申请分配多址接入

DARPA：Defense Advanced Research Projects Agency，美国国防部高级研究计划署

DBF：Digital Beam Forming，数字波束形成

DCE：Distributed Computing Environment，分布式计算环境

DDC：Digital Down-Converter，数字下变频器

DCS：Dynamic Channel Switching，动态信道切换

DDS：Direct Digital Synthesizer，直接数字频率合成器

DFS：Dynamic Frequency Selection，动态频率选择

DMR：Digital Modular Radio，数字模块无线电

DNL：Differential Non-Linearity，微分非线性

DOA：Direction of Arrival，波达方向

DQUC：Direct Quadrature Up-Conversion，直接正交上变频

DSA：Dynamic Spectrum Access，动态频谱接入
Dynamic Spectrum Allocation，动态频谱划分
Dynamic Spectrum Allotment，动态频谱分配
Dynamic Spectrum Assignment，动态频谱指配

DSK：DSP Starter Kit，DSP 入门套件

DSP：Digital Signal Processor，数字信号处理器

DSS：Dynamic Spectrum Sharing，动态频谱共享

DSTBC：Differential Space Time Block Coding，差分空时码

DUC：Digital Up-Converter，数字上变频器

DVB-C/S/T：Digital Video Broadcasting，数字电视制式

## E

EDA：Electronic Design Automation，电子设计自动化

EIRP：Equivalent Isotropically Radiated Power，等效全向辐射功率

EISA：Extended Industry Standard Architecture，扩展工业标准结构

EMC：Electromagnetic Compatibility，电磁兼容

EMI：Electromagnetic Interference，电磁干扰

ENOB：Effective Number Of Bits，有效比特数

EPROM：Erasable Programmable Read-Only Memory，可擦可编程只读存储器

ESPAR：Electronically Steerable Phased Array Radar，电控无源阵列天线

ESPRIT：Estimating Signal Parameters via Rotational Invariance Techniques，旋转不变技术信号参数估计

EVM：Evaluation Module，评估模块

## F

FC：Fusion Center，融合中心

FCC：Federal Communications Commission，美国联邦通信委员会

FDMA：Frequency Division Multiple Access，频分多址

FER：Frame Error Rate，误帧率

FFT：Fast Fourier Transform，快速傅立叶变换

FIR：Finite Impulse Response ，有限冲击响应

FLTSAT：Fleet Satellite Communication System，舰队卫星通信系统

FM：Frequency Modulation，频率调制

FPGA：Field Programmable Gate Array，现场可编程门阵列

FSK：Frequency Shift Keying，频移键控

FSR：Full Scale Range，满刻度范围

## G

GOLNASS：俄罗斯卫星导航系统

GPP：General-Purpose Processor，通用处理器

GPRS：General Packet Radio System，通用分组无线业务

GPS：Global Positioning System，卫星定位系统

GSM：Global System for Mobile，全球移动通信系统

GSPS：Giga-Samples Per Second，每秒十亿($10^9$)样点采样

## H

HBF：Half-Band Filter，半带滤波器

HDLC：High level Data Link Control，高级数据链路控制

HDL：Hardware Description Language，硬件描述语言

HF：High Frequency，高频(3～30 MHz)

HMICS：Human Machine Interface Computer Software，人机接口计算机软件

HMS：Handheld，Manpack and Small form fits，手持、单兵携带、小封装

HPIB：Hewlett-Packard Instrument Bus，HP 接口总线

## I

ICNIA：Integrated Communications Navigation Identification Avionics，通信、导航、识别综合航电系统

IDE：Integrated Development Environment，集成开发环境

INL：Integral Non-Linearity，积分非线性

IDL：Interface Definition Language，接口定义语言

IEEE：Institute of Electrical and Electronics Engineers，美国电子和电气工程师学会

IF：Intermediate Frequency，中频

IFDL：Inter/Intra-Flight Data Link，机载内部数据链
IFF：Identification Friend or Foe，敌我识别
IIR：Infinite impulse Response，无限冲击响应
IMD：Intermodulation Distortion，互调失真
INFOSEC：Information Systems Security，信息安全
INRFCS：Internal RF Control Software，内部射频控制软件
I/O：Input/Output，输入/输出
IRR：Image Rejection Ratio，镜像抑制比
ISA：Industry Standard Architecture，工业标准结构
ISC：Intelligent Systems Controller，智能系统控制器
ISM：Industrial，Scientific and Medical，工业、科学、医学
ISR：Ideal Software Radio，理想软件无线电
IST：Information Society Technologies，信息社会技术
IT：Interference Temperature，干扰温度
ITU：International Telecommunication Union，国际电信联盟

# J

JARECO：Jam Resistant Communication，抗干扰通信模拟器
JCIT：Joint Combat Information Terminal，联合作战信息终端
JDL：Joint Directions of Laboratories，联合指挥实验室
JTAG：Joint Test Action Group，联合测试行动组
JTIDS：Joint Tactical Information Distribution System，联合战术信息分发系统
JTRS：Joint Tactical Radio System，联合战术无线系统
JPO：Joint Program Office，联合工程办公室
JWID：Joint Warrior Interoperability Demonstration，联合武士互通性演示

# K

KPCS：Key Processing Computer Software，密钥处理计算机软件

# L

LAN：Local Area Network，局域网
LFB：Logical Functional Block，逻辑功能块
LINC：LInear amplification with Non-linear Components，非线性元件线性放大器
LMP：Link Manager Protocol，链路管理协议
LMS：Least Mean Square，最小均方
LRM：Long Reach Multimode，长距离多模
LRM：Line Replaceable Module，线路可更换模块
LRU：Least Recently Used，最近最少使用(一种算法)
LRU：Line Replaceable Units，线路可更换单元

LUT：Look-Up-Table，查找表

## M

MAC：Media Access Control，媒体接入控制

MAC：Multiply Accumulate，乘加运算

MATLAB：Matrix Laboratory，矩阵实验室(一种计算软件)

MBMMR：Multi-Band Multi-Mode Radio，多频段多模式无线电

MCCS：Modem Control Computer Software，调制解调器控制计算机软件

MEMS：Micro-Electro Mechanical Systems，微机电系统

MFBARS：Multifunction，Multiband，Airborne Radio System，多功能多频段机载无线系统

MFLOPS：Million Floationg Point/Second，百万次浮点操作每秒

MIMO：Multiple Input Multiple Output，多输入多输出

MIPS：Million Instructions Per Second，百万条指令每秒

MISO：Multiple Input Single Output，多输入多输出

MIT：The Massachusetts Institute of Technology，麻省理工学院

MLS：Microwave Landing System，微波着陆系统

MMACS：Million MACs Per Second，百万次乘加每秒

MMITS：Modular Multifunction Information Transfer System，模块化多功能信息传输系统

M3：Multiband，Multimode，Multirole，多频段、多模式、多功能

MMP：Multimedia Processor，多媒体处理器

MMPCS：Multimedia Processing Computer Software，多媒体处理计算机软件

MMSE：Minimum Mean Square Error，最小均方误差

MOPS：Millions of Operations Per Second，百万次操作每秒

ms：Mili Second，毫秒

MSRT：Mobile Subscriber Radio，移动用户无线终端

MSPS：Mega-Samples Per Second，每秒百万样点采样

MUSIC：MUltiple SIgnal Classification，多信号分类算法

## N

NCO：Numeric Control Oscillator，数控振荡器

Negative Forward：负反馈法

NPRM：Notice of Proposed Rule Making，规则制定通告

NRL：Naval Research Laboratory，(美国)海军研究实验室

NRTPS：Non Real Time Polling Service，非实时轮询服务

NS：Nano Second，纳秒

NTSC：National Television System Committee，模拟电视制式

## O

OE：Operation Enterprise，操作环境
OEM：Original Equipment Manufacture，贴牌生产
OFDM：Orthogonal Frequency Division Multiplexing，正交频分复用
OFDMA：Orthogonal Frequency Division Multiplexing Access，正交频分多址
OMG：Object Management Group，对象管理组织
OO：Objected Oriented，面向对象
ORB：Object Request Broker，对象请求代理
ORD：Operational Requirements Document，作战需求文件
OS：Operating System，操作系统
OSI：Open System Interconnect，开放系统互连
OTA：Over The Air，空中接口下载
OVI：Open Verilog International，开放 Verilog 国际(促进 Verilog 发展的国际组织)

## P

PAL：Phase Alteration Line，模拟电视制式
PC：Personal Computer，个人计算机
PCB：Printed Circuit Board，印刷电路板
PCI：Peripheral Component Interconnect，外部设备互联
PHY：PHYsical，物理层
PLD：Programmable Logic Device，可编程逻辑器件
PLRS：Position Location Reporting Systems，位置报告系统
PMCS：Power Management Control System，功率管理控制系统
PMCS：Programmable Modular Communications System，可编程模块化通信系统
P-MP：Point to Multipoint，点到多点
POSIX：Portable Operating System Interface of UNIX，UNIX 可移植操作系统接口
ppm：parts per million，百万分之
PPP/SLIP：Point to Point Protocol /Serial Line Internet Protocol，点到点协议/串行互联协议
PROM：Programmable Read-Only Memory，可编程只读存储器
PSK：Phase Shift Keying，相移键控
PSoC：Programmable System on Chip，可编程片上系统

## Q

QAM：Quadrature Amplitude Modulation，正交幅度调制
QoS：Quality of Service，服务质量
QPSK：Quadrature Phase Shift Keying，正交相移键控/四相相移键控
QPUC：Quad Programmable UpConverter，四通道可编程上变频器

## R

RAM：Random Access Memory，随机访问存储器
RADC：Rome Air Development Centre，美国空军罗姆航空开发中心
REM：Radio Environment Map，无线环境地图
RISC：Reduced Instruction Set Computer，精简指令集计算机
RKRL：Radio Knowledge Representation Language，无线知识描述语言
RLS：Recursive Least-Squares，递归最小二乘
rms：root mean square，均方根
ROTS：Real-Time Operating System，实时操作系统
ROUTCS：Routing Computer Software，路由计算机软件
RTDX：Real Time Data eXchange，实时数据交换软件
RTPS：Real Time Polling Service，实时轮询服务

## S

SAR：Spectrum Agile Radios，频谱捷变无线电
SATCOM：SATellite COMmunication，卫星通信系统
SATURN：Second generation Anti-jam Tactical UHF Radio for Nato，北约第二代抗干扰战术超高频通信系统
SCA：Software Communication Architecture，软件通信结构
SCR：Software Controlled Radio，软件控制无线电
SCW：Self Coexistence Window，自共存窗
SDMA：Spatial－Division Multiple Access，空分多址
SDR：Software Defined Radio，软件定义无线电
SDR Forum，Software Defined Radio Forum，软件无线电论坛
SEM-E：Standard Eletronic Module type E，E类标准电子模块
SFDR：Spurious－Free Dynamic Range，无寄生动态范围
SINCGARS：Single Channel Ground and Airborne Radio System，单通道地空无线电系统
SIM：Subscriber Identity Model，客户识别模块(智能卡)
SIMD：Single Instruction Multiple Data，单指令多数据
SIMO：Single Input Multiple Output，多输入多输出
SINAD：SIgnal－to－Noise－And－Distortion ratio，信号噪声失真比
SIR：Signal to Interference Ratio，信干比
SISO：Single Input Single Output，多输入多输出
SMR：Specialized Mobile Radio，专用移动通信
SNR：Signal to Noise Ratio，信噪比
SoC：System on Chip，片上系统
SOHO：Small Office Home Office，小型/家庭办公室

Spectrum Agile Radios：频谱捷变无线电
SPS：Samples Per Second，每秒采样点数
SR：Software Radio，软件无线电
SRAM：Static Random Access Memory，静态存储器
SSB：Single Side Band，单边带调制
STAJ：Short Term Anti Jam，短时抗干扰通信系统
SWR：Software Radio，软件无线电

## T

TACAN：Tactical Air Navigation，战术航空导航
TACP：Tactical Air Control Party，战术航空控制小组
TACS：Total Access Communications System，全接入通信系统
TAJPSP：Tactical Anti-Jam Programmable Signal Processor，战术抗干扰可编程信号处理器
TCP/IP：Transmission Control Protocol/Internet Protocol，传输控制协议/网间协议
TCS：Terminal Control System，终端控制系统
TCTU：Tactical Communications Terminal Unit，战术通信终端单元
TDM：Time Division Multiplexing，时分复用
TDMA：Time Division Multiple Access，时分多址
TD-SCDMA：Time Division-Synchornization Code Division Multiple Access，时分-同步码分多址
TF XXI AWE：Task Force Advanced Warfighting Experiment，先遣部队高级作战试验
TI：Texas Instruments，美国德州仪器公司
TPC：Transmit Power Control，发射功率控制
TRANSEC：Transport Security，传输安全
TRC：Tropo Radio Communication，对流层散射通信(系统)
TSC：Tactical Satellite Communication，战术卫星通信(系统)

## U

UGS：Unsolicited Grant Service，主动授权服务
UHF：Ultra high frequency，超高频(300～3000 MHz)
UML：Unified Modeling Language，统一建模语言
UMTS：Universal Mobile Telecommunication System，通用移动通信系统
USR：Ultimate Software Radio，终极软件无线电

## V

VESA：Video Electronic Standard Association，视频电子标准协会
VHDL：VHSIC Hardware Description Language，超高速集成电路硬件描述语言
VHF：Very High Frequency，甚高频(30～300 MHz)
VHSIC：Very High Speed Integrated Circuit，超高速集成电路

VLIW：Very Long Instruction Word，超长指令字
VME：Versa Module Eurocard，一种通用的计算机总线
VOR：VHF Omnidirectional Range，VHF 全向信标

## W

WCDMA：Wideband Code-Division Multiple Access，宽带码分多址
WDE：Waveform Development Enviroment，波形开发环境
WiMaX：Worldwide Interoperability for Microwave Access，微波存取全球互通
WITS：Wireless Information Transfer System，无线信息传输系统
WLAN：Wireless Local Area Network，无线局域网络
WPAN：Wireless Personal Area Network，无线个域网络
WPCS：Waveform Processing Computer Software，波形处理计算机软件
WRAN：Wireless Regional Area Network，无线区域网络

## X

XG：neXt Generation，下一代移动通信
XML：Extensible Markup Language，可扩展标记语言

# 参 考 文 献


[1] 杨小牛，楼才义. 软件无线电原理与应用[M]. 北京：电子工业出版社，2001.

[2] REED J H. 软件无线电：无线电工程的现代方法[M]. 北京：人民邮电出版社，2004.

[3] 陈祝明. 软件无线电技术基础[M]. 北京：高等教育出版社，2007.

[4] JOHNSON C R. 软件无线电[M]. 北京：机械工业出版社，2008.

[5] 杨小牛，楼才义. 软件无线电技术与应用[M]. 北京：北京理工大学出版社，2010.

[6] 阎毅，贺鹏飞. 软件无线电与认知无线电概论[M]. 北京：电子工业出版社，2013.

[7] 楼才义，徐建良，杨小牛. 软件无线电运力与应用[M]. 北京：电子工业出版社，2014.

[8] 赵友平. 认知软件无线电系统原理与实验[M]. 北京：清华大学出版社，2016.

[9] 阳析. 面向5G移动通信的软件无线电平台原型验证与开发[M]. 北京：电子工业出版社，2018.

[10] TUTTLEBEE W. Software Defined Radio：Orgins，Drivers and International Perspetives[M]. England：John Wiley&Sons，Ltd.，2002.

[11] TUTTLEBEE W. Software Defined Radio：EnablingTechnologies[M]. England：John Wiley & Sons，Ltd.，2002.

[12] TUTTLEBEE W. Software Defined Radio：Baseband Technologies for 3G Handsets and Base Stations[M]. England：John Wiley & Sons，Ltd.，2004.

[13] BURNS P. Software Defined Radio for 3G[M]. Boston：Artech House，Inc.，2003.

[14] MITOLA J III. Globalization of Software Radio[J]. IEEE Communications Magazine. 1999：82 - 83.

[15] MITOLA J III. Software Radios Survey，Critical Evaluation and Future Directions[J]. IEEE AES Systems Magazine. 1993：25 - 36.

[16] MITOLA J III. Technical Challenges in the Globalization of Software Radio [J]. IEEE Communications Magazine. 1999：84 - 89.

[17] Cho HH，Lai C F，Shih T K，et al. Integration of SDR and SDN for 5G[J]. IEEE Access，2014，2：1196 - 1204.

[18] SEZER S，SCOTT-HAYWARD S，CHOUHAN P，et al. Are We Ready for SDN? Implementation Challenges for Software-Defined Networks[J]. IEEE Communications Magazine，2013，51(7)：36 - 43.

[19] HANSEN J，LUCANI D E，KRIGSLUND J，et al. Network Coded Software Defined Networking：Enabling 5G Transmission and Storage Networks[J]. IEEE Communications Magazine，2015，53(9)：100 - 107.

[20] MITOLA J，MARSHALL P，CHEN K C，et al. Software Defined Radio - 20 Years Later：part 2 [Guest Editorial] [J]. IEEE Communications Magazine，2016，54(1)：58 - 58.

[21] MOY C，PALICOT J. Software Radio：A Catalyst for Wireless Innovation [J]. IEEE Communications Magazine，2015，53(9)：24 - 30.

[22] WICKBOLDT J A，PAIMW，ISOLANI P H，et al. Software-Defined Networking：Management Requirements and Challenges[J]. IEEE Communications Magazine，2015，53(1)：278 - 285.

[23] KUMARA. Migration from Hardware to Software Radio[J]. International Journal of Engineering Research，2016，5(6)：504 - 507.

[24] SDRF-04-A-0006-V0. 00，Software Defined Radio Commercial Handset Guidelines [S]. Denver：

SDR Forum, 2004.

[25] CHO HH , LAI C F , SHIH T K , et al. Integration of SDR and SDN for 5G[J]. IEEE Access, 2014, 2: 1196 - 1204.

[26] JOHN B. Stephensen. Software Defined Radios for Digital Communications [J]. 2004, 23: 23 - 34.

[27] KUMAR A. Migration from Hardware to Software Radio [J]. International Journal of Engineering Research, 2016, 5(6): 504 - 507.

[28] STEWART R W, CROCKETT L, ATKINSON D, et al. A Low-Cost Desktop Software Defined Radio Design Environment using MATLAB, Simulink, and the RTL-SDR [J]. IEEE Communications Magazine, 2015, 53(9): 64 - 71.

[29] MITOLA J III. The Software Radio Architecture[J]. IEEE Communications Magazine. 1995: 26 - 38.

[30] BELISLE C, KOVARIKV, PUCKER L, et al. The Software Communications Architecture: Two Decades of Software Radio Technology Innovation[J]. IEEE Communications Magazine, 2015, 53 (9): 31 - 37.

[31] MICHAEL V, ROBERT S, et al. Digital Versus Analog Signal Processing: Effect of Directional Microphone [J] Journal of the American Academy of Audiology, 1999, 10(3): 133 - 150.

[32] PAPADONIKOLAKIS M, BOUGANIS C S, CONSTANTINIDES G. Performance Comparison of GPU and FPGA Architectures for the SVM Training Problem[C]. International Conference on Field-programmable Technology. IEEE, 2009.

[33] MITOLA J III. Software Radio Architecture -Object-Oriented Approaches to Wireless Systems Engineering[M]. England: John Wiley&Sons, Ltd. , 2000.

[34] BARD J, VINCENT J, KOVARIK Jr. Software Defined Radio-The Software Communications Architecture[M]. England: John Wiley & Sons, Ltd. , 2007

[35] Gailliard, Grégory, NICOLLET E, SARLOTTE M , et al. Transaction Level Modelling of SCA Compliant Software Defined Radio Waveforms and Platforms PIM/PSM[C]. Design, Automation & Test in Europe Conference & Exhibition. IEEE, 2007.

[36] Sabri Murat Bi, cer. A Software Communications Architecture Compliant Software Defined Radio Implementation[D]. Northeastern University, 2002.

[37] SMITH J, MUROTAKE D, MARTIN A. Software Communication Architecture: Evolution and Status Update[J]. Military Embedded Systems, 2005.

[38] SUNDQUISTT. Waveform Development using Software Defined Radio[D]. Linköpingsuniversitet, 2006.

[39] Kian Wai, Low. Software Communications Architecture (SCA) Compliant Software Defined Radio Design for IEEE 802. 16 Wireless-OFDM Transceiver[D]. Naval Postgraduate School, 2006.

[40] LeongWai Kiat Chris. Software Defined Radio Design For An IEEE 802. 11a Transceiver Using Open Source Software Communications Architecture (SCA) Implementation: Embedded (OSSIE) [D]. Naval Postgraduate School, 2006.

[41] OLDHAM D R, SCARDELLETTI M C. JTRS/SCA and Custom/SDR Waveform Comparision[C]. Military Communications Conference. IEEE, 2007.

[42] Gailliard, Grégory, NICOLLET E, SARLOTTE M, et al. Transaction level modelling of SCA compliant software defined radio waveforms and platforms PIM/PSM[C]. Design, Automation & Test in Europe Conference & Exhibition. IEEE, 2007.

[43] RAMDATU. Software Communications Architecture (SCA) Compliant Software Defined Radio

Design for Interim Standard 95B (IS-95B) Transceiver[D]. Naval Postgraduate School, 2007.

[44] BERNIERS, Juan Pablo Zamora Zapata. The Deployment of Software Components into Heterogeneous SCA Platforms[C]. SDR Forum Technical Conference, 2008.

[45] KRAGH F. Software Defined Radios for Cyberspace Operations[J]. 2009.

[46] AGUAYO GONZALEZ C R, DIETRICH C B, REED J H. Understanding the Software Communications Architecture[J]. IEEE Communications Magazine, 2009, 47(9): 0 - 57.

[47] GAILLIARDG. TOWARDS A. Common Hardware/software Specification and Implementation Approach for Distributed, Real Time and Embedded Systems, Based on Middlewares and Object-Oriented Components [D]. University of Potovac, 2010.

[48] ChengZizhi. Communication System Over Gnu Radio and Ossie [D]. University of North Texas, 2011.

[49] MARY Jo W. S, RIGOBERTO R. Waveform Developer's Guide for the Integrated Power, Avionics, and Software (iPAS) Space Telecommunications Radio System (STRS) Radio[R/OL]. NASA, 2017 - 05[2002 - 03 - 06].

[50] ZHANG Y, DYER S, BULAT N. Strategies and Insights into Sca-Compliant Waveform Application Development[C]. IEEE Conference on Military Communications. IEEE Press, 2006.

[51] KEMPF T, WITTE E M, RAMAKRISHNAN V, et al. An SDR Implementation Concept Based on Waveform Description[J]. Frequenz, 2006, 60(9 - 10): 171 - 175.

[52] Sabri Murat Bicer. A Software Communications Architecture Compliant Software Defined Radio Implementation [D]. Northeastern University, 2002.

[53] NEWMAN T, MINDEN G J. A Software defined Radio Architecture Model to Develop Radio Modem Component Classifications[C]. The First IEEE International Symposium on New Frontiers in Dynamic Spectrum Access Networks. IEEE, 2005.

[54] DUAN Hongliang, HUANG Dengshan, HUANG Yi, et al. A Time Synchronization Mechanism Based on Software Defined Radio of General-Purpose Processor[C]. International ICST Conference on Communications & Networking in China. IEEE, 2012.

[55] COUNCILL B, HEINEMAN G T. Definition of A Software Component and Its Elements[C]. Component-based Software Engineering, 2001.

[56] BERNIERS, ZAMORA ZAPATA J P. The Deployment of Software Components into Heterogeneous SCA Platforms [C]. SDR Forum Technical Conference, 2008.

[57] MURMANN B. The Successive Approximation Register ADC: A Versatile Building Block for Ultra-Low- Power to Ultra-High-Speed Applications[J]. IEEE Communications Magazine, 2016, 54(4): 78 - 83.

[58] SCHWARTZ E B M. History of Communications[J]. Nursing, 2009, 39(2): 52 - 55.

[59] KISS P , PRODANOV V , GLAS J . Complex Low-Pass Filters[J]. Analog Integrated Circuits and Signal Processing, 2003, 35(1): 9 - 23.

[60] KOLUMBAN G, LAU F C M, TSE C K. Generalization of Waveform Communications: The Fourier Analyzer Approach[J]. Circuits Systems & Signal Processing, 2005, 24(5): 451 - 474.

[61] HAHN STEFAN L. The History of Applications of Analytic Signals in Electrical and Radio Engineering[C]. The International Conference on Computer As A Tool. IEEE, 2007: 2627 - 2631.

[62] GABOR D. Theory of Communication[M]. Statistical Theory of Communication, 1946.

[63] VANKKA J. Digital Synthesizers and Transmitters for Software Radio[M]. Netherlands: Springer, 2005.

[64] KENINGTON PETER B. RF and Baseband Techniques for Software Defined Radio[M]. Boston: Artech House, Inc. , 2005.

[65] RodgerH. Hosking. Software Defined Radio Handbook[M]. Pentek, Inc. , 2011.

[66] RodgerH. Hosking. Digital Receiver Handbook: Basics of Software Radio [M]. Pentek, Inc. , 2011.

[67] ABIDI A A. The Path to the Software-Defined Radio Receiver[J]. IEEE Journal of Solid-State Circuits, 2007, 42(5): 954 - 966.

[68] SHAJEDUL HASANS M, BALISTER P. Prototyping a Software Defined Radio Receiver Based on USRP and OSSIE [D]. Virginia Polytechnic Institute & State University, 2005.

[69] SCHONHOFF T A. Continuous Phase Frequency Shift Keying (CPFSK)[M]. Encyclopedia of Telecommunications. John Wiley & Sons, Inc. , 2003.

[70] MISHRAK. CPFSK Demodulation Techniques[D]. Indian Institute of Technology, 2007.

[71] TRETTER S A. Digital Data Transmission by Baseband Pulse Amplitude Modulation (PAM)[M]. Communication System Design Using DSP Algorithms. Springer US, 1995.

[72] HASAN S M S, NEALY R, BRISEBOIS T J, et al. Wideband RF Front End Design Considerations for a Flexible White Space Software Defined Radio[C]. Radio & Wireless Symposium. IEEE,

[73] SRIDHARV, NAGALAXMI T, et al. Design and Implementation of Optimal Pulse Shaping Filters for Digital Radio Systems [J]. International Journal of Advanced Research in Computer Engineering & Technology, 2012, 1(5): 18 - 23.

[74] Nikolay KOSTOV. Mobile Radio Channels Modeling in MATLAB [J]. RADIOENGINEERING, 2003, 5(6): 504 - 507.

[75] KANGA S, VISHAL S. Pulse Shape Filtering in Wireless Communication-ACritical Analysis [J]. IJACSA, 2011, 2(3): 68 - 74.

[76] SKLAR B. Rayleigh Fading Channels in Mobile Digital Communication Systems Part I: Characterization [J]. IEEE Communications Magazine, 1997.

[77] ADHINARAYANAN V, FENG W C. Wideband Channelization for Software-Defined Radio via Mobile Graphics Processors[J]. 2013 International Conference on Parallel and Distributed Systems-2013: 86 - 93.

[78] PALOMO NAVARRO A. Channelization for Multi-Standard Software-Defined Radio Base Stations [J]. 2011.

[79] POOJA J, Anoop B N. Design and Implementation of Polyphase Decimation Filter[J]. IJCNWC, 2014, 4(2): 123 - 127.

[80] HARRIS F J , DICK C , RICE M . Digital Receivers and Transmitters Using Polyphase Filter Banks for Wireless Communications[J]. IEEE Transactions on Microwave Theory and Techniques, 2003, 51(4): 1395 - 1412.

[81] MANDAL A, MITTAL V. Introduction to Polyphase Filters and Its Applications [J]. IJERA, 2012, 2(4): 958 - 960.

[82] VAIDYANATHAN P P . Multirate Digital Filters, Filter Banks, Polyphase Networks, and Applications: A Tutorial[J]. Proceedings of the IEEE, 1990, 78(1): 56 - 93.

[83] ROUISSI I, FLOCH J M, RMILI H, et al. Design of a Frequency Reconfigurable Patch Antenna Using Capacitive loading and Varactor Diode[C]. European Conference on Antennas & Propagation. IEEE, 2015.

[84] Haydar M. Al-Tamimi, Mahdi Salah. A Study of Reconfigurable Multiband Antenna for Wireless

Application . International Journal of New Technology and Research (IJNTR) , 2016, 2(5), 125 - 134

[85] Abirami , Rajasekar , Puvaneshwar. A Survey of Different Reconfigurable Antennas for Various Wireless Applications [C]. International Journal of Innovative Research in Computer and Communication Engineering , 2016, 2368 - 2374.

[86] PULLCKAL N, PRAKASH A K, SRIRAM KUMAR D. A Survey on UWB Reconfigurable Antennas for Cognitive Radio Application [C]. International Journal of Advanced Research in Electronics and Instrumentation Engineering, 2018.

[87] HexFlex. Making an Ultra-wideband Antenna-Part 1 [DB/OL]. 2018, http: //www. ni. com/zh-cn/innovations. html.

[88] HAUPT RANDY L, LANAGAN M. Reconfigurable Antenna[J]. IEEE Antennas and Propagation Magazine 55(1), 2013.

[89] MITOLA J III, GERALD Q MAGUIRE JR. Cognitive Radio: Making Software Radios More Personal[J], IEEE Personal Communications, 1999: 13 - 18.

[90] MITOLA J III. Cognitive INFOSEC[J]. IEEE MIT-S Digest. 2003: 1051 - 1054.

[91] MITOLA J III, Software Radio Architecture: A Mathematical Perspective[J]. IEEE Journal on Selected Areas in Communications. 1999, 17(4): 514 - 538.

[92] MITOLA J III. Cognitive Radio for Flexible Mobile Multimedia Communications[J]. 1999:3 - 10.

[93] MITOLA J III. Cognitive Radio An Integrated Agent Architecture for Software Defined Radio[J]. 2000: 1 - 304.

[94] MITOLA J III. What Exactly is Cognitive Radio? [J]. IEEE Communication Engineer, 2005: 42 - 43.

[95] WEBB W. On Using White Space Spectrum[J]. IEEE Communications Magazine, 2012, 50(8): 145 - 151.

[96] CORDEIROC, CHALLAPALI K, BIRRU D. IEEE 802. 22: An Introduction to the First Wireless Standard Based on Cognitive Radios [J]. Journal of Communications, 2006, 1(1): 38 - 47.

[97] CARL R. Stevenson. IEEE 802. 22: The First Cognitive Radio Wireless Regional Area Network Standard [J]. IEEE Communications Magazine, 2009(1): 130 - 138.

[98] LIU J, Li Y, CHEN M, et al. Software-Defined Internet of Things for Smart Urban Sensing[J]. IEEE Communications Magazine, 2015, 53(9): 55 - 63.